新趨勢
網路概論
Computer Networks

第6版

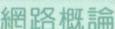

關於本書

資訊科技的不斷創新,人工智慧的大放異彩,改變了人們的生活習慣、學習模式與工作型態,尤其是無線網路與行動通訊蓬勃發展,雲端運算快速增長,社群網路不斷擴張,物聯網應用日趨多元,這一切所代表的不僅是一連串創新的軟硬體科技,更打造了一個無所不在的行動網路平台。

針對這些變革,本書除了涵蓋網路與資料通訊的核心知識,更深入探討許多重要的議題,例如無線個人網路(藍牙、ZigBee、UWB)、近距離無線通訊技術(RFID、NFC)、無線區域網路(Wi-Fi 6/6E/7/8、Wi-Fi Direct)、5G (5G NR)、5G Advanced、雲端運算的服務模式與部署模式、物聯網的架構與應用、資訊安全、無線網路安全等,讓讀者擁有扎實的學理基礎,並掌握最新的資訊脈動。

本書內容

- **第一篇「網路基礎」**:首先是**第 1 章「網路概念」**,介紹網路的用途、類型與運作方式,不同類型的網路如何連接在一起,以及何謂通訊協定與標準、OSI 參考模型、TCP/IP 參考模型。

  第 2 章「資料通訊」,介紹資料與訊號有何不同、數位與類比的觀念、資料通訊系統的組成、不同形式的訊號如何進行轉換、訊號傳輸模式(單工、半雙工、全雙工)、訊號傳輸類型(平行、序列)、訊號傳輸技術(基頻、寬頻)和錯誤檢查方式。

  第 3 章「網路設備」,介紹網路拓樸、網路傳輸媒介(雙絞線、同軸電纜、光纖、無線電、微波、紅外線)和網路相關設備(網路卡、數據機、中繼器、集線器、橋接器、路由器、閘道器、交換器)。

- **第二篇「網路類型」**:在瞭解網路的基礎概念後,接著可以來認識不同的網路類型。首先是**第 4 章「區域網路」**,介紹 Ethernet、Fast Ethernet、Gigabit Ethernet、10 Gigabit Ethernet、100 Gigabit Ethernet、Token Ring、虛擬區域網路 (VLAN)、虛擬私人網路 (VPN),以及如何架設乙太網路。

  第 5 章「廣域網路」,介紹 T-Carrier、SONET/SDH、X.25、Frame Relay、ATM、PSTN、ISDN、ADSL、FTTx 光纖上網和有線電視寬頻上網。

  第 6 章「無線網路與行動通訊」,介紹無線個人網路(藍牙、ZigBee、UWB)、近距離無線通訊技術(RFID、NFC)、無線區域網路(802.11/a/b/g/n/ac/ad/ax/ay/be/bn…、Wi-Fi 6/6E/7/8、Wi-Fi Direct)、4G (WiMAX 2、LTE-Advanced)、5G (5G NR)、5G Advanced,以及衛星網路,包括同步軌道衛星 (GEO)、中軌道衛星 (MEO) 和低軌道衛星 (LEO),例如太空服務公司 SpaceX 所推出的「星鏈」(Starlink) 是低軌道衛星群,提供覆蓋全球的高速網際網路存取服務。

第 7 章「網際網路」，介紹網際網路的起源、網際網路的應用（全球資訊網、電子郵件、FTP、BBS、即時通訊、網路電話、視訊會議、多媒體串流技術、社群媒體）、IP 位址、網域名稱系統 (DNS)、URI 與 URL、網頁設計等。

第 8 章「雲端運算與物聯網」，介紹雲端運算的服務模式 (IaaS、PaaS、SaaS) 與部署模式 (公有雲、私有雲、混合雲)、物聯網 (IoT) 的架構與應用、智慧物聯網 (AIoT)、邊緣運算、工業物聯網 (IIoT)、智慧城市、智慧交通、智慧家庭、智慧農業、智慧養殖等。

- 第三篇「通訊協定」：根據 TCP/IP 參考模型的層次介紹一些知名的通訊協定，包括**第 9 章「IP 通訊協定」**、**第 10 章「IPv6 通訊協定」**、**第 11 章「ARP 與 ICMP 通訊協定」**、**第 12 章「TCP 與 UDP 通訊協定」**和**第 13 章「DNS 與 DHCP 通訊協定」**。

- 第四篇「網路管理」：在認識不同的網路類型與通訊協定後，接著可以來學習網路管理。首先是**第 14 章「網路管理」**，介紹網路管理的功能、SNMP 及常見的 SNMP 軟體。

第 15 章「資訊安全」，介紹 OSI 安全架構、資訊安全管理標準 (TCSEC、ISO/IEC 15408、ISO/IEC 27000 系列、CNS 27000 系列)、網路帶來的安全威脅、惡意程式與防範之道、常見的安全攻擊手法、加密的原理與應用、數位簽章、數位憑證、電子簽章、資訊安全措施 (存取控制、備份與復原、防毒軟體、防火牆、代理人伺服器、入侵偵測系統)。

本書特色

為了方便研讀，本書的章節設計了：

- **豐富圖表**：透過拍攝精緻的照片與豐富圖表，增加學生的理解程度。

- **資訊部落**：透過資訊部落，針對專業的技術或主題做進一步的討論。

- **操作實例**：透過操作實例，讓學生驗證書上的學理有哪些實務應用。

- **本章回顧**：每章結尾提供簡短摘要，幫助學生快速回顧內容。

- **學習評量**：每章結尾提供學習評量，檢測學習成效或作為課後練習。

教學建議

本書適合作為學校一學期的課程教材，以及專業技術人員自學之用。內容共分成四篇，包括「網路基礎」、「網路類型」、「通訊協定」和「網路管理」，並細分成 15 章，教師可依學期進度按章節順序進行教學。「資訊部落」和「操作實例」專欄可供選擇性教學，亦可由學生自行研讀，培養自主學習的能力。

教學資源

本書提供用書教師相關的教學資源，包括教學投影片與學習評量解答，可於碁峰資訊網站 https://www.gotop.com.tw/books/ 登錄下載，以供教學參考。

聯絡我們

- 「碁峰資訊」網站：
  https://www.gotop.com.tw/。

- 國內學校業務處電話：
  台北 (02) 2788-2408、
  台中 (04) 2452-7051、
  高雄 (07) 384-7699。

參考書目

- Computer Networks (Tanenbaum), Pearson Education

- Data And Computer Communications (William Stallings), Pearson Education

- Computer Networks And Internet (Halsall), Pearson Education

- Data Communications And Networking (Behrouz A. Forouzan), McGraw-Hill

- Computer Security Principles and Practice (William Stallings), Pearson Education

- Network Security Essentials (William Stallings), Pearson Education

版權聲明

本書所引用之國內外商標、產品及例題，純為介紹相關技術所需，絕無任何侵權意圖或行為，特此聲明。此外，未經授權請勿將本書內容或教學配件（含投影片與解答）以其它形式散布、轉載、複製或改作。

感謝

本書的完成要感謝許多人的貢獻與合作：

- 碁峰資訊股份有限公司董事長廖文良先生與圖書事業處的全力支持。

- 圖書事業處 Novia 與業務團隊訪察國內多所大專院校，充分反映教師的教學需求。

- 華碩電腦等公司提供產品照片。

- 美術編輯 Sofina 協助本書內文排版；美術編輯 Poli 協助本書封面設計；文字編輯 Nancy 協助本書內文校對。

最後要特別感謝的是採用本書以及多年來支持本書前幾版的教師與讀者，您們的肯定與鼓勵是我們努力不懈的最大動力。

陳惠貞　謹誌

簡易目錄

第一篇　網路基礎

- CHAPTER 01　網路概念
- CHAPTER 02　資料通訊
- CHAPTER 03　網路設備

第二篇　網路類型

- CHAPTER 04　區域網路
- CHAPTER 05　廣域網路
- CHAPTER 06　無線網路與行動通訊
- CHAPTER 07　網際網路
- CHAPTER 08　雲端運算與物聯網

第三篇　通訊協定

- CHAPTER 09　IP 通訊協定
- CHAPTER 10　IPv6 通訊協定
- CHAPTER 11　ARP 與 ICMP 通訊協定
- CHAPTER 12　TCP 與 UDP 通訊協定
- CHAPTER 13　DNS 與 DHCP 通訊協定

第四篇　網路管理

- CHAPTER 14　網路管理
- CHAPTER 15　資訊安全

目 錄

第一篇　網路基礎

CHAPTER 01　網路概念

- 1-1　網路的用途 ………………………………………………………… 1-2
- 1-2　網路的類型 ………………………………………………………… 1-4
  - 1-2-1　區域網路 (LAN) ……………………………………… 1-5
  - 1-2-2　廣域網路 (WAN) ……………………………………… 1-6
  - 1-2-3　都會網路 (MAN) ……………………………………… 1-7
  - 1-2-4　無線網路 ………………………………………………… 1-8
  - 1-2-5　互聯網 …………………………………………………… 1-10
  - 資訊部落｜不同類型的網路如何連接在一起 ………………… 1-11
- 1-3　網路的運作方式 …………………………………………………… 1-12
- 1-4　通訊協定與標準 …………………………………………………… 1-14
- 1-5　OSI 參考模型 ……………………………………………………… 1-16
  - 1-5-1　應用層 …………………………………………………… 1-17
  - 1-5-2　表達層 …………………………………………………… 1-18
  - 1-5-3　會議層 …………………………………………………… 1-19
  - 1-5-4　傳輸層 …………………………………………………… 1-20
  - 1-5-5　網路層 …………………………………………………… 1-21
  - 1-5-6　資料連結層 ……………………………………………… 1-22
  - 1-5-7　實體層 …………………………………………………… 1-23
- 1-6　TCP/IP 參考模型 …………………………………………………… 1-24
  - 資訊部落｜何謂 RFC、STD、FYI ? …………………………… 1-26

CHAPTER 02　資料通訊

- 2-1　資料通訊系統 ……………………………………………………… 2-2
- 2-2　資料與訊號 ………………………………………………………… 2-3
- 2-3　類比與數位 ………………………………………………………… 2-4
  - 資訊部落｜何謂頻寬？ …………………………………………… 2-5

2-4	訊號轉換		2-6
	2-4-1	數位到數位轉換	2-6
	資訊部落 | 數位訊號的同步		2-10
	2-4-2	數位到類比轉換	2-10
	2-4-3	類比到數位轉換	2-13
	2-4-4	類比到類比轉換	2-14
2-5	訊號傳輸模式		2-17
	2-5-1	單工	2-17
	2-5-2	半雙工	2-17
	2-5-3	全雙工	2-17
2-6	訊號傳輸類型		2-18
	2-6-1	平行傳輸	2-18
	2-6-2	序列傳輸	2-19
2-7	訊號傳輸技術		2-20
	2-7-1	基頻傳輸	2-20
	2-7-2	寬頻傳輸	2-20
2-8	錯誤檢查		2-22

CHAPTER 03　網路設備

3-1	網路拓樸		3-2
	3-1-1	匯流排拓樸	3-2
	3-1-2	星狀拓樸	3-3
	3-1-3	環狀拓樸	3-4
	3-1-4	網狀拓樸	3-5
	3-1-5	混合式拓樸	3-6
	3-1-6	實體拓樸 vs. 邏輯拓樸	3-7
	資訊部落 | 廣播網路 vs. 點對點網路		3-8
3-2	網路傳輸媒介		3-9
	3-2-1	雙絞線	3-9
	3-2-2	同軸電纜	3-11

	3-2-3	光纖	3-12
	3-2-4	無線電	3-14
	3-2-5	微波	3-16
	3-2-6	紅外線	3-17
3-3	網路相關設備		3-18
	3-3-1	網路卡	3-18
	3-3-2	數據機	3-19
	3-3-3	中繼器	3-20
	3-3-4	集線器	3-21
	3-3-5	橋接器	3-22
	3-3-6	路由器	3-23
	3-3-7	閘道器	3-24
	3-3-8	交換器	3-25
	資訊部落	路由器 vs. 橋接器	3-26
	資訊部落	多重通訊協定路由器	3-26
	資訊部落	橋接路由器	3-26

第二篇　網路類型

CHAPTER 04　區域網路

4-1	區域網路標準		4-2
4-2	Ethernet		4-3
	4-2-1	10BASE2 Ethernet	4-4
	4-2-2	10BASE5 Ethernet	4-5
	4-2-3	10BASE-T Ethernet	4-6
	4-2-4	10BASE-F Ethernet	4-7
	4-2-5	Ethernet 的媒介存取控制— CSMA/CD	4-8
	資訊部落	乙太網路卡的位址	4-10
	資訊部落	提升 Ethernet 的效能	4-10

4-3	Fast Ethernet	4-12
4-4	Gigabit Ethernet	4-13
4-5	10 Gigabit Ethernet	4-14
4-6	100 Gigabit Ethernet	4-15
4-7	Token Ring	4-16
4-8	虛擬區域網路 (VLAN)	4-18
4-9	虛擬私人網路 (VPN)	4-20
	操作實例｜架設乙太網路	4-22

CHAPTER 05　廣域網路

5-1	廣域網路的資料傳輸技術	5-2
	5-1-1　電路交換	5-3
	5-1-2　封包交換	5-4
	資訊部落｜電路交換 vs. 封包交換	5-6
5-2	廣域網路的實體層傳輸規範	5-7
	5-2-1　T-Carrier	5-7
	5-2-2　SONET/SDH	5-9
5-3	X.25	5-10
5-4	Frame Relay	5-11
5-5	ATM	5-14
5-6	PSTN	5-18
5-7	ISDN	5-20
5-8	xDSL	5-23
5-9	FTTx 光纖上網	5-26
5-10	有線電視網路	5-27

CHAPTER 06　無線網路與行動通訊

6-1	無線網路簡介	6-2
6-2	無線個人網路 (WPAN)	6-4

網路概論

6-2-1	藍牙	6-5
資訊部落	IEEE 802.15 (藍牙) 的架構	6-7
6-2-2	ZigBee	6-8
6-2-3	UWB	6-8
6-2-4	其它近距離無線傳輸技術 (RFID、NFC)	6-9
6-3	**無線區域網路 (WLAN)**	**6-11**
6-3-1	無線電展頻技術	6-11
6-3-2	無線區域網路的架構	6-14
6-3-3	IEEE 802.11x 標準	6-16
資訊部落	常見的無線區域網路設備	6-20
資訊部落	連接 WLAN 與 LAN	6-22
6-4	**無線都會網路 (WMAN)**	**6-23**
6-5	**行動通訊**	**6-24**
6-5-1	第一代行動通訊 (1G)	6-24
6-5-2	第二代行動通訊 (2G)	6-26
資訊部落	GPRS 與 2.5G	6-27
6-5-3	第三代行動通訊 (3G)	6-28
6-5-4	第四代行動通訊 (4G)	6-29
6-5-5	第五代行動通訊 (5G)	6-30
6-6	**衛星網路**	**6-31**

CHAPTER 07　網際網路

7-1	**網際網路的起源**	**7-2**
資訊部落	網際網路由誰管理？	7-4
7-2	**連上網際網路的方式**	**7-5**
7-3	**網際網路的應用**	**7-6**
7-3-1	全球資訊網	7-6
7-3-2	電子郵件	7-7
7-3-3	檔案傳輸 (FTP)	7-7
7-3-4	電子布告欄 (BBS)	7-8

7-3-5	即時通訊		7-8
7-3-6	網路電話與視訊會議		7-8
7-3-7	多媒體串流技術		7-10
7-3-8	社群媒體		7-12

7-4 網際網路命名規則 7-13

7-4-1	IP 位址		7-13
7-4-2	網域名稱系統 (DNS)		7-14
7-4-3	URI 與 URL		7-15

7-5 網頁設計 7-16

7-5-1	網頁設計流程		7-16
7-5-2	網頁設計相關的程式語言		7-20
資訊部落	響應式網頁設計		7-22

CHAPTER 08 雲端運算與物聯網

8-1 雲端運算 8-2

8-1-1	雲端運算的服務模式		8-4
資訊部落	使用 Google Colab 撰寫 Python 程式		8-6
8-1-2	雲端運算的部署模式		8-8

8-2 物聯網 8-9

資訊部落	LPWAN (低功耗廣域網路)		8-11

8-3 智慧物聯網 8-12

第三篇 通訊協定

CHAPTER 09 IP 通訊協定

9-1 TCP/IP 網路層與 IP 通訊協定 9-2

資訊部落	IP 封包的傳送模式		9-4
資訊部落	IP 位址配置		9-5

網路概論

9-2 IP 定址 9-6
    9-2-1　IP 位址的格式 9-6
    9-2-2　IP 位址的定址方式 9-6
    9-2-3　子網路 (subnet) 9-10
    9-2-4　無等級化 IP 位址 9-12
    操作實例｜查詢電腦的 TCP/IP 內容與數據使用量 9-14
    9-2-5　網路位址轉譯 (NAT) 9-16
    資訊部落｜何謂 IPv6？ 9-19
9-3 封裝與封包格式 9-20
9-4 封包的切割與重組 9-22
9-5 路由 9-24
    操作實例｜查詢本地端的網路設定及 IP 封包的來回時間 .. 9-31
    操作實例｜查詢主機的網路介面與路由表資訊 9-32

CHAPTER 10　IPv6 通訊協定

10-1 使用 IPv6 的理由 10-2
10-2 IPv6 位址的格式 10-3
10-3 IPv6 位址的定址方式 10-5
    10-3-1　Global Unicast 位址 10-6
    10-3-2　本地端位址 10-6
    10-3-3　Multicast 位址 10-7
    10-3-4　Anycast 位址 10-8
    10-3-5　保留位址 10-8
10-4 IPv6 封包格式 10-10
10-5 從 IPv4 轉移到 IPv6 10-12

CHAPTER 11　ARP 與 ICMP 通訊協定

11-1 ARP 通訊協定 11-2
    11-1-1　ARP 的運作模式 11-2

11-1-2　ARP 快取 11-3
　　11-1-3　ARP 封包格式 11-5
　　操作實例｜檢視 ARP 快取 11-7
11-2　ICMP 通訊協定 11-8
　　11-2-1　ICMP 訊息類型 11-8
　　11-2-2　ICMP 封包格式 11-11
　　操作實例｜ICMP 工具程式 11-14

CHAPTER 12　TCP 與 UDP 通訊協定

12-1　TCP/IP 傳輸層 12-2
　　12-1-1　傳輸層的功能 12-2
　　12-1-2　傳輸層的定址方式 12-4
12-2　UDP 通訊協定 12-6
　　12-2-1　UDP 的使用 12-6
　　12-2-2　UDP 封包格式 12-7
12-3　TCP 通訊協定 12-8
　　12-3-1　訊息切割 12-10
　　12-3-2　TCP 封包格式 12-11
　　12-3-3　連線管理 12-13
　　12-3-4　傳送資料 12-18
　　12-3-5　滑動視窗 12-19
　　12-3-6　流量控制 12-24

CHAPTER 13　DNS 與 DHCP 通訊協定

13-1　DNS 13-2
　　13-1-1　完整網域名稱 (FQDN) 13-2
　　操作實例｜轉換 DNS 與 IP 位址 13-4
　　13-1-2　名稱查詢與名稱解析 13-5
　　13-1-3　網域名稱空間的結構 13-6

| 資訊部落 | DNS 的配置與管理 13-8
| 13-1-4 | DNS 伺服器的類型 13-9
| 13-1-5 | DNS 的查詢流程 13-10
| 13-1-6 | DNS 的查詢方式 13-11
| 13-1-7 | DNS 訊息格式 13-12
13-2 DHCP 13-16
| 13-2-1 | DHCP 的架構 13-16
| 13-2-2 | DHCP 的運作流程 13-17
| 13-2-3 | DHCP 訊息格式 13-19

第四篇　網路管理

CHAPTER 14　網路管理

14-1 網路管理的功能 14-2
| 14-1-1 | 組態管理 14-2
| 14-1-2 | 錯誤管理 14-3
| 14-1-3 | 效能管理 14-4
| 14-1-4 | 帳務管理 14-5
| 14-1-5 | 安全管理 14-5
14-2 SNMP 14-6
| 14-2-1 | SNMP 的架構 14-6
| 14-2-2 | SNMP 的運作 14-7
| 14-2-3 | MIB/MIB-II 14-9
| 14-2-4 | RMON 14-10
14-3 網路管理軟體 14-11
| 資訊部落 | Microsoft Windows 內建的網路管理指令 .. 14-12

CHAPTER 15 資訊安全

- **15-1** OSI 安全架構 15-2
  - 15-1-1 安全攻擊 15-3
  - 15-1-2 安全服務 15-4
  - 15-1-3 安全機制 15-4
- **15-2** 資訊安全管理標準 15-5
- **15-3** 網路帶來的安全威脅 15-8
- **15-4** 惡意程式與防範之道 15-9
  - 15-4-1 電腦病毒 / 電腦蠕蟲 / 特洛伊木馬 15-10
  - 資訊部落｜手機病毒 15-14
  - 15-4-2 間諜軟體 15-15
  - 15-4-3 網路釣魚 15-16
  - 15-4-4 垃圾郵件 15-17
  - 15-4-5 勒索軟體 15-18
- **15-5** 常見的安全攻擊手法 15-19
- **15-6** 加密的原理與應用 15-21
  - 15-6-1 對稱式加密 15-21
  - 15-6-2 非對稱式加密 15-22
  - 15-6-3 數位簽章 15-24
  - 15-6-4 數位憑證 15-25
  - 資訊部落｜X.509 數位憑證的應用 15-26
  - 資訊部落｜公開金鑰基礎建設 (PKI) 15-27
  - 資訊部落｜電子簽章 15-27
- **15-7** 資訊安全措施 15-28
  - 15-7-1 存取控制 15-28
  - 15-7-2 備份與復原 15-30
  - 15-7-3 防毒軟體 15-32
  - 15-7-4 防火牆 15-33
  - 15-7-5 代理人伺服器 15-34
  - 15-7-6 入侵偵測系統 15-34

Computer Networks • Computer Networks • Computer Networks

CHAPTER

01

網路概念

1-1　網路的用途

1-2　網路的類型

1-3　網路的運作方式

1-4　通訊協定與標準

1-5　OSI 參考模型

1-6　TCP/IP 參考模型

網路概論

1-1 網路的用途

網路(network) 指的是將多部電腦或周邊透過纜線或無線電、微波、紅外線等無線傳輸媒介連接在一起,以達到資源分享的目的,常見的用途如下:

- **硬體共用**:人們可以將磁碟、印表機、傳真機、掃描器、光碟機、燒錄器等硬體連接到網路,讓網路上的電腦共用這些硬體。

- **資料分享**:人們可以透過網路分享各種資料,例如以電子郵件、檔案傳輸、即時通訊等方式交換檔案,或透過 Google 雲端硬碟、Dropbox、Microsoft OneDrive、Apple iCloud 等雲端服務同步文件、行事曆、聯絡人、相片、音樂等資料。

企業可以將資料庫統一儲存在內部網路的伺服器,讓不同的部門分享客戶資料、產品資料或進銷存資料,也可以透過內部網路讓員工取得所需的資訊,例如最新消息、注意事項、人事異動、工作報告、會議室排程、線上投票等,達到資訊充分流通的目的。

至於企業與企業之間亦可以透過網路分享共同的營業資料,例如家電製造業者與經銷商之間可以分享產品型錄、庫存、配貨地點、物流等資料。

- **提高可靠度**：人們可以將資料備份在網路上不同的電腦或上傳到雲端的儲存空間，若電腦或行動裝置故障導致無法存取資料，還有其它備份可以替代使用，提高整體系統的可靠度。

- **訊息傳遞與交換**：人們可以透過網路快速傳遞與交換訊息，進行各項通訊，例如全球資訊網 (Web)、電子郵件 (E-mail)、檔案傳輸 (FTP)、電子布告欄 (BBS)、即時通訊、網路電話、視訊會議、直播、部落格、微網誌、社群網站、多媒體串流、網路影音、網路購物、網路拍賣、網路銀行、線上財富管理、線上遊戲、開放課程、搜尋引擎、遠距教學、遠距醫療、遠距工作、電子地圖、在地服務、電子商務、行動商務、跨境電商、網路行銷、雲端運算、雲端軟體服務、全球定位系統 (GPS)、物聯網 (IoT)、智慧物聯網 (AIoT)、工業物聯網 (IIoT)、車聯網、無人機、自駕車、智慧城市、智慧交通、智慧家庭、智慧製造、智慧物流、智慧零售、智慧能源等。

圖 1.1　網路已經深入人們的生活，帶來更多應用與便利 (圖片來源：ASUS)

1-2 網路的類型

原則上,只要是將兩部或以上的電腦連接在一起,就能形成網路。以圖 1.2 為例,這是連接兩部電腦的網路,也是最單純的網路,尤其是圖 1.2(a),由於兩部電腦的距離很短(或許是位於相同房間),因此,只要使用網路線就能連接成網路;而在圖 1.2(b) 中,由於兩部電腦的距離較遠,無法直接使用網路線連接在一起,此時可以各自連接一部數據機 (modem),然後透過 PSTN 傳送資料,PSTN (Public Switched Telephone Network) 指的是公共交換電話網路。

雖然類似這種以點對點的方式連接電腦以形成網路的做法並不實際,一來電腦的距離可能很遠,二來電腦的數目可能很多,我們通常會根據電腦所在的範圍,將網路分成區域網路、廣域網路、都會網路、無線網路、互聯網等類型,以下各小節有進一步的說明。

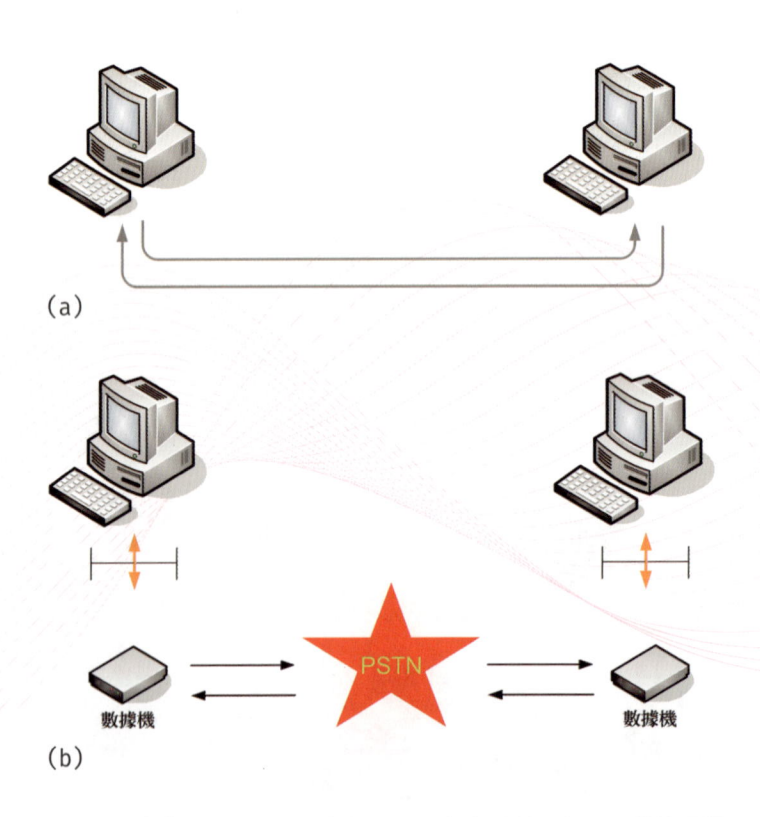

圖 1.2 (a) 連接兩部短距離的電腦 (b) 連接兩部長距離的電腦

1-2-1 區域網路 (LAN)

當電腦的數目不只一部,而且所在的位置可能是同一棟建築物的不同辦公室、同一個公司或同一個學校的不同建築物,那麼將這些電腦連接在一起所形成的網路就叫做**區域網路** (LAN,Local Area Network)。

例如在校園內架設區域網路將學校的行政組織、各個系所辦公室、圖書館、資訊中心的電腦連接在一起,或在一棟辦公大樓內架設區域網路將公司各個部門的電腦連接在一起。

透過區域網路,電腦之間可以分享硬體、軟體、資料等資源,進而應用在辦公室自動化、視訊會議、遠距教學、網路選課、開放課程、學術研究等方面。

以圖 1.3 為例,這個區域網路裡面有三部交換器,各自連接了數部電腦,而交換器彼此之間則是串接在一起,假設交換器 1 所連接的電腦 A 欲傳送資料給交換器 3 所連接的電腦 K,雖然兩者沒有直接連線,但電腦 A 可以透過交換器 1 將資料傳送給交換器 2,接著傳送給交換器 3,最後再傳送給電腦 K。

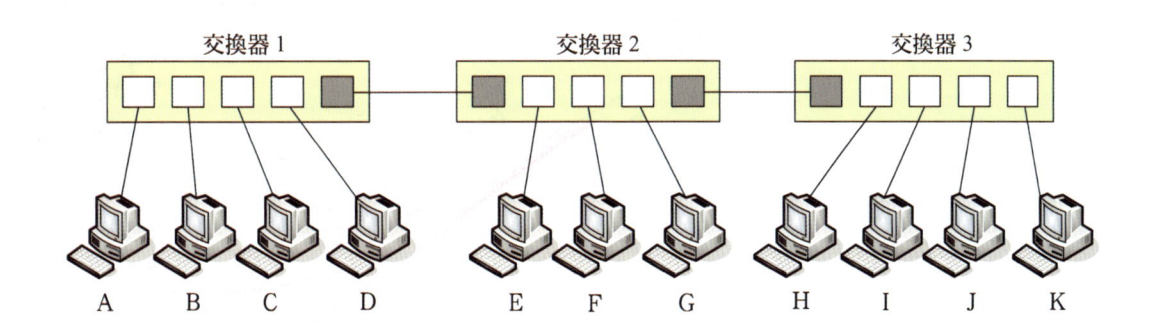

圖 1.3　區域網路 (LAN)

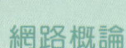

1-2-2 廣域網路 (WAN)

當電腦的數目不只一部,而且所在的位置可能在不同城鎮、不同國家甚至不同洲,例如一個公司在不同國家有分公司,或一個學校在不同地區有分校,那麼將這些電腦連接在一起所形成的網路就叫做**廣域網路** (WAN,Wide Area Network)(圖 1.4)。

由於廣域網路的範圍可能跨越數百公里甚至數千公里,所以通常需要租用公共的通訊設備(例如專線)或衛星作為通訊媒介。舉例來說,假設有個公司欲連接其台北總公司和高雄分公司的區域網路,此時可以向中華電信租用專線或 VPN(虛擬私人網路)服務,將兩地的區域網路連接成一個廣域網路。

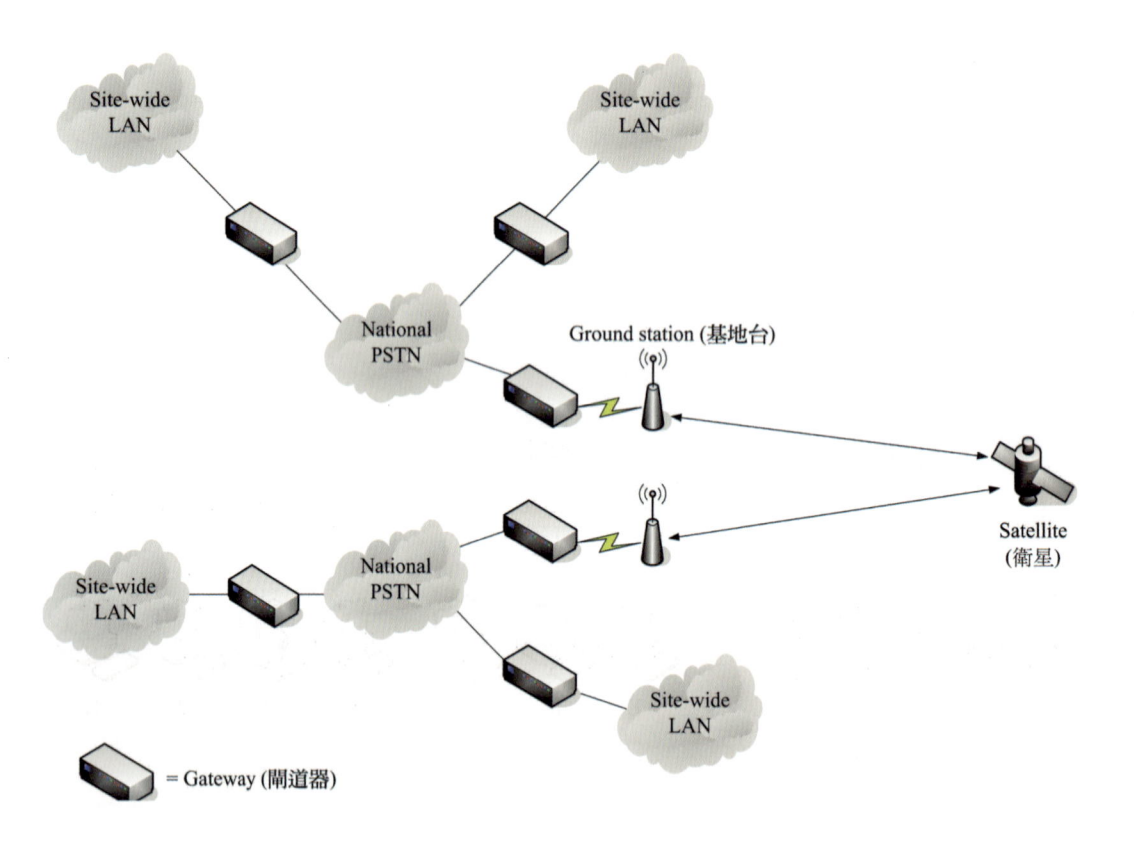

圖 1.4 廣域網路 (WAN)

1-2-3 都會網路 (MAN)

都會網路 (MAN,Metropolitan Area Network) 涵蓋的範圍介於 LAN 與 WAN 之間,使用與 LAN 類似的技術連接位於不同辦公室或不同城鎮的電腦,它可能是單一網路或連接數個 LAN 的網路,例如**有線電視網路** (Cable TV Network)(圖 1.5)。

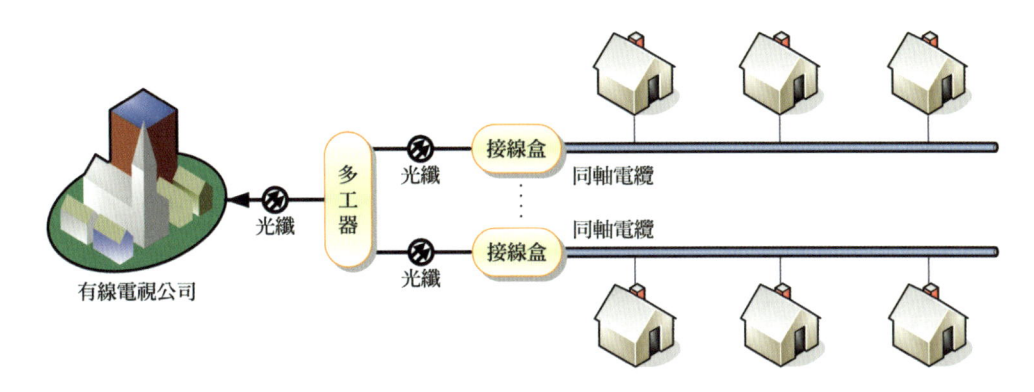

圖 1.5 有線電視網路

原則上,LAN 泛指範圍在 10 公里以內的網路,MAN 泛指範圍在 10～100 公里的網路,而 WAN 泛指範圍在 100 公里以上的網路 (表 1.1)。由於 LAN 的傳輸速率與傳輸距離不斷提升,使得 MAN 與 LAN 之間的分野日趨模糊。

表 1.1　LAN vs. MAN vs. WAN

	區域網路 (LAN)	都會網路 (MAN)	廣域網路 (WAN)
涵蓋範圍	10 公里以內	10～100 公里	100 公里以上
傳輸速率	快	中	慢
傳輸品質	佳	中	差
設備價格	低	中	高

1-2-4 無線網路

我們可以根據無線網路所涵蓋的範圍，將之分成下列幾種類型：

- **無線個人網路** (WPAN，Wireless Personal Area Network)：WPAN 主要是提供小範圍的無線通訊，例如手機免持聽筒、智慧手錶與手機連線、遊戲機的無線控制器、無線鍵盤等。

    WPAN 的標準是 IEEE 802.15 工作小組以**藍牙** (Bluetooth) 為基礎所提出的 **802.15**，而藍牙是 Bluetooth SIG 所提出之短距離、低速率、低功耗、低成本的無線通訊標準。除了藍牙，其它 WPAN 標準還有 **ZigBee** 和 **UWB**。

- **無線區域網路** (WLAN，Wireless Local Area Network)：WLAN 主要是提供範圍在數十公尺到一百公尺左右的無線通訊。無線區域網路 (WLAN) 與無線個人網路 (WPAN) 是有差異的，前者是使用高頻率的無線電取代傳統的有線區域網路，用途以區域網路的連線為主，而後者則著重於個人用途的無線通訊。

    WLAN 的標準是 IEEE 802.11 工作小組所發布的 **802.11**，之後延伸出 802.11a、802.11b、802.11g、802.11n、802.11ac、802.11ad、802.11ax、802.11ay、802.11be、802.11bn 等標準。

網路概念　01

為了讓不同廠商根據 802.11x 標準所製造的 WLAN 設備能夠互通，不會發生不相容，WECA (Wireless Ethernet Compatability Alliance) 提出了 **Wi-Fi** (Wireless Fidelity) 認證，而 **Wi-Fi 無線上網**指的就是採取 802.11x 標準的 WLAN。

- **無線都會網路** (WMAN，Wireless Metropolitan Area Network)：WMAN 主要是提供大範圍的無線通訊，例如一個校園或一座城市，WMAN 的標準是 IEEE 所發布的 **802.16**。

- **無線廣域網路** (Wireless WAN)：包括**行動通訊** (mobile communication) 和**衛星網路** (satellite network)，前者有基地台、人手一機的行動電話、平板電腦等裝置，使用者可以隨時隨地與其它人進行通訊；後者是由衛星、地面站、端末使用者的終端機或電話等節點所組成，利用衛星作為中繼站轉送訊號，以提供地面上兩點之間的通訊。

圖 1.6 無線網路與行動通訊的蓬勃發展改變了人們的生活型態（圖片來源：ASUS)

1-9

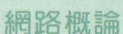

1-2-5 互聯網

當有兩個或多個網路連接在一起時，便形成了**互聯網** (internetwork)，簡稱為 **internet**，例如數個 LAN 連接在一起、一個 LAN 和一個 WAN 連接在一起、數個 LAN 和一個 MAN 連接在一起等 (圖 1.7)。

請注意，**internet**（小寫字母 i）和 **Internet**（大寫字母 I）是不同的，前者指的是相互連接的網路，後者專指**網際網路**，這是全世界最大的網路，由成千上萬個大小網路連接而成。

Internet（網際網路）屬於開放網路，方便使用者存取與分享資源，卻也潛藏著安全風險。為了提高安全性，許多企業會在內部網路與 Internet 之間架設防火牆 (firewall)，讓內部網路的使用者可以存取 Internet，但 Internet 的使用者無法存取內部網路，這種私人的獨立網路和 Internet 一樣採取 TCP/IP 通訊協定，我們將它稱為 **Intranet**（企業內網路）。另外還有 **Extranet**（企業間網路）是 Intranet 的推廣，能夠連接企業與企業之間的網路，分享共同的營業資訊。

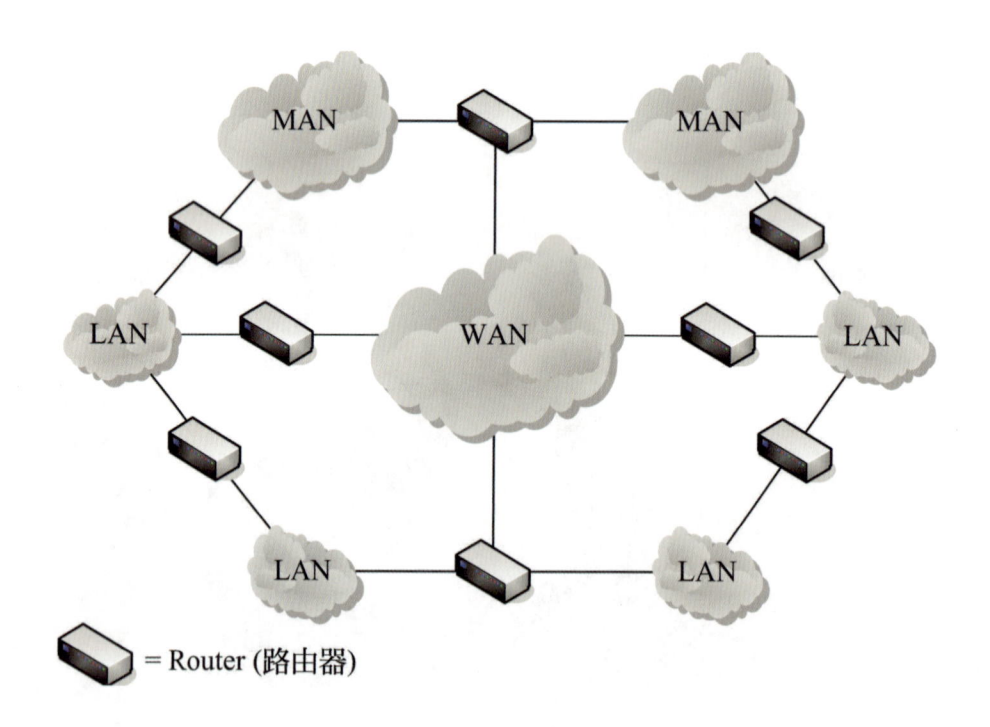

圖 1.7 互聯網

資訊部落

不同類型的網路如何連接在一起

不同類型的網路可以連接在一起成為更大的網路，以全世界最大、最成功的網際網路為例，無論是企業用戶、家庭用戶或行動用戶都需要與網際網路接軌，圖 1.8 示範了不同類型的網路連接到網際網路的方式。

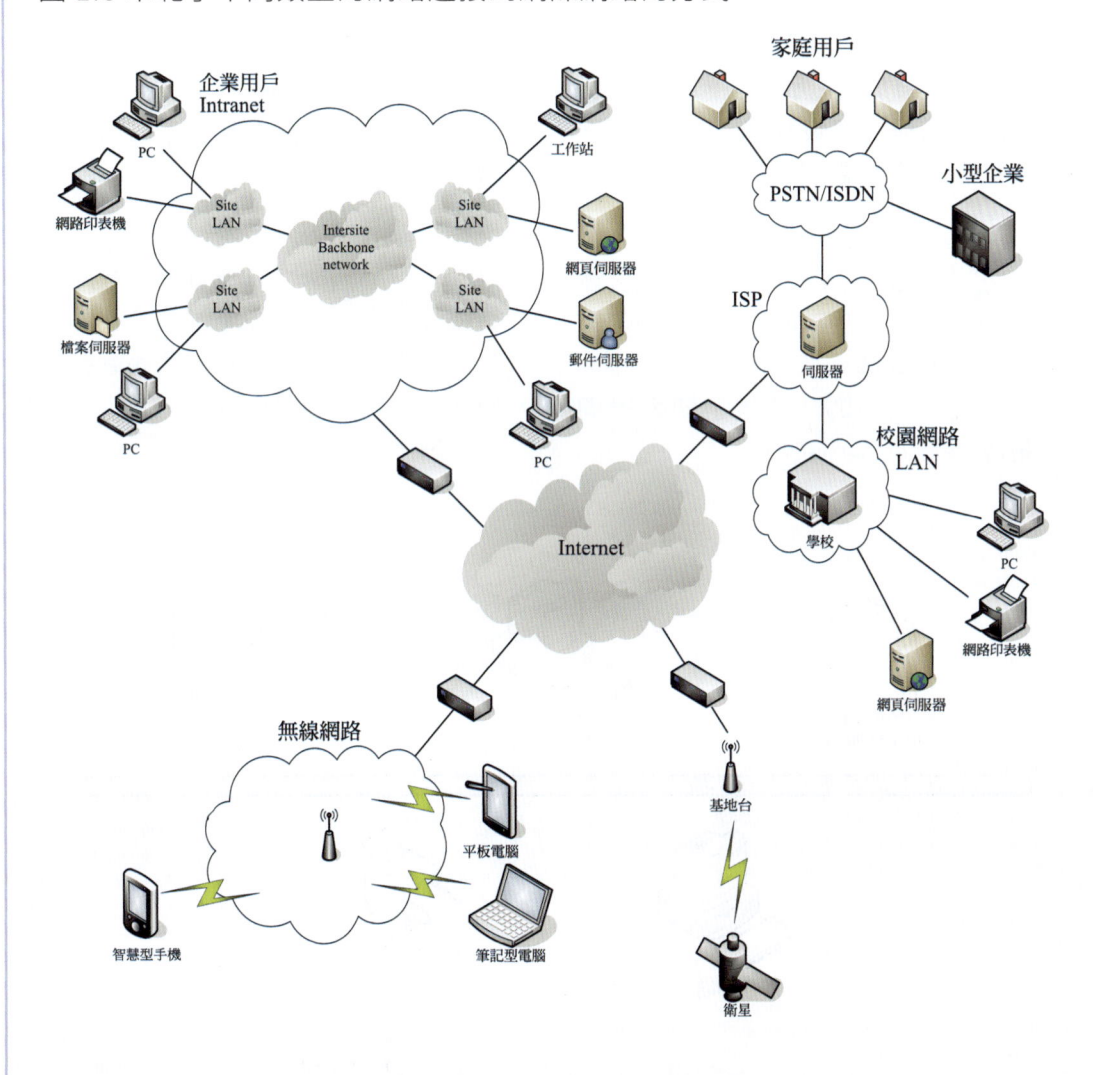

PSTN = Public Switched Telephone Network
ISDN = Integrated Services Digital Network
ISP = Internet Service Provider
LAN = Local Area Network
= Gateway (閘道器)

圖 1.8 不同類型的網路連接到網際網路的方式

1-3 網路的運作方式

我們可以根據不同的運作方式，將網路分成下列幾種類型：

- **主從式網路** (client-server network)：在主從式網路中，會有一部或多部電腦負責管理使用者、檔案、列印、傳真、電子郵件、網頁快取等資源，並提供服務給其它電腦，我們將提供服務的電腦稱為**伺服器** (server)，其它電腦稱為**用戶端** (client)(圖 1.9)。

  舉例來說，假設網路上有 A、B、C、D、E 等五部電腦，其中電腦 A 負責管理印表機，任何電腦要進行列印，都必須向電腦 A 提出要求，此時，電腦 A 所扮演的角色就是**印表機伺服器** (printer server)。

- **對等式網路** (peer-to-peer network)：在對等式網路中，每部電腦可以同時扮演伺服器與用戶端的角色，使用者可以自行管理電腦，決定要開放哪些資源給其它電腦分享，也可以向其它電腦要求服務 (圖 1.10)。

- **混合式網路**：在實際應用上，多數網路屬於混合式網路，也就是混合了主從式網路與對等式網路的運作方式。舉例來說，在小型辦公室中，除了架設一、兩部伺服器管理重要的資源或應用程式之外，往往允許用戶端之間互相分享資料夾，此時，這些電腦所扮演的角色不僅是用戶端，同時也是伺服器。

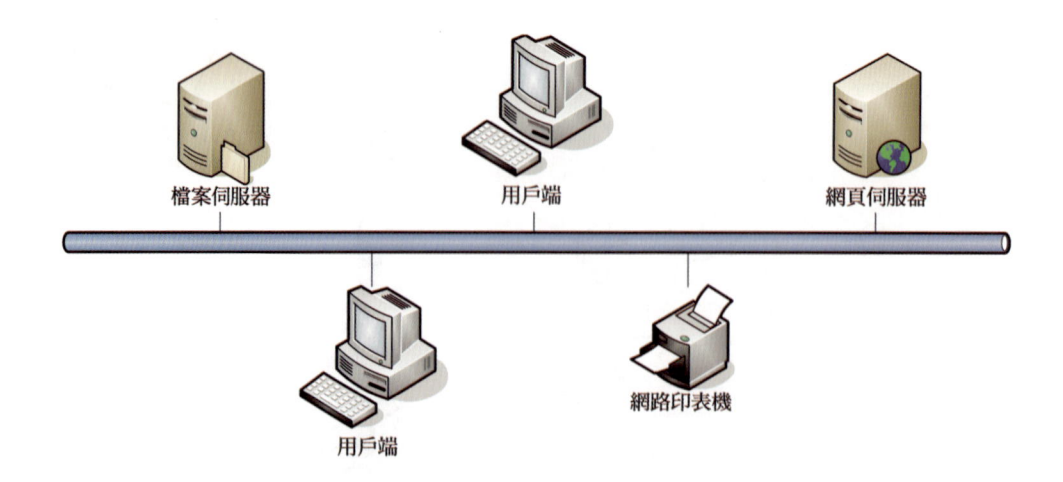

圖 1.9 主從式網路的資源集中在伺服器，適用於大型網路

掃描器　　　　　　　　　　　　　　　　　　　　　　　　　　傳真機

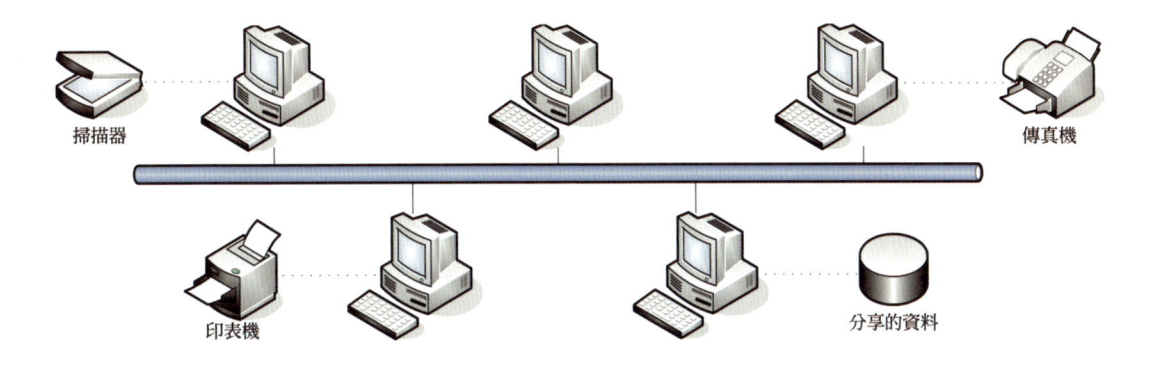

印表機　　　　　　　　　　　　　　　　　分享的資料

圖 1.10　對等式網路的資源分散在不同電腦，適用於小型網路

表 1.2　主從式網路 vs. 對等式網路

	優點	缺點
主從式網路	◆ 容易管理（資源集中在伺服器，只要妥善管理伺服器即可） ◆ 安全控管較佳 ◆ 效能較佳（伺服器的功能可以最佳化） ◆ 具有集中管理功能（資料較易搜尋且網路規模得以擴充）	◆ 成本較高（需要添購硬體需求較高的伺服器、網路作業系統的軟體授權較貴） ◆ 不易架設（需要專業人員負責管理伺服器） ◆ 需要倚賴伺服器的功能（當伺服器故障時，將影響整個網路的運作）
對等式網路	◆ 成本較低（無需添購伺服器） ◆ 容易架設（無需專業人員負責管理伺服器） ◆ 無需倚賴伺服器的功能（當有電腦故障時，不會影響整個網路的運作）	◆ 不易管理（資源分散在不同電腦） ◆ 安全控管較差 ◆ 效能較差（資源分享會造成某些電腦的負荷） ◆ 缺乏集中管理功能（資料較難搜尋且網路規模難以擴充）

1-4 通訊協定與標準

通訊協定與標準是網路通訊領域中經常出現的兩個名詞，其中**通訊協定**(protocol) 指的是管理網路通訊的規則，它可能定義了何謂通訊、如何通訊及何時通訊。不同的網路或不同的服務所使用的通訊協定各異，例如網際網路所使用的通訊協定叫做 **TCP/IP** (Transmission Control Protocol/Internet Protocol)。

制定一個通訊協定通常得考慮到下列三個元素：

- **語法** (syntax)：這是資料的格式，舉例來說，一個通訊協定可能會定義資料的格式如圖 1.11，其中前 3 個位元是封包起始位元、Full/Empty 位元、監控位元，接著的 8 個位元是目的位址，再接著的 8 個位元是來源位址，之後是 N 個位元的資料和 2 個位元的回應位元。

- **語意** (semantic)：這是資料的意義，包括如何解譯及對應的動作，例如在解譯出資料的位址後，接著是要轉送該資料？還是已經抵達目的電腦？

- **定時** (timing)：這是資料的傳輸速率，若來源電腦以 100Mbps 的速率傳送資料，而目的電腦卻只能以 10Mbps 或 1Mpbs 的速率接收資料，那麼可能會導致資料遺失。

至於**標準** (standard) 則是各家廠商為了建立並維持一個開放競爭市場所制定，目的在於提供明確的規範給廠商、政府機構及其它業者，以確保網路技術的相容性。

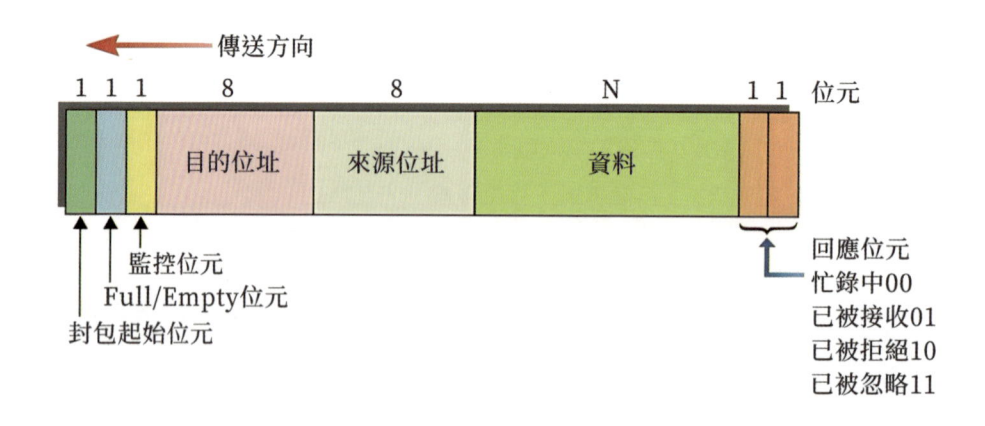

圖 1.11　資料格式範例

目前主要的電信標準制定委員會如下：

- **ISO** (International Organization for Standardization，國際標準化組織)：ISO 是由多個國家於 1947 年在瑞士日內瓦成立的非營利組織，負責制定工商業國際標準，以促進國際交流與科學發展，其網址為 https://www.iso.org/。ISO 制定的國際標準是以數字表示，例如 ISO 27799:2008，其中 27799 是標準號碼，2008 是出版年份。

- **ANSI** (American National Standards Institute，美國國家標準協會)：ANSI 是成立於 1918 年的非營利組織，負責制定美國國家標準，其網址為 https://www.ansi.org/，例如 ANSI C 是 ANSI 所發布的 C 語言標準。

- **ITU-T** (International Telecommunication Union-Telecommunication Standardization Sector，國際電信聯盟電信標準化部門)：ITU-T 是 ITU (國際電信聯盟) 於 1993 年成立的部門，前身為 CCITT (International Telegraph and Telephone Consultative Committee，國際電報電話諮詢委員會)，其網址為 https://www.itu.int/en/ITU-T。

  ITU-T 致力於發展電信通訊領域與 OSI (Open System Interconnection) 標準，並將這類標準稱為「建議書」。ITU-T 建議書的分類是由一個首字母來代表，稱為「系列」，每個系列除了分類字母之外還有一個編號，例如 V.90 是 56Kbps 數據機標準。

- **IEEE** (Institute of Electrical and Electronics Engineers，電機電子工程師學會)：IEEE 是由無線電工程師學會 (IRE) 和美國電機工程師學會 (AIEE) 於 1963 年合併成立，總部設在美國紐約，其網址為 https://www.ieee.org/。

  IEEE 目前是全世界最大的工程師學會，致力於提升電機工程、電子學、無線電、通訊、計算機科學等領域的理論與標準化發展，例如 802.3 CSMA/CD (Ethernet)、802.4 Token Bus、805.5 Token Ring、802.15 Wireless Personal Area Network、802.11 Wireless LAN、802.14 Cable Modem、802.16 Wireless MAN 等網路標準均為 IEEE 所制定。

- **IEC** (International Electrotechnical Commission，國際電工委員會)：IEC 是由英國的電機工程師學會 (IEE) 和美國的電機電子工程師學會 (IEEE) 於 1906 年成立，負責制定電機電子工程領域中的國際標準，其網址為 https://www.iec.ch/。IEC 與 ISO 合作密切並聯手制定不少國際標準，例如 ISO/IEC 27002:2005 (Information technology -- Security techniques)，其中 27002 是標準號碼，2005 是出版年份。

- **EIA** (Electronic Industries Alliance，電子工業聯盟)：EIA 是由美國電子產品製造商於 1924 年成立的非營利組織，專注於電子業相關議題，積極推動標準化發展，例如 EIA-RS-232 是序列資料通訊的介面標準。

1-5 OSI 參考模型

網路通常是由多部電腦和橋接器、路由器、閘道器、交換器等設備所組成，中間涉及複雜的軟硬體。為了讓不同的網路能夠彼此通訊，於是需要統一的標準以茲遵循，其中比較知名的是「OSI 參考模型」和「TCP/IP 參考模型」，前者會在本節中做介紹，後者留待下一節再做介紹。

ISO（國際標準組織）於 1977 年開始著手研擬 **OSI 參考模型** (Open System Interconnection reference model，開放系統互連)，這是一個如圖 1.12 的概念性架構，可以作為制定網路標準的參考。

OSI 參考模型將網路的功能及運作粗略分成下列七個層次（由上到下），多數通訊協定都可以放入其中一個層次：

- **應用層** (application layer)
- **表達層** (presentation layer)
- **會議層** (session layer)
- **傳輸層** (transport layer)
- **網路層** (network layer)
- **資料連結層** (data link layer)
- **實體層** (physical layer)

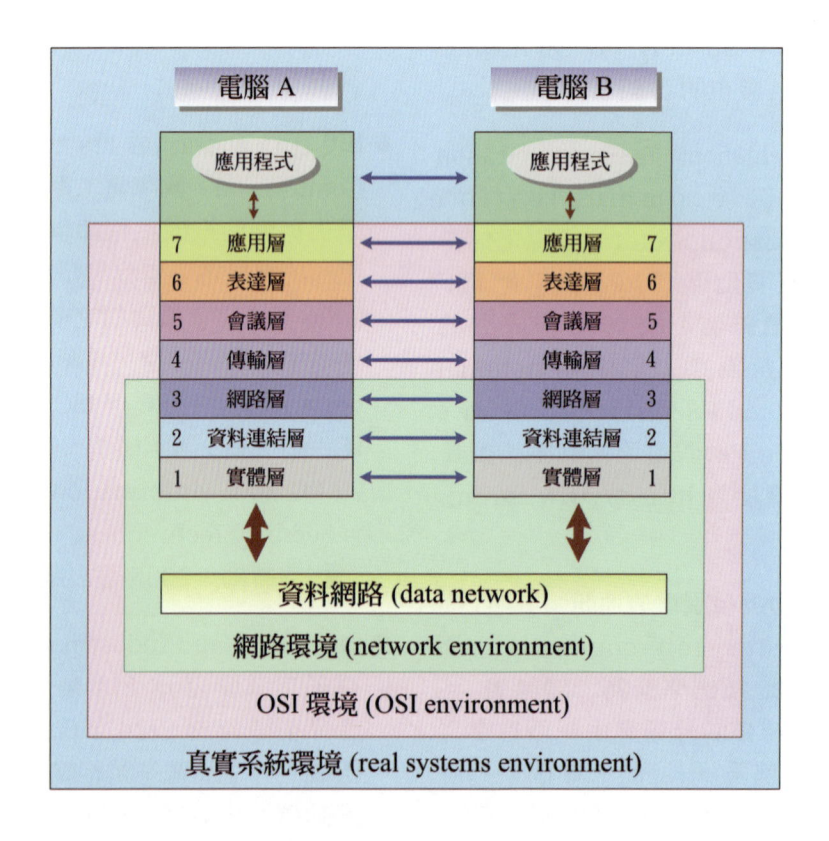

圖 1.12 OSI 參考模型

在圖 1.12 中，**網路環境**指的是資料通訊網路相關的通訊協定或標準；**OSI 環境**包含了網路環境和應用程式導向的標準，讓電腦以開放的方式進行通訊；**真實系統環境**涵蓋了針對特定目的所撰寫的應用程式。發訊端（例如電腦 A）送出的資料會沿著 OSI 參考模型的七個層次一路向下，然後經由**資料網路** (data network) 抵達目的設備，再沿著 OSI 參考模型的七個層次一路向上抵達收訊端（例如電腦 B），所謂的發訊端和收訊端可以是電腦、磁碟、印表機等。

1-5-1 應用層

應用層 (application layer) 位於 OSI 參考模型的第七層也是最上層，屬於使用者端應用程式與網路服務之間的介面，負責提供網路服務給應用程式、訊息交換、檔案傳輸、網頁瀏覽、電子郵件、目錄服務、密碼檢查、登入、系統管理等，諸如 FTP、DNS、HTTP、POP、SMTP、Telnet、SNTP、NNTP、DHCP 等通訊協定均屬於應用層。

這個介面通常是一組由作業系統所提供的**程序** (procesure)，也就是**系統呼叫** (system call)，使用者端應用程式的開發廠商可以透過這些系統呼叫存取網路設備，而不用透過網路設備的驅動程式。

發訊端的應用層會從發訊端的應用程式接收資料，然後傳送到發訊端的表達層；反之，收訊端的應用層會從收訊端的表達層接收資料，然後傳送到收訊端的應用程式，如圖 1.13。無論是發訊端或收訊端，它們在應用層均有各自的定址方式，例如電子郵件的位址為類似 jean@mail.lucky.com.tw 的格式、網站的位址為類似 www.lucky.com.tw 的格式。

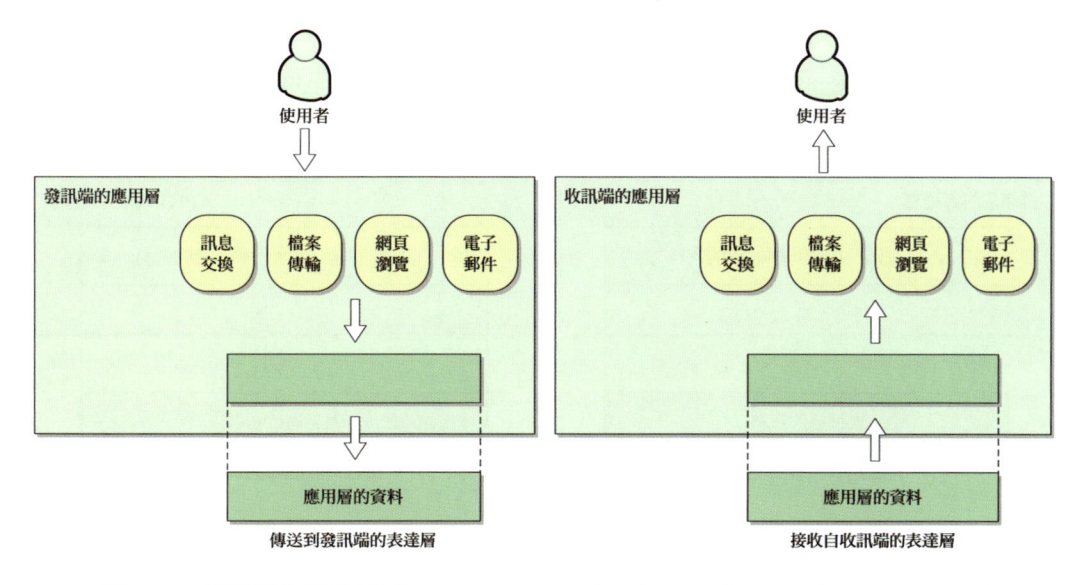

圖 1.13 應用層（示意圖參考：Data Communications and Networking, Forouzan）

1-5-2 表達層

表達層 (presentation layer) 位於 OSI 參考模型的第六層，負責下列工作：

- **內碼轉換**：使用者在應用層所輸入的資料到了電腦內部，通常會根據諸如 ASCII、Unicode 等字元編碼方式轉換成內碼，然不同的發訊端與收訊端卻可能使用不同的字元編碼方式，導致無法溝通，此時，表達層就必須進行內碼轉換。

- **加密 / 解密** (encryption/decryption)：這是要防止資料被不是指定的收訊端讀取，所以在資料傳送出去之前先加以編碼，待資料抵達目的地之後再進行解碼。

- **壓縮 / 解壓縮**：這是要減少資料所占用的空間，進而節省網路頻寬。

發訊端的表達層會從發訊端的應用層接收資料，然後加以編碼、加密和壓縮，再傳送到發訊端的會議層；反之，收訊端的表達層會從收訊端的會議層接收資料，然後加以解壓縮、解密和解碼，再傳送到收訊端的應用層，如圖 1.14。

事實上，加密 / 解密並不是表達層專有的機制，目前也有不少應用層的應用程式提供了加密 / 解密的機制；同樣的，壓縮 / 解壓縮亦不是表達層專有的機制，目前也有不少應用層的應用程式提供了壓縮 / 解壓縮的機制。

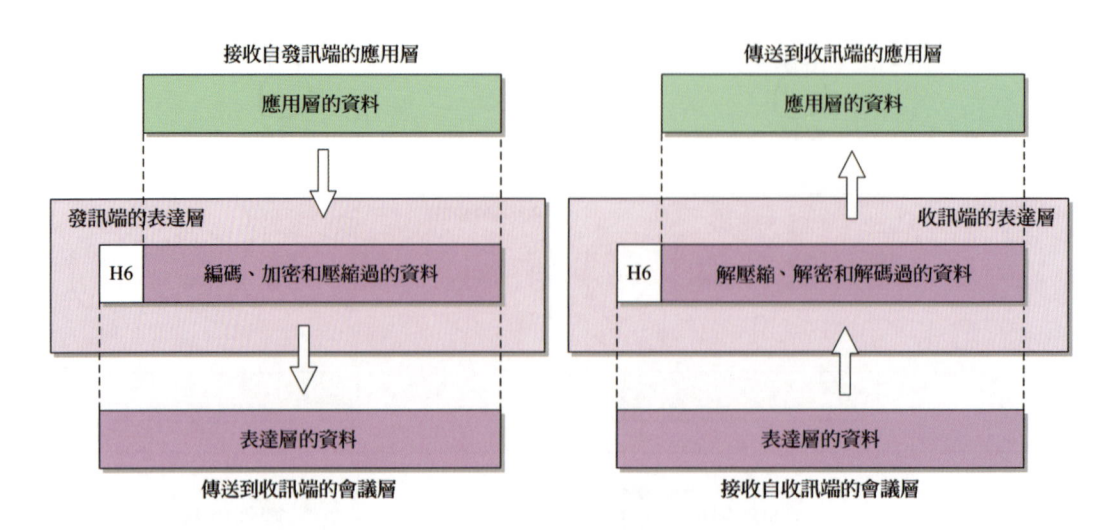

圖 1.14 表達層 (H6 表示第六層所加上的表頭 (header))
(示意圖參考：Data Communications and Networking, Forouzan)

1-5-3 會議層

會議層 (session layer) 位於 OSI 參考模型的第五層，負責下列工作，目的是控制資料收發時機，例如何時傳送資料？何時接收資料？

- 建立、維護與切斷連線
- 對話控制
- 資料交換管理

此外，會議層亦提供了發訊端與收訊端之間的同步動作，舉例來說，假設發訊端欲傳送一份 1000 頁的文件，但收訊端在收到第 787 頁時卻發生連線中斷，此時，發訊端必須重新傳送這 1000 頁嗎？

答案是不必，因為會議層在傳送資料的過程中會插入同步點，例如每隔 100 頁就插入一個同步點，而且會議層在傳送下一個 100 頁前會先等待收訊端的請求，必須在收到收訊端的請求，確認上一個 100 頁成功傳送後，才會傳送下一個 100 頁，因此，若收訊端只有收到第 787 頁，那麼發訊端會在恢復連線後，從第 701 頁開始傳送。

發訊端的會議層會從發訊端的表達層接收資料，然後加入同步點和表頭，再傳送到發訊端的傳輸層；反之，收訊端的會議層會從收訊端的傳輸層接收資料，然後移除同步點和表頭，再傳送到收訊端的表達層，如圖 1.15。

由於應用層的應用程式愈來愈強大，甚至涵蓋表達層及會議層的功能，使得這三個層次的分野日趨模糊。

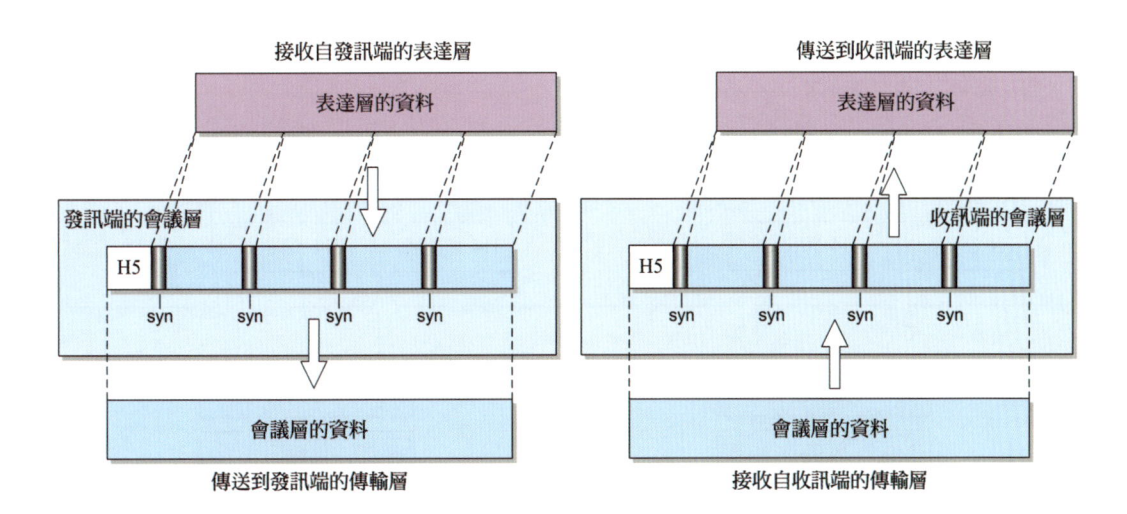

圖 1.15 會議層 (H5 表示第五層所加上的表頭，syn 表示第五層所加上的同步點)
(示意圖參考：Data Communications and Networking, Forouzan)

1-5-4 傳輸層

傳輸層 (transport layer) 位於 OSI 參考模型的第四層，負責下列工作，諸如 UDP 與網際網路所使用的 TCP 通訊協定均屬於傳輸層：

- **區段排序**：發訊端的傳輸層會從發訊端的會議層接收資料，然後將資料切割成**區段** (segment)，裡面包含區段的編號，再將區段傳送到發訊端的網路層；反之，收訊端的傳輸層會從收訊端的網路層接收區段，然後根據編號進行區段排序，還原為資料，再將資料傳送到收訊端的會議層，如圖 1.16。

- **流量控制** (flow control)：當發訊端的傳送速率比收訊端的接收速率快時，流量控制便顯得很重要，適時的降低發訊端的傳送速率，可以避免收訊端因為接收不及而導致資料遺失。

- **錯誤控制** (error control)：傳輸層提供了**不可靠服務** (unreliable service) 和**可靠服務** (reliable service) 兩種，前者的設計理念是求快速而非可靠，所以區段可能會損壞、遺失或重複，UDP 通訊協定即為一例；反之，後者的設計理念是求可靠而非快速，所以必須對區段進行錯誤控制，例如確認與重送、錯誤檢查碼等，TCP 通訊協定即為一例。

無論是發訊端或收訊端，它們在傳輸層均有各自的定址方式，例如 FTP 通訊協定的位址為通訊埠編號 20、HTTP 通訊協定的位址為通訊埠編號 80。

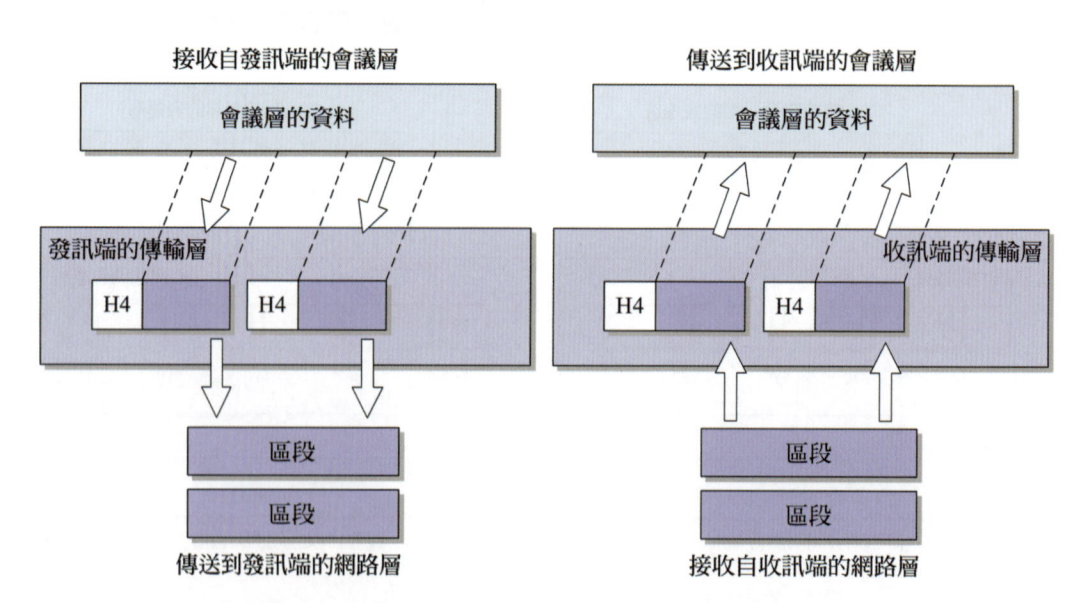

圖 1.16 傳輸層 (H4 表示第四層所加上的表頭，裡面包含區段的編號)
(示意圖參考：Data Communications and Networking, Forouzan)

1-5-5 網路層

網路層 (network layer) 位於 OSI 參考模型的第三層，負責下列工作，諸如 X.25 與網際網路所使用的 IP 通訊協定均屬於網路層：

- **邏輯定址** (logical addressing)：網路層必須賦予收訊端與發訊端唯一可識別的位址，而且這是一個**邏輯位址** (logical address)。以 IP 通訊協定為例，第一個廣泛使用的 IP 定址方式為 **IPv4**，在此版本中，IP 位址是一個 32 位元的二進位數字，例如 10001100011100000001111000010110，為了方便記憶，這串數字會被分成四個 8 位元的十進位數字，中間以小數點連接，即 140.112.30.22。

- **路由** (routing)：發訊端的網路層會從發訊端的傳輸層接收區段，然後將區段封裝成**封包** (packet)，裡面包含收訊端與發訊端的邏輯位址，再將封包傳送到發訊端的資料連結層；反之，收訊端的網路層會從收訊端的資料連結層接收封包，然後還原為區段，再將區段傳送到收訊端的傳輸層，如圖 1.17。

相較於傳輸層沒有考慮到實際路徑，網路層則必須幫封包選擇最佳路徑，因為封包從發訊端傳送到收訊端可能有數種不同的路徑，若封包要求快速，網路層就必須找出最短路徑，若封包要求可靠，網路層就必須找出最可靠路徑。

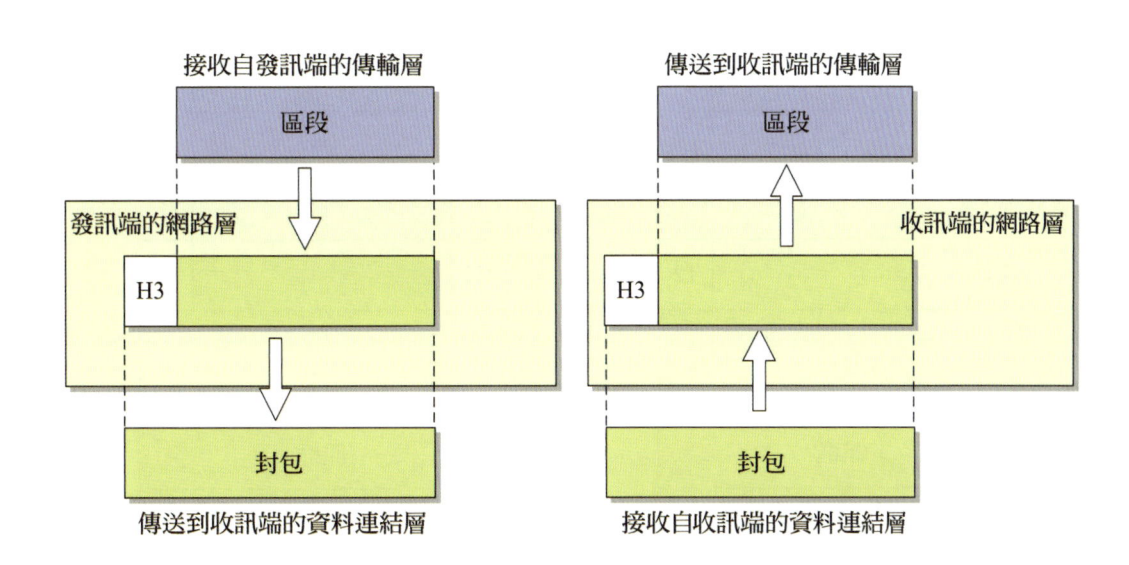

圖 1.17 網路層 (H3 表示第三層所加上的表頭，裡面包含收訊端與發訊端的邏輯位址)
(示意圖參考：Data Communications and Networking, Forouzan)

1-5-6 資料連結層

資料連結層 (data link layer) 位於 OSI 參考模型的第二層,負責下列工作:

- **實體定址** (physical addressing):資料連結層和網路層均提供了定址的功能,不同的是網路層為邏輯定址,而資料連結層為實體定址,也就是根據網路設備的實體位址找到該設備。

  實體位址的格式和網路類型有關,以 Ethernet 網路卡為例,其實體位址是燒錄在網路卡,長度為 6 個位元組,以十六進位數字表示,中間以冒號隔開,例如 FE:DC:BA:09:87:65,前 3 個位元組為製造廠商代號,由製造廠商向 IEEE 註冊取得,後 3 個位元組為製造廠商自行編列的流水號。

- **訊框處理** (framing):發訊端的資料連結層會從發訊端的網路層接收封包,然後將封包封裝成**訊框** (frame),裡面包含收訊端與發訊端的實體位址與錯誤偵測資訊,再將訊框傳送到發訊端的實體層;反之,收訊端的資料連結層會從收訊端的實體層接收訊框,然後還原為封包,再將封包傳送到收訊端的網路層,如圖 1.18。

- **流量控制** (flow control):當收訊端所接收的資料超過其負載極限時,會通知發訊端減緩傳送或暫停傳送,直到存放在緩衝區的資料接收完畢,才會通知發訊端繼續傳送。

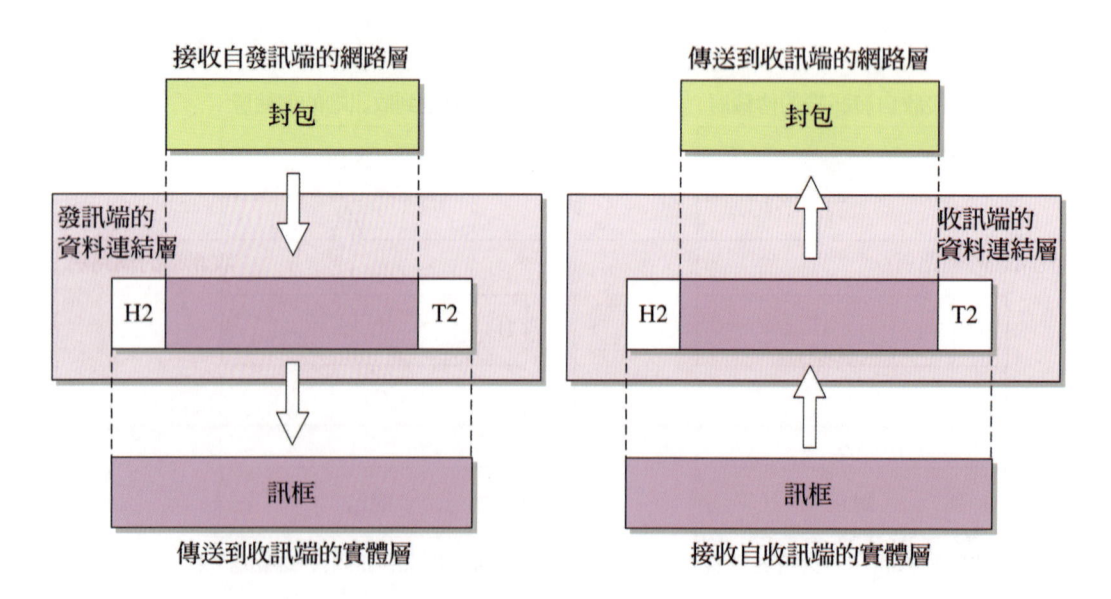

圖 1.18 資料連結層 (H2 表示第二層所加上的表頭,裡面包含收訊端與發訊端的實體位址;T2 表示第二層所加上的表尾,裡面包含錯誤偵測資訊)
(示意圖參考:Data Communications and Networking, Forouzan)

- **錯誤控制** (error control)：資料連結層提供了一個機制可以偵測訊框有無損壞、遺失或重複，一旦偵測到錯誤，訊框會被丟棄或要求重送。

- **媒介存取控制** (media access control)：原則上，傳輸媒介在相同時間內只允許一個網路設備傳送資料，否則會發生碰撞，而資料連結層的任務之一就是避免發生碰撞及解決碰撞。

1-5-7 實體層

實體層 (physical layer) 位於 OSI 參考模型的第一層也是最底層，目的是讓資料透過實體的傳輸媒介進行傳送，負責定義網路所使用的訊號編碼方式、基頻或寬頻、拓樸、傳輸媒介、傳輸速率、傳輸距離、傳輸格式、接頭、佈線、電壓、電流等規格。

發訊端的實體層會從發訊端的資料連結層接收訊框，將這些由 0 與 1 所組成的數位資料轉換成傳輸媒介所能傳送的電流訊號或光波脈衝。以序列埠所使用的 RS-232 介面為例，其輸出的電壓準位為 ±12 伏特，位元 0 會被轉換成 +12 伏特，位元 1 會被轉換成 -12 伏特；接著，電流訊號或光波脈衝會透過諸如雙絞線、同軸電纜、光纖等傳輸媒介傳送到收訊端的實體層；最後，收訊端的實體層會將收到的訊號轉換成訊框，再傳送到收訊端的資料連結層，如圖 1.19。

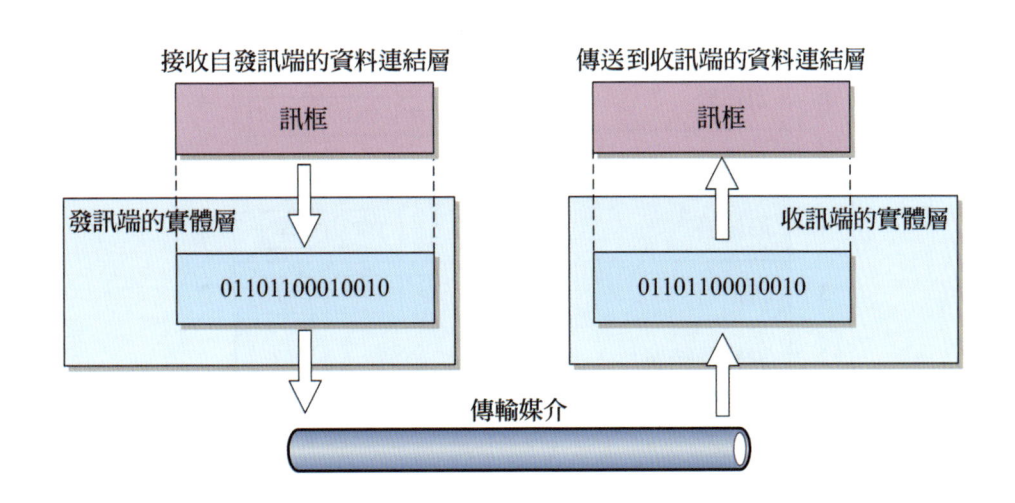

圖 1.19 實體層 (示意圖參考：Data Communications and Networking, Forouzan)

1-6 TCP/IP 參考模型

TCP/IP 參考模型是另一個知名的參考模型，它之所以重要，起源於網際網路使用 TCP/IP 通訊協定，而網際網路是起源於美國國防部 (DoD，Department of Defense) 的一項實驗計畫 — **ARPANET** (Advanced Research Projects Agency NETwork)，因此，TCP/IP 參考模型又稱為 **DoD 參考模型**。

對較於 OSI 參考模型將網路的功能及運作分成七個層次，TCP/IP 參考模型則是分成如圖 1.20 的四個層次，發訊端送出的資料會沿著 TCP/IP 參考模型的四個層次一路向下，然後經由傳輸媒介及中繼設備抵達目的設備，再沿著 TCP/IP 參考模型的四個層次一路向上抵達收訊端。

TCP/IP 參考模型之所以只有四個層次，並不是去除 OSI 參考模型的某些層次，而是將功能類似的層次合併，包括將應用層、表達層及會議層合併為單一的**應用層** (application layer)，保留**傳輸層** (transport layer) 和**網路層** (network layer)，將實體層及資料連結層合併為單一的**連結層** (link layer)，其功能如表 1.3。

雖然 TCP/IP 參考模型的定義沒有 OSI 參考模型嚴謹，但簡化為四個層次卻使得它的結構簡潔易懂、處理效率較佳。

圖 1.20 TCP/IP 參考模型

表 1.3　TCP/IP 參考模型的四個層次

層次	說明	知名的通訊協定	資料單元名稱
應用層	負責提供網路服務給應用程式。	◆ FTP (File Transfer Protocol，檔案傳輸協定) ◆ DNS (Domain Name System，網域名稱系統) ◆ SMTP (Simple Mail Transfer Protocol，簡易郵件傳輸協定) ◆ Telnet (遠端登入) ◆ HTTP (HyperText Transfer Protocol，超文字傳輸協定) ◆ POP (Post Office Protocol，郵件接收協定) ◆ SNMP (Simple Network Management Protocol，簡易網路管理協定) ◆ NNTP (Network News Transfer Protocol，新聞群組傳輸協定) ◆ DHCP (Dynamic Host Configuration Protocol，動態主機設定協定)	在應用層傳送的資料稱為「應用訊息」(application message)。
傳輸層	負責區段排序、流量控制、錯誤控制等工作，又稱為「主機對主機層」(host-to-host layer)。	◆ TCP (Transmission Control Protocol) ◆ UDP (User Datagram Protocol)	在傳輸層傳送的資料稱為「傳輸訊息」(transport message)，包括 TCP 資料段 (segment) 及 UDP 資料元 (datagram)。
網路層	負責定址、路由等工作，又稱為「網際網路層」(Internet layer)。	◆ IP (Internet Protocol) ◆ ARP (Address Resolution Protocol) ◆ ICMP (Internet Control Message Protocol)	在網路層傳送的資料稱為「封包」(packet)。
連結層	負責與硬體溝通，又稱為「網路介面層」(network interface layer)。	雖然沒有定義通訊協定，但基本上，它支援所有標準的通訊協定。	在連結層傳送的資料稱為「訊框」(frame)。

資訊部落

何謂 RFC、STD、FYI？

- **RFC** (Request for Comments)：RFC 是一些網際網路研究機構用來記載每次開會的摘要、通訊協定的規格等資訊的文件。每份 RFC 文件都有各自的編號，例如 RFC 768 為 UDP 的規格、RFC 793 為 TCP 的規格、RFC 854、855 為 Telnet 的規格、RFC 959 為 FTP 的規格等，目前 RFC 文件的數量已經超過數千種。

- **STD** (Standards)：STD 是 RFC 的子集，所記載的是通訊協定的規格，例如 STD 7 為 TCP 的規格 (RFC 793)、STD 8 為 Telnet 的規格 (RFC 854、855)、STD 9 為 FTP 的規格 (RFC 959) 等。

- **FYI** (For Your Information)：FYI 是 RFC 的子集，所記載的是比較適合初學者閱讀的資訊。每份 FYI 文件都有各自的編號，例如 FYI 24 為 How to use Anonymous FTP (匿名 FTP)？、FYI 23 為 Guide to Network Resource Tools、FYI 20 為 What is the Internet？等。

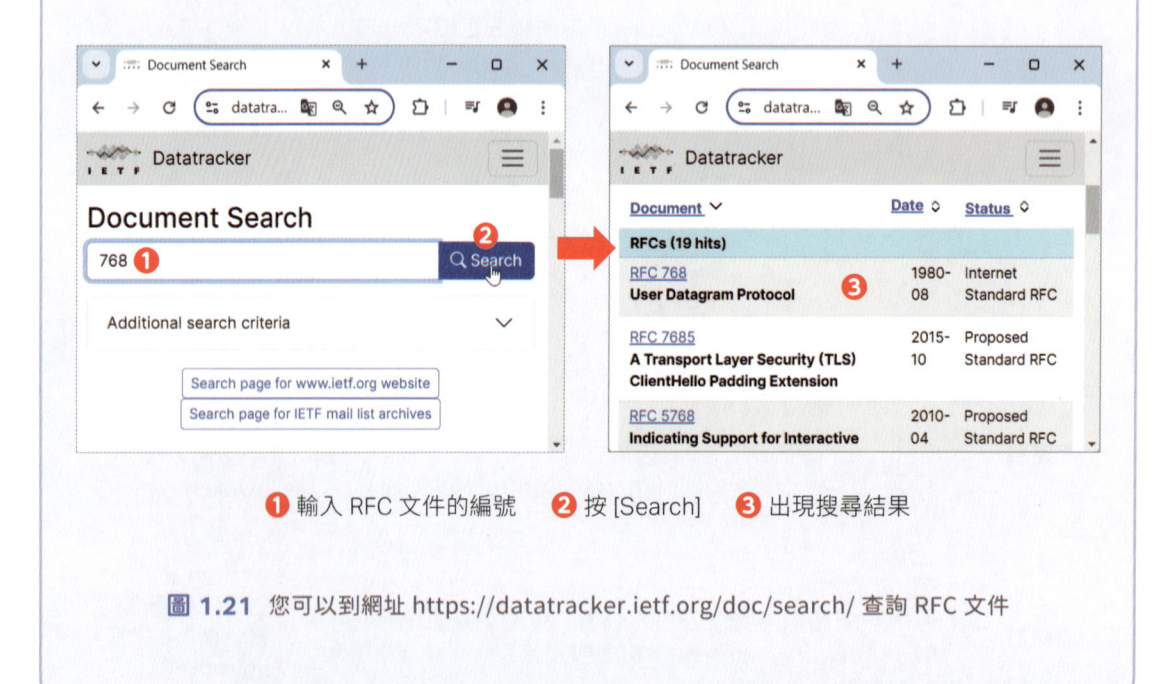

❶ 輸入 RFC 文件的編號　❷ 按 [Search]　❸ 出現搜尋結果

圖 1.21　您可以到網址 https://datatracker.ietf.org/doc/search/ 查詢 RFC 文件

本 | 章 | 回 | 顧

- **網路** (network) 指的是將多部電腦或周邊透過纜線或無線電、微波、紅外線等無線傳輸媒介連接在一起,以達到資源分享的目的。

- 當電腦的數目不只一部,而且所在的位置可能在不同辦公室或不同建築物,那麼將這些電腦連接在一起所形成的網路就叫做**區域網路** (LAN)。

- 當電腦的數目不只一部,而且所在的位置可能在不同城鎮、不同國家甚至不同洲,那麼將這些電腦連接在一起所形成的網路就叫做**廣域網路** (WAN)。

- **都會網路** (MAN) 涵蓋的範圍介於 LAN 與 WAN 之間,使用與 LAN 類似的技術連接位於不同辦公室或不同城鎮的電腦。

- 當有兩個或多個網路連接在一起時,便形成了**互聯網** (internetwork),簡稱為 **internet**;而 **Internet**(網際網路)是全世界最大的網路,由成千上萬個大小網路連接而成,提供了豐富的資源。

- **無線網路** (wireless network) 又分為**無線個人網路** (WPAN)、**無線區域網路** (WLAN)、**無線都會網路** (WMAN)、**無線廣域網路** (Wireless WAN) 等類型。

OSI 參考模型層次	說明	對應的 TCP/IP 參考模型層次	說明
應用層	負責提供網路服務給應用程式。	應用層	負責提供網路服務給應用程式。
表達層	負責內碼轉換、加密/解密、壓縮/解壓縮等工作。		
會議層	負責建立、維護與切斷連線、對話控制、資料交換管理等工作。		
傳輸層	負責區段排序、流量控制、錯誤控制等工作。	傳輸層	負責區段排序、流量控制、錯誤控制等工作。
網路層	負責邏輯定址、路由等工作。	網路層	負責定址、路由等工作。
資料連結層	負責實體定址、訊框處理、流量控制、錯誤控制、媒介存取控制等工作。	連結層	負責與硬體溝通。
實體層	負責定義訊號編碼方式、基頻或寬頻、拓樸、傳輸媒介、傳輸速率、傳輸距離、傳輸格式、接頭、佈線、電壓、電流等規格。		

學　習　評　量

一、選擇題

(　　) 1. 下列何者不是網路的用途？
　　　　A. 資源分享　　　　　　　　　B. 沒有資安疑慮
　　　　C. 雲端運算　　　　　　　　　D. 訊息傳遞與交換

(　　) 2. 同一個校區的校園網路屬於下列哪種網路類型？
　　　　A. 區域網路　　　　　　　　　B. 廣域網路
　　　　C. 網際網路　　　　　　　　　D. 都會網路

(　　) 3. 下列關於區域網路與廣域網路的比較何者錯誤？
　　　　A. 廣域網路的涵蓋範圍較大　　B. 區域網路的傳輸品質較佳
　　　　C. 廣域網路的設備價格較高　　D. 區域網路的傳輸速率較慢

(　　) 4. 連接跨國企業各個分公司的網路屬於下列哪種網路類型？
　　　　A. WAN　　　　　　　　　　　B. LAN
　　　　C. MAN　　　　　　　　　　　D. WPAN

(　　) 5. 下列關於主從式網路的說明何者正確？
　　　　A. 伺服器當機不會影響整個網路　B. 適用於小型網路
　　　　C. 使用者可以決定開放哪些資源　D. 安全控管較佳

(　　) 6. 下列何者不是對等式網路優於主從式網路之處？
　　　　A. 無需添購伺服器成本較低　　B. 網路規模容易擴充
　　　　C. 有電腦故障時不會影響整個網路　D. 容易架設

(　　) 7. 下列何者屬於無線廣域網路？
　　　　A. 藍牙　　　　　　　　　　　B. 乙太網路
　　　　C. 衛星網路　　　　　　　　　D. ZigBee

(　　) 8. 在 OSI 參考模型中，諸如 Chrome 等瀏覽器軟體應該屬於哪個層次？
　　　　A. 應用層　　　　　　　　　　B. 表達層
　　　　C. 會議層　　　　　　　　　　D. 傳輸層

(　　) 9. 在 OSI 參考模型中，下列何者不是實體層的工作？
　　　　A. 定義 TCP 通訊協定　　　　　B. 定義傳輸媒介
　　　　C. 定義訊號編碼方式　　　　　D. 定義網路拓樸

(　　) 10. 在 OSI 參考模型中，下列哪個層次負責內碼轉換？
　　　　A. 應用層　　　　　　　　　　B. 表達層
　　　　C. 會議層　　　　　　　　　　D. 傳輸層

(　　) 11. 在 OSI 參考模型中，下列哪個通訊協定不屬於應用層？
　　　　A. FTP　　　　　　　　　　B. HTTP
　　　　C. POP　　　　　　　　　　D. RS-232

(　　) 12. 在 OSI 參考模型中，下列哪個層次負責邏輯定址？
　　　　A. 會議層　　　　　　　　　B. 傳輸層
　　　　C. 網路層　　　　　　　　　D. 資料連結層

(　　) 13. 在 OSI 參考模型中，下列何者不是資料連結層的工作？
　　　　A. 邏輯定址　　　　　　　　B. 流量控制
　　　　C. 錯誤控制　　　　　　　　D. 媒介存取控制

(　　) 14. TCP/IP 參考模型有幾個層次？
　　　　A. 7　　　　　　　　　　　 B. 6
　　　　C. 5　　　　　　　　　　　 D. 4

(　　) 15. 在 TCP/IP 參考模型中，下列哪個層次負責路由的工作？
　　　　A. 應用層　　　　　　　　　B. 傳輸層
　　　　C. 網路層　　　　　　　　　D. 連結層

(　　) 16. 在 TCP/IP 參考模型中，下列哪個層次負責與硬體溝通？
　　　　A. 應用層　　　　　　　　　B. 傳輸層
　　　　C. 網路層　　　　　　　　　D. 連結層

二、簡答題

1. 簡單說明網路的用途。
2. 簡單說明何謂區域網路 (LAN) 並舉出一個實例。
3. 簡單說明何謂廣域網路 (WAN) 並舉出一個實例。
4. 簡單說明何謂都會網路 (MAN) 並舉出一個實例。
5. 簡單說明主從式網路的優缺點。
6. 簡單說明對等式網路的優缺點。
7. 簡單說明 OSI 參考模型分成哪些層次？
8. 簡單說明 TCP/IP 參考模型分成哪些層次？

Computer Networks • Computer Networks • Computer Networks • Computer Networks

CHAPTER

02

資料通訊

2-1　資料通訊系統

2-2　資料與訊號

2-3　類比與數位

2-4　訊號轉換

2-5　訊號傳輸模式

2-6　訊號傳輸類型

2-7　訊號傳輸技術

2-8　錯誤檢查

2-1 資料通訊系統

資料通訊 (data communication) 泛指兩個設備透過某種傳輸媒介交換資料,為了達成此目的,於是需要一個包含相關軟硬體的**資料通訊系統** (data communication system),例如圖 2.1,該系統可以將資料從**發訊端** (sender) 傳送到**收訊端** (receiver),中間可能經過數個**節點** (node),每個節點有各自的識別名稱或位址:

- **資料終端設備** (DTE,Data Terminal Equipment):DTE 是負責傳送或接收資料的節點,例如個人電腦、工作站、伺服器、印表機、傳真機等。

- **資料通訊設備** (DCE,Data Communication Equipment):DCE 是負責轉換資料與訊號的節點,例如網路卡、數據機等。之所以需要 DCE,主要是因為 DTE 所使用的**資料** (data),無論是文字、圖形、聲音或視訊,並無法直接在傳輸媒介上傳送,而傳輸媒介所傳送的**訊號** (signal),無論是電流、光波或電磁波,亦無法直接由 DTE 接收,中間必須透過 DCE 將資料轉換成訊號,或將訊號還原成資料。

- **資料交換設備** (DSE,Data Switching Equipment):DSE 是負責轉送訊號或進行中繼處理的節點,例如橋接器、路由器、閘道器、交換器等。

- **傳輸媒介** (transmission media):這是負責傳送訊號的媒介,例如雙絞線、同軸電纜、光纖、無線電、微波、紅外線等,傳輸媒介的種類決定了網路的頻寬、傳輸品質、傳輸速率、成本與安裝方式。

- **傳輸訊號** (transmission signal):這是在傳輸媒介上傳送的訊號,可能是電流、光波或電磁波等形式,視傳輸媒介的種類而定。

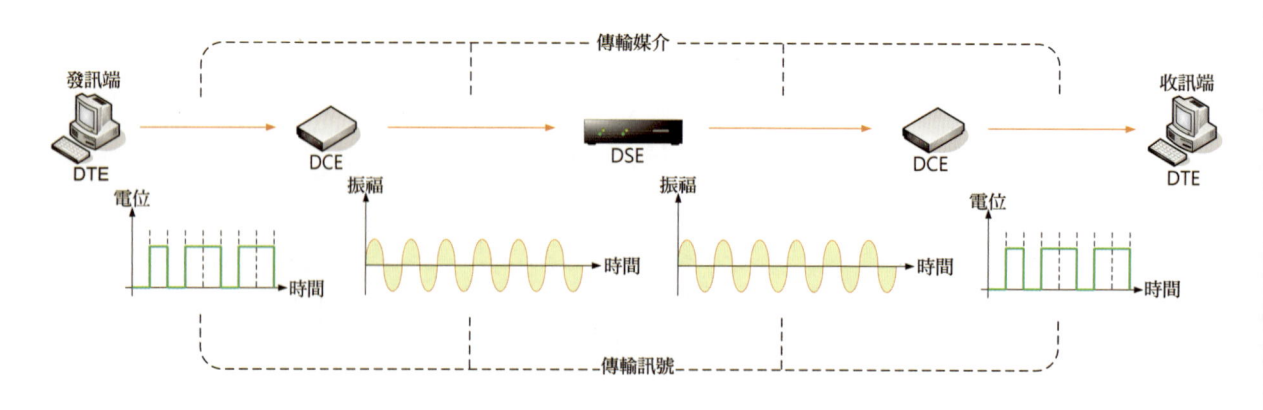

圖 2.1 資料通訊系統

2-2 資料與訊號

資料 (data) 指的是要傳送的東西,例如文字、圖形、聲音或視訊,而**訊號** (signal) 指的是可以傳送的東西,例如電流、光波或電磁波,故訊號可以用來載送資料,例如圖 2.2(a) 是使用一個訊號載送一個資料,而圖 2.2(b) 是使用兩個訊號載送一個資料。

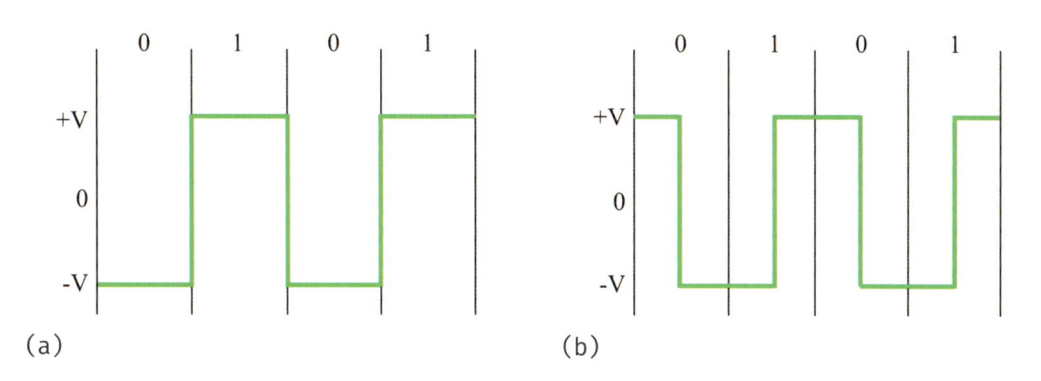

圖 2.2 (a) 一個訊號載送一個資料 (b) 兩個訊號載送一個資料

正因為資料與訊號是不同的東西,所以在圖 2.1 的資料通訊系統中,當發訊端將資料傳送出去時,必須透過網路卡、數據機等 DCE,將資料轉換成能夠在傳輸媒介上傳送的訊號 (例如雙絞線和同軸電纜是透過金屬導線以電流的形式傳送訊號,光纖是透過玻璃或塑膠纖維以光波的形式傳送訊號,無線電、微波及紅外線是透過開放空間以電磁波的形式傳送訊號),而當訊號抵達收訊端時,必須透過網路卡、數據機等 DCE,將訊號還原成能夠被收訊端接收的資料,如圖 2.3。

❶ 發訊端透過 DCE 將資料轉換成訊號
❷ 訊號透過傳輸媒介進行傳送
❸ 收訊端透過 DCE 將訊號還原成資料

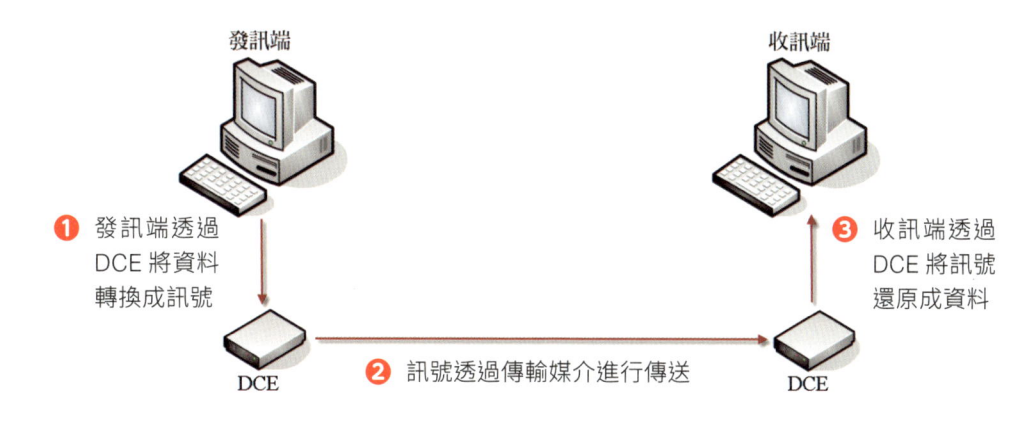

圖 2.3 無論 DTE 要傳送或接收資料都必須透過 DCE 轉換資料與訊號

2-3 類比與數位

資料與訊號都有類比與數位之分，**類比資料** (analog data) 具有連續的形式，例如水銀溫度計的水銀高度變化是連續的，兩個刻度之間的值有無限多個，而**數位資料** (digital data) 具有不連續的形式，例如電腦內部的資料是由 0 與 1 所組成，0 與 1 中間沒有其它值存在。

同理，**類比訊號** (analog signal) 是連續的訊號，比方說，我們可以毫不間斷地在紙上描繪聲波、光波、電磁波等類比訊號的波形，例如圖 2.4(a)，其中**振幅** (amplitude) 是波形上各點與給定原點的垂直距離，**最大振幅** (peak amplitude) 是波形上最高強度的絕對值，**週期** (period) 是完成一個循環需要多少時間，以秒鐘為單位，**頻率** (frequency) 是每秒鐘能夠完成幾個週期，以**赫茲** (Hz) 為單位。

反之，**數位訊號** (digital signal) 是不連續的訊號，可以使用預先定義的符號來表示，例如圖 2.4(b)，其中高電位表示 1，低電位表示 0，**位元時間** (bit time) 是傳送一個位元需要多少時間，**位元傳輸速率** (bit transfer rate) 是每秒鐘能夠傳送幾個位元，以 **bps** (bits per second) 為單位。使用數位訊號的優點是容易進行訊號處理，包括加密、壓縮、錯誤檢查、抗干擾等。

(a)

1 秒鐘內 6 個週期表示頻率為 6 Hz

(b)

位元傳輸速率為 8 bps

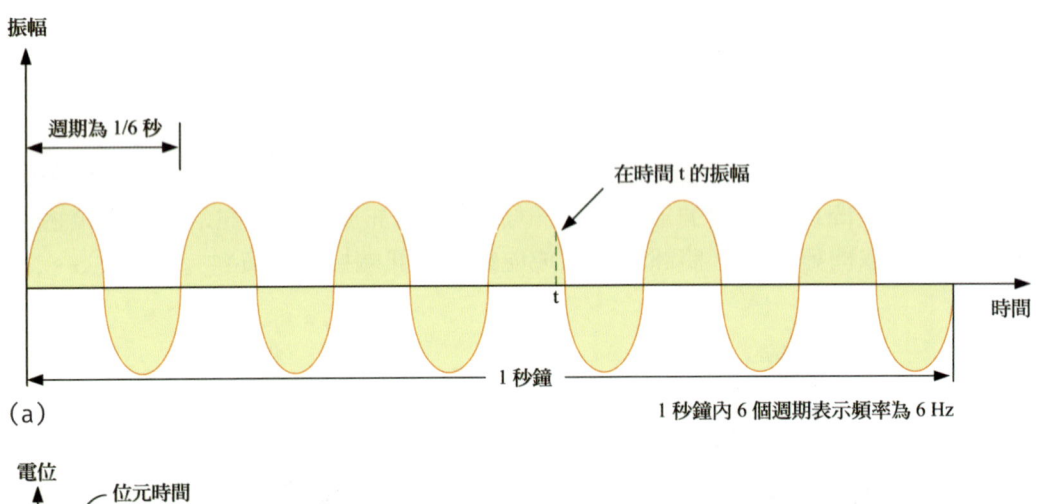

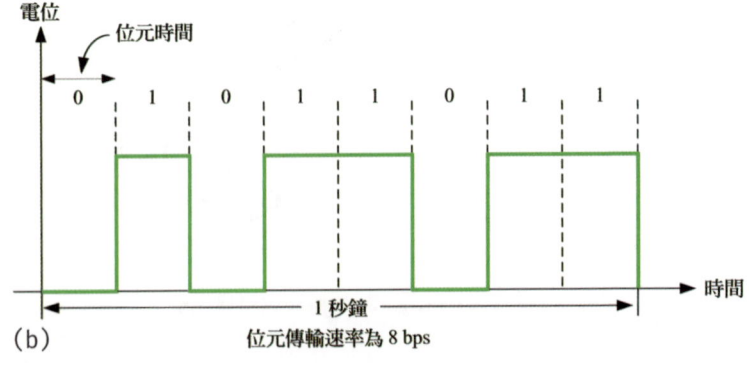

圖 2.4 （a）類比訊號 （b）數位訊號

表 2.1　頻率的單位

單位	縮寫	值
赫茲 (hertz)	Hz	1Hz
千赫茲 (kilohertz)	KHz	$1KHz = 10^3Hz$
百萬赫茲 (megahertz)	MHz	$1MHz = 10^6Hz$
十億赫茲 (gigahertz)	GHz	$1GHz = 10^9Hz$
兆赫茲 (terahertz)	THz	$1THz = 10^{12}Hz$

表 2.2　位元傳輸速率的單位

單位	縮寫	準確值	近似值
bits per second	bps	1bps	1bps
kilobits per second	Kbps	2^{10}bps = 1,024bps	10^3bps
megabits per second	Mbps	2^{20}bps = 1,048,576bps	10^6bps
gigabits per second	Gbps	2^{30}bps = 1,024Mbps = 1,073,741,824bps	10^9bps
terabits per second	Tbps	2^{40}bps = 1,024Gbps = 1,099,511,627,776bps	10^{12}bps

---

資訊部落

何謂頻寬？

訊號的**頻寬** (bandwith) 指的是其最高頻率與最低頻率的差距，舉例來說，假設訊號的頻率介於 30KHz 到 100KHz 之間，那麼它的頻寬為 70KHz (100 – 30 = 70)。

除了訊號有頻寬之外，用來傳送訊號的傳輸媒介（例如同軸電纜、無線電、微波、紅外線）也有頻寬，要注意的是傳輸媒介的頻寬範圍必須涵蓋訊號的頻寬範圍，否則會遺失部分訊號。

舉例來說，假設訊號的頻率介於 30KHz 到 100KHz 之間，而傳輸媒介的頻率介於 50KHz 到 90KHz 之間，那麼它將無法傳送頻率介於 30KHz 到 50KHz 之間的訊號，以及頻率介於 90KHz 到 100KHz 之間的訊號，導致收訊端收到片段的波形。

2-4 訊號轉換

在將訊號分成數位訊號與類比訊號後，我們可以根據資料的形式及傳輸媒介能夠傳送何種訊號，將訊號轉換歸納為下列幾種類型：

- **數位到數位轉換**
- **數位到類比轉換**
- **類比到數位轉換**
- **類比到類比轉換**

2-4-1 數位到數位轉換

當發訊端欲傳送的資料為數位資料且傳輸媒介只能傳送數位訊號時，實體層就必須將數位資料轉換成適合傳輸媒介傳送的數位訊號，如圖 2.5，實體層位於 OSI 參考模型的最底層，我們在第 1 章有做過介紹。

常見的**數位到數位轉換** (digital-to-digital conversion) 技術分為下列兩種類型：

- **二階編碼**：這是使用「正電位」與「負電位」二階電位來傳送訊號，例如 NRZ (NonReturn-to-Zero，不回歸零)、RZ (Return-to-Zero，回歸零)、NRZI (NonReturn-to-Zero-Inverted，不回歸零反轉)、曼徹斯特 (Manchester)、差動式曼徹斯特 (Differential Manchester) 等。

- **三階編碼**：這是使用「正電位」、「負電位」與「零電位」三階電位來傳送訊號，例如 Bipolar-AMI (Alternate Mark Inversion，雙極交替記號反轉)、MLT-3 (MultiLevel Transmission 3，多階傳輸 3)、B8ZS (Bipolar-8-Zero Substitution，雙極訊號八零替換)、HDB3 (High Density Bipolar 3，高密度雙極訊號 3) 等。

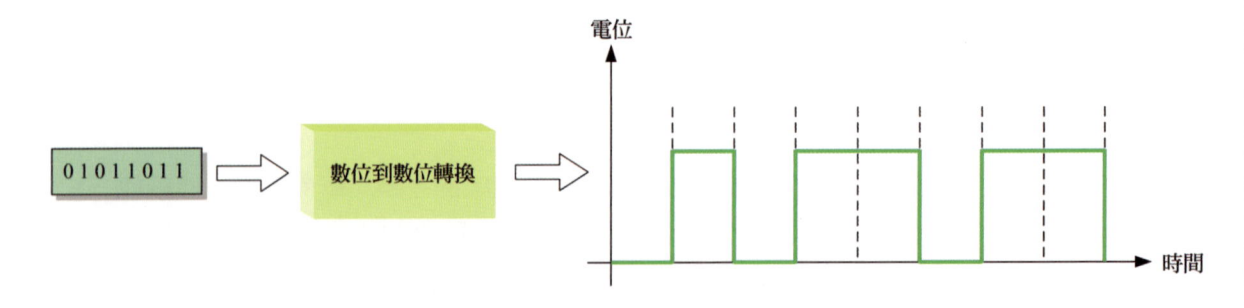

圖 2.5 將數位資料轉換成數位訊號

NRZ (NonReturn-to-Zero)

- 0：負電位
- 1：正電位

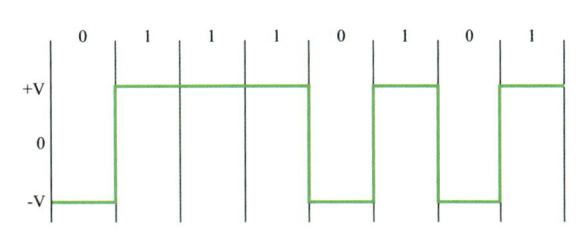

圖 2.6　NRZ (100VG-AnyLAN 網路就是使用這種編碼方式)

RZ (Return-to-Zero)

- 0：負電位
- 1：一個位元時間的中央有正電位到負電位

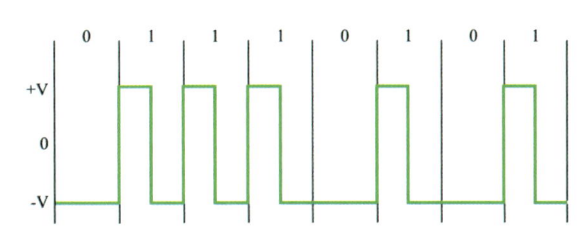

圖 2.7　RZ (ARCnet 網路就是使用這種編碼方式)

NRZI (NonReturn-to-Zero-Inverted)

- 0：一個位元時間的開始無電位轉換
- 1：一個位元時間的開始有電位轉換

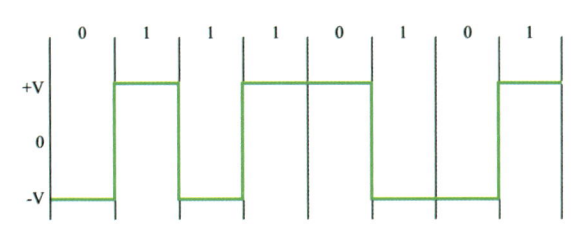

圖 2.8　NRZI (假設前一個位元為「負電位」) (10BaseF 網路就是使用這種編碼方式)

曼徹斯特 (Manchester)

- 0：一個位元時間的中央有正電位到負電位
- 1：一個位元時間的中央有負電位到正電位

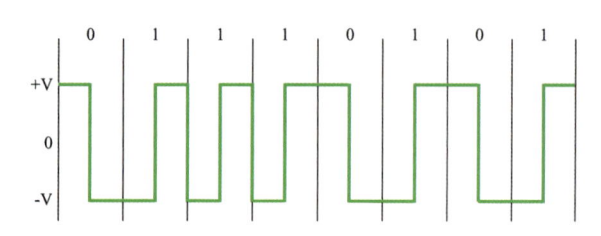

圖 2.9　曼徹斯特 (10BaseT 網路就是使用這種編碼方式)

差動式曼徹斯特 (Differential Manchester)

- 0：一個位元時間的開始和中央都有電位轉換
- 1：只有一個位元時間的中央有電位轉換

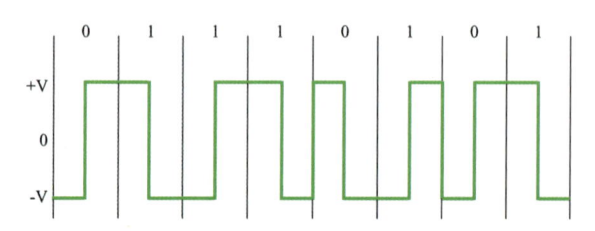

圖 2.10　差動式曼徹斯特 (假設前一個位元為「由負電位轉換到正電位」) (Token Ring 網路就是使用這種編碼方式)

Bipolar-AMI (Alternate Mark Inversion)

- 0：零電位
- 1：依照正電位、負電位的順序轉換電位

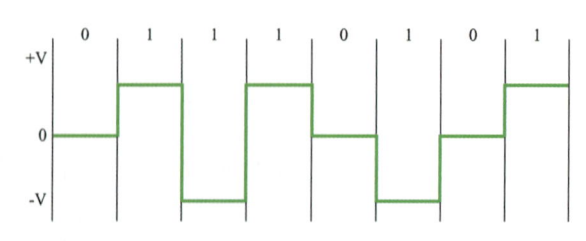

圖 2.11　Bipolar-AMI (假設前一個位元 1 為「負電位」) (T-Carrier 網路就是使用這種編碼方式)

MLT-3 (MultiLevel Transmission 3)

- 0：無電位轉換
- 1：依照正電位、零、負電位、零的順序轉換電位

（a）假設前一個位元為「正電位」

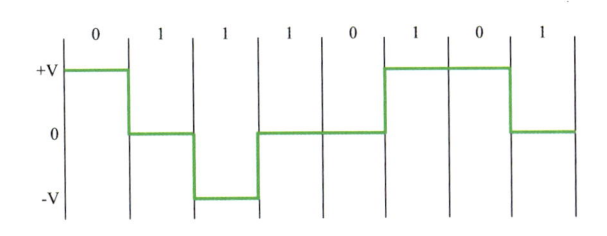

（b）假設前一個位元為「負電位」

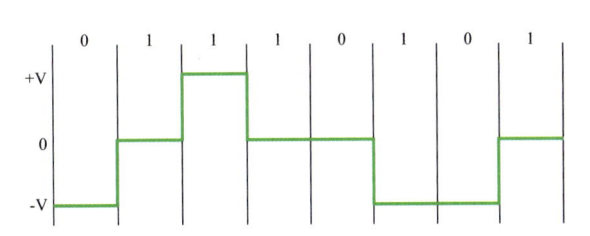

（c）假設前一個位元為「零電位」且該零電位的前一個相異電位為「負電位」

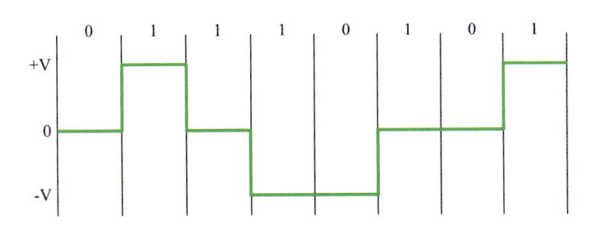

（d）假設前一個位元為「零電位」且該零電位的前一個相異電位為「正電位」

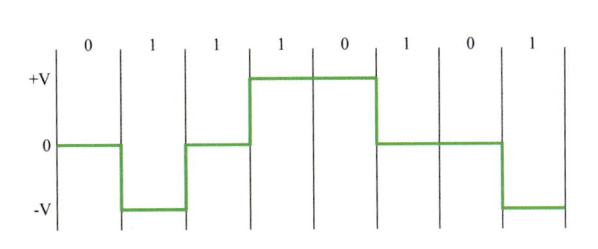

圖 2.12　MLT-3 (100BaseTX 網路就是使用這種編碼方式)

網路概論

> ### 資訊部落
> **數位訊號的同步**
>
> 收訊端的位元時間必須與發訊端相符，即兩者必須「同步」，才能正確解譯發訊端所傳送的訊號，一旦收訊端的時脈過快或過慢，可能會重複接收或遺失訊號。對於本身已經具有同步功能的編碼方式來說，例如 RZ、曼徹斯特、差動式曼徹斯特、Bipolar-AMI，它們並不需要額外進行時脈同步化，因為在每個位元時間內都會有電位轉換，此稱為「自我同步」。

2-4-2 數位到類比轉換

當發訊端欲傳送的資料為數位資料且傳輸媒介只能傳送類比訊號時，實體層就必須將數位資料轉換成適合傳輸媒介傳送的類比訊號，如圖 2.13。舉例來說，電腦內部的資料是由 0 與 1 所組成的數位資料，而電話網路是以類比電波傳送聲音，因此，若電腦 A 要透過電話網路傳送數位資料給電腦 B，電腦 A 必須先將數位資料轉換成類比訊號，這個動作叫做**調變** (modulation)，而電腦 B 在收到類比訊號後，必須將它還原成數位資料，才能加以儲存或使用，這個動作叫做**解調變** (demodulation)，至於調變與解調變的動作則是由**數據機** (modem) 負責。

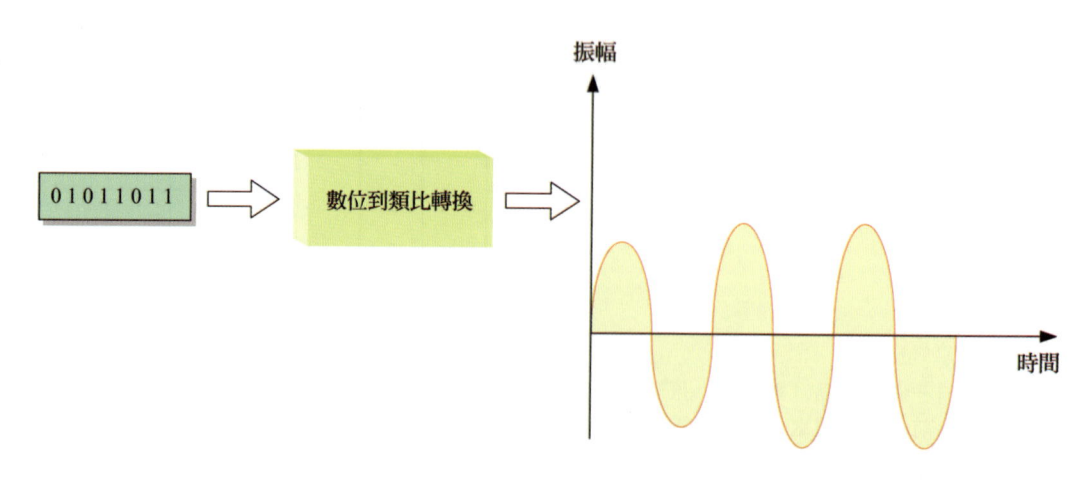

圖 2.13 將數位資料轉換成類比訊號

常見的**數位到類比轉換** (digital-to-analog conversion) 技術有振幅轉移鍵控法 (ASK)、頻率轉移鍵控法 (FSK)、相位轉移鍵控法 (PSK)，以下有進一步的說明。

振幅轉移鍵控法 (ASK，Amplitude Shift Keying)

ASK 是以**振幅** (amplitude) 的強弱區分 0 與 1，頻率與相位則維持不變，每個位元時間內的振幅均相同。以圖 2.14 為例，振幅較弱的為 0，振幅較強的為 1。由於振幅容易受到訊號強度或雜訊影響，使得 ASK 的抗干擾能力較差。

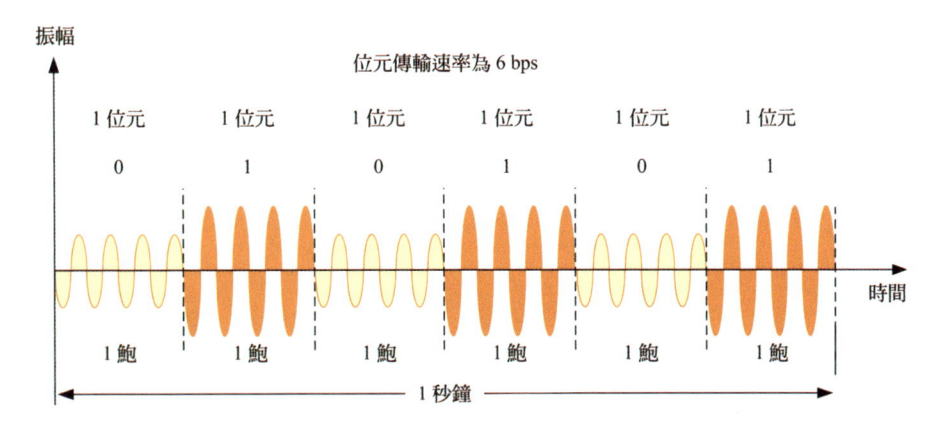

圖 2.14 振幅轉移鍵控法 (ASK)(註：位元傳輸速率 (bit rate) 表示每秒鐘傳送多少位元，而鮑率 (baud rate) 表示每秒鐘傳送多少訊號)

頻率轉移鍵控法 (FSK，Frequency Shift Keying)

FSK 是以**頻率** (frequency) 的高低區分 0 與 1，振幅與相位則維持不變，每個位元時間內的頻率均相同。以圖 2.15 為例，頻率較低的為 0，頻率較高的為 1。由於頻率不易受到訊號強度或雜訊影響，使得 FSK 的抗干擾能力比 ASK 佳，但它的專用頻寬範圍較廣，所以比 ASK 浪費頻寬。

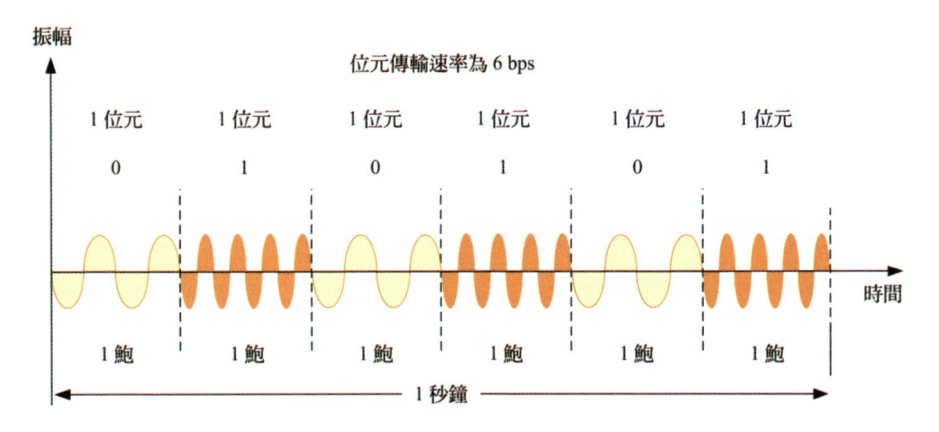

圖 2.15 頻率轉移鍵控法 (FSK)

相位轉移鍵控法 (PSK，Phase Shift Keying)

FSK 是以**相位** (phase) 的角度區分 0 與 1，振幅與頻率則維持不變，每個位元時間內的相位均相同。以圖 2.16 為例，0 度相位為 0，180 度相位為 1。由於相位不易受到訊號強度或雜訊影響，使得 PSK 的抗干擾能力比 ASK 佳，而它的頻率利用也比 FSK 佳，較不浪費頻寬，兼具 ASK 與 FSK 的優點。

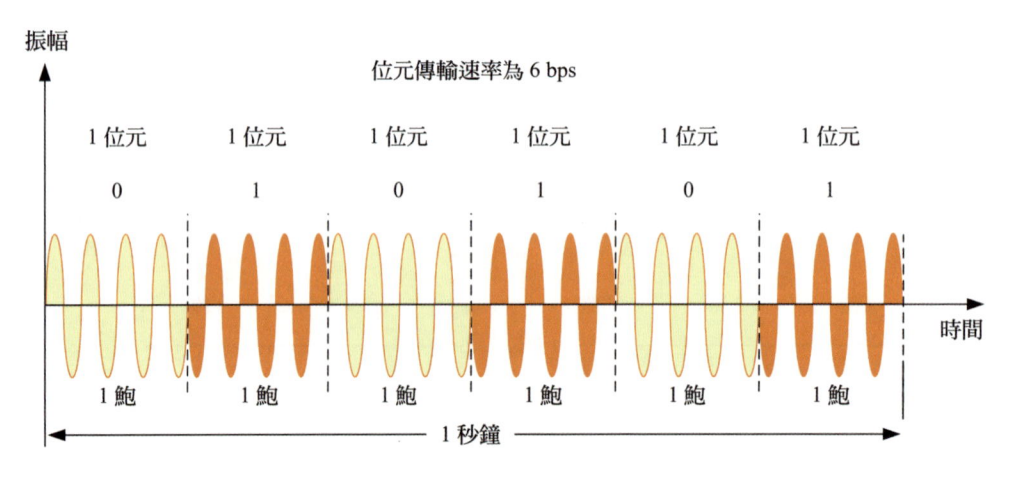

圖 2.16 相位轉移鍵控法 (PSK)

說起振幅和頻率，大家應該都不陌生，但是對於相位，可能有些讀者會不太瞭解，「相位」代表波形與時間軸的相對關係，假設波形會隨著時間軸上下擺動行進，我們以「角度」或「弧度」來測量相位，0 度相位代表行經一個週期，如圖 2.17(a)，90 度相位代表行經 1/4 個週期，如圖 2.17(b)，180 度相位代表行經 1/2 個週期，如圖 2.17(c)。

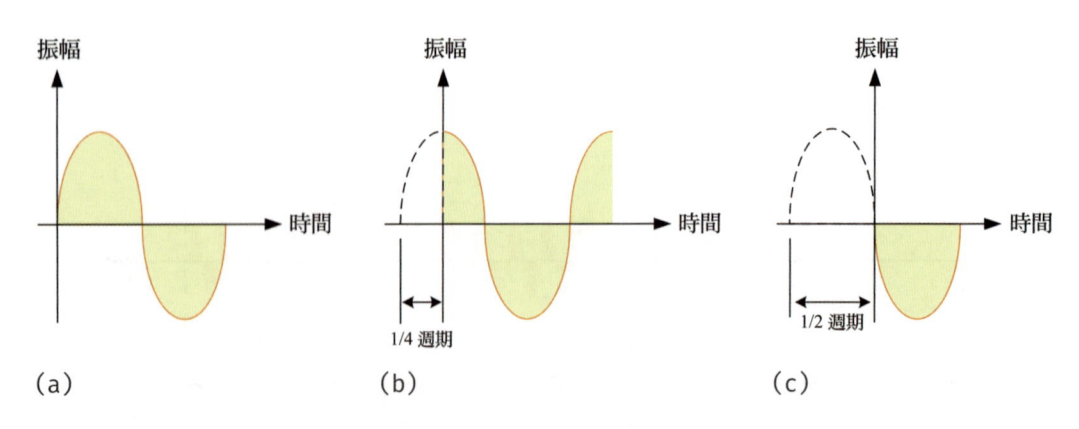

圖 2.17 (a) 0 度相位 (b) 90 度相位 (c) 180 度相位

2-4-3 類比到數位轉換

有時我們需要將類比訊號轉換成數位資料,例如將麥克風輸入或錄音得到的類比聲音轉換成電腦能夠處理的數位資料(圖 2.18)。

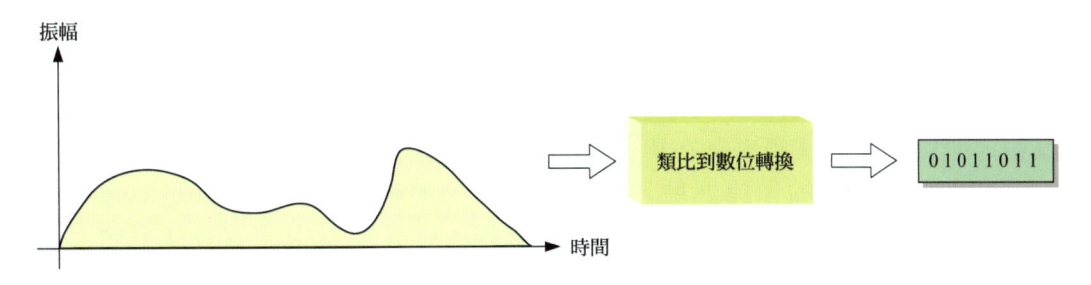

圖 2.18 將類比訊號轉換成數位資料

常見的**類比到數位轉換** (analog-to-digital conversion) 技術有美國貝爾實驗室所提出的**脈波編碼調變** (PCM,Pulse Code Modulation),其轉換過程如圖 2.19。

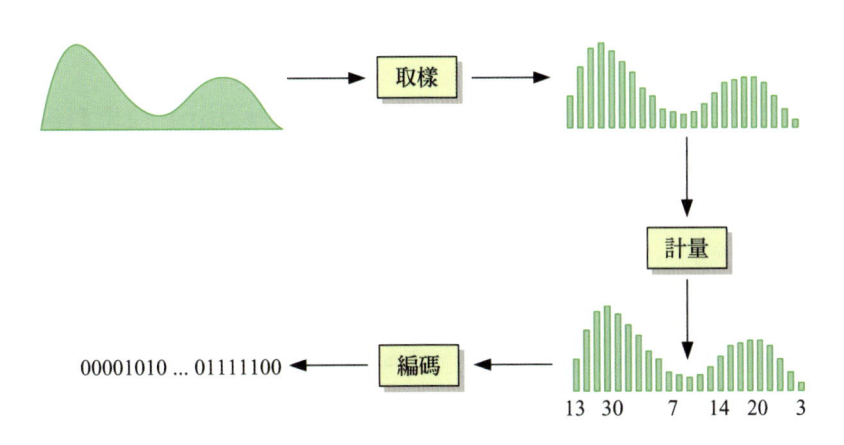

圖 2.19 脈波編碼調變 (PCM)

1. **取樣** (sampling):這是在單位時間內測量聲音訊號的值,而**取樣頻率**是在單位時間內對聲音訊號取樣的次數,取樣頻率愈高,就愈接近真實的聲音,就像問卷調查一樣,抽樣人數愈多,就愈接近真實的情況。取樣頻率通常是 11KHz (11000 次 / 每秒)、22KHz (22000 次 / 每秒) 或 44.1KHz (44100 次 / 每秒),分別代表一般聲音、錄音機效果及音樂 CD 效果。

2. **計量** (quantization)：每個取樣都必須指派一個值，舉例來說，假設取樣的結果為 25.2，但合法的值為 0 到 100 的整數，那麼取樣的值就指派為 25。

3. **編碼** (encoding)：每個取樣有了合法的計量後，就可以將它轉換成位元圖樣 (bit pattern)，舉例來說，假設以 8 位元儲存每個取樣，那麼值為 25 的取樣就可以轉換成 00011001。由於取樣頻率相當高（11、22 或 44.1KHz），再加上儲存每個取樣需要 8、16 或 32 位元（稱為**取樣解析度**），所以往往會搭配 MP3、AAC 等壓縮技術，來減少聲音的儲存空間需求。

誠如前面所言，取樣頻率是在單位時間內對類比訊號取樣的次數，取樣頻率愈高，就愈接近真實的類比訊號，但究竟要多少才夠呢？一般建議是取樣頻率必須是原始訊號最高頻率的兩倍，舉例來說，假設電話中的聲音最高頻率為 4000Hz，那麼取樣頻率為 4000×2＝8000 次。

2-4-4 類比到類比轉換

聲音與影像通訊系統普遍存在著將類比資料轉換成類比訊號的情況，包括有線電視、廣播、電話、無線電等（圖 2.20），以廣播為例，電台所要播放的類比聲音必須轉換成類比訊號，才能透過電台申請到的頻段進行傳送，而且不同的電台有不同的頻段。

常見的**類比到類比轉換** (analog-to-analog conversion) 技術有調幅 (AM，Amplitude Modulation)、調頻 (FM，Frequency Modulation)、調相 (PM，Phase Modulation)。

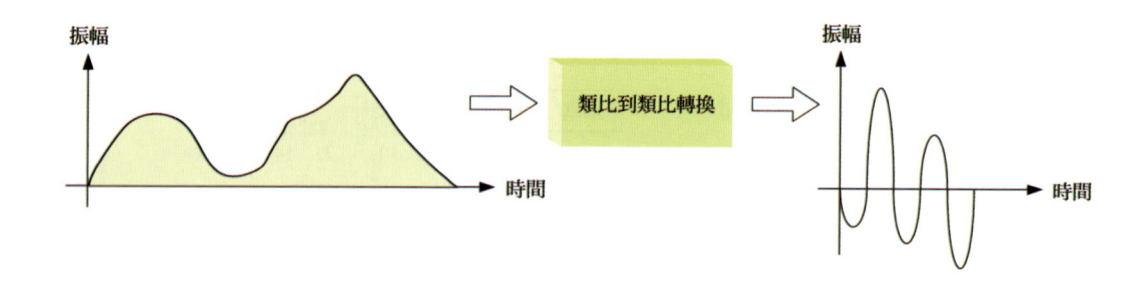

圖 2.20 將類比資料轉換成類比訊號

在介紹 AM、FM、PM 之前,我們先來瞭解一下類比訊號如何進行傳送。原則上,類比訊號在開始傳送之前,必須先將訊號的振幅、頻率或相位加入載波,成為**複合訊號** (composite signal) 之後,再透過載波傳送出去。所謂的**載波** (carrier wave) 就是用來載送訊號的波,通常是**正弦波** (sine wave),這是最基本的週期性類比訊號,每個週期的變化是連續且一致的,如圖 2.21。

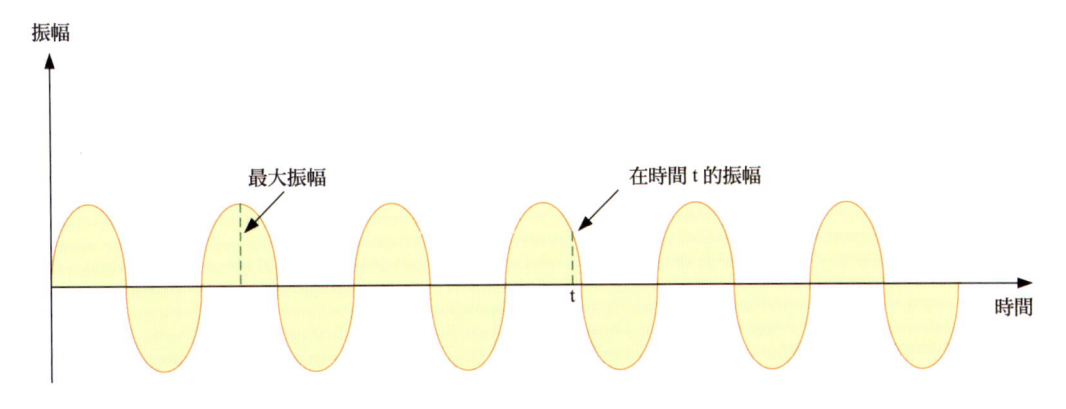

圖 2.21 正弦波

調幅 (AM,Amplitude Modulation)

調幅 (AM) 是令載波的振幅隨著類比資料的振幅進行調變,頻率與相位則維持不變,以圖 2.22 為例,(a) 是原始資料,(b) 是載波,而 (c) 是調變之後的 AM 訊號。

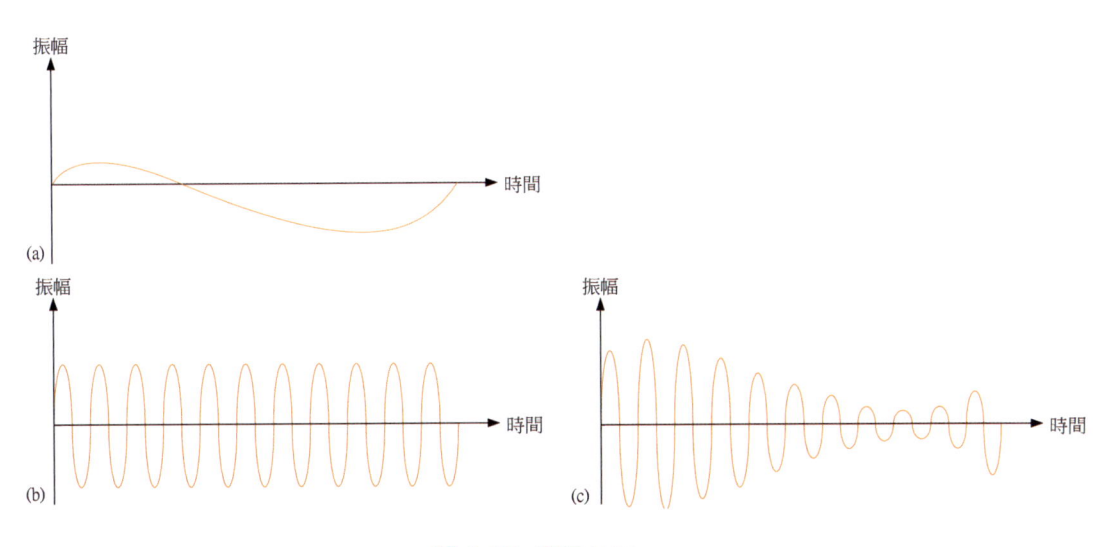

圖 2.22 調幅 (AM)

調頻 (FM,Frequency Modulation)

調頻 (FM) 是令載波的頻率隨著類比資料的振幅進行調變,振幅與相位則維持不變,以圖 2.23 為例,(a) 是原始資料,(b) 是載波,而 (c) 是調變之後的 FM 訊號。

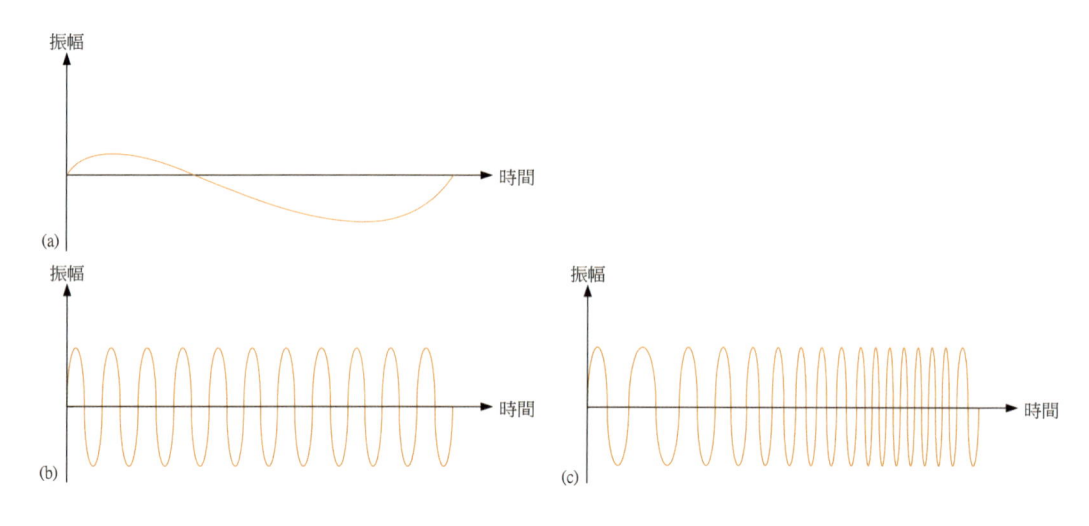

圖 2.23 調頻 (FM)

調相 (PM,Phase Modulation)

調相 (PM) 是令載波的相位隨著類比資料的振幅進行調變,振幅與頻率則維持不變,以圖 2.24 為例,(a) 是原始資料,(b) 是載波,而 (c) 是調變之後的 PM 訊號。

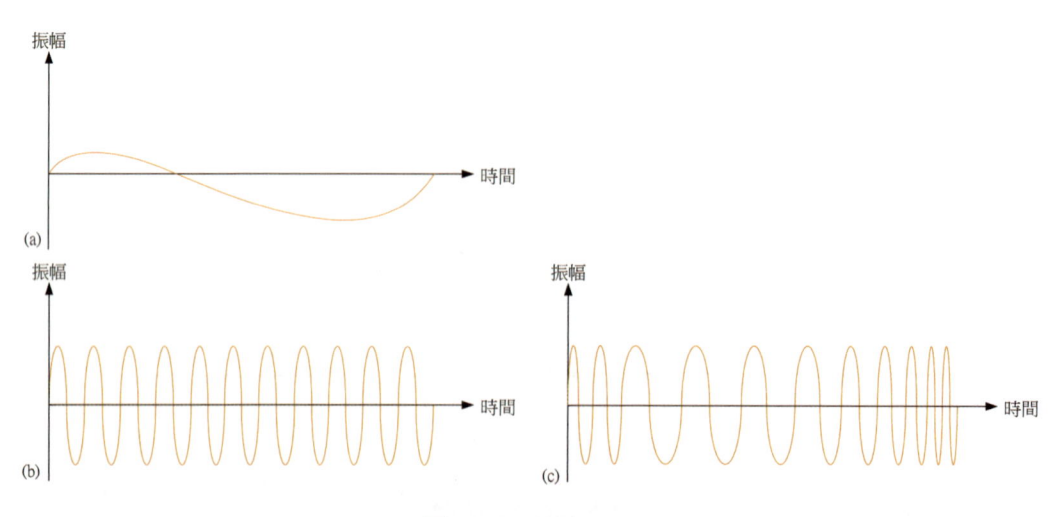

圖 2.24 調相 (PM)

2-5 訊號傳輸模式

我們可以依照傳送方向將訊號傳輸模式分成「單工」、「半雙工」與「全雙工」三種，以下有進一步的說明。

2-5-1 單工

單工 (simplex) 指的是線路上的訊號只能做單向傳送，也就是一方固定處於傳送狀態，另一方則固定處於接收狀態，例如廣播電台能夠將訊號傳送到您的收音機，但您無法傳送訊號給廣播電台 (圖 2.25(a))。

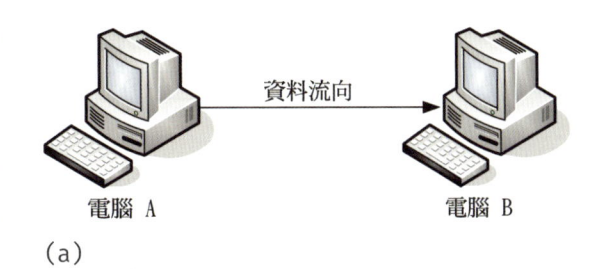

2-5-2 半雙工

半雙工 (half duplex) 指的是線路上的訊號可以做雙向傳送，但無法同時進行，也就是某個時段內一方處於傳送狀態，另一方則處於接收狀態，例如無線電火腿族，當雙方通訊時，某個時段內只有一方可以講話 (圖 2.25(b))。

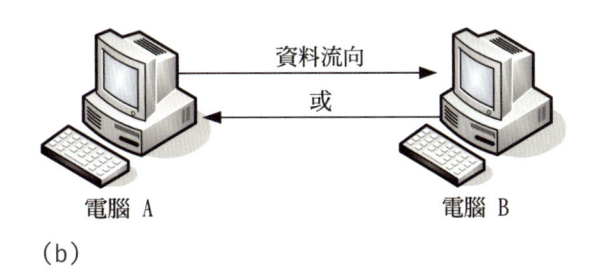

2-5-3 全雙工

全雙工 (full duplex) 指的是線路上的訊號可以同時做雙向傳送，雙方可以同時傳送並接收訊號，例如打電話 (圖 2.25(c))。

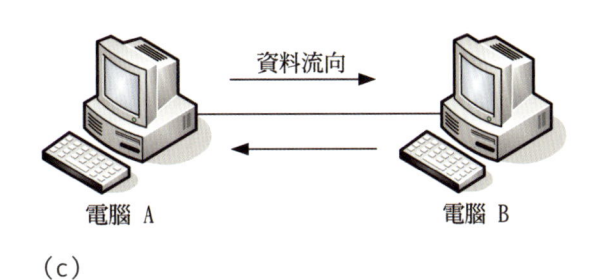

圖 2.25 （a）單工 （b）半雙工 （c）全雙工

2-6 訊號傳輸類型

訊號傳輸類型指的是一次要傳送一個群組的位元,還是一次要傳送一個位元,前者屬於**平行傳輸** (parallel transmission),後者屬於**序列傳輸** (serial transmission),而且序列傳輸又分為**非同步傳輸** (asynchronous transmission) 與**同步傳輸** (synchronous transmission) 兩種方式 (圖 2.26)。

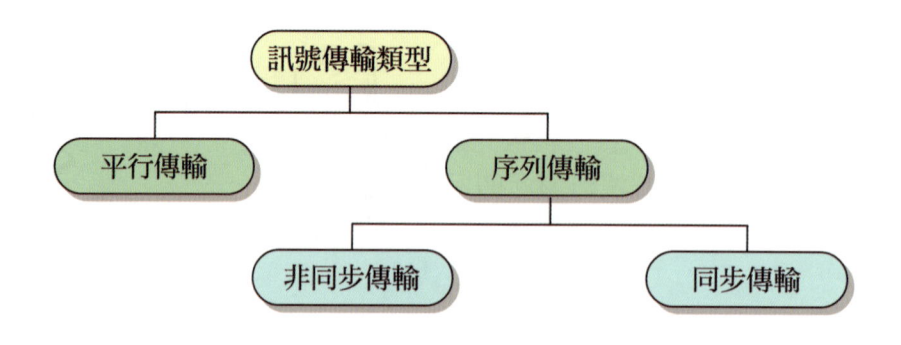

圖 2.26 訊號傳輸類型

2-6-1 平行傳輸

平行傳輸 (parallel transmission) 是在多條線路上同時傳送多個位元,如圖 2.27,傳輸速率較快,但成本較高,因為使用多條線路和一條訊號參考線(地線),通常應用於電腦內部的資料傳輸,例如 CPU 與主記憶體之間的資料傳輸。

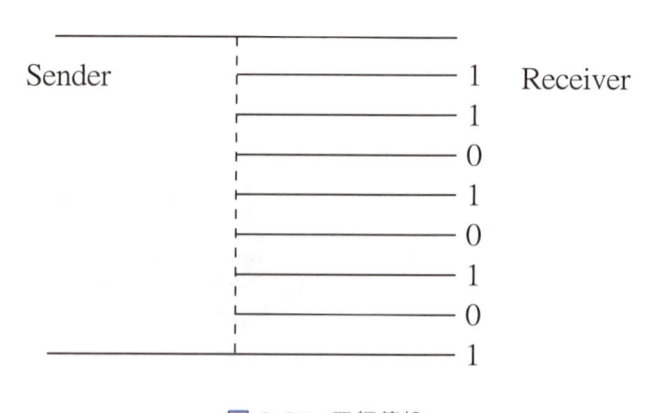

圖 2.27 平行傳輸

2-6-2 序列傳輸

序列傳輸 (serial transmission) 是在同一條線路上一個位元接著一個位元進行傳送，如圖 2.28，傳輸速率較慢，但成本較低，因為只使用一條線路和一條訊號參考線（地線），通常應用於區域網路或廣域網路的資料傳輸。

```
Sender                          Receiver
 ──┬─┬─┬─┬─┬─┬─┬─┬──
   1 1 0 0 1 0 1 0
```

圖 2.28 序列傳輸

序列傳輸又分成下列兩種方式，其中同步傳輸的速率比非同步傳輸快，所使用的設備也較複雜：

- **非同步傳輸** (asynchronous transmission)：當使用這種方式時，發訊端會在每個位元組的前後各自加上一個開始位元 (start bit) 和停止位元 (stop bit)，如圖 2.29，待收訊端取得開始位元後，就會設定時間機制來接收資料。

| 開始位元 | 位元組 | 停止位元 | 開始位元 | 位元組 | 停止位元 | 開始位元 | 位元組 | 停止位元 | 開始位元 | 位元組 | 停止位元 | 開始位元 | 位元組 | 停止位元 |

圖 2.29 非同步傳輸

- **同步傳輸** (synchronous transmission)：當使用這種方式時，發訊端並不會在每個位元組的前後各自加上一個開始位元和停止位元，而是先加上一個開始位元，確保資料在時間上能夠保持同步，接著才是一連串的資料，最後再加上錯誤檢查位元及停止位元，確保資料沒有發生錯誤，如圖 2.30。

| 開始位元 | 訊息 | 錯誤檢查位元 | 停止位元 | 開始位元 | 訊息 | 錯誤檢查位元 | 停止位元 |

圖 2.30 同步傳輸

2-7 訊號傳輸技術

雖然不同的傳輸媒介所使用的訊號傳輸技術各異，但大致上可以分為**基頻傳輸** (baseband) 與**寬頻傳輸** (broadband) 兩種。

2-7-1 基頻傳輸

基頻傳輸 (baseband) 屬於數位的傳送方式，發訊端以改變訊號的電位狀態來傳送訊號，收訊端再加以接收並根據電位狀態還原訊號，如圖 2.31。

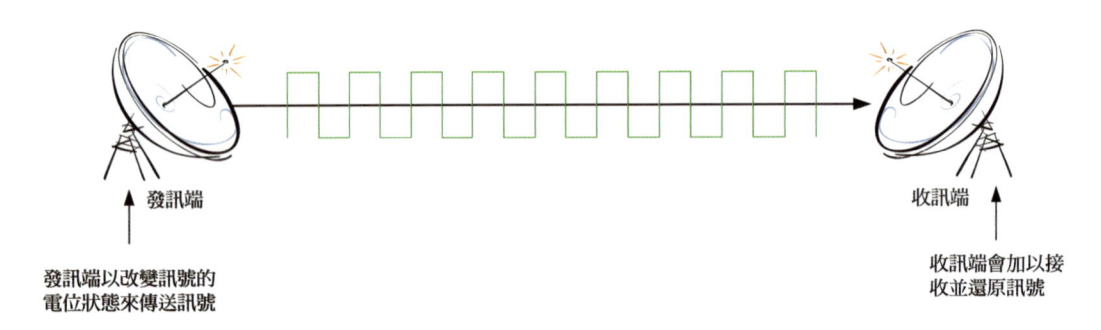

圖 2.31　基頻傳輸

當使用基頻傳輸時，一條線路在一段時間內只能供一個設備傳送訊號，整個**頻道** (channel) 會被一個訊號占據，因此，在發出訊號的設備傳送完畢之前，其它設備均無法進行傳送，區域網路或廣域網路的傳輸媒介大多使用基頻傳輸。

若要解決前述問題，可以搭配**分時多工** (TDM，Time-Division Multiplexing) 技術，將時間分割為數個**時槽** (time slot)，每個設備各自使用一個時槽，以輪流傳送訊號，達到**多工處理** (multiplexing) 的目的。

2-7-2 寬頻傳輸

寬頻傳輸 (broadband) 屬於類比的傳送方式，訊號在傳送之前必須先經過**調變** (modulation)，將訊號的振幅、頻率或相位加入載波一起傳送出去，顧名思義，**載波** (carrier wave) 就是用來載送訊號的波，通常是正弦波，收訊端再加以接收並將訊號從載波中分離出來，稱為**解調變** (demodulation)，如圖 2.32。

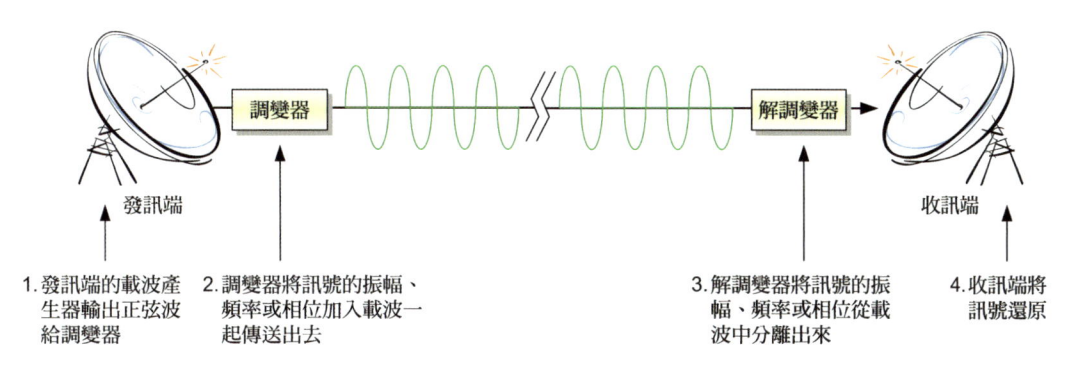

資料通訊 **02**

1. 發訊端的載波產生器輸出正弦波給調變器
2. 調變器將訊號的振幅、頻率或相位加入載波一起傳送出去
3. 解調變器將訊號的振幅、頻率或相位從載波中分離出來
4. 收訊端將訊號還原

圖 2.32 寬頻傳輸

調變的技術有好幾種，例如調幅 (AM，Amplitude Modulation，調變波形的振幅)、調頻 (FM，Frequency Modulation，調變波形的頻率)、調相 (PM，Phase Modulation，調變波形的相位)。

當使用寬頻傳輸時，一條線路在一段時間內能夠供多個設備傳送訊號，例如有線電視系統就是屬於寬頻傳輸，能夠同時傳送數十個視訊頻道。寬頻傳輸的原理是利用電磁波或光波有不同的頻率，將一條線路分為數個頻道，每個設備各自使用一個頻道，這是所謂的**分頻多工** (FDM，Frequency-Division Multiplexing)，和分時多工 (TDM) 一樣屬於多工處理技術的一種。

請注意，寬頻傳輸和平常說的「寬頻上網」不同，寬頻上網的「寬頻」二字指的是頻寬很大、傳輸速率很快，英文為 wideband，有別於寬頻傳輸的英文 broadband，兩者只是譯名相同。

表 2.3　基頻傳輸 vs. 寬頻傳輸

	基頻傳輸	寬頻傳輸
優點	◆ 成本較低 (不需要數據機) ◆ 安裝較簡單	◆ 傳輸距離較長 ◆ 傳送多種類型的資料 (例如聲音、視訊) ◆ 資料容量較大
缺點	◆ 傳輸距離較短 ◆ 傳送單一類型的資料 ◆ 資料容量較小	◆ 成本較高 (需要數據機) ◆ 安裝較複雜

2-21

2-8 錯誤檢查

當資料在儲存裝置或通訊裝置之間進行傳送時，無可避免地可能會因為某些人為或非人為疏失（例如天氣變化、電路損壞、雜訊、輻射、灰塵、油污等），導致裝置收到的位元圖樣與原始資料的位元圖樣有所出入。

雖然現今的製造技術已經很成熟，諸如磁碟、數據機、網路卡、路由器、交換器等硬體都相當可靠，發生錯誤的機率極低，可是一旦發生錯誤，就會造成使用者極大的不便。

為此，遂發展出數種可以用來偵測錯誤或更正錯誤的編碼技術，以**同位元檢查** (parity check) 為例，其原理是發訊端在開始傳送之前，先在原始資料的位元圖樣加上一個**同位元** (parity bit)（通常加在高階端），令整個位元圖樣包含奇數個 1，接著將整個位元圖樣傳送出去，待收訊端接收完畢之後，就檢查收到的位元圖樣是否包含奇數個 1，若不是的話，表示發生錯誤。

前述做法稱為**奇同位檢查** (odd parity check)，另外還有**偶同位檢查** (even parity check)，也就是在原始資料的位元圖樣加上一個同位元，令整個位元圖樣包含偶數個 1，屆時若收到的位元圖樣不是包含偶數個 1 的話，表示發生錯誤。

以原始資料為英文字母 E 和 G 為例，假設採取奇同位檢查，由於 E 的 ASCII 碼為 69 (1000101)，G 的 ASCII 碼為 71 (1000111)，因此，在將 E 傳送出去之前，必須先在高階端加上同位元 0，所得到的位元圖樣 01000101 就包含奇數個 1，而在將 G 傳送出去之前，必須先在高階端加上同位元 1，所得到的位元圖樣 11000111 就包含奇數個 1（圖 2.33）。

同位元	E 的 ASCII 碼		同位元	G 的 ASCII 碼
0	1000101		1	1000111
整個位元圖樣有奇數個 1			整個位元圖樣有奇數個 1	

圖 2.33 奇同位檢查

同位元檢查的優點是原理簡單，缺點則是無法更正錯誤，也無法偵測到所有錯誤，若收到的位元圖樣剛好包含偶數個（2 個、4 個…）位元錯誤，就偵測不到錯誤，因為在這種情況下，1 的個數仍會維持奇數個或偶數個，此時可以採取其它錯誤檢查方式，例如 CRC (Cyclic Redundancy Check，循環冗餘檢查)、漢明碼 (hamming code)、總和檢查 (checksum) 等，有興趣的讀者可以自行參考相關書籍。

本 | 章 | 回 | 顧

- **資料通訊** (data communication) 泛指兩個設備透過某種傳輸媒介交換資料，而**資料通訊系統** (data communication system) 可以將資料從發訊端傳送到收訊端，中間可能經由數個節點，包括資料終端設備 (DTE)、資料通訊設備 (DCE)、資料交換設備 (DSE)。

- **類比訊號** (analog signal) 是連續的訊號，例如聲波、光波；**數位訊號** (digital signal) 是不連續的訊號，可以使用預先定義的符號來表示，例如高電位表示 1，低電位表示 0。

- 訊號的**頻寬** (bandwith) 指的是其最高頻率與最低頻率的差距。

- **數位到數位轉換** (digital-to-digital conversion) 指的是將數位資料轉換成數位訊號，常見的技術分成**二階編碼**和**三階編碼**兩種類型，前者有 NRZ、RZ、NRZI、曼徹斯特、差動式曼徹斯特等，後者有 Bipolar-AMI、MLT-3、B8ZS、HDB3 等。

- **數位到類比轉換** (digital-to-analog conversion) 指的是將數位資料轉換成類比訊號，常見的技術有**振幅轉移鍵控法** (ASK)、**頻率轉移鍵控法** (FSK)、**相位轉移鍵控法** (PSK)。

- **類比到數位轉換** (analog-to-digital conversion) 指的是將類比訊號轉換成數位資料，常見的技術有**脈波編碼調變** (PCM)，包括取樣、計量、編碼三個步驟。

- **類比到類比轉換** (analog-to-analog conversion conversion) 指的是將類比資料轉換成類比訊號，常見的技術有**調幅** (AM，Amplitude Modulation)、**調頻** (FM，Frequency Modulation)、**調相** (PM，Phase Modulation)。

- 我們可以依照傳送方向將訊號傳輸模式分成**單工**、**半雙工**與**全雙工**三種。

- 訊號傳輸類型有**平行傳輸**與**序列傳輸**兩種，而且序列傳輸又分成**非同步傳輸**與**同步傳輸**。

- 訊號傳輸技術大致上可以分為**基頻傳輸** (baseband) 與**寬頻傳輸** (broadband) 兩種，前者屬於數位的傳送方式，前者屬於類比的傳送方式。

- 常見的錯誤檢查方式有同位元檢查、CRC (循環冗餘檢查)、漢明碼 (hamming code)、總和檢查 (checksum) 等。

網路概論

學│習│評│量

一、選擇題

(　) 1. 下列何者為位元傳輸速率的單位？
　　　A. bps　　　　　　B. MB　　　　　　C. Hz　　　　　　D. baud (鮑)

(　) 2. 下列何者指的是每秒鐘能夠完成幾個週期？
　　　A. 頻率　　　　　B. 振幅　　　　　C. 相位　　　　　D. 位元時間

(　) 3. 下列何者不屬於三階編碼？
　　　A. MLT-3　　　　　　　　　　　　　B. B8ZS
　　　C. 曼徹斯特　　　　　　　　　　　D. Bipolar-AMI

(　) 4. 下列哪種調變方式是以相位的角度區分 0 與 1？
　　　A. ASK　　　　　　　　　　　　　　B. FSK
　　　C. PSK　　　　　　　　　　　　　　D. 以上皆非

(　) 5. 100 赫茲表示完成每個週期需要幾秒？
　　　A. 100　　　　　　　　　　　　　　B. 1
　　　C. 0.1　　　　　　　　　　　　　　D. 0.01

(　) 6. 1Mbps 表示傳送每個位元需要幾秒？
　　　A. 1000000　　　　　　　　　　　　B. 1
　　　C. 0.1　　　　　　　　　　　　　　D. 0.000001

(　) 7. PCM 屬於下列哪種轉換？
　　　A. 數位到數位　　　　　　　　　　B. 數位到類比
　　　C. 類比到數位　　　　　　　　　　D. 類比到類比

(　) 8. ASK 屬於下列哪種轉換？
　　　A. 數位到數位　　　　　　　　　　B. 數位到類比
　　　C. 類比到數位　　　　　　　　　　D. 類比到類比

(　) 9. 下列哪種多工技術應用於基頻傳輸？
　　　A. TDM　　　　　　　　　　　　　　B. FDM
　　　C. WDM　　　　　　　　　　　　　　D. 以上皆非

(　) 10. 下列哪種訊號傳輸模式可以同時做雙向傳送？
　　　A. 單工　　　　　　　　　　　　　B. 半雙工
　　　C. 全雙工　　　　　　　　　　　　D. 以上皆非

(　) 11. 下列哪種技術可以偵測錯誤？
　　　　A. 同位元檢查　　　　　　　B. 曼徹斯特
　　　　C. NRZ　　　　　　　　　　D. 霍夫曼編碼

(　) 12. 假設訊號的最高頻率與最低頻率分別為 100KHz、1MHz，則其頻寬為何？
　　　　A. 99KHz　　　　　　　　　B. 900KHz
　　　　C. 990KHz　　　　　　　　 D. 0.09MHz

二、簡答題

1. 簡單說明何謂頻寬？
2. 簡單說明何謂數位到數位轉換？二階編碼與三階編碼有何不同？
3. 簡單說明何謂數位到類比轉換？有哪些常見的調變方式？
4. 簡單說明何謂脈波編碼調變 (PCM)？
5. 簡單說明何謂單工、半雙工與全雙工並舉例。
6. 簡單說明何謂平行傳輸與序列傳輸？
7. 簡單說明何謂基頻傳輸與寬頻傳輸？
8. 訊號 01011101 以曼徹斯特、差動式曼徹斯特、NRZ 編碼後的結果分別為何？
9. 假設要傳送的 4 位元訊息如下，試寫出其奇同位元與偶同位元。

4 位元訊息	奇同位元	偶同位元
0000	?	?
1111	?	?
0010	?	?
1011	?	?
0101	?	?
1000	?	?

10. 假設資料位元為 110101011011，試以奇同位檢查進行錯誤檢查，並寫出所傳送的完整訊息。

Computer Networks • Computer Networks • Computer Networks • Computer Networks

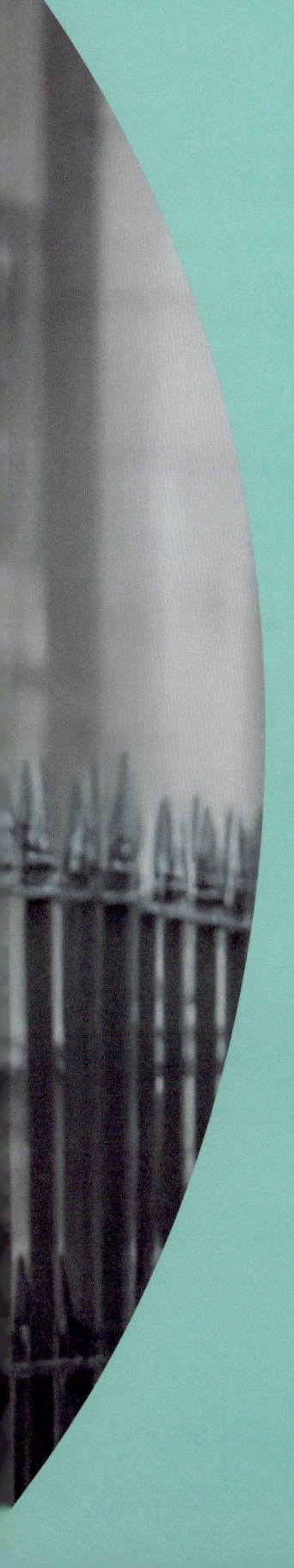

CHAPTER

03

網路設備

3-1　網路拓樸

3-2　網路傳輸媒介

3-3　網路相關設備

3-1 網路拓樸

網路通常會包含兩部以上的電腦，而電腦之間是如何連接成網路則有數種方式，我們將這些方式統稱為**拓樸** (topology)。

常見的拓樸如下：

- **匯流排拓樸** (bus topology)
- **星狀拓樸** (star topology)
- **環狀拓樸** (ring topology)
- **網狀拓樸** (mesh topology)
- **混合式拓樸** (hybrid topology)

3-1-1 匯流排拓樸

在**匯流排拓樸** (bus topology) 中，所有電腦是連接到同一條網路線，而資料就是在這條網路線上傳送（圖 3.1）。所有電腦都會接收網路線上的資料，然後根據自己的位址擷取要傳送給自己的資料，其它不是要傳送給自己的資料則不予理會，讓它繼續傳送；若電腦要傳送資料，必須先判斷是否有其它資料正在網路線上傳送，沒有的話，才能開始傳送。

由於訊號是透過網路線傳送到整個網路，它會從網路線的一端行進到另一端，當無用的訊號抵達網路線的兩端時，它必須被終止，才不會反射回來造成干擾，因此，網路線的兩端必須加上**終端電阻** (terminator)。

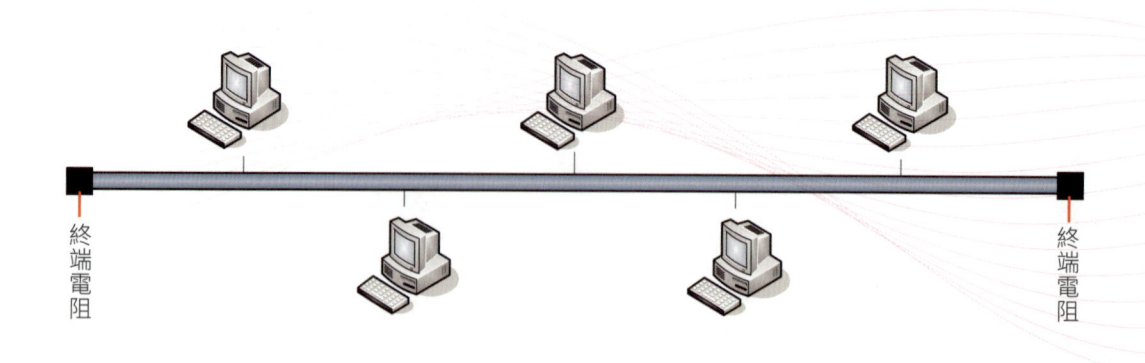

圖 3.1 匯流排拓樸

匯流排拓樸的優點如下：

- 安裝簡單。
- 成本低（只需購買網路卡、網路線與接頭）。

匯流排拓樸的缺點如下：

- 網路線太長時會導致訊號減弱。
- 有多部電腦欲傳送資料時會發生碰撞導致網路暫停。
- 增加或減少電腦時會導致網路暫停。
- 任何一段線路故障時會導致網路癱瘓。
- 故障排除較困難（必須沿著網路線一段一段檢查以找出故障點）。

3-1-2 星狀拓樸

在**星狀拓樸**(star topology) 中，所有電腦是透過個別的網路線連接到**集線器**(hub)，然後透過集線器傳送資料（圖 3.2）。

星狀拓樸的優點其實就是改善了匯流排拓樸的多數缺點，包括：

- 增加或減少電腦時不會導致網路暫停。
- 任何一段線路故障時不會導致網路癱瘓（只會影響局部區域）。
- 故障排除較簡單（通常可以從集線器的燈號找出故障點）。

星狀拓樸的缺點如下：

- 多了購買集線器的成本。
- 集線器故障時會導致網路癱瘓。

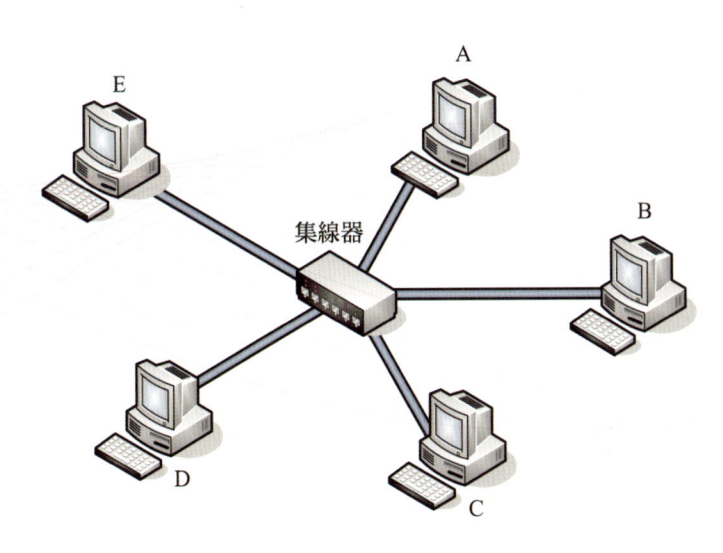

圖 3.2　星狀拓樸（註：目前集線器大多被交換器所取代）

3-1-3 環狀拓樸

在**環狀拓樸** (ring topology) 中，所有電腦是以環狀方式連接在一起，第一部電腦連接到第二部電腦，第二部電腦連接到第三部電腦，…，最後一部電腦再連接到第一部電腦。以圖 3.3 為例，當電腦 A 要傳送資料給電腦 D 時，必須依序經由電腦 B 和電腦 C，最後抵達電腦 D，不能跳過中間的電腦 B 和電腦 C。

比起前述的匯流排拓樸和星狀拓樸，環狀拓樸的效能較佳，尤其是在高流量時，因為環狀網路上會一直傳送著一個**記號** (token)，這是一個由數個位元所組成的封包，只有取得記號的電腦才能開始傳送資料，待資料傳送完畢並確認目的電腦已經收到資料後，來源電腦再釋放記號讓其它電腦使用。

環狀拓樸的優點如下：

- 不會發生碰撞，因為一次只有一部電腦能夠取得記號。
- 高流量時的效能較佳。
- 能夠設定優先順序，讓某些電腦優先取得傳送資料的權利。
- 每部電腦可以將訊號加強後再傳送出去，來保持訊號強度。

環狀拓樸的缺點如下：

- 軟硬體成本較高，導致較不普及。
- 任何一部電腦故障或任何一段線路故障時會導致網路癱瘓。
- 故障排除較困難。

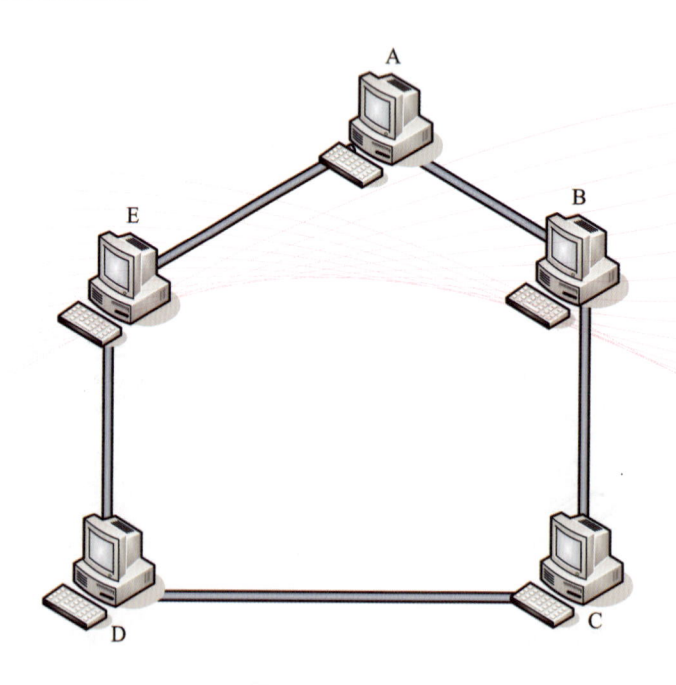

圖 3.3 環狀拓樸

3-1-4 網狀拓樸

在**網狀拓樸** (mesh) 中,所有電腦之間互相有網路線連接,不會因為任何一部電腦故障或任何一段線路故障而導致網路癱瘓,容錯能力為其它網路拓樸之冠。

以圖 3.4 為例,當電腦 A 要傳送資料給電腦 D 時,電腦 A 可以直接透過和電腦 D 之間的網路線傳送資料,若該網路線故障,那也沒關係,電腦 A 可以改用其它路徑,例如先將資料傳送給電腦 B,電腦 B 再將資料傳送給電腦 D。

網狀拓樸的優點如下:

- 容錯能力極佳,對於資料流量大且傳送作業不能中斷的環境來說,它將是最好的選擇。

網狀拓樸的缺點如下:

- 需要使用大量網路線,架設成本遠比其它網路拓樸高。

- 一旦電腦的數目很多,佈線將會變得很複雜,所以很少有網路是真正的網狀拓樸。

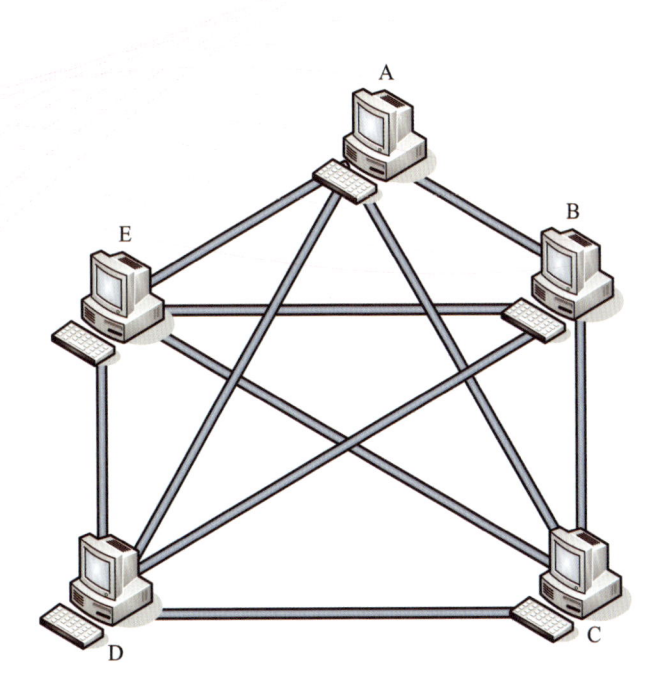

圖 3.4 網狀拓樸

3-1-5 混合式拓樸

混合式拓樸 (hybrid topology) 是組合了前述兩種或多種拓樸，以獲得這些拓樸的優點，常見的混合式拓樸如下：

- **星狀匯流排拓樸** (star bus topology)：這種拓樸組合了星狀和匯流排兩種拓樸，也就是將數個星狀網路以匯流排網路的方式組合在一起（圖 3.5），容錯能力比匯流排拓樸好，當任何一部電腦故障或任何一段線路故障時，只會影響局部區域，不會導致網路癱瘓，除非是集線器故障，才會造成電腦無法連線。

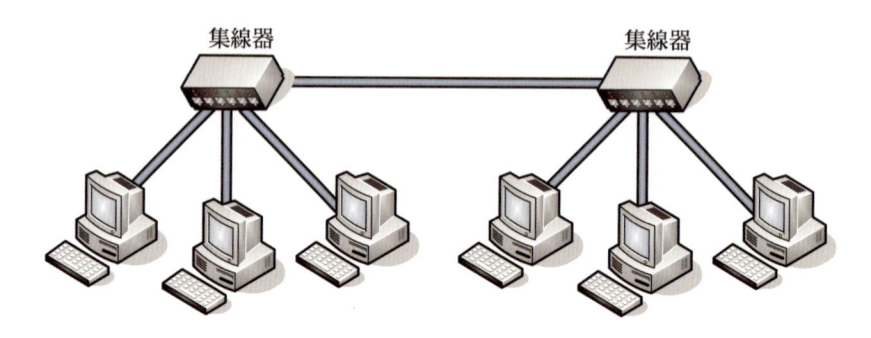

圖 3.5　星狀匯流排拓樸

- **星狀環狀拓樸** (star ring topology)：這種拓樸組合了星狀和環狀兩種拓樸，也就是將數個星狀網路以環狀網路的方式組合在一起（圖 3.6），容錯能力比星狀拓樸好，不會因為集線器故障導致網路癱瘓。

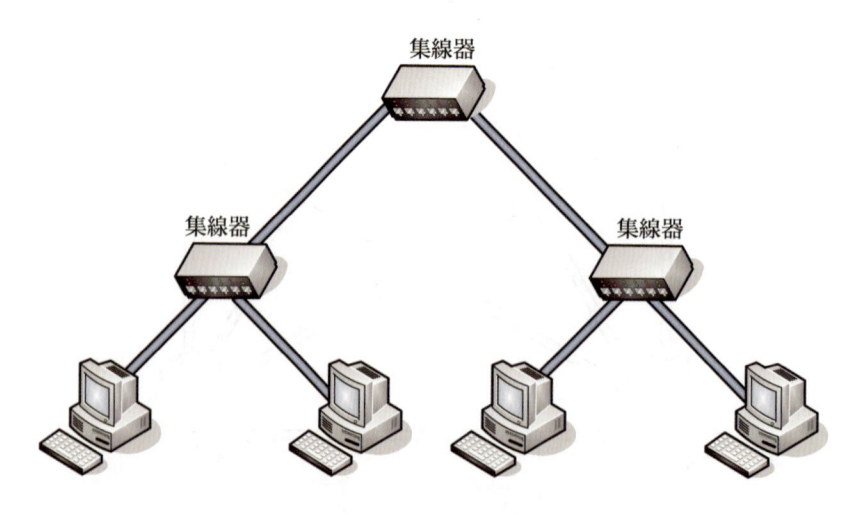

圖 3.6　星狀環狀拓樸

3-1-6 實體拓樸 vs. 邏輯拓樸

實體拓樸 (physical topology) 指的是網路實際佈線的方式,而**邏輯拓樸** (logical topology) 指的是資料在網路上流動的方式,兩者不一定會相同,例如圖 3.7 的實體拓樸和邏輯拓樸均為匯流排拓樸;圖 3.8 的實體拓樸為星狀拓樸,邏輯拓樸為匯流排拓樸,因為集線器會將資料傳送給所有電腦;圖 3.9 的實體拓樸和邏輯拓樸均為星狀拓樸,因為交換器只會將資料傳送給目的電腦。

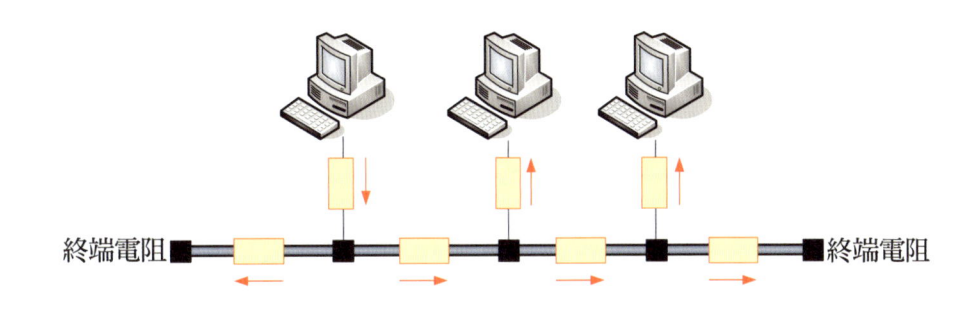

圖 3.7 實體拓樸和邏輯拓樸均為匯流排拓樸

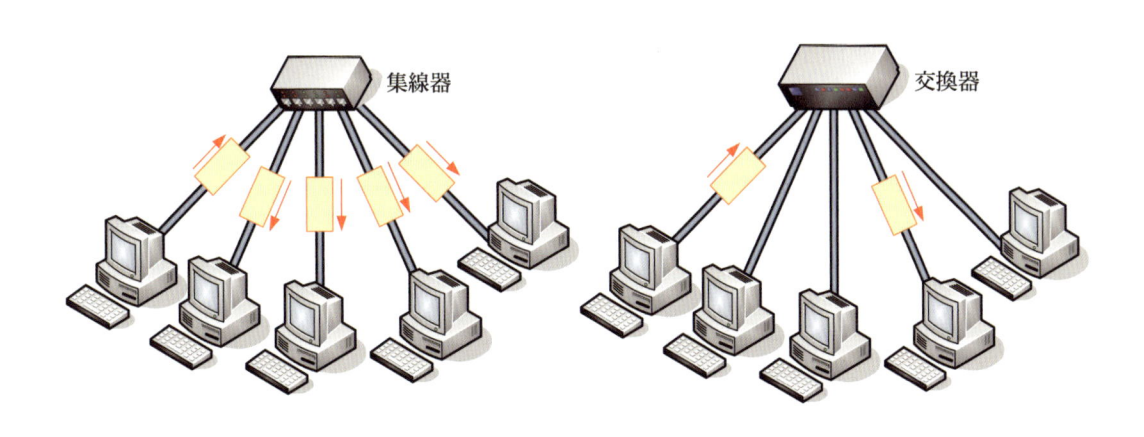

圖 3.8 實體拓樸為星狀拓樸,邏輯拓樸為匯流排拓樸

圖 3.9 實體拓樸和邏輯拓樸均為星狀拓樸

網路概論

資訊部落

廣播網路 vs. 點對點網路

我們可以根據不同的傳輸技術,將網路分為下列兩種類型:

- **廣播網路** (broadcast network):資料在網路線上傳送,所有電腦都會接收網路線上的資料,然後根據自己的位址擷取要傳送給自己的資料,其它不是要傳送給自己的資料則不予理會,讓它繼續傳送(圖 3.10)。這種網路的優點是任何一部電腦故障不會導致網路癱瘓,而且可以將資料傳送給某個**子網路** (subnet) 或特定群組的電腦,即**群播** (multicasting),又稱為**多點傳送**。廣播網路通常應用於區域網路,因為其頻寬較大、傳輸速率較快。

電腦 A 要傳送資料給電腦 E

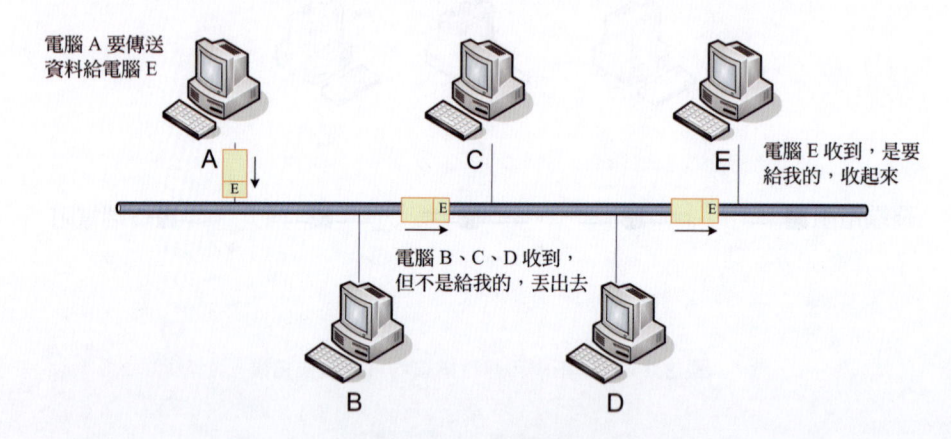

A　　　　　　　C　　　　　　　E　電腦 E 收到,是要給我的,收起來

電腦 B、C、D 收到,但不是給我的,丟出去

B　　　　　　　D

圖 3.10　廣播網路

- **點對點網路** (point-to-point network):在傳送資料之前,必須在來源電腦與目的電腦之間建立路徑,資料從來源電腦出發後,逐一拜訪路徑上的中介點,直到抵達目的電腦(圖 3.11)。點對點網路通常應用於廣域網路,例如電話系統。

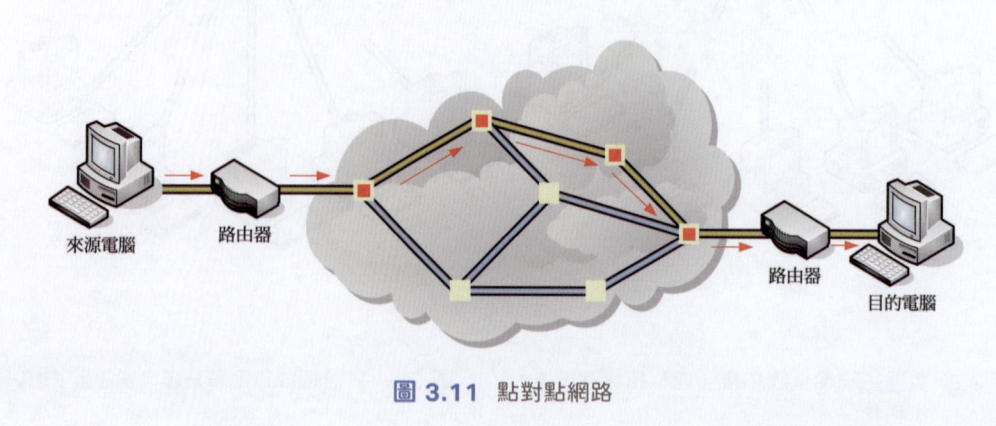

來源電腦　路由器　　　　　　　　　　　路由器　目的電腦

圖 3.11　點對點網路

3-8

3-2 網路傳輸媒介

網路必須透過傳輸媒介來傳送資料,而且傳輸媒介決定了網路的頻寬、傳輸品質、傳輸速率、成本與安裝方式。傳輸媒介又分為下列兩種類型:

- **導向媒介** (directed media):這種類型是提供有實體限制的路徑給訊號,包括雙絞線、同軸電纜及光纖,前兩者是透過金屬導線以電流的形式傳送訊號,後者是透過玻璃或塑膠纖維以光波的形式傳送訊號。

- **無導向媒介** (undirected media):這種類型不需要實體媒介,而是透過開放空間以電磁波的形式傳送訊號,包括無線電、微波及紅外線。

3-2-1 雙絞線

雙絞線 (twisted-pair) 是由多對外覆絕緣材料的實心銅蕊線兩兩對絞而成,如圖 3.12,目的在於減少電磁干擾,因為對絞的動作會令兩條銅蕊線產生的磁場互相抵消,對絞的次數愈多,抗干擾的效果就愈佳,電話線即為其中一種。

雙絞線的優缺點

雙絞線的優點是成本低、安裝簡單、支援多種網路標準,缺點則是容易受到電磁干擾、傳輸距離短 (受限在 100 公尺左右)。

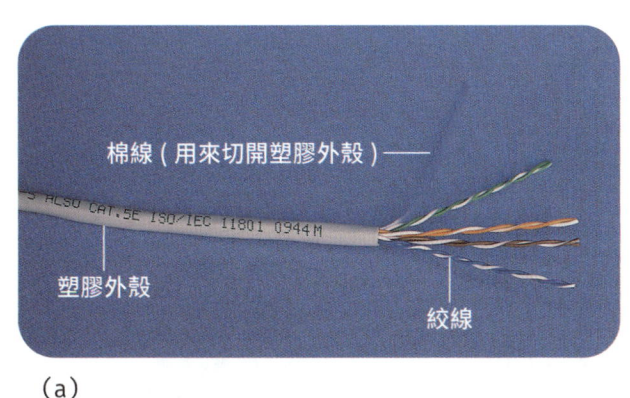

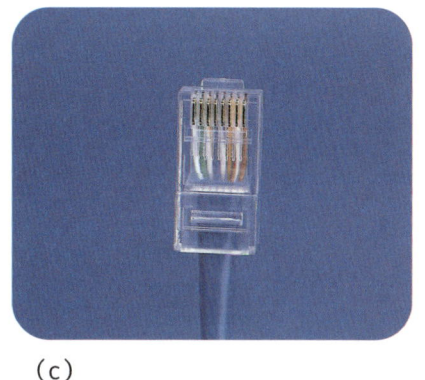

圖 3.12 (a) Category 5 UTP
(b) STP
(c) RJ-45 接頭

網路概論

雙絞線的類型

- **UTP** (Unshield Twisted Pair，無遮蔽雙絞線)：UTP 可以用來傳送資料或聲音，其分類如表 3.1。

表 3.1　UTP 的分類

分類	傳輸速率	用途 / 支援的網路標準
Category 1 (1 類)	2Mbps	電話線
Category 2 (2 類)	4Mbps	Token Ring
Category 3 (3 類)	10Mbps	10BASE-T Ethernet
Category 4 (4 類)	16Mbps	Token Ring
Category 5 (5 類)	100Mbps	100BASE-T Fast Ethernet
Category 5e (超 5 類)	1Gbps	1000BASE-T Gigabit Ethernet
Category 6 (6 類)	10Gbps	10GBASE-T 10 Gigabit Ethernet
Category 6A (增強 6 類)	10Gbps	10GBASE-T 10 Gigabit Ethernet
Category 7 (7 類)	10Gbps	10GBASE-T 10 Gigabit Ethernet
Category 8 (8 類)	40Gbps	40GBASE-T 40 Gigabit Ethernet

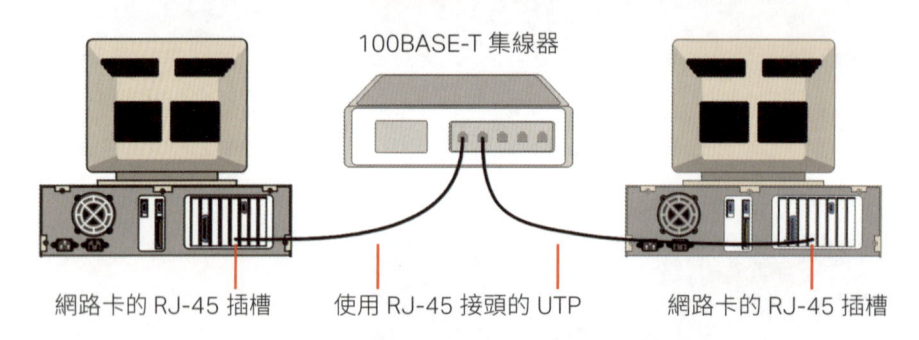

圖 3.13　連接兩部電腦的 100BASE-T Fast Ethernet

- **STP** (Shield Twisted Pair，遮蔽雙絞線)：STP 的絞線和塑膠外殼之間多了金屬遮蔽層，傳送資料時能減少電磁干擾。STP 又分成 Type 1、2、6、8、9 等類型，其中 Type 6 應用於 Token Ring 網路，傳輸速率為 16Mpbs。和 STP 比起來，UTP 的優點是成本較低、安裝較簡單，缺點則是電磁干擾較多、傳輸品質較差。

3-2-2 同軸電纜

同軸電纜 (coaxial cable) 可以用來傳送影像與聲音，有線電視纜線即為其中一種。圖 3.14 為同軸電纜的構造，其中**塑膠外殼**用來保護纜線，避免受潮、氧化或損壞；**外導體**是金屬網，作為接地，避免電磁干擾；**絕緣體**用來隔絕外導體與中心導體，避免短路；**中心導體**用來傳送訊號。

早期有線電視的整個網路都是使用同軸電纜，後來改以光纖作為骨幹，只在連接到用戶端設備處使用同軸電纜。

同軸電纜的優缺點

和雙絞線比起來，同軸電纜的優點是電磁干擾較少、傳輸距離較長，缺點則是故障排除較困難（任何一段線路故障均會導致網路癱瘓）。

同軸電纜的類型

同軸電纜會因為**阻抗**和**口徑**不同，而有不同類型，阻抗單位為**歐姆**，口徑單位為 **RG**，例如有線電視網路使用 RG-59（75 歐姆）、10BASE2 乙太網路使用 RG-58（50 歐姆、BNC 接頭、傳輸速率為 10Mbps、傳輸距離為 185 公尺）。

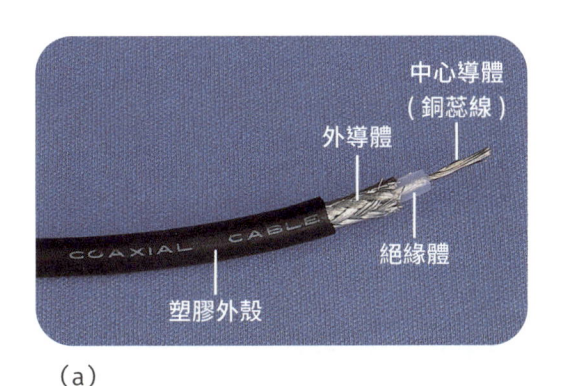

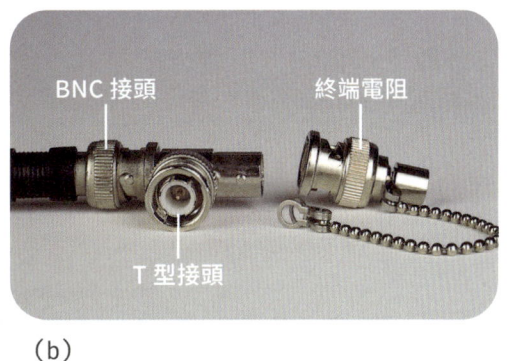

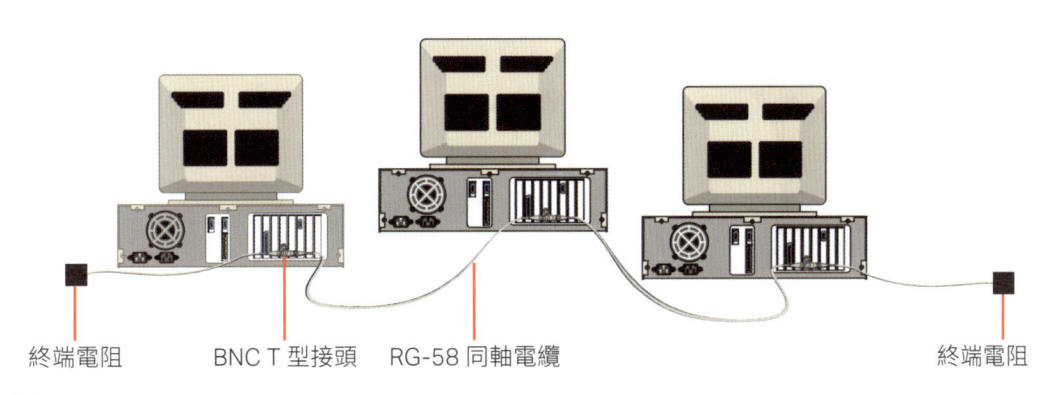

圖 3.14 （a）RG-58 同軸電纜 （b）BNC T 型接頭 （c）使用 RG-58 同軸電纜的 10BASE2 乙太網路

3-2-3 光纖

光纖（optical fiber）是透過玻璃或塑膠纖維以光波的形式傳送訊號，不會像雙絞線有電磁干擾的現象，傳輸速率高達數十 Gbps，傳輸距離長達數十公里，大型網路通常是以光纖作為骨幹。

圖 3.15 為光纖的構造，主要有三個部分：

- **核心**（core）：密度較高的玻璃或塑膠纖維，用來傳送光波訊號。

- **被覆層**（cladding）：密度較低的玻璃或塑膠纖維，光波訊號就是透過被覆層與核心的接觸面進行反射或折射（視其進入角度而定）。

- **外殼**（coating）：不透光的材質，用來保護核心，隔絕干擾。

光纖的優點如下：

- 不受電磁干擾。
- 訊號衰減程度低。
- 傳輸速率快。
- 傳輸距離長。
- 保密性高。
- 體積小、材質輕、耐高溫、不怕雷擊。

光纖的缺點如下：

- 成本高。
- 佈線工程須仰賴專業的技術人員。
- 玻璃纖維比較容易受損。

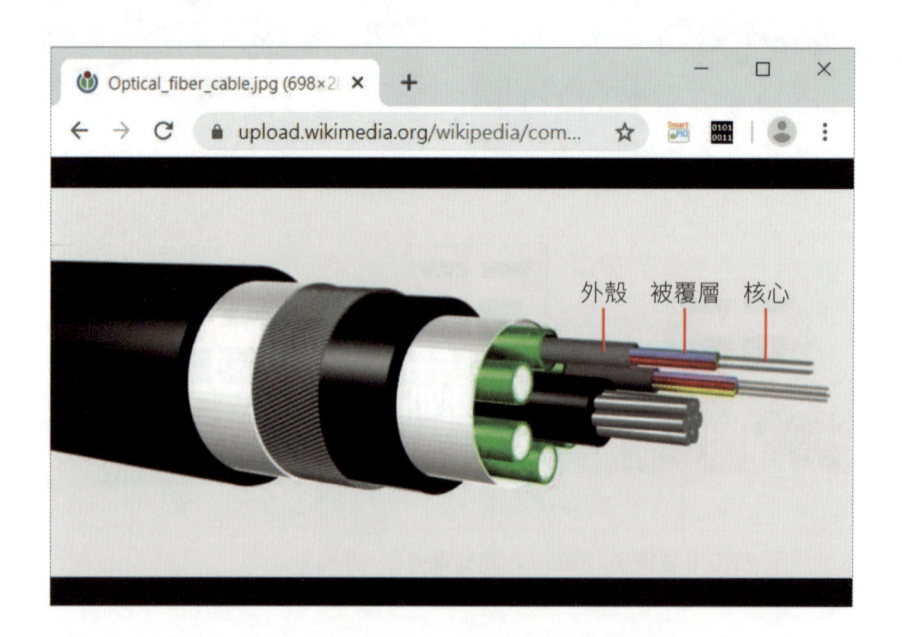

圖 3.15 光纖的構造（圖片來源：維基百科）

光纖的模式

- **多模光纖**（MMF，MultiMode Fiber）：多模光纖的光源為發光二極體（LED），核心有多條路徑能夠讓光線通過，又分為**步進指數**（step-index）和**漸進指數**（graded-index）兩種類型，前者的核心密度相同，光束會直線穿過，碰到被覆層時反射，如圖 3.16(a)；後者的核心密度不同，由中心向外遞減，如圖 3.16(b)，漸進指數的傳輸速率比步進指數快。

- **單模光纖**（SMF，Single Mode Fiber）：單模光纖的光源為雷射光，核心直徑比多模光纖小，密度也比多模光纖低，只有一條路徑能讓光線通過，如圖 3.16(c)，故傳輸速率較快，傳輸距離也較長。

表 3.2　光纖的類型

類型	核心直徑（微米、10^{-6} 米）	被覆層（微米）
50/125	50	125
62.5/125	62.5	125
100/140	100	140
7/125（僅適用於單模光纖）	7	125

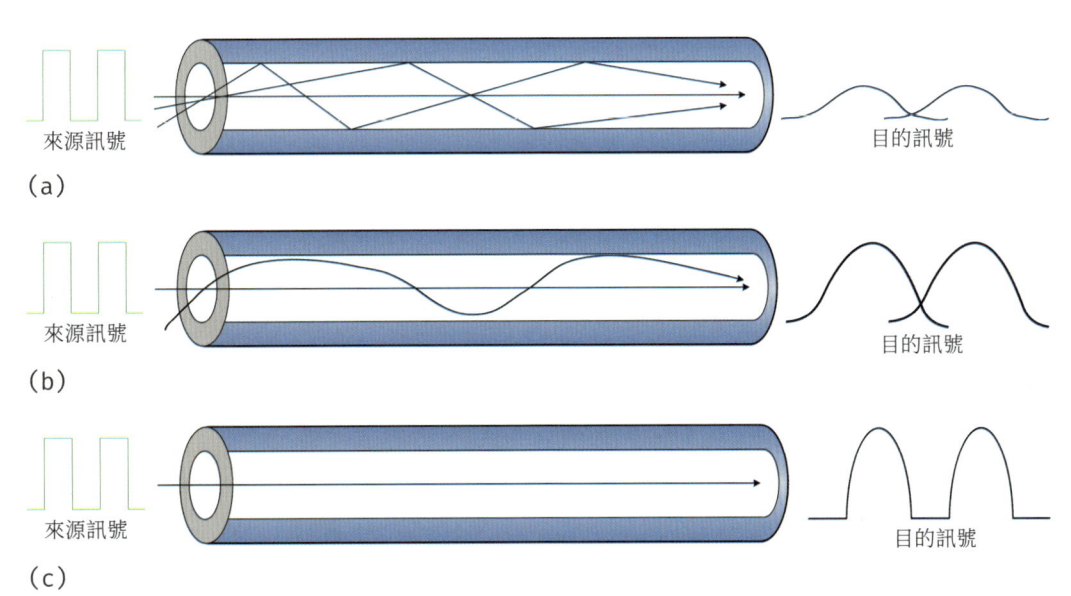

圖 3.16　（a）多模光纖－步進指數　（b）多模光纖－漸進指數　（c）單模光纖
（示意圖參考：Data Communications and Networking, Forouzan）

3-2-4 無線電

前面所介紹的雙絞線、同軸電纜及光纖都是有線網路的傳輸媒介，必須架設實體線路，而無線網路的傳輸媒介是透過開放空間以電磁波的形式傳送訊號，包括**無線電** (radio)、**微波** (microwave) 及**紅外線** (infrared)，其訊號的傳送與接收都是透過天線來達成，而**天線** (antenna) 是一個能夠發射或接收電磁波的導體系統。

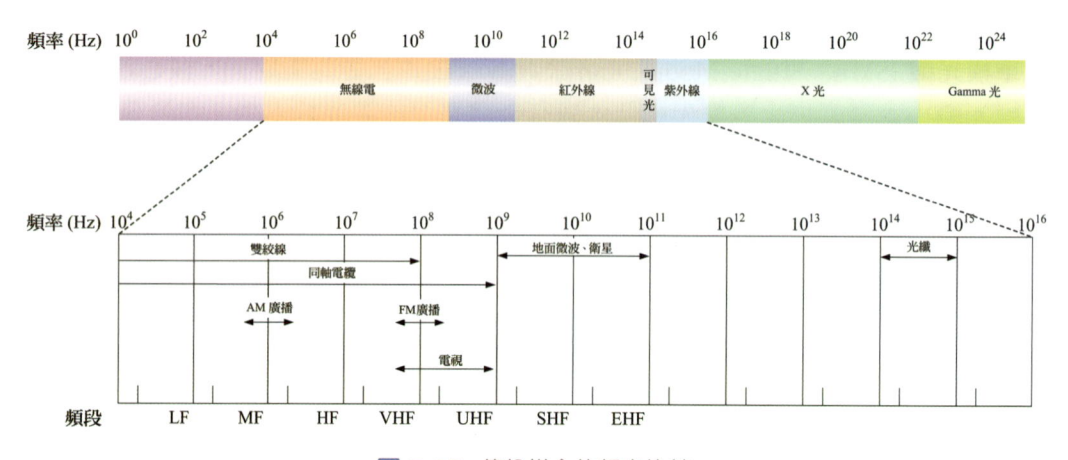

圖 3.17　傳輸媒介的頻率比較

無線電 (radio) 是頻率介於3KHz～300GHz的電磁波，通常是全向性的，每個收訊端都能收到發訊端發出的訊號 (圖 3.18)，適合群播 (一對多通訊)，而且中低頻率的無線電還能穿透牆壁，因此，無線電的優點是收訊端無須對準發訊端、能夠穿透障礙物，缺點則是容易洩密及受到干擾，第三者可以使用特殊儀器接收特定頻率範圍內的訊號，或發送頻率相同但功率更高的訊號干擾收訊端。

由於無線電的頻率範圍較窄，為了避免干擾，ITU (國際電信聯盟) 遂依照頻率高低劃分了如表 3.3 的頻段，國內的頻段分配情況則如表 3.4，例如無線電計程車業者所使用的就是透過基地台收發頻率為 140MHz 或 500MHz 的無線電。

註：**群播** (multicast) 屬於一對多通訊，發訊端會傳送訊號給特定群組的收訊端；反之，**單播** (unicast) 屬於一對一通訊，發訊端只會傳送訊號給指定的收訊端。

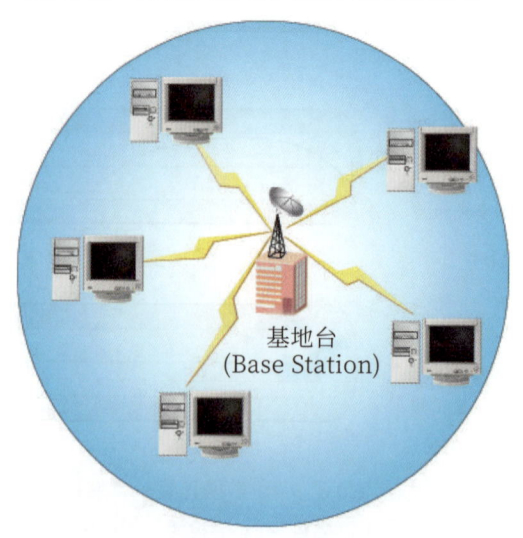

圖 3.18　無線電

表 3.3　無線電頻段

頻段	頻率範圍	用途
特低頻 (VLF)	3~30KHz	極長距離點與點通訊、航海及助航、感應式室內呼叫系統
低頻 (LF)	30~300KHz	長距離點與點通訊、航海及助航、感應式室內呼叫系統
中頻 (MF)	300~3000KHz	中波廣播、航空及航海通訊、無線電定位、固定行動業務、海洋浮標、業餘通訊
高頻 (HF)	3~30MHz	長距離點與點通訊及廣播、業餘通訊、無線電天文、標準頻時信號、航空行動、短波廣播、民用無線電
特高頻 (VHF)	30~300MHz	中距離通訊、雷達、調頻廣播、電視、導航、業餘無線電呼叫、各種陸地行動通訊
超高頻 (UHF)	300~3000MHz	短距離通訊、中繼系統、電視、衛星氣象、天文、業餘無線電定位、助航太空研究、地球探測、公眾行動電話、有線電話無線主副機、計程車無線電話
極高頻 (SHF) 至高頻 (EHF)	3~300GHz	微波中繼、各種雷達、衛星通訊、衛星廣播、無線電天文

表 3.4　常見的國內無線電頻段分配 (由交通部公佈)

用途	頻段
行動電話	800、900、1800MHz
業餘無線電	1.8~1.9、3.5~3.5125、3.55~3.5625、7~7.1、10.13~10.15、14~14.35、18.068~18.080.5、18.11~18.1225、21~21.45、24.89~24.99、28~29.7、50~50.15、50.11~50.1225、135.7~137.8、144~146、430~432、1260~1265、2440~2450MHz
工業、科學及醫療用途	13、27、40、400、480MHz、2.4、5.8、24GHz
民用無線電對講機	27MHz
有線電話無線主副機	1.6、46、49、1900MHz
警察通訊	4、5、140、150、160、170、410、480、490、500、900、2700MHz
計程車無線電通訊	140、500MHz
一般用途無線遙控	13、27、40、72、75、400、480MHz、2.4GHz、5.8GHz、24GHz
山難救助	148、150MHz

3-2-5 微波

微波 (microwave) 是頻率介於 300MHz～300GHz 的電磁波，相較於無線電，微波的頻率較高，傳輸速率較快，不過，無線電是全向性的，而微波是單向性的，只會往某個方向傳送訊號，收訊端與發訊端的天線必須精確對焦，適合單播（一對一通訊）。微波又分為下列兩種類型：

- **地面微波** (terrestrial microwave)：這通常是在不易架設實體線路的情況下用來作為傳輸媒介（圖 3.19(a)），例如要橫跨大河、湖泊或沙漠，傳輸距離長達 10～100 公里，超過的話，可以設置中繼站。

- **衛星微波** (satellite microwave)：這是利用衛星作為中繼站轉送訊號，以提供地面上兩點之間的通訊（圖 3.19(b)），例如衛星電話、全球定位系統 (GPS)、衛星實況轉播、SpaceX 星鏈服務。

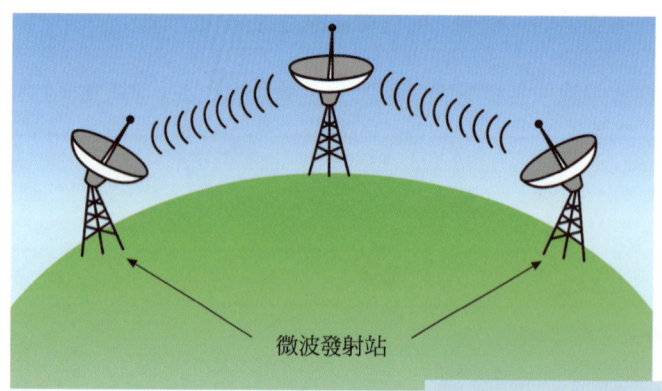

(a)

(b)

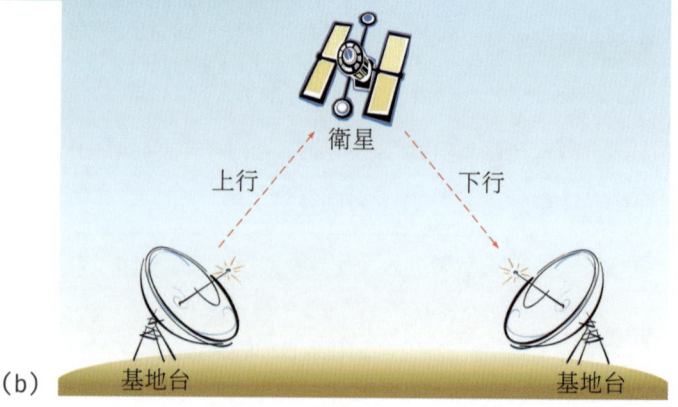

圖 3.19 （a）地面微波 （b）衛星微波

3-2-6 紅外線

紅外線（infrared）是頻率介於 300GHz ~ 400THz 的電磁波，無法穿透牆壁，會受到障礙物阻隔或光源干擾，但不會受到電磁干擾，正因為這些特點，當使用者在家裡使用紅外線遙控器時，就不用擔心會干擾不同房間或隔壁鄰居的電器，而且紅外線沒有頻率分配的問題，不像無線電或微波需要申請頻段執照。

紅外線的優缺點

紅外線的優點是不會受到電磁干擾、低功耗、低成本、保密性佳，缺點則是傳輸距離短、穿透性低、收訊端必須對準發訊端 (圖 3.20)。

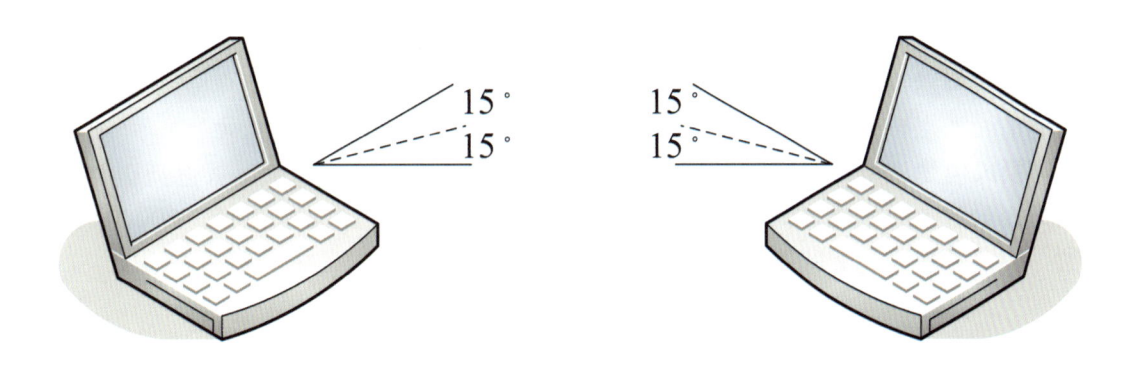

圖 3.20　紅外線的收訊端必須對準發訊端，誤差超過最大收訊角度 (例如 15°) 將收不到

紅外線傳輸標準

紅外線傳輸標準是 IrDA 協會所提出，目的是建立互通性佳、低功耗、低成本的資料傳輸解決方案：

- **IrDA Data**：這是點對點、傳輸距離較短 (1 公尺)、傳輸速率為 9600bps ~ 16Mbps、雙向傳輸的高速紅外線傳輸標準，適用於筆記型電腦、行動電話、數位相機等設備。

- **IrDA Control**：這是點對點、點對多點 (一個主裝置可以對應 8 個從屬裝置)、傳輸距離較長 (8 公尺)、傳輸速率為 75Kbps、雙向傳輸的低速紅外線傳輸標準，適用於遙控器、無線滑鼠、無線鍵盤、無線搖桿等設備。

3-3 網路相關設備

在本節中，我們會介紹一些網路相關設備，包括網路卡、數據機、中繼器、集線器、橋接器、路由器、閘道器和交換器。

3-3-1 網路卡

網路卡 (network interface card、network adapter) 可以將電腦內部的資料轉換成傳輸媒介所能傳送的訊號，或將傳輸媒介傳送過來的訊號轉換成電腦所能處理的資料。

當電腦要傳送資料時，網路卡會先在資料的前面加上自己的位址，接著才將資料轉換成可透過雙絞線或同軸電纜傳送的電流訊號、可透過光纖傳送的光波訊號、或可透過開放空間傳送的電磁波。

網路卡的規格如下：

- **網路線接頭**：早期網路卡的網路線接頭有 RJ-45、BNC、AUI 等類型，分別應用於雙絞線、RG-58 同軸電纜和 RG-11 同軸電纜，現在是以 RJ-45 為主。

- **插槽介面**：外接式網路卡通常是連接到電腦的 USB 埠，而內接式網路卡通常是安裝在主機板上面的 PCI-E 插槽。目前主機板大多內建網路晶片，這樣就不需要另外安裝網路卡。

- **傳輸速率**：網路卡的傳輸速率有 10、100、1/2.5/5/10Gbps 等類型，例如 100Mbps/1Gbps/10Gbps 自動切換網路卡應用於 100BASE-TX/1000BASE-T/10GBASE-T 乙太網路。

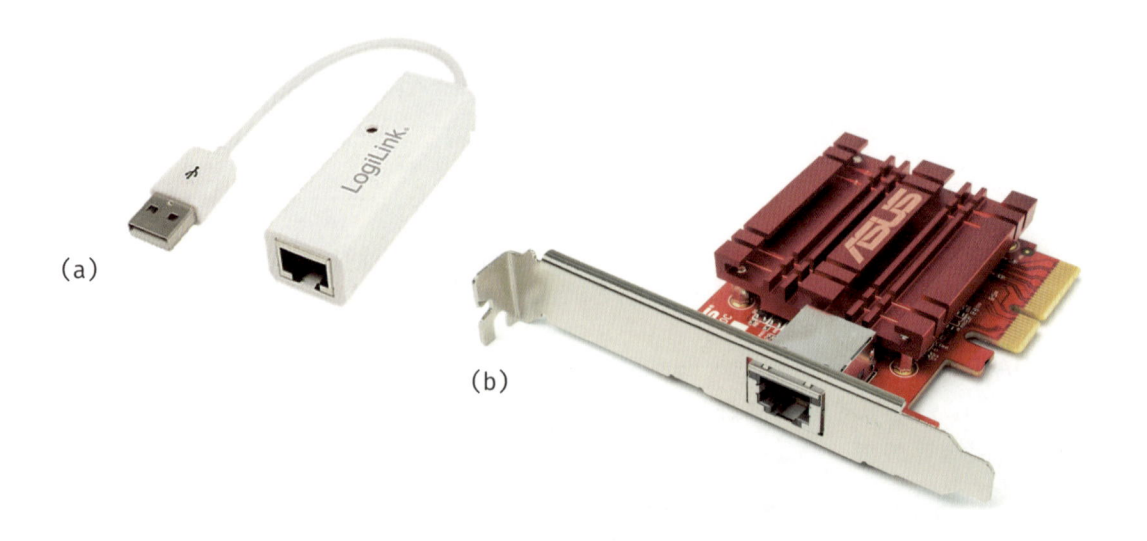

圖 3.21 （a）USB 介面的外接式網路卡 (提供 RJ-45 插槽)
（b）PCI-E 介面的內接式網路卡 (圖片來源：LogiLink、ASUS)

3-3-2 數據機

電腦內部的資料是由 0 與 1 所組成的數位資料，而電話網路是以類比電波傳送聲音，因此，若電腦 A 要透過電話網路傳送數位資料給電腦 B，電腦 A 必須先將數位資料轉換成類比訊號，這個動作叫做**調變** (modulation)，而電腦 B 在收到類比訊號後，必須將它還原成數位資料，才能加以儲存或使用，這個動作叫做**解調變** (demodulation)。

數據機 (modem) 的功能就是進行調變與解調變（圖 3.22），其傳輸速率是以 **bps** (bits per second) 為單位，也就是每秒鐘能夠傳送幾個位元。原先的 V.32、V.32 bis、V.34、V.34 bis 標準為 9600、14400、28800、33600bps，後來的 V.90、V.92 標準為 56Kbps/33.6Kbps（下行/上行）、56Kbps/48Kbps（下行/上行）。

早期用來撥接上網的數據機通常是連接到電腦的序列埠或 USB 埠，但現在寬頻上網取代了撥接上網，包括 ADSL 寬頻上網的 ADSL 數據機、FTTx 光纖上網的 VDSL 數據機和有線電視上網的纜線數據機 (Cable Modem) 都是透過網路線連接到電腦的網路卡。

(a)

(b)

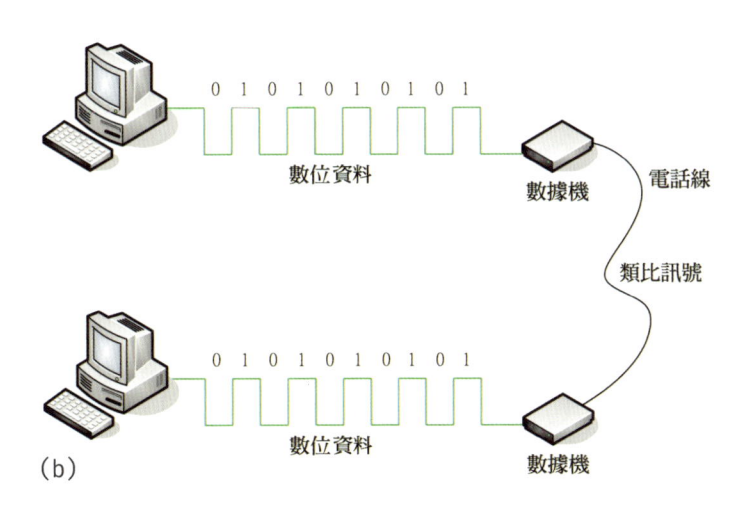

圖 3.22 （a）FTTx 光纖上網的 VDSL 數據機（圖片來源：中華電信）（b）數據機的功能

3-3-3 中繼器

中繼器 (repeater) 的功能是接收訊號，然後重新產生增強的訊號，以將訊號傳送到更遠的地方，如圖 3.23(a)。

以 10BASE2 乙太網路為例，網路線長度上限為 185 公尺，超過的話會造成訊號衰減無法辨識，此時只要將網路分成幾個區段 (segment)，然後在區段之間加裝中繼器，就能延長網路的傳輸距離，如圖 3.23(b)。

中繼器可以連接同一個網路的不同區段，例如同一個乙太網路的兩個區段，但不能連接不同的網路，例如一個乙太網路和 Token Ring 網路。

中繼器是在 OSI 參考模型的實體層運作，純粹用來增強訊號，無法辨識訊框的實體位址或邏輯位址。

此外，中繼器和**放大器** (amplifier) 不同，放大器會將收到的訊號與雜訊一起放大，而中繼器會去掉雜訊，只複製原始訊號的部分。

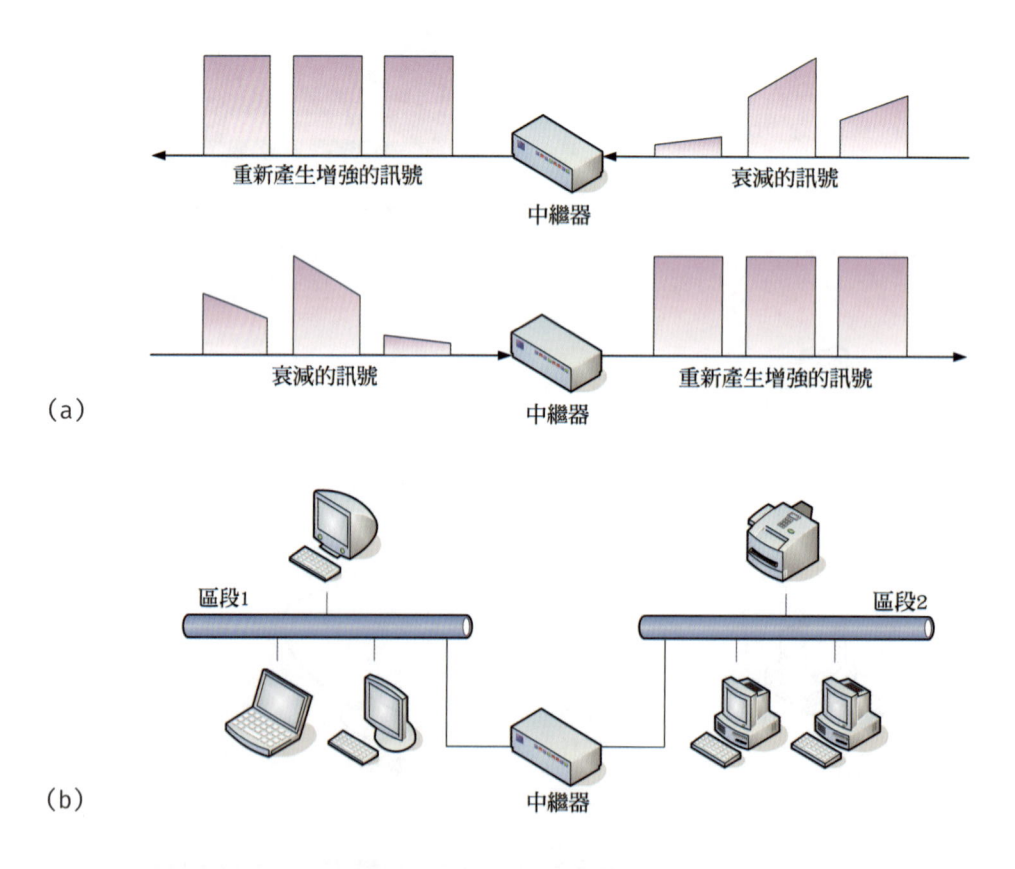

圖 3.23 （a）中繼器的功能是接收並增強訊號
　　　　（b）中繼器可以連接同一個網路的不同區段，以延長網路的傳輸距離

3-3-4 集線器

集線器 (hub) 的功能是接收訊號,然後傳送給連接到集線器的所有電腦,這些電腦再自行判斷資料是否要傳送給自己,不是的話就丟棄。

早期的集線器又分為**被動式集線器** (passive hub) 與**主動式集線器** (active hub),前者會將收到的訊號直接傳送給連接到集線器的所有電腦,若距離較遠,會有訊號衰減的問題;反之,後者會根據收到的訊號重新產生增強的訊號,然後傳送給連接到集線器的所有電腦,以避免訊號衰減的問題,它就像具有多個連接埠的中繼器。

當區域網路內的電腦數目超過集線器的連接埠數目時,我們可以串接多部集線器,如圖 3.24,集線器之間的距離不得大於 5 公尺,最多可以使用 4 個集線器連接 5 個區段,若要突破 4 個集線器的限制,可以改用**堆疊式集線器** (stackable hub),此時,無論幾部堆疊式集線器堆疊在一起,都會被視為一部單獨的集線器。

集線器也是在 OSI 參考模型的實體層運作,不過,目前市面上已經很少有集線器,取而代之的是交換器,第 3-3-8 節會介紹交換器。

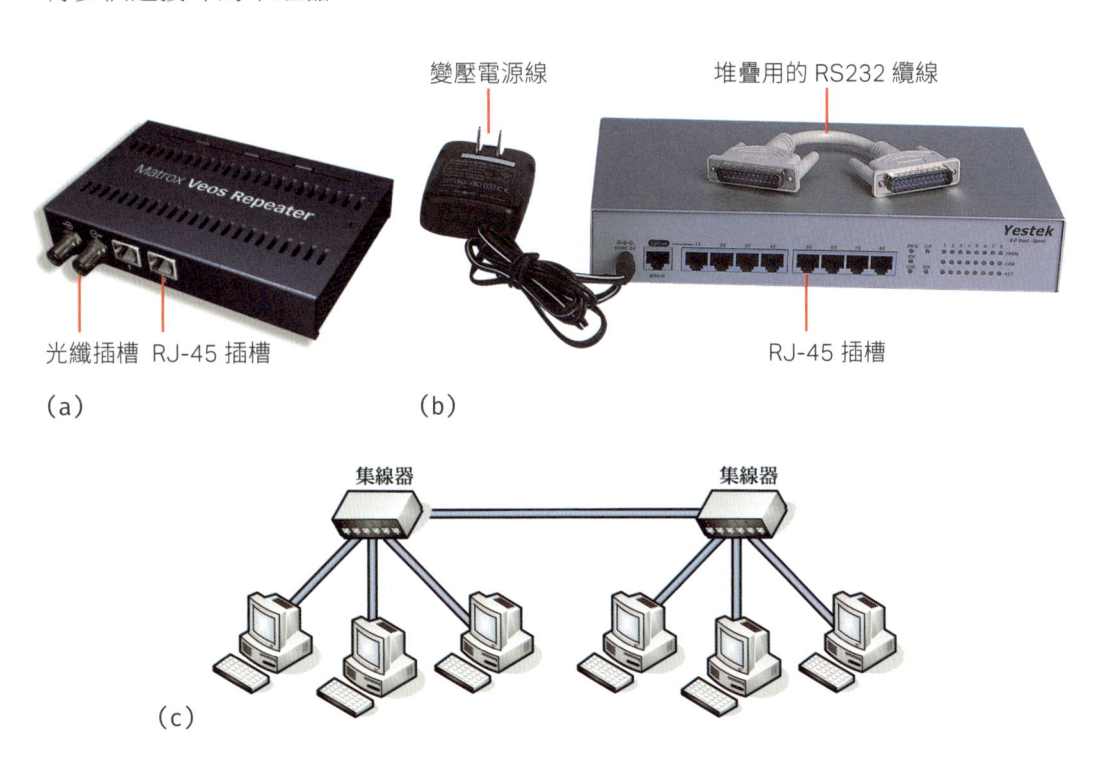

圖 3.24 (a) 中繼器 (b) 集線器 (c) 串接多個集線器以擴充區域網路內的電腦數目

3-3-5 橋接器

橋接器 (bridge) 和中繼器一樣可以連接同一個網路的不同區段，但中繼器是在 OSI 參考模型的實體層運作，純粹用來增強訊號，而橋接器是在 OSI 參考模型的實體層及資料連結層運作，在實體層時會增強訊號，在資料連結層時會檢查訊框的實體位址。

橋接器具有過濾訊框的功能，中繼器則沒有，以圖 3.25 為例，假設電腦 A 欲傳送資料給電腦 B，當資料廣播至橋接器時，橋接器會從橋接表發現，電腦 A 和電腦 B 均位於區段 1，於是將資料丟棄，不再廣播至區段 2；反之，假設電腦 A 欲傳送資料給電腦 Z，當資料廣播至橋接器時，橋接器會從橋接表發現，電腦 A 和電腦 Z 位於不同區段，於是將資料廣播至區段 2。

當網路過於繁忙時，我們可以使用橋接器將網路分成兩個或多個區段，以藉由其過濾訊框的功能減少網路廣播，而且各個區段的流量愈平均，效能就愈佳。

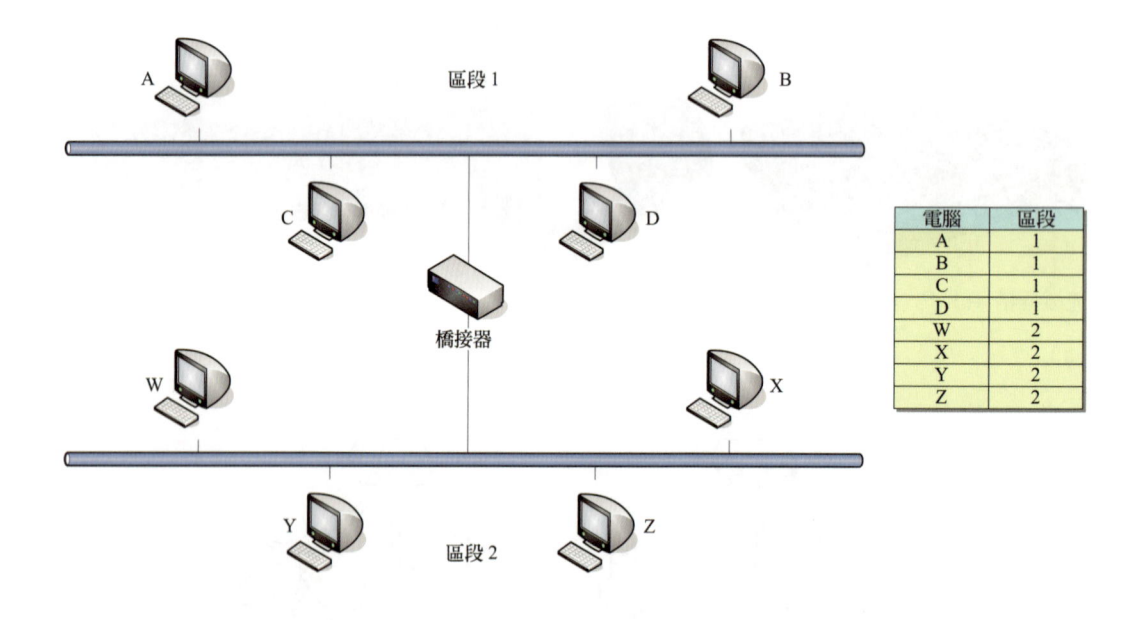

電腦	區段
A	1
B	1
C	1
D	1
W	2
X	2
Y	2
Z	2

圖 3.25 橋接器可以連接同一個網路的不同區段並具有過濾訊框的功能

3-3-6 路由器

路由器 (router) 可以連接不同的網路，例如連接多個區域網路或廣域網路以形成一個互聯網，不像中繼器或橋接器只能連接同一個網路的不同區段。

路由器是在 OSI 參考模型的實體層、資料連結層及網路層運作，在實體層時會增強訊號，在資料連結層時會檢查訊框的實體位址，在網路層時會轉換封包的邏輯位址與路由。

所謂**路由** (routing) 就是根據一些最佳化的考慮因素 (例如最短路徑、最不擁擠路徑、頻寬、線路品質等)，決定資料被傳送到目的位址的最佳路徑，中間或許會經過數個路由器。

以圖 3.26 為例，路由器連接了兩個區域網路，假設電腦 A 欲傳送資料給電腦 K，當封包在區域網路 1 傳送時，其來源位址是電腦 A 的位址，目的位址則是路由器的位址，而在封包傳送到區域網路 2 後，其來源位址變成路由器的位址，目的位址則變成電腦 K 的位址。

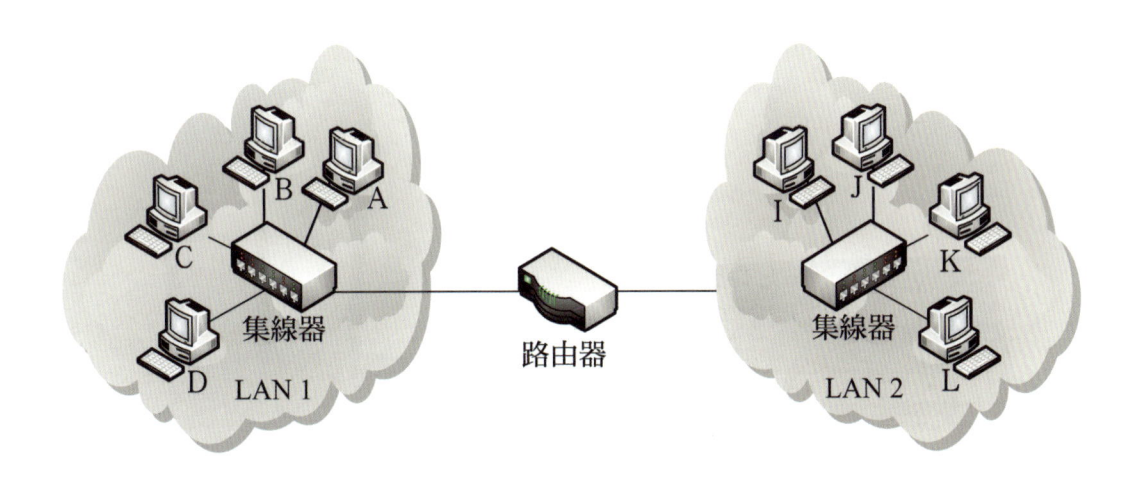

圖 3.26 路由器可以連接多個區域網路或廣域網路以形成一個互聯網

3-3-7 閘道器

閘道器（gateway）和路由器一樣可以連接不同的網路，例如連接多個區域網路或廣域網路以形成一個互聯網，這兩個名詞經常被混用，但事實上，兩者是有差別的，路由器只能使用相同通訊協定接收、處理與傳送封包，而閘道器能夠轉換不同的通訊協定，也就是接收某種通訊協定的封包（例如 TCP/IP），然後轉換成另一種通訊協定的封包（例如 IBM SNA、AppleTalk），再傳送出去（圖 3.27）。

此外，路由器是在 OSI 參考模型的實體層、資料連結層及網路層運作，屬於第三層設備，而閘道器是在 OSI 參考模型的七個層次運作，屬於第七層設備。

(a)

(b)

(c)

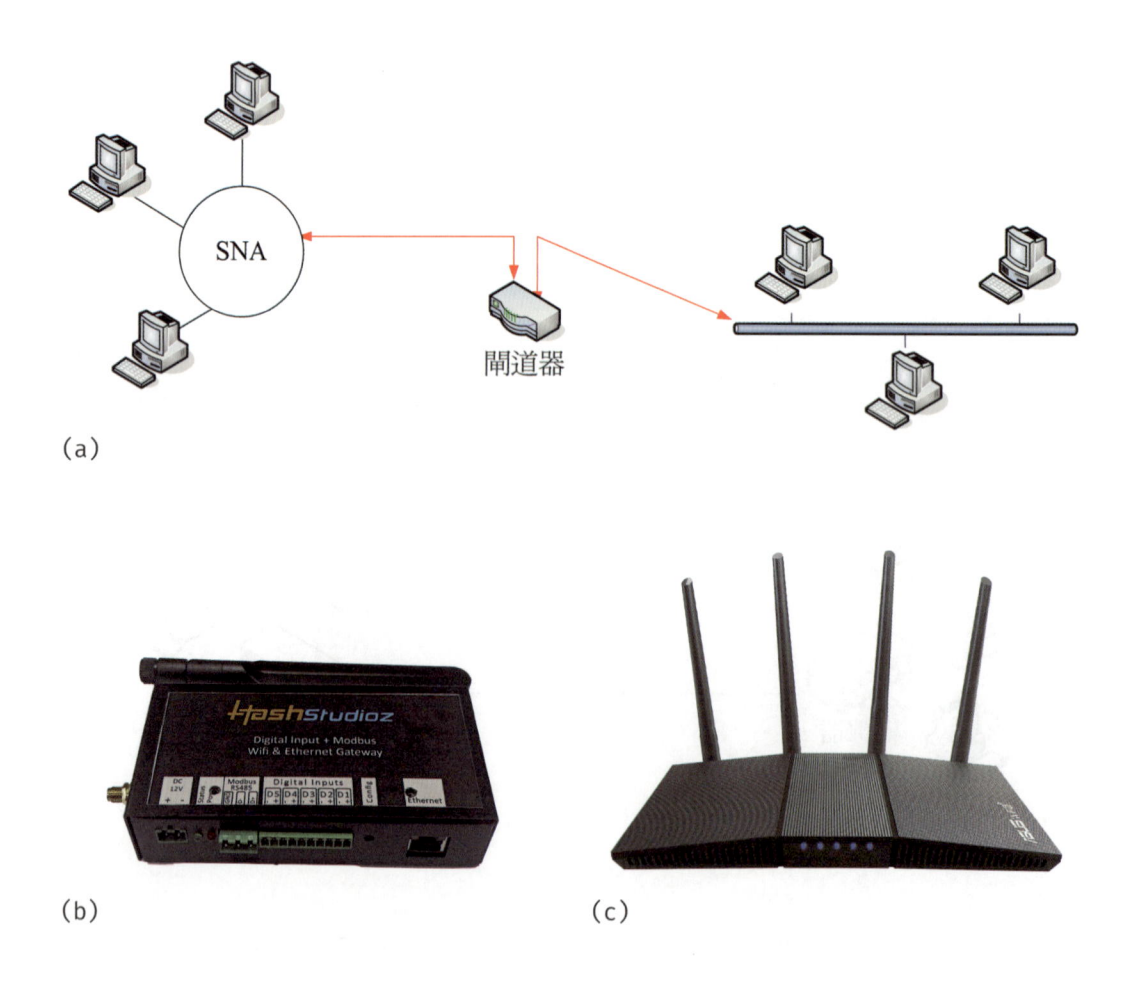

圖 3.27 （a）閘道器能夠轉換不同的通訊協定 （b）閘道器
（c）無線路由器（圖片來源：HashStudioz Technologies、ASUS）

3-3-8 交換器

交換器（switch）又分為下列兩種：

- **L2 交換器**（第二層交換器）：L2 交換器是在 OSI 參考模型的實體層及資料連結層運作，又稱為**交換式集線器**（switched hub），即具有橋接器功能的集線器，只會將資料傳送給指定的電腦，而不會傳送給網路上的所有電腦。L2 交換器的每個連接埠都有專屬頻寬且能夠交換資料，而集線器的所有連接埠會共享頻寬且無法交換資料。

- **L3 交換器**（第三層交換器）：L3 交換器是在 OSI 參考模型的實體層、資料連結層及網路層運作，又稱為**交換式路由器**（switched router），屬於改良型的路由器，因為是將路由器的部分功能改由硬體執行，效能比傳統的路由器好。L3 交換器的每個連接埠都是連接一個子網路，每個子網路皆為獨立的**廣播領域**（broadcast domain），不同連接埠的廣播封包不會流到其它連接埠，這點和傳統的路由器一樣。

至於交換器所使用的交換技術則有下列幾種：

- **穿透式**（cut through）：立刻將封包傳送到目的位址，由於封包沒有儲存在交換器，故速度快、沒有延遲，缺點則是無法判斷封包是否有損壞。

- **儲存轉送式**（store and forward）：將封包儲存在緩衝區，檢查有無損壞，沒有的話，再傳送到目的位址。

- **改良穿透式**（modified cut through）：檢查封包的前 64 位元，無誤的話，立刻傳送到目的位址。

- **多路備援式**（port trunking）：在交換器之間連接多條線路，作為負載平衡及線路備援，當有線路故障時，會自動切換到備援線路。

圖 3.28 交換器

資訊部落

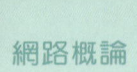

路由器 vs. 橋接器

以 OSI 參考模型來區分，橋接器是在實體層及資料連結層運作，屬於第二層設備，只需瞭解實體位址，而路由器是在實體層、資料連結層及網路層運作，屬於第三層設備，只需瞭解邏輯位址。橋接器不會改變訊框的實體位址，而路由器會改變封包的實體位址。

此外，橋接器不會阻隔**廣播封包** (broadcast packet)，因為廣播封包沒有指定收件者，橋接器在無法判斷收件者是誰的情況下，便會將廣播封包傳送給所有電腦；反之，路由器會阻隔廣播封包，凡沒有指定收件者的封包或路由器不支援之通訊協定格式的封包，路由器都會將它丟棄，不再傳送出去，以減輕網路流量。

多重通訊協定路由器

在 OSI 參考模型的網路層中，路由器預設為單一通訊協定，舉例來說，支援 IP 通訊協定的路由器只能連接使用 IP 通訊協定的區域網路，原因在於路由器用來決定最佳路徑的**路由表** (routing table) 只支援單一位址格式。

至於**多重通訊協定路由器** (multiprotocol router) 指的是支援兩種或多種通訊協定的路由器，舉例來說，假設多重通訊協定路由器同時支援 IP 和 IPX 通訊協定，那麼它會有兩個路由表，分別負責使用 IP 和 IPX 通訊協定接收、處理與傳送封包，其中 IPX (Internetwork Packet Exchange，網際網路封包交換協定) 是 Novell 公司所發展的通訊協定，和 IP 一樣屬於網路層的通訊協定。

橋接路由器

橋接路由器 (brouter，bridge/router) 會視實際情況決定該扮演橋接器還是路由器的角色，當它收到能夠辨識的通訊協定封包時，它會扮演路由器的角色，將該封包路由到網路層，否則會扮演橋接器的角色，將該封包傳送到資料連結層。

本章回顧

- **拓樸** (topology) 指的是電腦連接成網路的方式，常見的有匯流排拓樸、星狀拓樸、環狀拓樸、網狀拓樸、混合式拓樸。

- **實體拓樸** (physical topology) 指的是網路實際佈線的方式，而**邏輯拓樸** (logical topology) 指的是資料在網路上流動的方式，兩者不一定會相同。

- **導向媒介** (directed media) 是提供有實體限制的路徑給訊號，包括雙絞線、同軸電纜及光纖，前兩者是透過金屬導線以電流的形式傳送訊號，後者是透過玻璃或塑膠纖維以光波的形式傳送訊號。

- **無導向媒介** (undirected media) 不需要實體媒介，而是透過開放空間以電磁波的形式傳送訊號，包括無線電、微波及紅外線。

- **網路卡**可以將電腦內部的資料轉換成傳輸媒介所能傳送的訊號，或將傳輸媒介傳送過來的訊號轉換成電腦所能處理的資料。

- **數據機** (modem) 的功能是進行調變與解調變。

- **中繼器** (repeater) 可以連接同一個網路的不同區段，例如同一個乙太網路的兩個區段，它是在 OSI 參考模型的實體層運作，純粹用來增強訊號。

- **集線器** (hub) 和中繼器一樣是在 OSI 參考模型的實體層運作，功能類似，只是中繼器著重於增強訊號，而集線器著重於接收訊號，然後傳送給其它連接埠。

- **橋接器** (bridge) 和中繼器一樣可以連接同一個網路的不同區段，但橋接器是在 OSI 參考模型的實體層及資料連結層運作，具有過濾訊框的功能。

- **路由器** (router) 可以連接不同的網路，例如連接多個區域網路或廣域網路以形成一個互聯網，它是在 OSI 參考模型的實體層、資料連結層及網路層運作。

- **閘道器** (gateway) 和路由器一樣可以連接不同的網路，但閘道器是在 OSI 參考模型的七個層次運作，而且能夠轉換不同的通訊協定。

- **交換器** (switch) 分為 **L2 交換器**和 **L3 交換器**，前者又稱為交換式集線器，即具有橋接器功能的集線器，後者又稱為交換式路由器，屬於改良型的路由器，效能比傳統的路由器好。

學 | 習 | 評 | 量

一、選擇題

(　　) 1. 下列何者可以連接不同的網路並轉換不同的通訊協定？
　　　　A. 中繼器
　　　　B. 橋接器
　　　　C. 路由器
　　　　D. 閘道器

(　　) 2. 下列何者不是雙絞線的特點？
　　　　A. 傳輸距離在 100 公尺左右
　　　　B. 安裝簡單
　　　　C. 能夠穿透不透明物體
　　　　D. 容易受到電磁干擾

(　　) 3. 下列何者的功能純粹是用來增強訊號，克服網路線長度上限的問題？
　　　　A. 中繼器
　　　　B. 閘道器
　　　　C. 路由器
　　　　D. 交換器

(　　) 4. 下列何者可以找出傳送封包的最佳路徑？
　　　　A. 中繼器
　　　　B. 橋接器
　　　　C. 路由器
　　　　D. 集線器

(　　) 5. 下列何者不屬於導向媒介？
　　　　A. 雙絞線
　　　　B. 同軸電纜
　　　　C. 紅外線
　　　　D. 光纖

(　　) 6. 下列關於匯流排拓樸的敘述何者錯誤？
　　　　A. 集線器故障會導致網路癱瘓
　　　　B. 一部電腦故障不會導致網路癱瘓
　　　　C. 網路線太長時會導致訊號減弱
　　　　D. 故障排除較困難

(　) 7. 下列何者是紅外線的特點？
    A. 會受到電磁干擾
    B. 傳輸距離長達數十公里
    C. 會受到障礙物阻隔
    D. 傳輸速率高達數十 Gbps

(　) 8. 下列關於光纖的敘述何者錯誤？
    A. 安裝需要專業技術
    B. 成本低
    C. 體積小材質輕
    D. 不受電磁干擾

(　) 9. 下列敘述何者正確？
    A. 星狀拓樸的容錯能力比網狀拓樸好
    B. 網狀拓樸使用的纜線較少，成本較低
    C. 匯流排拓樸安裝簡單，但故障排除較困難
    D. 環狀拓樸容易產生碰撞，不適用於高流量網路

(　) 10. 下列關於路由器的敘述何者正確？
    A. 屬於第二層設備
    B. 會改變訊框的實體位址
    C. 無法阻隔廣播封包
    D. 會轉換不同的通訊協定

二、簡答題

1. 簡單比較匯流排拓樸與星狀拓樸的優缺點。
2. 簡單說明何謂實體拓樸與邏輯拓樸？
3. 簡單說明何謂廣播網路與點對點網路？
4. 簡單說明何謂導向媒介與無導向媒介？
5. 簡單說明光纖的優缺點為何？
6. 簡單說明地面微波與衛星微波的用途為何？

Computer Networks • Computer Networks • Computer Networks • Computer Networks

CHAPTER 04

區域網路

4-1 區域網路標準

4-2 Ethernet

4-3 Fast Ethernet

4-4 Gigabit Ethernet

4-5 10 Gigabit Ethernet

4-6 100 Gigabit Ethernet

4-7 Token Ring

4-8 虛擬區域網路 (VLAN)

4-9 虛擬私人網路 (VPN)

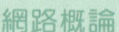

4-1 區域網路標準

區域網路標準指的是區域網路所使用的通訊標準、傳輸媒介、傳輸速率、佈線方式、網路拓樸等規格，以 10 Gigabit Ethernet 為例，其通訊標準為 IEEE 802.3，傳輸媒介為光纖、銅纜或雙絞線，傳輸速率為 10Gbps，實體拓樸為星狀拓樸。

知名的區域網路標準有 Token Ring、Ethernet、Fast Ethernet、Gigabit Ethernet、10 Gigabit Ethernet、100 Gigabit Ethernet 等，其中 Token Ring、Ethernet 屬於低速的區域網路標準，傳輸速率較慢，約數十 Mbps，而 Fast Ethernet、Gigabit Ethernet、10 Gigabit Ethernet、100 Gigabit Ethernet 屬於高速的區域網路標準，傳輸速率較快，約數百 Mbps ~ 100Gbps。

市面上販售的區域網路設備都是根據這些區域網路標準所設計，以架設 10 Gigabit Ethernet 為例，除了要選購符合 10 Gigabit Ethernet 標準的網路卡、網路線、交換器之外，佈線方式也必須符合 10 Gigabit Ethernet 標準。

區域網路從 1970 年代問世以來，陸續發展出數種不同的網路類型，為了讓區域網路的架設有規則可循，IEEE 從 1980 年 2 月起發布了如表 4.1 的 IEEE 802.x 標準。

表 4.1　IEEE 802.x 標準

編號	說明	編號	說明
802.1	LAN architecture and overview	802.9	Integrated Services LAN
802.2	Logical Link Control (LLC)	802.10	Virtual LAN
802.3	CSMA/CD (Ethernet)	802.11	Wireless LAN
802.4	Token Bus	802.12	100VG-AnyLAN
802.5	Token Ring	802.13	---
802.6	DQDB (MAN)	802.14	Cable Modem
802.7	寬頻	802.15	Wireless Personal Area Network
802.8	光纖	802.16	Wireless MAN

4-2 Ethernet

Ethernet（乙太網路）是 Xerox PARC 研究中心於 1970 年代所提出，曾是最普遍的區域網路標準，除了應用於個人電腦網路，亦可應用於大型電腦網路，其規格如下：

- **通訊標準**：IEEE 802.3。
- **傳輸媒介**：RG-58 同軸電纜、RG-11 同軸電纜、雙絞線、光纖。
- **傳輸速率**：10Mbps（基頻傳輸）。
- **佈線方式**：10BASE2、10BASE5、10BASE-T、10BASE-F 等（註[1]）。

表 4.2　不同的 Ethernet 佈線方式

	10BASE2	10BASE5	10BASE-T	10BASE-F
傳輸速率	10Mbps	10Mbps	10Mbps	10Mbps
基頻 / 寬頻	基頻	基頻	基頻	基頻
實體拓樸	匯流排	匯流排	星狀	星狀
邏輯拓樸	匯流排	匯流排	匯流排	匯流排
傳輸媒介	RG-58 同軸電纜	RG-11 同軸電纜	3 類或以上的雙絞線	光纖
接頭	BNC	AUI	RJ-45	ST
各區段的長度上限	185 公尺	500 公尺	100 公尺 (裝置與集線器的最大距離)	2 公里
各區段的節點上限	30 個	100 個	1024 個	2 或 33 個
長度上限	925 公尺	2500 公尺	500 公尺	500 公尺（註[2]）

註[1]：雖然佈線方式有四種，所使用的傳輸媒介亦不相同，但仍屬於同一種區域網路標準，因為其傳輸速率、媒介存取控制、基頻傳輸均相同。

註[2]：「各區段的長度上限」指的是透過中繼器或集線器所延長之區段的最大距離，「長度上限」指的是各個區段的總長度，理論上，「長度上限」會比「各區段的長度上限」大，但使用光纖的 10BASE-F 例外。

4-2-1 10BASE2 Ethernet

10BASE2 Ethernet 的「10」表示傳輸速率為 10Mbps,「BASE」表示「基頻」,「2」表示各區段的長度上限為 200 公尺(實際上為 185 公尺),使用 RG-58 同軸電纜、BNC T 型接頭與網路卡,纜線兩端必須加上 50 歐姆的終端電阻,由於纜線較細、成本較低,故又稱為**細線乙太網路** (Thinnet)。

10BASE2 Ethernet 的長度上限為 925 公尺,裝置上限為 90 個,各區段的長度上限為 185 公尺,各區段的裝置上限為 30 個,裝置之間的距離必須大於 0.5 公尺(圖 4.1),最多可以使用 4 個中繼器連接 5 個區段,而且其中只有 3 個區段可以連接裝置,另外兩個區段純粹用來延長距離,此稱為 **5-4-3 法則**(圖 4.2)。

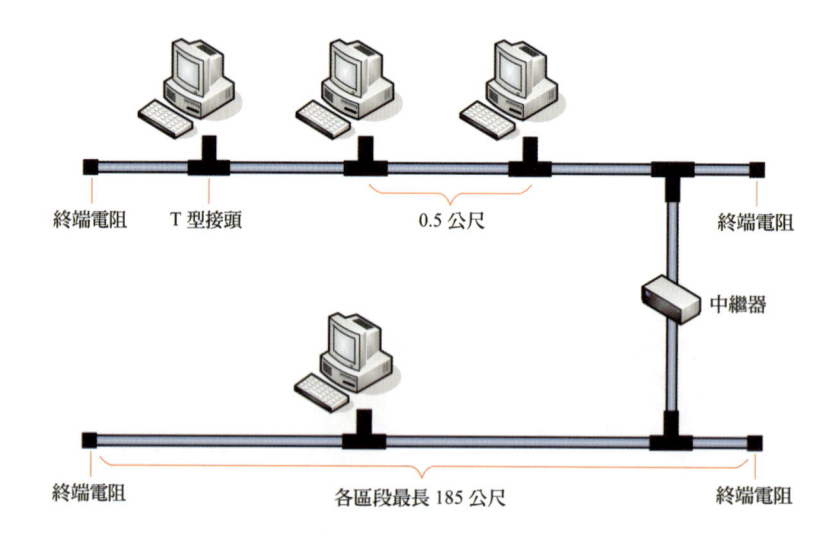

圖 4.1 10BASE2 Ethernet

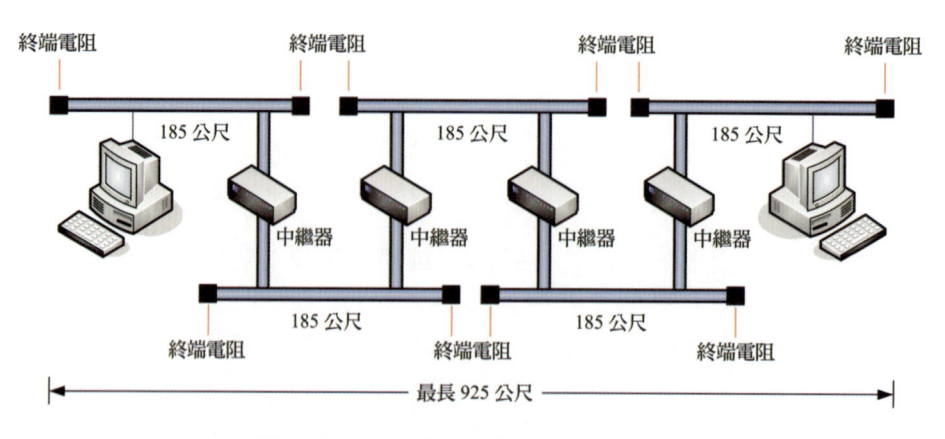

圖 4.2 10BASE2 Ethernet 的 5-4-3 法則

4-2-2 10BASE5 Ethernet

10BASE5 Ethernet 的「10」表示傳輸速率為 10Mbps,「BASE」表示「基頻」,「5」表示各區段的長度上限為 500 公尺,使用 RG-11 同軸電纜、收發器與網路卡,收發器是透過有 AUI 接頭的分支纜線連接到網路卡,纜線兩端必須加上 50 歐姆的終端電阻,由於纜線較粗,故又稱為**粗線乙太網路** (Thick Ethernet,Thicknet)。

10BASE5 Ethernet 的長度上限為 2500 公尺,裝置上限為 300 個,各區段的長度上限為 500 公尺,各區段的裝置上限為 100 個,裝置之間的距離必須大於 2.5 公尺 (圖 4.3),最多可以使用 4 個中繼器連接 5 個區段,而且其中只有 3 個區段可以連接裝置,另外兩個區段純粹用來延長距離,此稱為 **5-4-3 法則** (圖 4.4)。

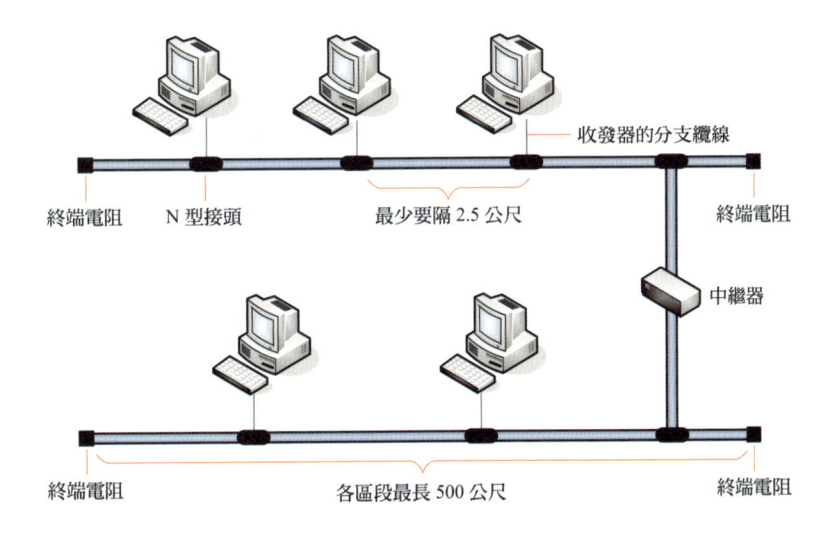

圖 4.3 10BASE5 Ethernet

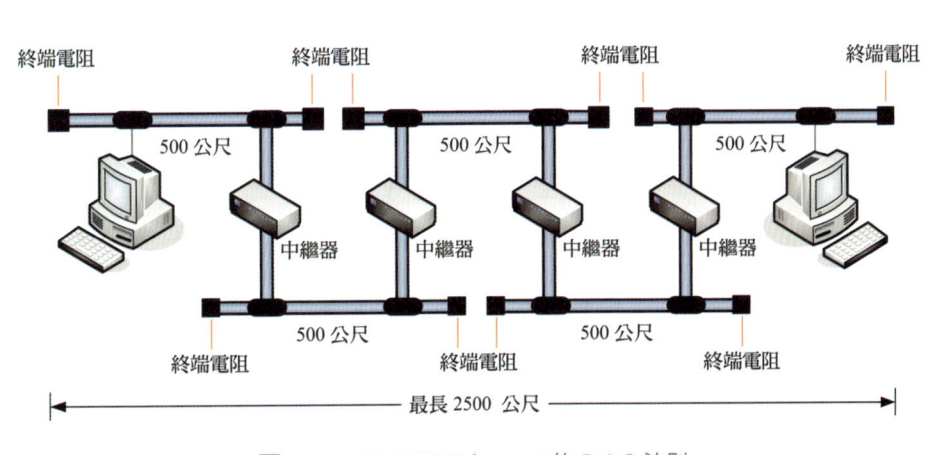

圖 4.4 10BASE5 Ethernet 的 5-4-3 法則

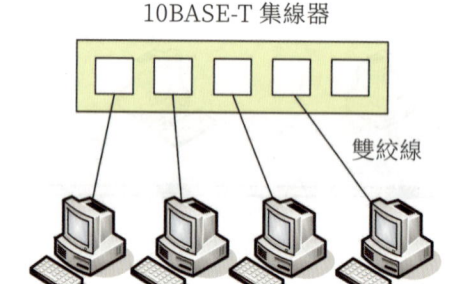

4-2-3 10BASE-T Ethernet

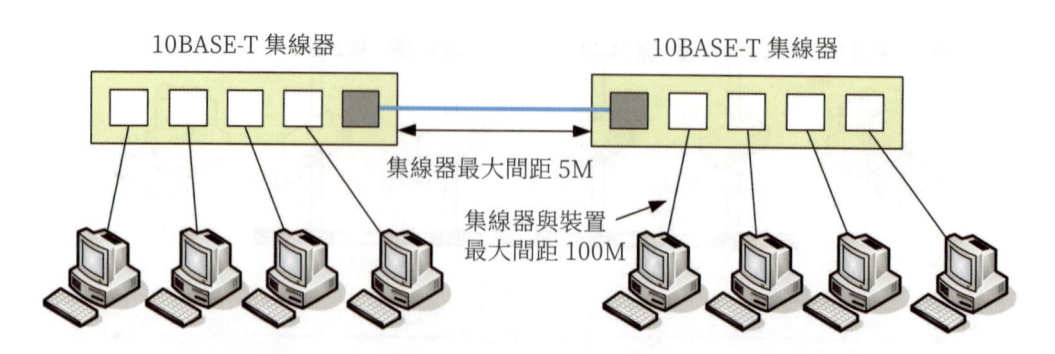

10BASE-T Ethernet 的「10」表示傳輸速率為 10Mbps,「BASE」表示「基頻」,「T」表示雙絞線,使用 3 類或以上的雙絞線、RJ-45 接頭、網路卡與集線器,實體拓樸為星狀拓樸,邏輯拓樸為匯流排拓樸。

集線器有數個連接埠,只要使用 RJ-45 接頭的雙絞線,就可以從電腦的 10BASE-T 網路卡連接到集線器的連接埠,進而形成一個星狀拓樸的區域網路 (圖 4.5),而且集線器的擴充性較佳,若要增加電腦,只要再增加一條網路線或再串聯一部集線器即可 (圖 4.6)。

10BASE-T Ethernet 的長度上限為 500 公尺,各區段的長度上限為 100 公尺,各區段的裝置上限為 1024 個,集線器之間的距離不得大於 5 公尺,最多可以使用 4 個集線器連接 5 個區段。

雖然 10BASE-T Ethernet 的架設成本比 10BASE2 Ethernet 高,因為多了集線器和更多的網路線,但它具有星狀拓樸的優點,包括增加或減少電腦時不會導致網路暫停、任何一段線路故障時不會導致網路癱瘓 (只會影響局部區域)、故障排除較簡單 (通常可以從集線器的燈號找出故障點),因而取代了 10BASE2 和 10BASE5 Ethernet。

圖 4.5 10BASE-T Ethernet (含一部 10BASE-T 集線器)

圖 4.6 10BASE-T Ethernet (含兩部 10BASE-T 集線器)

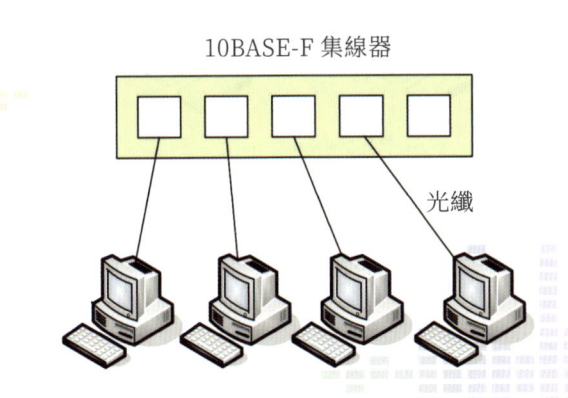

4-2-4 10BASE-F Ethernet

10BASE-F Ethernet 的「10」表示傳輸速率為 10Mbps,「BASE」表示「基頻」,「F」表示光纖,使用光纖、ST 接頭、網路卡與集線器,實體拓樸為星狀拓樸,邏輯拓樸為匯流排拓樸。

10BASE-F Ethernet 的長度上限為 500 公尺,各區段的長度上限為 2 公里,各區段的裝置上限為 2 或 33 個,要注意的是 10BASE-F Ethernet 的「長度上限」比「各區段的長度上限」小,一旦區段愈多,總長度反倒比單一區段的長度小,這是光波的特性所致。

10BASE-F Ethernet 又分成下列三種:

- **10BASE-FL**:「L」表示「Link」(連結),也就是使用光纖、ST 接頭、網路卡與集線器等設備連接電腦。

- **10BASE-FB**:「B」表示「Backbone」(骨幹),也就是作為連接兩個區域網路的骨幹。

- **10BASE-FP**:「P」表示「Passive」(被動式),也就是以不具備中繼器功能的集線器連接裝置,最多可以有 33 個裝置。

圖 4.7 10BASE-F Ethernet (含一部 10BASE-F 集線器)

4-2-5 Ethernet的媒介存取控制－CSMA/CD

Ethernet 屬於廣播網路，當資料在傳輸媒介上傳送時，所有電腦都會接收傳輸媒介上的資料，然後根據自己的位址擷取要傳送給自己的資料，其它不是要傳送給自己的資料則不予理會，讓它繼續傳送，如圖 4.8。

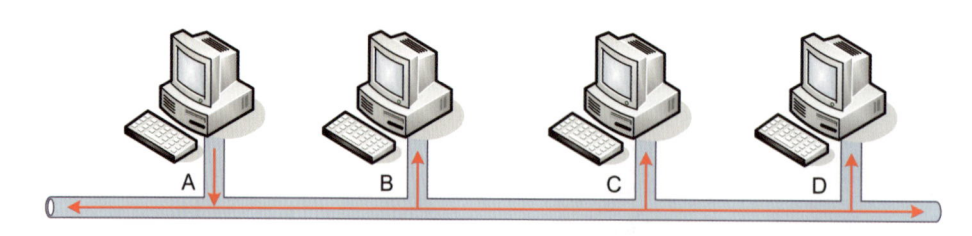

圖 4.8 Ethernet 屬於廣播網路，所有電腦都會接收傳輸媒介上的資料

至於電腦的位址則取決於乙太網路卡的位址，每張乙太網路卡都有唯一的位址，當電腦 A 欲傳送資料給電腦 B 時，便會將資料的目的位址設定為電腦 B 的位址，此時，只有電腦 B 會擷取該資料，其它電腦則不會理會該資料。

雖然有了位址就能決定由誰來擷取資料，卻無法處理**碰撞** (collision)，也就是超過一部電腦在相同時間內使用相同傳輸媒介傳送資料，導致訊號互相干擾無法辨識，如圖 4.9，Ethernet 用來處理碰撞的媒介存取控制叫做 **CSMA/CD** (Carrier Sense Multiple Access with Collision Detection，載波感測多重存取／碰撞偵測)。

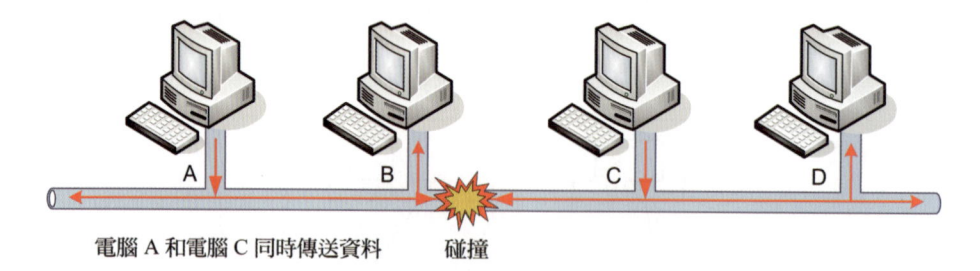

電腦 A 和電腦 C 同時傳送資料　　碰撞

圖 4.9 超過一部電腦在相同時間內使用相同傳輸媒介傳送資料就會產生碰撞

CSMA/CD 的運作方式如下：

1. 發訊端先「聆聽」傳輸媒介上是否有其它訊號正在傳送，有的話，就等待一段隨機產生的時間，然後繼續嘗試傳送；沒有的話，就開始傳送資料，裡面必須包含發訊端與收訊端的位址，這樣網路上的其它電腦才能藉此判斷是否應該擷取資料，以及要回覆訊號給哪部電腦。

② 在將資料傳送出來後，發訊端必須持續「監聽」傳輸媒介上是否發生碰撞。

③ 一旦偵測到碰撞，發訊端會發出一個壅塞訊號 (jam signal) 通知網路上的其它電腦暫時停止傳送資料，直到傳輸媒介上的訊號都清除為止。

④ 等待一段隨機產生的時間後，發訊端會再度傳送資料，若又發生碰撞，就重複步驟 3.，只是下一次重新傳送資料的等待時間會被延長為上一次的兩倍。

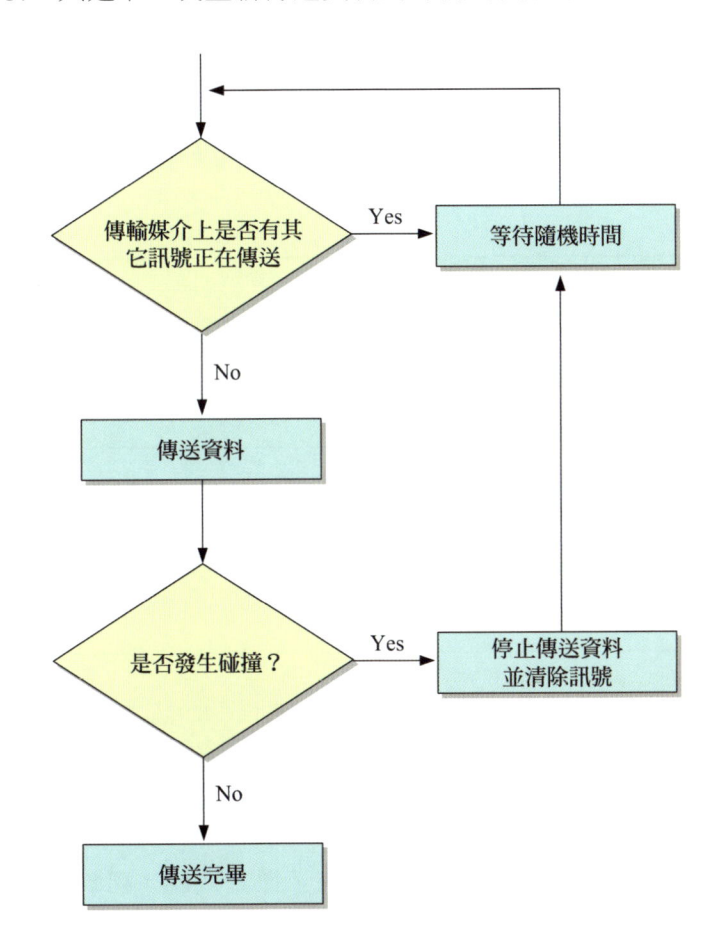

圖 4.10 CSMA/CD 的運作方式

或許您會覺得這種機制容易發生碰撞，但事實上，由於傳輸媒介的傳輸速率相當快，而且電腦在將資料傳送出來之前已經偵測過傳輸媒介上是否有其它訊號正在傳送，所以整體效能還不錯，除非是網路流量極大，傳輸媒介上總是有訊號正在傳送，才會經常發生碰撞，影響整體效能。此外，傳輸媒介的長度必須有所限制，否則會偵測不到碰撞。

資訊部落

乙太網路卡的位址

IEEE 802.x 標準將 OSI 參考模型的資料連結層分為 **LLC**（Logical Link Control，邏輯連結控制）與 **MAC**（Media Access Control，媒介存取控制）兩個子層次（圖 4.11），LLC 負責流量控制、錯誤控制和部分的訊框封裝，而 MAC 負責部分的訊框封裝和媒介存取控制（例如 Ethernet 是使用 CSMA/CD）。

至於乙太網路卡的位址則又稱為 **MAC 位址**，長度為 6 個位元組，以十六進位數字表示，中間以冒號隔開，例如 FE:DC:BA:09:87:65，前 3 個位元組為製造廠商代號，由製造廠商向 IEEE 註冊所得，後 3 個位元組為製造廠商自行編列的流水號。

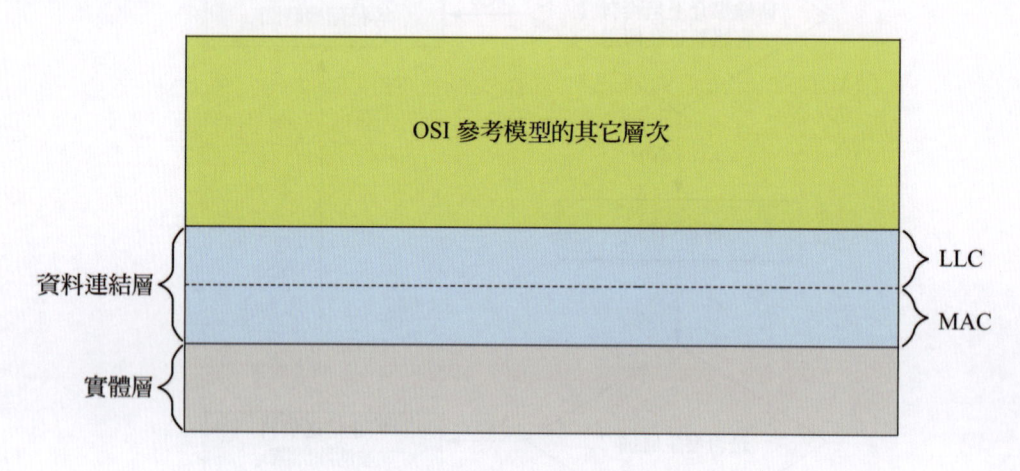

圖 4.11 IEEE 802.x 標準將資料連結層分為 LLC 和 MAC 兩個子層次

提升 Ethernet 的效能

由於 Ethernet 的傳輸速率只有 10Mbps，為了提升效能，可以做如下改良：

- **橋接式 Ethernet**：這是在 Ethernet 加入橋接器連接不同區段，以提升頻寬並分割碰撞領域，所謂**碰撞領域**（collision domain）指的是電腦在相同區域網路內能夠自由傳送資料且會發生碰撞所涵蓋的最大範圍，碰撞領域內的電腦愈多，發生碰撞的機率就愈高，網路的效能也愈差。在圖 4.12(a) 中，區域網路內有 8 部電腦，由於沒有加入橋接器，所以頻寬由這 8 部電腦共享，每部電腦平均分得 10/8Mbps，同時這 8 部電腦位於同一個碰撞領域。

反觀在圖 4.12(b) 中，區域網路內有 8 部電腦，但是加入橋接器分割為兩個區段，每個區段內各有 4 部電腦，所以頻寬由這 4 部電腦共享，每部電腦平均分得 10/4Mbps，故頻寬比圖 4.12(a) 大，同時這 8 部電腦被分割為兩個碰撞領域，每個碰撞領域內只有 4 部電腦，故發生碰撞的機率比圖 4.12(a) 小。

- **交換式 Ethernet**：這是在 Ethernet 加入第三層交換器連接不同區段，它和橋接式 Ethernet 不同之處在於交換器只會將資料傳送給指定的電腦，不會傳送給網路上的每部電腦，因此，一個 N 埠的交換器會將 Ethernet 分割為 N 個碰撞領域，如圖 4.12(c)，至於頻寬則是由交換器與電腦共享，各自分得 10/2Mbps。

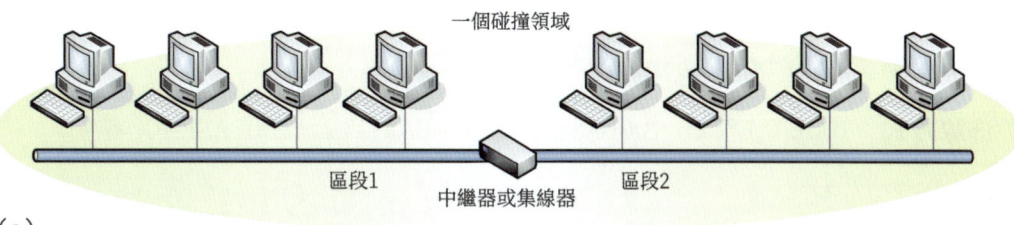

(a)

(b)

(c)

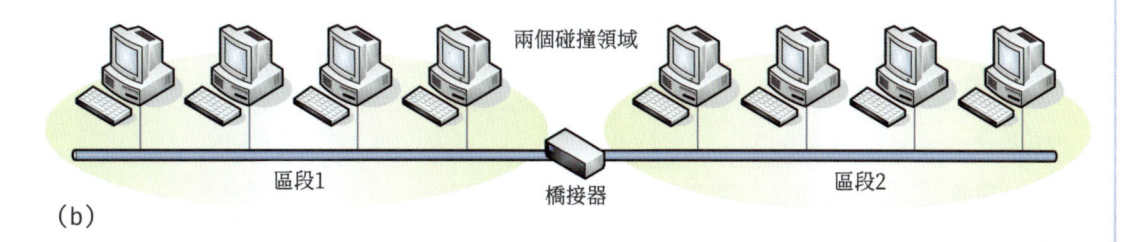

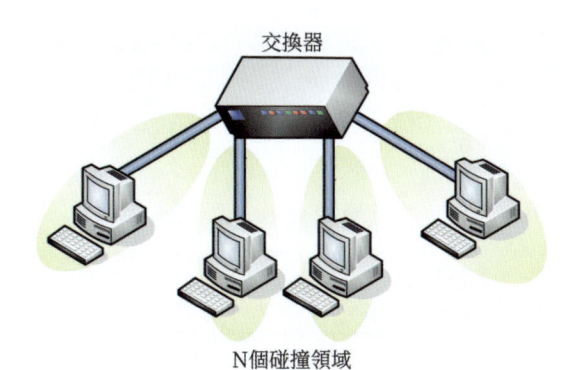

圖 **4.12** （a）傳統的 Ethernet （b）橋接式 Ethernet （c）交換式 Ethernet

4-3 Fast Ethernet

在 Ethernet 發展初期，傳輸速率只有 10Mbps，之後 100Mbps 的區域網路標準應運而生，並分成兩大陣營— Fast Ethernet 與 100VG-AnyLAN，這兩大陣營有各自的標準與相關產品。

Fast Ethernet（高速乙太網路）又稱為 **100BASE-T**，由於它可以沿用 10BASE-T Ethernet 的雙絞線，同時能夠和 10BASE-T Ethernet 共存，網路升級容易，因此，即便是 HP 公司力推的 100VG-AnyLAN (IEEE 802.12) 較有彈性，Fast Ethernet 仍成為主流。

- **通訊標準**：IEEE 802.3。
- **傳輸媒介**：雙絞線、光纖。
- **傳輸速率**：100Mbps（基頻傳輸）。
- **佈線方式**：100BASE-TX、100BASE-T4、100BASE-T2、100BASE-FX 等。

表 4.3　不同的 Fast Ethernet 佈線方式

	100BASE-TX	100BASE-T4	100BASE-T2	100BASE-FX
IEEE 標準	802.3u	802.3u	802.3y	802.3i
傳輸速率	100Mbps	100Mbps	100Mbps	100Mbps
基頻 / 寬頻	基頻	基頻	基頻	基頻
網路拓樸	星狀	星狀	星狀	星狀
傳輸媒介	5 類或以上的雙絞線	3 類或以上的雙絞線	3 類或以上的雙絞線	光纖
接頭	RJ-45	RJ-45	RJ-45	ST、SC、MIC
各區段的長度上限（裝置與集線器的最大距離）	100 公尺	100 公尺	100 公尺	2 公里（多模光纖） 10 公里（單模光纖）
長度上限	2500 公尺	2500 公尺	2500 公尺	---

4-4 Gigabit Ethernet

在傳輸速率為 100Mbps 的 Fast Ethernet (100BASE-T) 成為主流的區域網路標準後，進一步提升傳輸速率便成了下一個努力的目標。為此，IEEE 於 1998、1999 年發布 **802.3z** (1000BASE-X) 和 **802.3ab** (1000BASE-T) 標準，這些標準承襲 Ethernet 的架構，傳輸速率高達 1Gbps，故又稱為 **Gigabit Ethernet**（超高速乙太網路）。

- **通訊標準**：IEEE 802.3。
- **傳輸媒介**：雙絞線、光纖、銅纜。
- **傳輸速率**：1000Mbps（基頻傳輸）。
- **佈線方式**：1000BASE-SX、1000BASE-LX、1000BASE-CX、1000BASE-T 等（註：IEEE 於 2016 年發布 **802.3bz** 標準，增加 2.5GBASE-T 和 5GBASE-T，使用超 5 類或以上的雙絞線，傳輸速率分別提升至 2.5Gbps 和 5Gbps）。

表 4.4　不同的 Gigabit Ethernet 佈線方式

	1000BASE-SX	1000BASE-LX	1000BASE-CX	1000BASE-T
IEEE 標準	802.3z	802.3z	802.3z	802.3ab
傳輸速率	1Gbps	1Gbps	1Gbps	1Gbps
基頻 / 寬頻	基頻	基頻	基頻	基頻
網路拓樸	星狀	星狀	星狀	星狀
傳輸媒介	光纖	光纖	銅纜	超 5 類或以上的雙絞線
接頭	SC	SC	DB9	RJ-45
各區段的長度上限	220～550 公尺（多模光纖）	550 公尺（多模光纖） 5 公里（單模光纖）	25 公尺	100 公尺

4-5 10 Gigabit Ethernet

雖然 Gigabit Ethernet 的傳輸速率已經相當快，但人們對於傳輸速率的再提升並沒有停下腳步。IEEE 從 2002 年起陸續發布 **802.3ae**、**802.3ak**、**802.3an**、**802.3ap**、**802.3aq**、**802.3av** 等標準，這些標準同樣承襲 Ethernet 的架構，傳輸速率高達 10Gbps，故又稱為 **10 Gigabit Ethernet**。

- **通訊標準**：IEEE 802.3。
- **傳輸媒介**：雙絞線、光纖。
- **傳輸速率**：10Gbps（基頻）。
- **佈線方式**：10GBASE-SR (Short)、10GBASE-LR (Long)、10GBASE-ER (Extended)、10GBASE-LX4、10GBASE-T 等。

表 4.5　不同的 10 Gigabit Ethernet 佈線方式

	10GBASE-SR	10GBASE-LR	10GBASE-ER	10GBASE-LX4	10GBASE-T
IEEE 標準	802.3ae	802.3ae	802.3ae	802.3ae	802.3an
傳輸速率	10Gbps	10Gbps	10Gbps	10Gbps	10Gbps
基頻/寬頻	基頻	基頻	基頻	基頻	基頻
網路拓樸	星狀	星狀	星狀	星狀	星狀
傳輸媒介	光纖	光纖	光纖	光纖	6 類或以上的雙絞線
各區段的長度上限	400 公尺（多模光纖）	10 公里（單模光纖）	40 公里（單模光纖）	300 公尺（單模光纖）10 公里（雙模光纖）	55 公尺（6 類）100 公尺（增強 6 類或 7 類）

4-6　100 Gigabit Ethernet

隨著視訊、高效能運算與資料庫應用的需求快速增加，IEEE 於 2007 年開會決議要著手研擬下一代的 Ethernet 規格，並交由 HSSG (Higher Speed Study Group，高速研究小組) 負責。HSSG 於同年底提出 **802.3ba** 標準，並於 2010 年發布，自此 Ethernet 的傳輸速率大幅提升至 40/100Gbps，故又稱為 **100 Gigabit Ethernet**。

- **通訊標準**：IEEE 802.3。
- **傳輸媒介**：光纖、銅纜、電氣背板。
- **傳輸速率**：40Gbps 或 100Gbps（基頻）。
- **佈線方式**：40GBASE-KR4、40GBASE-CR4、40GBASE-SR4、40GBASE-LR4、100GBASE-CR10、100GBASE-SR10、100GBASE-LR4、100GBASE-ER4 等。
- **網路拓樸**：星狀拓樸。

表 4.6　不同的 100 Gigabit Ethernet 佈線方式

	傳輸速率	傳輸媒介	傳輸距離
40GBASE-KR4	40Gbps	電氣背板 (backplane)	1 公尺
40GBASE-CR4	40Gbps	銅纜 (copper cable)	7 公尺
40GBASE-SR4	40Gbps	多模光纖 (MMF)	100 公尺
40GBASE-LR4	40Gbps	單模光纖 (SMF)	10 公里
100GBASE-CR10	100Gbps	銅纜 (copper cable)	7 公尺
100GBASE-SR10	100Gbps	多模光纖 (MMF)	100 公尺
100GBASE-LR4	100Gbps	單模光纖 (SMF)	10 公里
100GBASE-ER4	100Gbps	單模光纖 (SMF)	40 公里

4-7 Token Ring

Token Ring（記號環網路）最早是由 IBM 公司所提出，適用於大型網路，後來演變成 IEEE 802.5 標準，其規格如下：

- **通訊標準**：IEEE 802.5。
- **傳輸媒介**：UTP、IBM Type 6 STP、光纖。
- **傳輸速率**：4Mbps 或 16Mbps。
- **網路拓樸**：實體拓樸為環狀拓樸，邏輯拓樸為匯流排拓樸。
- **網路節點上限**：使用 UTP 雙絞線為 72 個，使用 STP 雙絞線為 260 個。
- **節點最小間距**：2.5 公尺。
- **區段長度上限**：使用 UTP 雙絞線為 45 公尺，使用 STP 雙絞線為 101 公尺。
- **區段數目上限**：33。

Token Ring 的媒介存取控制和 Ethernet 不同，環狀網路上會一直傳送著一個**記號** (token)，這是一個由多個位元所組成的封包，只有取得記號的電腦才能開始傳送資料，待資料傳送完畢並確認目的電腦已經收到資料後，來源電腦再釋放記號讓其它電腦使用，其運作方式如下：

① 發訊端必須先等到記號，然後檢查它的狀態是否為忙碌，若為忙碌，就檢查其目的位址是否為自己，是的話，就接收資料並設定確認位元，否的話，就檢查其來源位址是否為自己，是的話，就清除記號內的資料，然後將它的狀態設定為閒置，再釋放出去讓其它電腦使用，否的話，就直接釋放出去不做任何動作。

② 待發訊端取得閒置的記號後，先將它的狀態設定為忙碌，然後將要傳送的資料放入記號，再釋放出去。

③ 此時，記號會在環狀網路上傳送，其它非收訊端的電腦等到這個記號時，雖然會檢查到它的狀態為忙碌，但目的位址及來源位址都不是自己，所以會直接釋放出去不做任何動作，除非是收訊端檢查到其目的位址為自己，才會接收資料並設定確認位元，最後再釋放這個記號。

④ 記號繼續在環狀網路上傳送，直到返回發訊端，因為其來源位址為自己，所以發訊端會清除記號內的資料，然後將它的狀態設定為閒置，再釋放出去讓其它電腦使用。

為了避免記號遺失或發訊端故障無法釋放記號，導致所有電腦均無法傳送資料，環狀網路上必須設置一部電腦作為**主動監視工作站** (active monitor)，好在有需要的時候重新產生記號，其它電腦則為**待命監視工作站** (standby monitor)，一旦主動監視工作站當機或故障，可以重新產生一部主動監視工作站，繼續維持環狀網路的運作。

Token Ring 的優點如下：

- 不會發生碰撞，因為一次只有一部電腦能夠取得記號。
- 高流量時的效能較佳。
- 能夠設定優先順序，讓某些電腦優先取得傳送資料的權利。
- 每部電腦可以將訊號加強後再傳送出去，來保持訊號強度。

Token Ring 的缺點如下：

- 軟硬體設備成本較高，導致較不普及。
- 任何一部電腦故障或任何一段線路故障時會導致網路癱瘓（後者可以使用兩條網路線作為主幹線路和備援線路，來提升容錯能力）。
- 故障排除較困難。

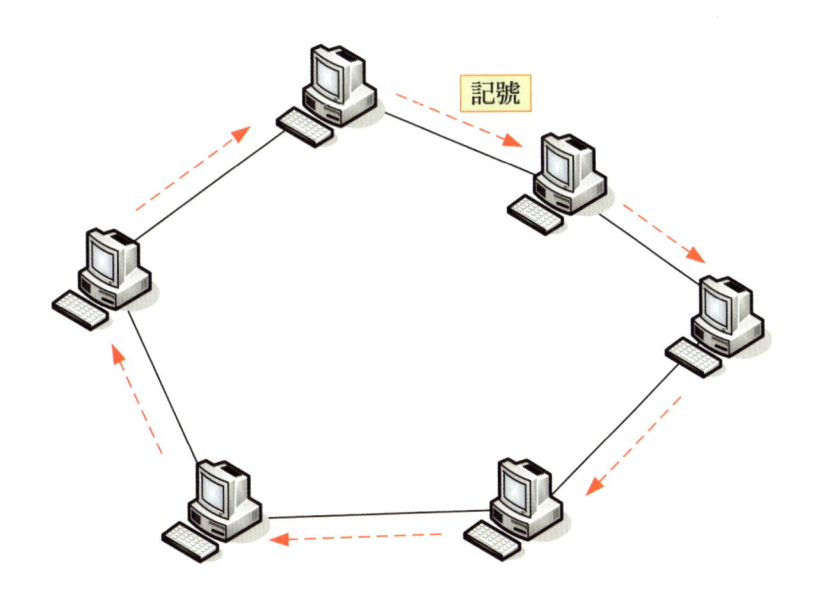

圖 4.13　Token Ring 的實體拓樸為環狀拓樸，環狀網路上會沿著特定方向一直傳送著一個記號

4-8 虛擬區域網路 (VLAN)

虛擬區域網路 (VLAN, Virtual LAN) 指的是在區域網路內使用軟體的方式，將區域網路分割為數個子網路或區段。舉例來說，假設有 10 位工程師分成三個群組，其電腦在區域網路內的配置如圖 4.14，相同群組的電腦可以在資料連結層進行廣播，不同群組的電腦則不會受到干擾。

乍看之下，這樣的配置似乎很理想，可是問題來了，若要將 F 和 J 調到第一個群組，那麼網路管理人員必須重新佈線，若又要將他們調回原來的群組，那麼網路管理人員必須再次佈線，相當麻煩。

為了解決前述問題，網路管理人員可以使用支援 VLAN 功能的交換器，將區域網路進行邏輯分割，取代重新佈線的實體分割，如圖 4.15。

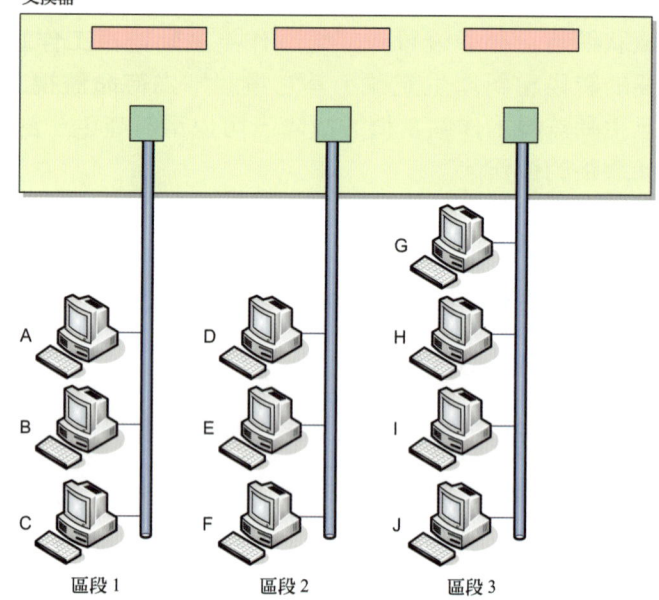

圖 4.14 使用交換器將區域網路分割為三個區段，其中 A、B、C 在區段 1，D、E、F 在區段 2，G、H、I、J 在區段 3

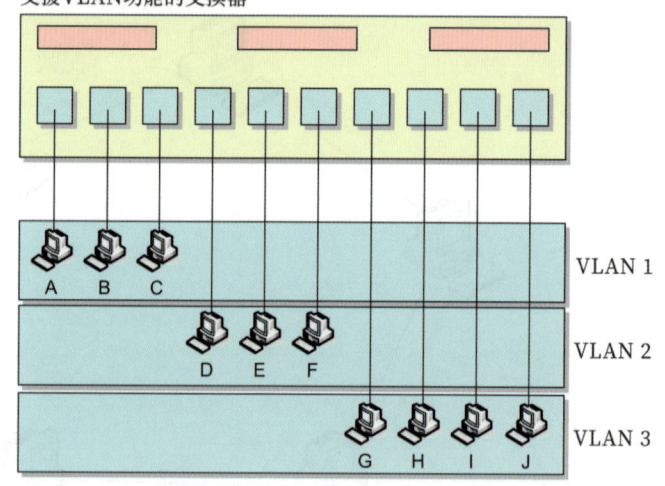

圖 4.15 使用支援 VLAN 功能的交換器將區域網路分割為三個 VLAN，其中 A、B、C 在 VLAN1，D、E、F 在 VLAN2，G、H、I、J 在 VLAN3

若要將 F 和 J 調到第一個群組，那麼網路管理人員可以透過軟體設定，將他們調到 VLAN1，無須重新佈線，一切變得容易多了，如圖 4.16。

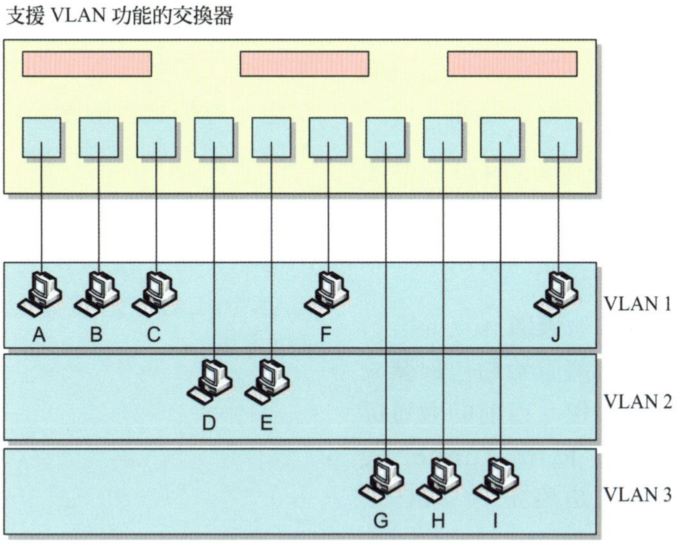

圖 4.16 F 和 J 被調到第一個群組，使得 A、B、C、F、J 在 VLAN1，D、E 在 VLAN2，G、H、I 在 VLAN3

VLAN 可以建立**廣播領域** (broadcast domain)，令區域網路中相同群組的電腦屬於相同的廣播領域，不同群組的電腦屬於不同的廣播領域，以阻隔不必要的廣播封包，其優點如下：

- **建立虛擬的群組**：VLAN 可以根據不同的工作性質建立虛擬的群組，例如根據研究主題為教師或學生建立虛擬的群組，令不同系所但相同研究主題的教師或學生能夠分享研究成果，同時阻隔不必要的廣播封包。

- **節省成本與時間**：VLAN 可以透過軟體設定調整電腦搬遷與增減，並以程序化的檢測流程進行網路管理工作，因而能夠節省成本與時間。

- **提升安全性**：VLAN 能夠確保只有相同群組的電腦會收到廣播封包，不會被其它群組的電腦接收。

請注意，中繼器或集線器無法分割領域碰撞和廣播領域；橋接器或第二層交換器能夠分割碰撞領域但無法分割廣播領域，因為它們不會阻隔不必要的廣播封包；路由器或第三層交換器能夠分割碰撞領域和廣播領域，因為它們會阻隔不必要的廣播封包，以減輕網路流量。

4-9 虛擬私人網路 (VPN)

虛擬私人網路 (VPN，Virtual Private Network) 指的是在 Internet 的兩個節點之間建立安全的私人通道，讓遠端的辦公室、上下游廠商、客戶或出差在外的員工透過 Internet 存取企業的區域網路，而不必經由昂貴的私人專線。

目前有不少 ISP 提供 VPN 服務，企業只要向 ISP 租用 VPN 服務，就能省去租用私人專線及長途通訊的費用。

VPN 使用的是一種叫做**通道** (tunneling) 的技術，這種技術會將原始封包封裝成另一種通訊協定的封包。目前的通道標準為 **PPTP** (Point to Point Tunneling Protocol，點對點通道協定)，其它還有 **L2TP** (Layer 2 Tunneling Protocol，第二層通道協定) 和 **IPSec** (Internet Protocol Security，網際網路協定安全)，其中 PPTP 會將原始封包壓縮與加密，使他人無法讀取，然後嵌入 IP 封包，讓不是 IP 封包格式的封包也能透過 Internet 傳送，待 IP 封包抵達目的地後，從中擷取出之前壓縮與加密的封包，然後加以解壓縮與解密，就能得到原始封包 (圖 4.17)。

VPN 又分為「點對區域網路」(point-to-LAN) 與「區域網路對區域網路」(LAN-to-LAN) 兩種類型，以下有進一步的說明。

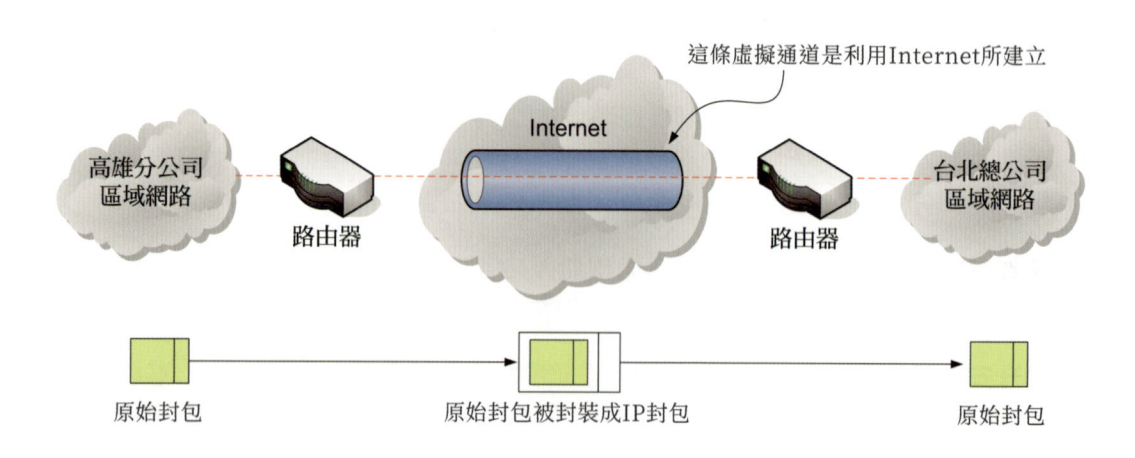

圖 4.17 高雄分公司的區域網路透過 VPN 傳送資料到台北總公司的區域網路

點對區域網路 (point-to-LAN)

這種類型的 VPN 一端為企業的區域網路，裡面包含遠端存取伺服器 (RAS，Remote Access Server) 與網路資源，另一端為遠端使用者 (例如外出工作者、行動商務營業據點)，遠端使用者必須透過 ADSL 寬頻上網、FTTx 光纖上網、有線電視寬頻上網、4G/5G 行動上網、Wi-Fi 無線上網等方式連上 Internet，才能與企業內部的遠端存取伺服器建立 VPN 連線，進而存取企業內部的網路資源 (圖 4.18)。

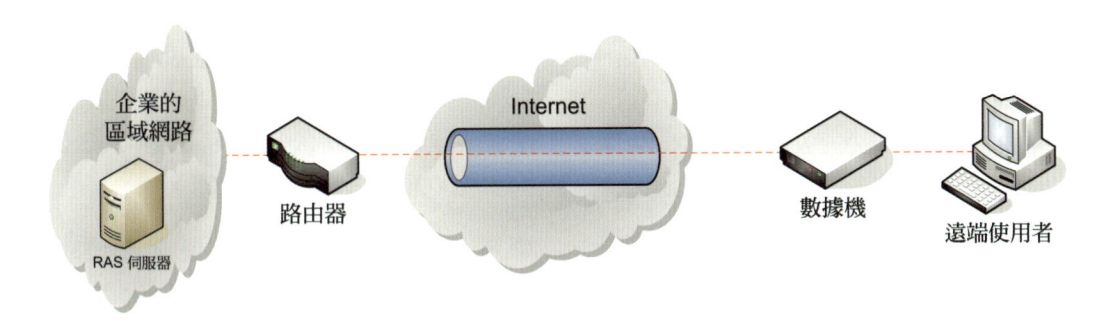

圖 4.18 點對區域網路 (point-to-LAN)

區域網路對區域網路 (LAN-to-LAN)

這種類型的 VPN 一端為企業的區域網路，裡面包含遠端存取伺服器與網路資源，另一端為群體使用者的區域網路 (例如分公司、上下游廠商)，當企業內部有重要的網路資源，並與分公司或上下游廠商有著頻繁的電子資料交換時，就可以架設這種類型的 VPN (圖 4.19)。

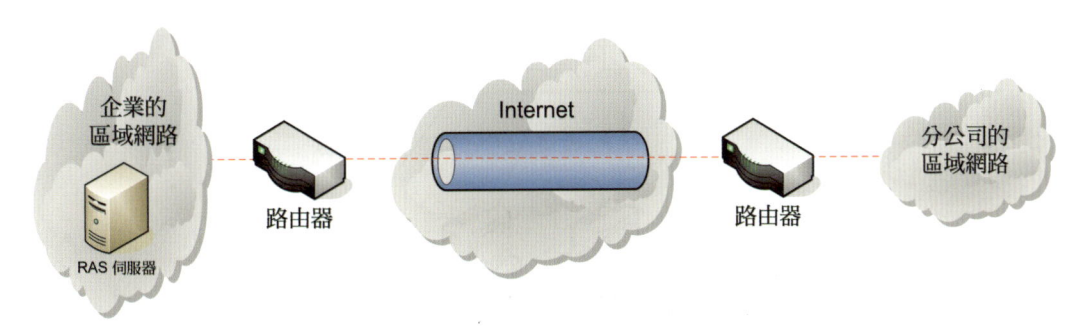

圖 4.19 區域網路對區域網路 (LAN-to-LAN)

操作實例

架設乙太網路

目前在家用、學校、企業辦公或一般伺服器的場域中，區域網路標準是以 1000BASE-T 的 Gigabit Ethernet 為主，有些舊的設備或低速的網路應用可能是 100BASE-T，而有些高速的網路應用可能是 2.5GBASE-T 或 5GBASE-T，至於雲端運算或資料中心則是更高速的 10/40/100 Gigabit Ethernet。

架設 1000BASE-T 網路需要有下列設備：

- **1000BASE-T 交換器**：建議選擇具備自動協商功能的交換器，可相容於 10/100Mbps 的網路設備。

- **1000BASE-T 網路卡（RJ-45 插槽）**：若主機板內建 1000BASE-T 網路晶片，就不用另外安裝網路卡。

- **超 5 類或以上的雙絞線（RJ-45 接頭）**：考慮到未來升級的空間，建議使用等級高的雙絞線。

由於 1000BASE-T 網路可以沿用 100BASE-T 網路的雙絞線，能夠與其共存，升級容易，因此，市面上的網路卡和交換器通常支援 10/100/1000Mbps 三速自動偵測。

1000BASE-T 網路使用星狀拓撲，電腦透過雙絞線連接至交換器，交換器再連接至路由器或其它上層網路設備，如圖 4.20，其中超 5 類或 6 類雙絞線的最大傳輸距離為 100 公尺，若超過 100 公尺，可以使用網路中繼設備。

請注意，若網路設備不是全部支援 1000BASE-T，傳輸速率將無法全面提升為 1000Mbps。舉例來說，假設交換器為 100BASE-T/1000BASE-T 雙速自動偵測，而交換器所連接的四部電腦中有三部使用 100BASE-T/1000BASE-T 雙速自動偵測網路卡，剩下一部使用 100BASE-T 網路卡，那麼整個網路的傳輸速率為 100Mbps。

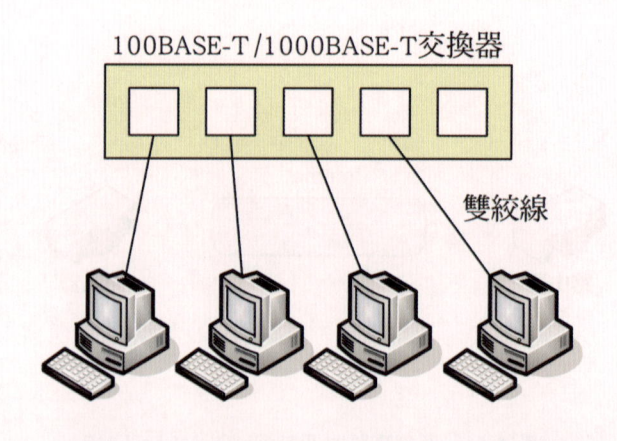

圖 4.20　100BASE-T/1000BASE-T 佈線方式

本章回顧

- **區域網路標準**指的是區域網路所使用的通訊標準、傳輸媒介、傳輸速率、佈線方式、網路拓樸等規格,知名的有 Token Ring、Ethernet、Fast Ethernet、Gigabit Ethernet、10 Gigabit Ethernet、100 Gigabit Ethernet 等。

- **Ethernet** 的通訊標準為 IEEE 802.3,傳輸速率為 10Mbps(基頻傳輸),佈線方式有 10BASE2、10BASE5、10BASE-T、10BASE-F 等。

- **Fast Ethernet** 的通訊標準為 IEEE 802.3,傳輸速率為 100Mbps(基頻傳輸),佈線方式有 100BASE-TX、100BASE-T4、100BASE-T2、100BASE-FX 等。

- **Gigabit Etherne** 的通訊標準為 IEEE 802.3,傳輸速率為 1000Mbps(基頻傳輸),佈線方式有 1000BASE-SX、1000BASE-LX、1000BASE-CX、1000BASE-T 等。IEEE 於 2016 年發布 802.3bz 標準,增加 2.5GBASE-T 和 5GBASE-T,傳輸速率為 2.5Gbps 和 5Gbps。

- **10 Gigabit Ethernet** 的通訊標準為 IEEE 802.3,傳輸速率為 10Gbps(基頻傳輸),佈線方式有 10GBASE-SR (Short)、10GBASE-LR (Long)、10GBASE-ER (Extended)、10GBASE-LX4、10GBASE-T 等。

- **100 Gigabit Ethernet** 的通訊標準為 IEEE 802.3,傳輸速率為 40Gbps 或 100Gbps(基頻傳輸),佈線方式有 40GBASE-KR4、40GBASE-CR4、40GBASE-SR4、40GBASE-LR4、100GBASE-CR10、100GBASE-SR10、100GBASE-LR4、100GBASE-ER4 等。

- Ethernet 用來處理碰撞的媒介存取控制叫做 **CSMA/CD** (Carrier Sense Multiple Access with Collision Detection,載波感測多重存取 / 碰撞偵測)。

- **Token Ring** 最早是由 IBM 公司所提出,後來演變成 IEEE 802.5 標準,傳輸速率為 4Mbps 或 16Mbps。

- **虛擬區域網路** (VLAN) 指的是在區域網路中使用軟體的方式,將區域網路分割為數個子網路或區段。

- **虛擬私人網路** (VPN) 指的是在 Internet 的兩個節點之間建立安全的私人通道,讓遠端使用者透過 Internet 存取企業的區域網路,有**點對區域網路** (point-to-LAN) 與**區域網路對區域網路** (LAN-to-LAN) 兩種類型。

學習評量

一、選擇題

( ) 1. 下列哪種佈線方式的傳輸媒介為光纖？
　　　 A. 10BASE2　　　　　　　　　　B. 10BASE5
　　　 C. 10BASE-T　　　　　　　　　 D. 10BASE-F

( ) 2. 下列關於 1000BASE-T 的敘述何者正確？
　　　 A. 傳輸速率為 1Gbps　　　　　 B. 網路線的接頭為 DB9
　　　 C. 傳輸媒介為光纖　　　　　　 D. 實體拓樸為環狀拓樸

( ) 3. 下列何者能夠用來分割碰撞領域？
　　　 A. 中繼器　　　　　　　　　　 B. 集線器
　　　 C. 橋接器　　　　　　　　　　 D. 放大器

( ) 4. 下列何者的實體拓樸不是星狀拓樸？
　　　 A. Token Ring　　　　　　　　 B. 10BASE-F
　　　 C. 1000BASE-T　　　　　　　　 D. 100BASE-TX

( ) 5. 下列哪種傳輸媒介比較適合用來在企業辦公室中架設區域網路？
　　　 A. 光纖　　　　　　　　　　　 B. 電源線
　　　 C. 雙絞線　　　　　　　　　　 D. 同軸電纜

( ) 6. 下列何者不是 VLAN 的優點？
　　　 A. 建立虛擬的群組　　　　　　 B. 充當防火牆
　　　 C. 提升安全性　　　　　　　　 D. 節省成本與時間

( ) 7. 下列何者能夠用來分割廣播領域？
　　　 A. 中繼器　　　　　　　　　　 B. 集線器
　　　 C. 橋接器　　　　　　　　　　 D. 路由器

( ) 8. 乙太網路卡的位址指的是下列何者？
　　　 A. MAC 位址　　　　　　　　　 B. IP 位址
　　　 C. DNS 位址　　　　　　　　　 D. LLC 位址

( ) 9. VPN（虛擬私人網路）主要是使用下列哪種技術，在 Internet 的兩個節點之間建立安全的私人通道？
　　　 A. 調變與解調變　　　　　　　 B. 切割與重組
　　　 C. 加密與解密　　　　　　　　 D. 通道技術

(　　) 10. 當 Ethernet 發生碰撞時，會：
　　　　　A. 整個網路當掉，必須等網路管理人員重新啟動
　　　　　B. 傳送資料的節點在等待隨機時間後會重新傳送
　　　　　C. 使用者會被通知要再重新傳送一次
　　　　　D. 兩個碰撞的資料會被放在相同記號內一起傳送

二、簡答題

1. 簡單說明何謂區域網路標準？

2. 簡單說明 CSMA/CD 的運作方式。

3. 簡單說明 Token Ring 的運作方式。

4. 簡單說明何謂 VLAN（虛擬區域網路）？

5. 簡單說明何謂 VPN（虛擬私人網路）？

6. 簡單說明 1000BASE-T 的傳輸速率、網路拓樸、傳輸媒介及接頭。

Computer Networks • Computer Networks • Computer Networks • Computer Networks

CHAPTER 05

廣域網路

5-1　廣域網路的資料傳輸技術

5-2　廣域網路的實體層傳輸規範

5-3　X.25

5-4　Frame Relay

5-5　ATM

5-6　PSTN

5-7　ISDN

5-8　xDSL

5-9　FTTx 光纖上網

5-10　有線電視網路

5-1 廣域網路的資料傳輸技術

當電腦的數目不只一部，而且所在的位置可能在不同城鎮、不同國家甚至不同洲，例如一個公司在不同國家有分公司，或一個學校在不同地區有分校，那麼將這些電腦連接在一起所形成的網路就叫做**廣域網路** (WAN，Wide Area Network)(圖 5.1)。

由於廣域網路的範圍可能跨越數百公里甚至數千公里，所以通常需要租用公共的通訊設備（例如專線）或衛星作為通訊媒介。舉例來說，假設有個公司欲連接其台北總公司和高雄分公司的區域網路，此時可以向中華電信租用專線或 VPN（虛擬私人網路）服務，將兩地的區域網路連接成一個廣域網路。

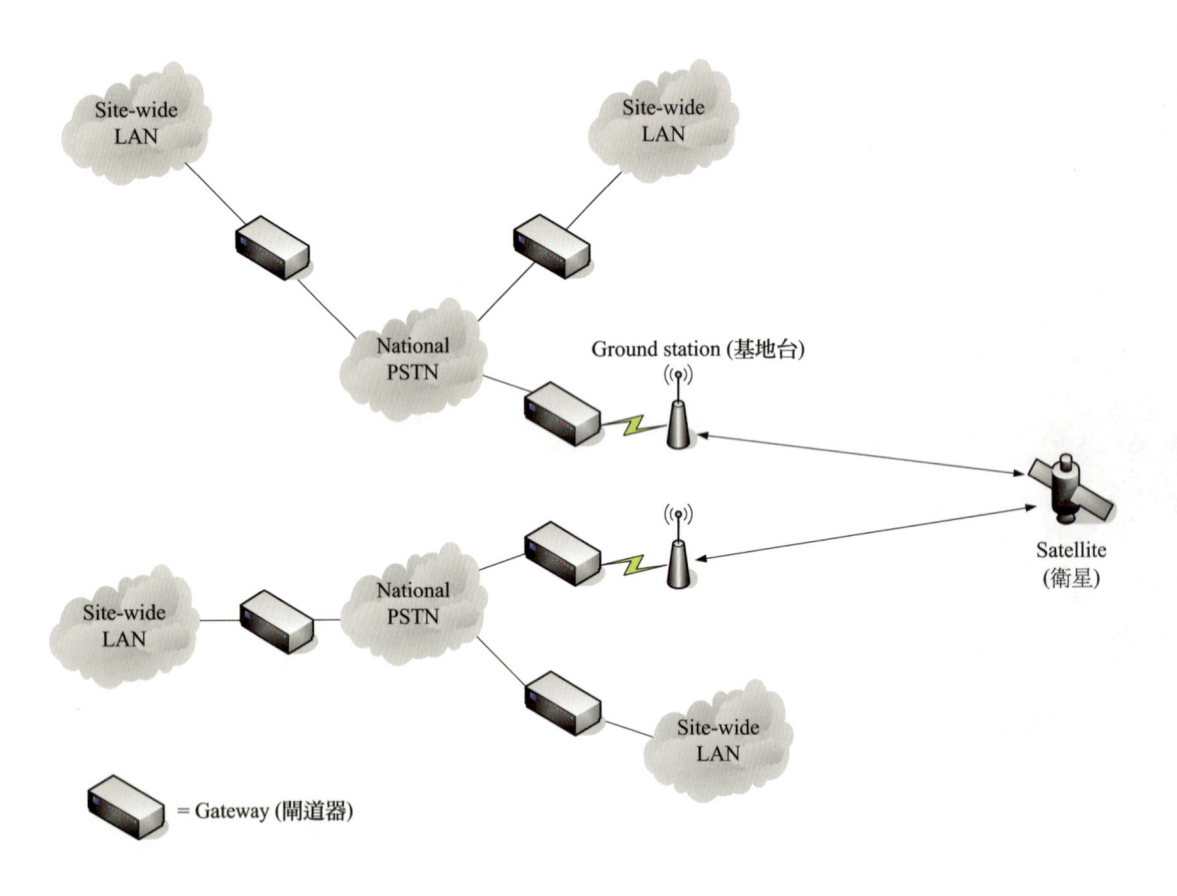

圖 5.1 廣域網路 (WAN)

廣域網路主要是採取「電路交換」與「封包交換」兩種技術，將資料從發訊端傳送到收訊端 (圖 5.2)。

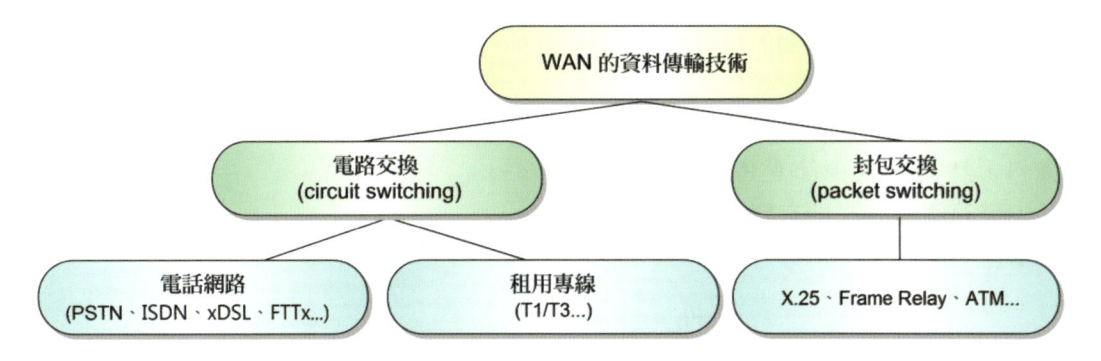

圖 5.2 廣域網路的資料傳輸技術

5-1-1 電路交換

在採取**電路交換** (circuit switching) 技術的網路中，當有兩個節點欲傳送資料時，必須在它們之間建立一條專屬的邏輯路徑，然後將資料從來源節點經由該路徑傳送到目的節點。**PSTN** (Public Switch Telephone Network) 電話網路即為一例，所有用戶均是透過電話線連接到電信業者的交換機，而這些交換機亦是透過許多電話線連接在一起，當某甲欲打電話給某乙時，交換機就會根據某甲所撥的電話號碼，在某甲與某乙之間建立一條專屬的邏輯電話線路，例如圖 5.3 的藍線，直到通話結束才會釋放該線路。

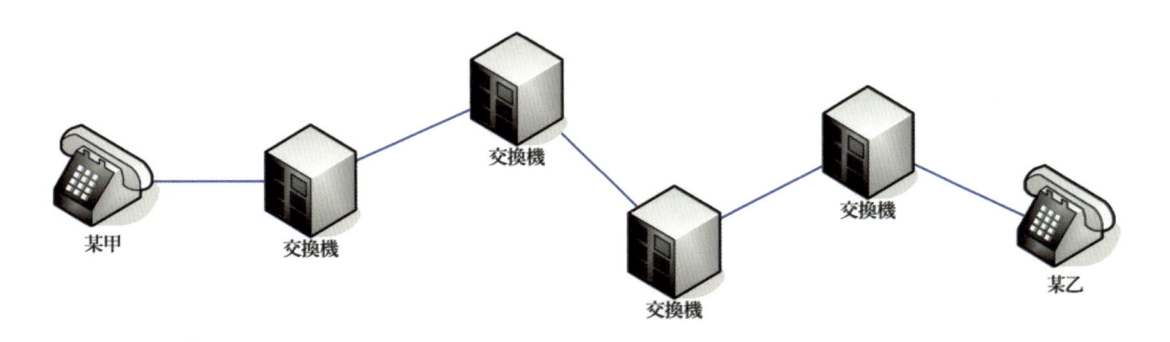

圖 5.3 PSTN 電話網路是最佳的電路交換網路實例

網路概論

5-1-2 封包交換

在採取**封包交換** (packet switching) 技術的網路中，當有兩個節點欲傳送資料時，資料會被切割成一個個封包，每個封包均包含來源位址、目的位址及部分資料，然後從來源節點傳送到目的節點，至於傳送方式則有**資料元**與**虛擬電路**兩種。

資料元 (datagram)

這種方式的每個封包會被視為獨立的個體，它們可能從來源節點行經不同的路徑抵達目的節點，目的節點再將收到的封包重組成原始資料 (圖 5.4)。

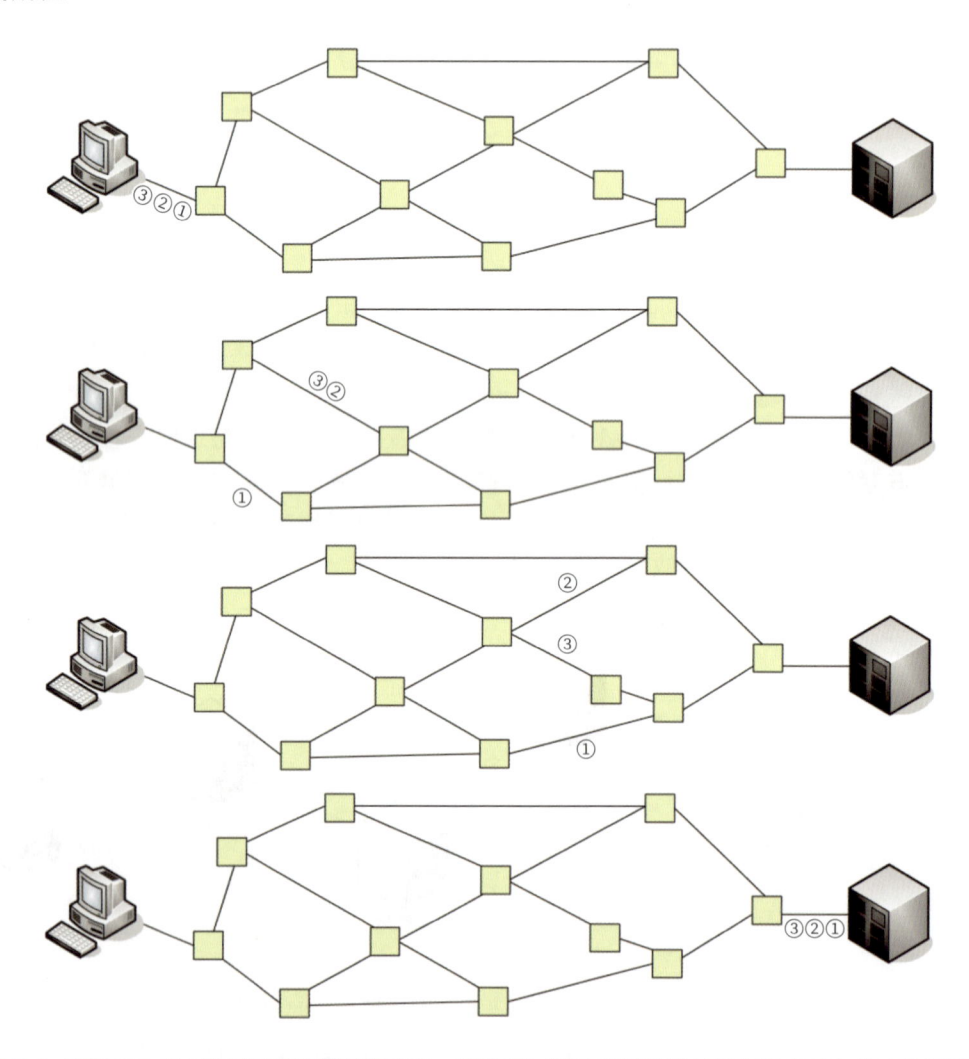

圖 5.4 資料元方式 (當封包抵達某個節點時，該節點再根據鄰近節點的情況決定封包應走往哪個節點，並沒有事先決定一條邏輯路徑)

5-4

虛擬電路 (virtual circuit)

這種方式會事先決定一條邏輯路徑，所有封包從來源節點沿著該路徑傳送到目的節點 (圖 5.5)。它和電路交換技術類似，不同的是其邏輯路徑並不是專屬的，當該路徑上有其它封包正在傳送時，抵達節點的封包會存放在緩衝區排隊。

虛擬電路方式的優點不少，例如封包會依序抵達 (因為走相同路徑)、錯誤控制 (一旦有節點發現封包錯誤可以立刻要求重送)、快速 (因為節點無須決定下一個節點為何)；反之，資料元方式的優點則是無須事先決定路徑、有彈性 (不一定要走相同路徑)、更可靠 (一旦有節點損壞可以改走其它節點)。

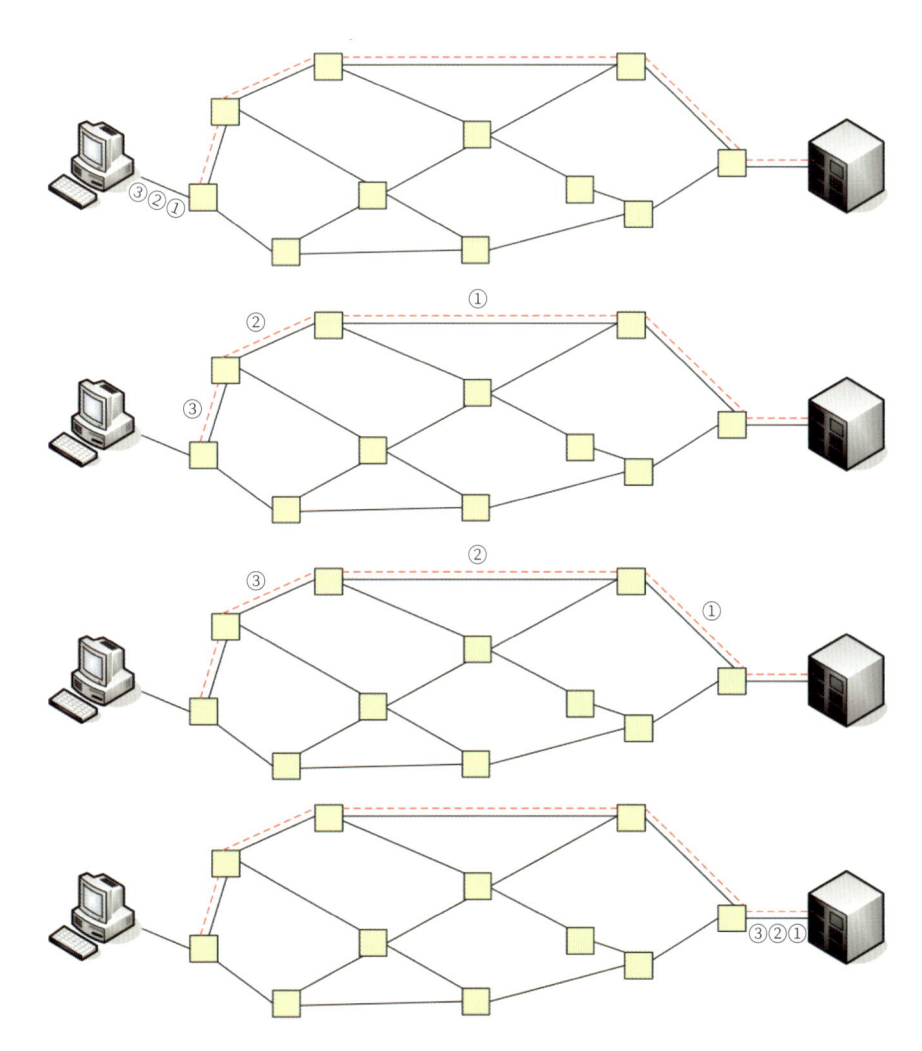

圖 5.5 虛擬電路方式 (所有封包會從來源節點沿著事先決定的虛擬路徑傳送到目的節點)

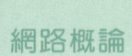

資訊部落

電路交換 vs. 封包交換

電路交換和封包交換最大的不同在於前者會事先靜態保留所需的頻寬，而後者會視實際情況動態取得或釋放所需的頻寬。

電路交換網路通常會按連線時間計價，例如 PSTN 電話網路是按實際通話時間計價，而封包交換網路通常會按通訊量計價，例如行動上網是按實際傳送的封包數量計價。

此外，電路交換網路的優點是傳輸品質穩定，但若使用者沒有充分利用線路頻寬，就會浪費頻寬；反之，封包交換網路的優點是不會浪費頻寬，能在既有的線路上同時傳送數個使用者的封包，但若使用者傳送大量封包，就會造成頻寬不足的現象。

表 5.1、電路交換 vs. 封包交換

	電路交換	封包交換 資料元方式	封包交換 虛擬電路方式
是否建立專屬的邏輯路徑	是	否	否（會建立邏輯路徑但不是專屬的）
是否走相同路徑	是	否	是
是否可能浪費頻寬	是	否	否
是否可能頻寬不足	否	是	是
是否事先靜態保留頻寬	是	否	否
是否將資料切割為封包	否	是	是
是否儲存後轉送	否	是	是
個別節點是否需要決定下一個節點為何	否	是	否
計價方式	按連線時間計價	按通訊量計價	按通訊量計價

5-2 廣域網路的實體層傳輸規範

以 OSI 參考模型的分層來說，廣域網路和區域網路最大的差別在於實體層與資料連結層，區域網路是以乙太網路家族為主，而廣域網路在實體層的傳輸規範是以 **T-Carrier** 和 **SONET/SDH** 為主，在資料連結層的封裝標準則有 **X.25**、**Frame Relay**、**ATM** 等。

5-2-1 T-Carrier

T-Carrier (Trunk Carrier) 是貝爾實驗室於 1960 年代所發展出來的數位訊號傳輸系統，廣泛應用於北美、日本及台灣。T-Carrier 採取 **PCM** (Pulse Code Modulation，脈波編碼調變) 與 **TDM** (Time-Division Multiplexing，分時多工) 技術，藉由四條線路提供雙工處理能力，其中兩條線路負責接收訊號，另外兩條線路負責傳送訊號，早期這四條線路通常是雙絞線，但現在可以是雙絞線、同軸電纜、光纖、微波或其它傳輸媒介。

T-Carrier 的第一個標準為 **T1**，能夠傳送 24 個 64Kbps 的語音通道，64Kbps 這個數據來自一般電話語音訊號的品質，當取樣解析度為 8bits、取樣頻率為 8KHz 時，語音訊號經過數位化後的每秒傳輸量為 8bits×8K = 64Kbps，正因如此，所以過去在制定電信通訊標準時，傳輸媒介的頻寬會設定為 64Kbps 的整數倍。

由於 T1 能夠傳送 24 個取樣解析度為 8bits 的語音通道，再加上 1 個同步位元，故其訊框大小為 24×8bits ＋ 1bits = 193bits，然後乘以取樣頻率 8KHz，得到傳輸速率為 193bits×8K = 1.544Mbps (圖 5.6)。

繼 T1 之後，T-Carrier 又發展出數種標準，這些標準是根據 **DS** (Digital Signal) 的規格所制訂 (表 5.2)，例如：

- **T2** 是 T1 的 4 倍，包含 24×4 = 96 個通道，傳輸速率為 6.312Mbps。

- **T3** 是 T2 的 7 倍，包含 96×7 = 672 個通道，傳輸速率為 44.736Mbps。

- **T4** 是 T3 的 6 倍，包含 672×6 = 4032 個通道，傳輸速率為 274.176Mbps。

- **T5** 是 T2 的 60 倍，包含 96×60 = 5760 個通道，傳輸速率為 400.352 Mbps。

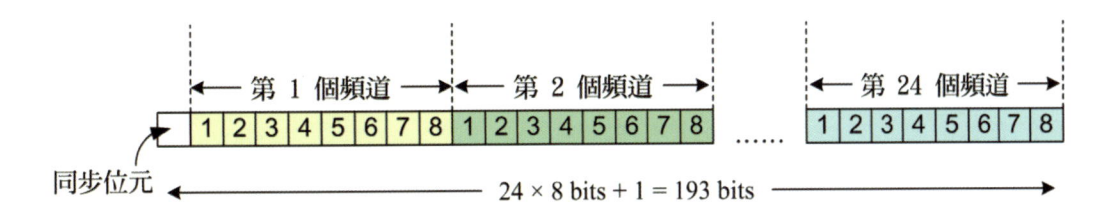

圖 5.6 T1 的傳輸格式

表 5.2　T-Carrier 家族的標準

等級	北美	日本
DS0	64Kbps	64Kbps
DS1 (T1)	1.544Mbps (24 個通道)	1.544Mbps (24 個通道)
DS2 (T2)	6.312Mbps (96 個通道)	6.312Mbps (96 個通道) 或 7.786Mbps (120 個通道)
DS3 (T3)	44.736Mbps (672 個通道)	32.064Mbps (480 個通道)
DS4 (T4)	274.176Mbps (4032 個通道)	97.728Mbps (1440 個通道)
DS5 (T5)	400.352Mbps (5760 個通道)	565.148Mbps (8192 個通道)

在表 5.2 中，我們同時列出了日本版的 T-Carrier，稱為 **J-Carrier**，該標準和 T1、T2、T3、T4、T5 對應的等級分別稱為 **J1**、**J2**、**J3**、**J4**、**J5**。

除了 T-Carrier 之外，歐洲及南美洲國家則採取 **E-Carrier** (European-Carrier)，E-Carrier 和 T-Carrier 不相容，相關的標準如表 5.3。

表 5.3　E-Carrier 家族的標準

等級	傳輸速率	傳輸通道
DS0	64Kbps	1
DS1 (E1)	2.048Mbps	30
DS2 (E2)	8.448Mbps (E2 = E1×4)	120
DS3 (E3)	34.368Mbps (E3 = E2×4)	480
DS4 (E4)	139.264Mbps (E4 = E3×4)	1920
DS5 (E5)	565.148Mbps (E5 = E4×4)	7680

5-2-2 SONET/SDH

SONET（Synchronous Optical NETwork，同步光纖網路）是 BellCore 公司所提出的光纖傳輸介面，後來由 ASNI 進行標準化。SONET 劃分了數個等級的光纖連線傳輸速率（表 5.4），目的是讓不同廠商的光纖能夠互相連接，不必再額外配置訊號轉換設備，進而提升網路的傳輸速率及服務品質。

目前同步光纖網路的標準分成北美標準和國際標準，前者就是 SONET，而後者是 ITU-T 根據 SONET 所制訂的 **SDH**（Synchronous Digital Hierarchy，同步數位階層），兩者統稱為 **SONET/SDH**，它們除了在訊號定義方面有所不同，傳輸速率亦有差別。

表 5.4　SONET/SDH 標準

SONET 等級	SDH 等級	傳輸速率
STS-1/OC-1（註 [1]）		51.84Mbps
STS-3/OC-3	STM-1（註 [2]）	155.52Mbps
STS-9/OC-9	STM-3	466.56Mbps
STS-12/OC-12	STM-4	622.08Mbps
STS-18/OC-18	STM-6	933.12Mbps
STS-24/OC-24	STM-8	1.24416Gbps
STS-36/OC-36	STM-12	1.86624Gbps
STS-48/OC-48	STM-16	2.48832Gbps
STS-96/OC-96	STM-32	4.97664Gbps
STS-192/OC-192	STM-64	9.95328Gbps
STS-768	STM-256	39.81312Gbps
STS-3072		159.25248Gbps

註 [1]：OC-N (Optical Carrier level N) 的傳輸速率會對應至 STS-N (Synchronous Transport Signal level N)，當訊號在光纖上傳送時，其等級劃分是根據 OC-N，此時的訊號為光學訊號，而當訊號在發訊端或收訊端時，其等級劃分是根據 STS-N，此時的訊號為電子訊號。

註 [2]：STM 為 "Synchronous Transfer Mode"（同步傳輸模式）的縮寫。

5-3 X.25

早期的封包交換網路通常是使用 X.25 通訊協定，這是 ITU-T 在 1970 年代所發展的標準，目的是定義 DTE（資料終端設備）如何連接到封包交換網路。X.25 網路曾廣泛存在於歐洲與美國，但現在已經退出市場。

X.25 通訊協定的發展比 OSI 參考模型早，它只有下列三個層次，相當於 OSI 參考模型的實體層、資料連結層及網路層：

- **實體層** (physical layer)：這個層次負責定義 DTE 與 X.25 網路之間的實體介面。

- **連結存取層** (link access layer)：這個層次使用 **LAPB** (Link Access Procedure-Balanced) 通訊協定，負責節點之間的錯誤控制與流量控制。

- **封包層** (packet layer)：這個層次負責建立與管理虛擬電路 (virtual circuit)。

X.25 網路的連接方式有下列三種（圖 5.7）：

- DTE 透過 **X.25 介面**連接到 X.25 網路。
- 區域網路透過 **X.25 路由器**連接到 X.25 網路。
- DTE 透過數據機連接到 **X.25 PAD** (Packet Access Device，封包存取設備)，再經由 X.25 PAD 連接到 X.25 網路。

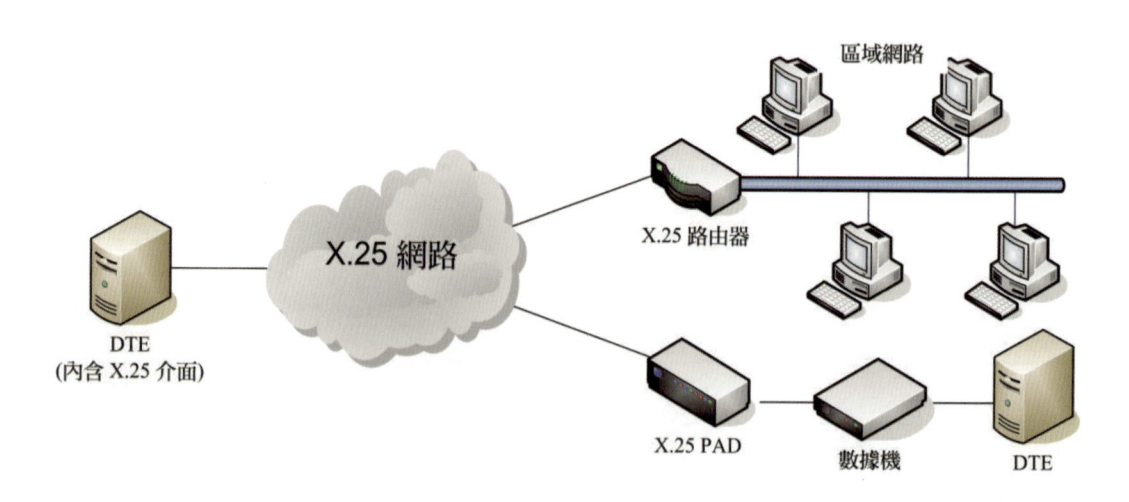

圖 5.7 X.25 網路的連接方式

5-4 Frame Relay

在發展出封包交換網路的年代，遠距離傳輸設備的速率慢且錯誤率高，X.25 為了協助目的節點偵測並修正錯誤，封包內有許多錯誤檢查位元，同時中間節點在收到完整封包後，必須進行錯誤檢查，確認無誤後才能轉送出去。有鑑於現代傳輸設備的速率快且錯誤率低，遂發展出另一種方式－ **Frame Relay**（訊框傳送）。

Frame Relay 的訊框格式

相較於 X.25 的封包內有許多錯誤檢查位元，Frame Relay 的封包則省去了大部分的錯誤檢查位元，稱為**訊框** (frame)。Frame Relay 在傳送訊框時，只會檢查訊框表頭內的目的位址，然後立刻將訊框轉送出去（不必等訊框接收完畢），錯誤檢查的工作就交給上層的通訊協定，而且 Frame Relay 只負責處理實體層和資料連結層，不像 X.25 還要處理封包層，傳輸速率自然較快。

圖 5.8 是 X.25 的封包格式，圖 5.9 是 Frame Relay 的訊框格式，兩者的差別在於 Frame Relay 訊框內的表頭取代了 X.25 封包內的位址欄及控制欄，其中 **DLCI** 用來記錄封包該走哪條虛擬電路，**C/R** 為保留未用的位元，**EA** 為位址欄擴充位元，**FECN**、**BECN** 用來通知壅塞情況，**DE** 用來管理頻寬及壅塞情況。

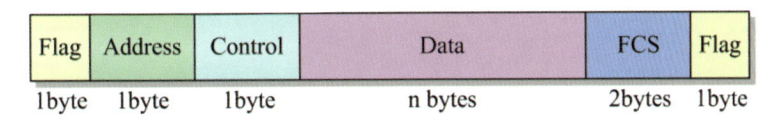

圖 5.8 X.25 的封包格式

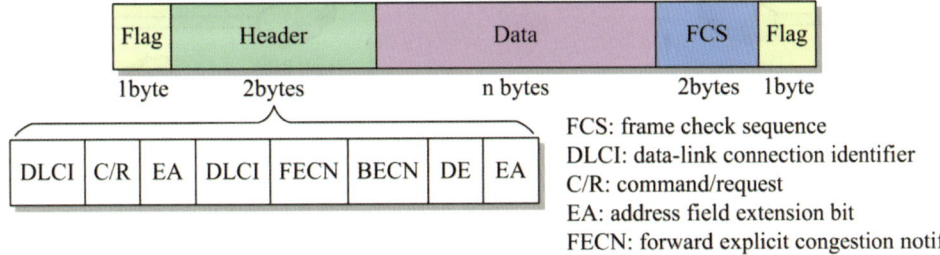

圖 5.9 Frame Relay 的訊框格式

Frame Relay 的資料傳輸技術

Frame Relay 的資料傳輸技術和 X.25 一樣採取**虛擬電路** (VC，Virtual Circuit) (圖 5.10)，而且分為下列兩種方式：

- **永久式虛擬電路** (PVC，Permanent Virtual Circuit)：這是在來源節點與目的節點之間建立一條專屬的邏輯路徑，這條邏輯路徑幾乎永遠連線且專屬於特定對象。

- **交換式虛擬電路** (SVC，Switched Virtual Circuit)：這就像電話網路，只有在兩個節點欲傳送資料時，才會動態建立一條邏輯路徑，使用完畢後就會釋放該路徑。

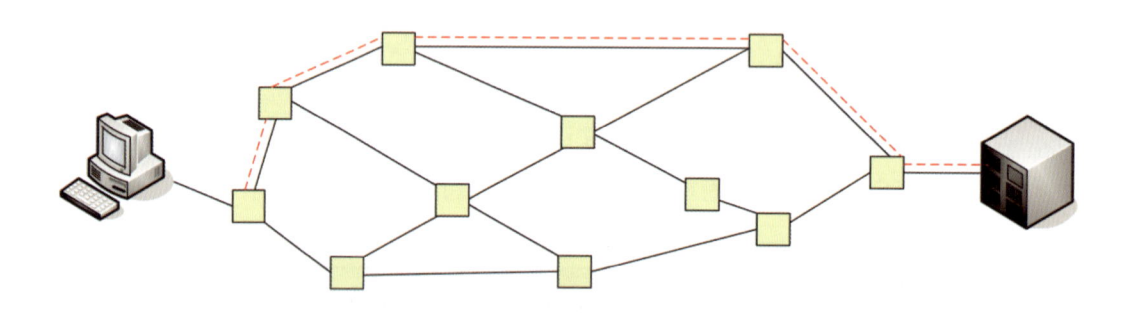

圖 5.10 Frame Relay 的資料傳輸技術和 X.25 一樣採取虛擬電路

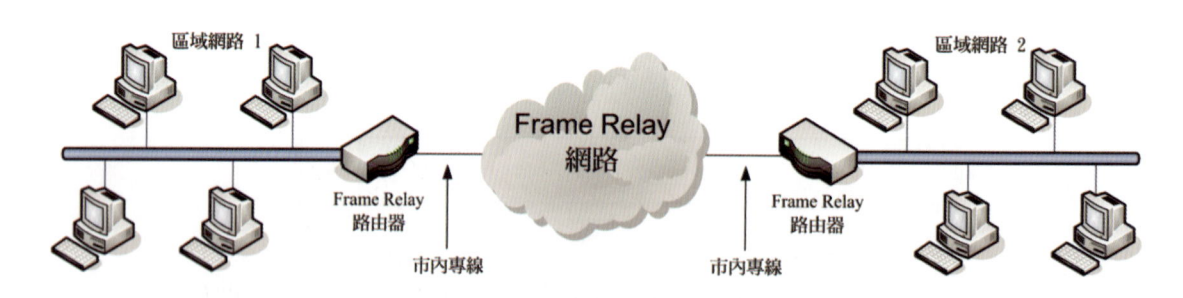

圖 5.11 使用 Frame Relay 網路連接區域網路 (Frame Relay 路由器可以將區域網路的封包轉換成 Frame Relay 網路的訊框，反之亦可)

Frame Relay 的優點

- **較低的長途通訊成本**：拜 Voice over Frame Relay 技術臻於成熟之賜，我們可以在租用 Frame Relay 網路之餘，利用資料流量較低的時段進行語音通訊，節省長途通訊成本。

- **較佳的連線品質及較低的連線成本**：Frame Relay 是透過公共電路達到類似遠距離專線（例如 T1）的連線品質，但成本卻只有租用連線到當地 Frame Relay 網路節點的專線費用及租用 Frame Relay 網路服務的費用。舉例來說，假設有個企業欲連接其台北總公司和高雄分公司的區域網路，常見的做法如下：

  - 租用 T1 專線：這種做法的優點是安全、快速及容易管理，缺點則是連線成本較高（圖 5.12(a)）。

  - 租用 VPN（虛擬私人網路）服務：這種做法的優點是連線成本較低，缺點則是連線品質較差。

  - 租用 Frame Relay 網路服務：這種做法的優點是連線品質較租用 VPN 服務來得佳，連線成本亦較租用 T1 專線來得低（圖 5.12(b)）。不過，這種虛擬專線和實際專線還是有差別，實際專線在任何時候均能以最大頻寬傳送資料，而虛擬專線在某個瞬間確實可能達到最大頻寬，但平均速率會低於最大頻寬。

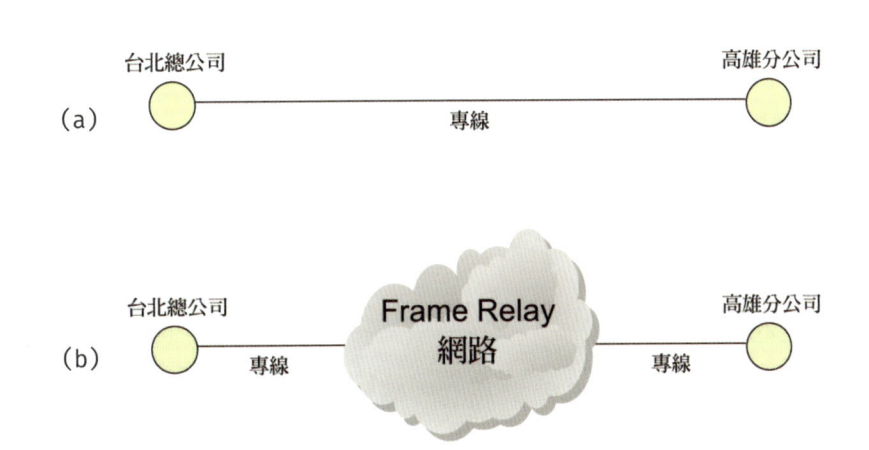

圖 5.12 （a）租用 1 條專線直接連接台北總公司和高雄分公司的區域網路
（b）分別從台北總公司和高雄分公司租用專線到當地的 Frame Relay 網路節點

5-5 ATM

ATM (Asynchronous Transfer Mode，非同步傳輸模式) 是從 Frame Relay 發展出來，不同的是 Frame Relay 傳送的是變動長度的訊框，而 ATM 傳送的是固定長度的**細胞** (cell)，具有支援多種傳輸速率、支援多種傳輸媒介、獨占式頻寬、傳輸速率快等優點，使得其應用由廣域網路延伸至區域網路。

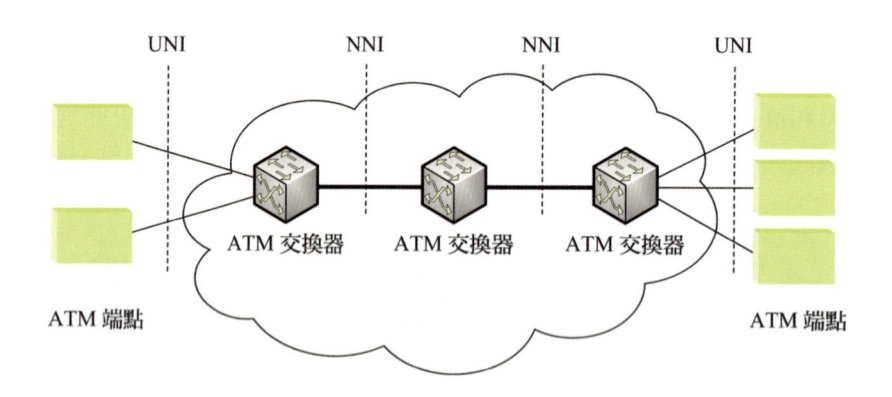

ATM 的網路架構

ATM 的網路架構主要包含 ATM 端點和 ATM 交換器兩種元件，如圖 5.13，其中 **ATM 端點** (end point) 指的是使用者的存取裝置，例如電腦或路由器，**ATM 交換器** (switch) 就像電話系統的交換機，負責建立連線以傳送資料，而 ATM 端點與 ATM 交換器之間的介面稱為 **UNI** (User-to-Network Interface)，至於 ATM 交換器與 ATM 交換器之間的介面則稱為 **NNI** (Network-to-Network Interface)。

圖 5.13　ATM 的網路架構主要包含 ATM 端點和 ATM 交換器兩種元件

ATM 的細胞格式

誠如前面所言，ATM 傳送的是固定長度的**細胞** (cell)，其格式如圖 5.14，總長度為 53 位元組，前 5 位元組為表頭，後 48 位元組為資料。

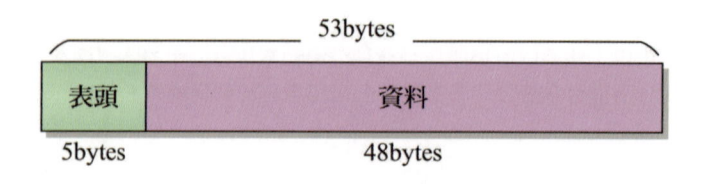

圖 5.14　ATM 的細胞格式

ATM vs. STM

傳統的資料傳輸模式屬於 **STM** (Synchronous Transfer Mode,同步傳輸模式),STM 會對所有通道採取同步分時多工,以圖 5.15 的三個通道 A、B、C 為例,STM 多工器會公平對待每個通道,分配相同的處理時間給它們,即使某個通道於某個時槽 (slot) 沒有資料要傳送,一樣會保留空檔。

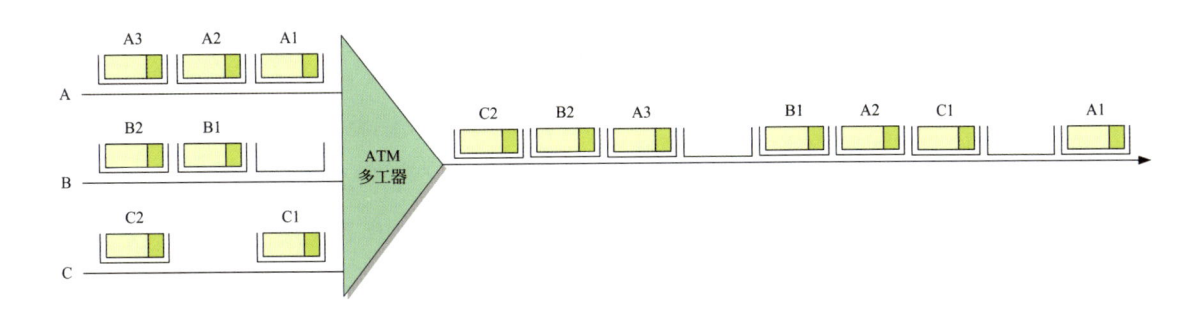

圖 5.15 STM 採取同步分時多工

反之,ATM 會對所有通道採取非同步分時多工,以圖 5.16 的三個通道 A、B、C 為例,ATM 多工器會依照通道的實際需求傳送資料,若某個通道於某個時槽沒有資料要傳送,就不會保留空檔,如此一來,不僅不會浪費頻寬,也不會浪費處理時間。

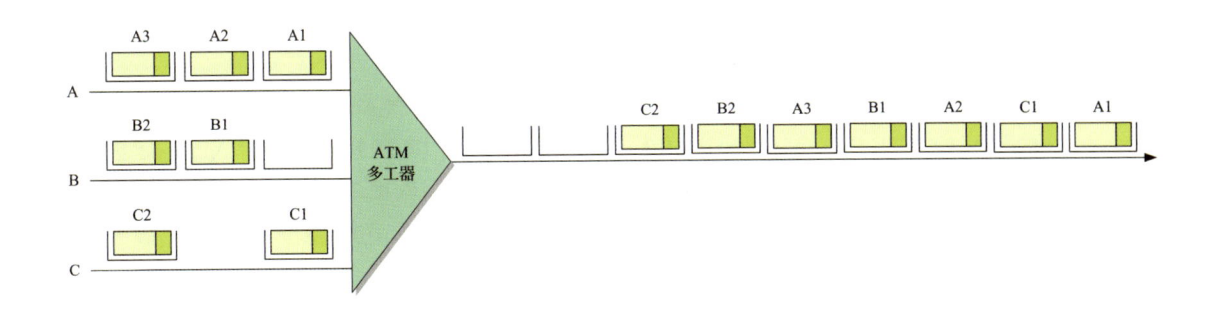

圖 5.16 ATM 採取非同步分時多工

ATM 的優點

- **支援多種傳輸速率**：ATM 網路支援 25、51、100、155、622Mbps、2.4Gbps 等不同的傳輸速率，以傳送不同類型的資料，例如數據資料或音訊、視訊等多媒體資料。

- **支援多種傳輸媒介**：ATM 網路可以接受光纖、同軸電纜或雙絞線等不同的傳輸媒介，使用者可以根據環境、成本、傳輸速率等實際需求決定傳輸媒介。

- **傳輸速率快**：ATM 網路的傳輸速率快主要是基於下列幾個原因：

  - **省略錯誤檢查與流量控制**：由於現代傳輸設備的速率快且錯誤率低，所以 ATM 是將錯誤檢查與流量控制的工作交給上層的通訊協定負責。

  - **減少路徑選擇**：ATM 交換器是在 ATM 端點建立連線時，就已經決定好路徑，不必再替個別的傳輸細胞選擇路徑，自然可以縮短處理時間。

  - **固定長度的細胞**：傳統的封包交換網路是使用變動長度的封包，然而封包的長度不固定，不僅使得交換器的硬體設計變複雜，也可能造成聲音不連續或畫面掉格，因為傳送大封包會有較久的延遲；反之，ATM 網路是使用固定長度的細胞，不會有前述的缺點，適合用來傳送即時影音。

- **獨占式頻寬**：ATM 網路為獨占式頻寬，使用者享有全部頻寬，不像乙太網路的使用者必須競爭頻寬，所以效率比乙太網路好，不會有使用者愈多，傳輸速率愈慢的問題。

ATM LAN

ATM 主要是應用於廣域網路，稱為 **ATM WAN**。此外，ATM 的部分技術亦被推廣至區域網路，稱為 **ATM LAN**，其網路架構又分為下列三種類型：

- 使用 ATM 交換器連接所有電腦以形成單一的 ATM LAN，如圖 5.17(a)。雖然所有電腦均能透過 ATM 的高速來傳送資料，但既有的區域網路（例如乙太網路）無法升級成單一的 ATM LAN，整個網路必須重新架設。

- 使用 ATM 交換器與邊緣交換器 (edge switch) 連接既有的區域網路，如圖 5.17(b)，此時，ATM 是用來作為骨幹，區域網路內的電腦是透過區域網路的速率來傳送資料，而不同區域網路之間則是透過 ATM 的高速來傳送資料。

- 混合前述兩種網路架構，也就是新增電腦可以直接連接到 ATM 交換器，同時保留既有的區域網路，如圖 5.17(c)，這樣就能逐步將網路升級。

廣域網路 05

(a)

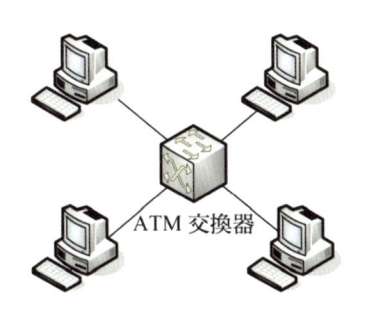

(b)

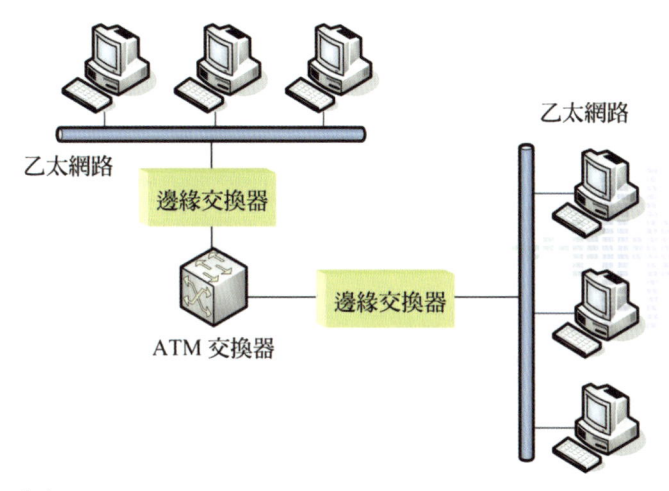

(c)

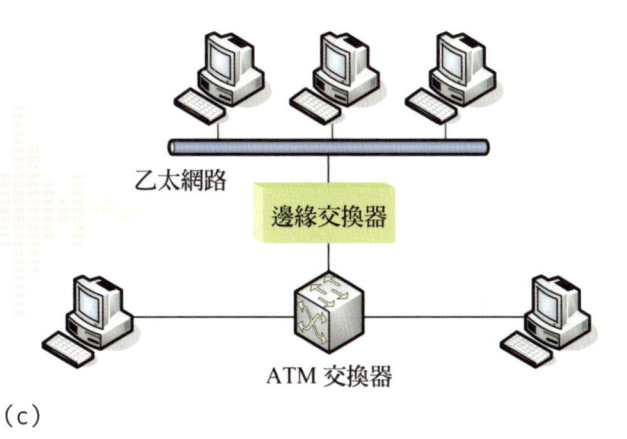

圖 5.17　(a) 單一的 ATM LAN
　　　　 (b) 使用 ATM 交換器連接既有的區域網路
　　　　 (c) 混合前述兩種網路架構

5-17

5-6 PSTN

PSTN (Public Switch Telephone Network) 是公共交換電信網路，費用便宜、安裝簡單且分佈最廣。全世界最早的電話網路起源於 19 世紀末期，原先的設計是以類比訊號傳送聲音，但在電腦問世後，除了聲音之外，亦可用來傳送資料。

PSTN 屬於電路交換網路，所有用戶均是透過電話線連接到電信業者的交換機，而這些交換機亦是透過許多電話線連接在一起，當某甲欲打電話給某乙時，交換機就會根據某甲所撥的電話號碼，在某甲與某乙之間建立一條專屬的邏輯電話線路，直到通話結束才會釋放該線路。

台灣的電話網路是由中華電信負責建置與管理，包含下列元件 (圖 5.18)：

- **本地迴路** (local loop)：家中連接電話線的裝置，它會透過雙絞線連接到最近的端局。本地迴路都會有一組唯一的電話號碼作為識別，當用戶進行通話時，所使用的頻率為 4KHz。

- **端局** (EO，End Office)：電話線集中連接的地方，即市話交換機房。

- **長途電話中心局** (TC，Toll Center)：負責管理與連接端局，當用戶撥打長途電話時，會從本地的端局連接到本地的長途電話中心局，然後連接到目的地的長途電話中心局，再連接到目的地的端局。

- **國際電話中心局** (ISC，International Switching Center)：負責管理與連接長途電話中心局，當用戶撥打國際電話時，會從本地的端局依序連接到本地的長途電話中心局、國際電話中心局，然後依序連接到目的地的國際電話中心局、長途電話中心局，再連接到目的地的端局。

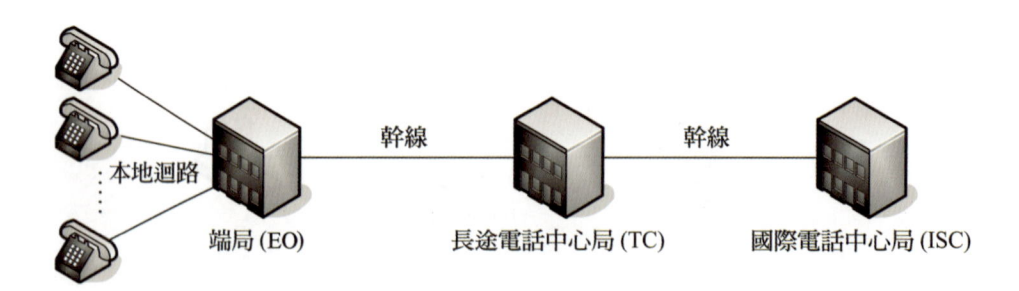

圖 5.18 電話網路的架構 (本地迴路是透過雙絞線連接到 EO，而 EO、TC、ISC 之間則以光纖或衛星等幹線連接)

PSTN 最常見的用途是**電話撥號服務**，這是使用 0～4KHz 的頻率範圍傳送語音訊號。另外還有一個用途是**撥接上網服務**，如圖 5.19，這是使用 600Hz～3KHz 的頻率範圍傳送資料訊號，之所以沒有使用整個 0～4KHz 的頻率範圍，主要是因為使用邊緣的頻率範圍可能會造成失真，畢竟資料訊號比語音訊號需要更高的精確度。由於 PSTN 只能傳送類比訊號，而電腦只能使用數位資料，因此，在圖 5.19 中，電腦和 PSTN 的中間必須透過數據機轉換數位資料與類比訊號，如圖 5.20。

早期人們通常是經由電話撥接上網，所要自備的有電腦、數據機、非經總機轉接的電話線路及向 ISP (Internet Service Provider) 申請的連線帳號。之後 ADSL 寬頻上網、FTTx 光纖上網和有線電視寬頻上網取而代之成為主流，此時，人們必須自備電腦與網路卡，而 ADSL 數據機和 VDSL 數據機是由中華電信提供，纜線數據機 (Cable Modem) 則是由第四台系統業者提供。

圖 5.19 PSTN 提供的撥接上網服務

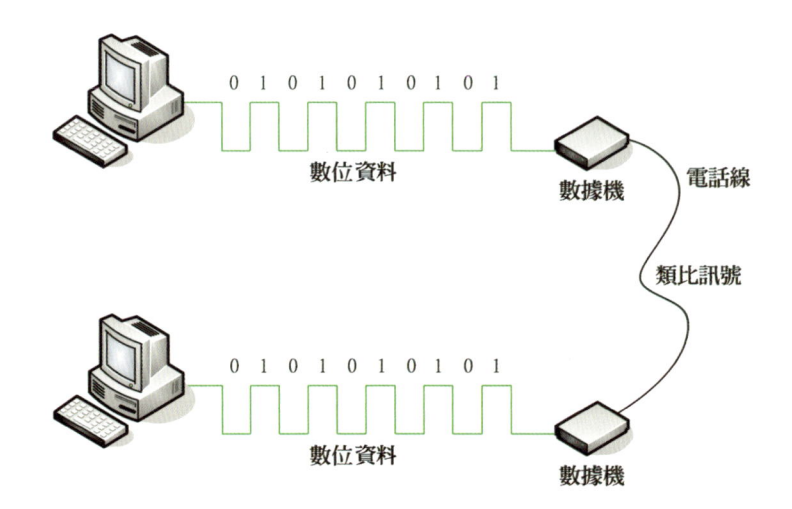

圖 5.20 數據機的功能是轉換數位資料與類比訊號

5-7 ISDN

長久以來，語音、數據、文字、影像、多媒體等各式網路彼此獨立並存的現象一直令人相當困擾，不僅無法充分使用資源設備，管理起來也很繁瑣，若能整合這些網路，對用戶和管理者來說，無異是一大福音。

欲整合這些網路，電話網路顯然是個相當好的選擇，因為它費用便宜、安裝簡單且分佈最廣，凡是有電話的地方就能互通，相較之下，數據線路就顯得狹隘許多，因為它只能連接少數且有限的節點，在落後地區尤其如此。

基於前述考量，ITU-T 於 1984 年聯合全球的電話公司制訂一套數位化的電話系統規範─ **ISDN** (Integrated Service Digital Network，整合服務數位網路)，目的是將語音、數據、文字、影像、多媒體等不同的服務整合到相同的數位線路，其特點如下：

- ISDN 不僅提供了快速且便捷的數位通道，同時能和傳統的 PSTN 電話網路連接，因而保有 PSTN 無遠弗屆的特性。

- 雖然 ISDN 和 PSTN 分屬不同的網路，但在中華電信內部是相連接的，外線則是一對雙絞線，所以毋須重新佈線，就能使用既有的線路拉到用戶家。

- ISDN 電話網路和 PSTN 電話網路主要的差別在於使用之前，必須向中華電信申請 ISDN 電話線，連上 ISDN 網路後才能使用。

- ISDN 所連接的用戶終端設備和傳統的電話機、傳真機、數據機不同，但只要搭配 TA (Terminal Adapter，終端配接器)，就能使用這些既有的設備。

- ISDN 有專線和撥接式電話線兩種，只要有對方的電話號碼，使用方式和傳統的電話相同。

- ISDN 的傳輸速率是一般數據機的數倍 (64Kbps 或 128Kbps)，但比不上光纖網路或有線電視網路。

- ISDN 有歐規、美規和日規之分，台灣是採取歐規。

  - 美規為 ANSI 或稱 American Standard，包括 NI-1、NI-2、NI-3 National ISDN，使用範圍涵蓋北美地區。

  - 歐規為 ETSI 或稱 Euro-ISDN、EDSS1、European Standard，使用範圍涵蓋歐洲、亞洲與中南美洲。

  - 日規為 NET INS-64 或稱 Japan Standard，使用範圍涵蓋日本。

ISDN 的應用

ISDN 可以應用於存取 Internet、連接區域網路、影像電話、視訊會議、高音質音樂實況轉播、遠距教學、遠端監控 (例如保全、提款機、無人商店、工廠) 等方面,藉由 ISDN 的高速傳送即時的聲音和影像,如圖 5.21。

- **NT1** (Network Terminal I,網路終端機一型):負責將外部拉到用戶家的 ISDN 線路轉換成可供家中裝置使用的線路,也就是端局設備,而非用戶終端設備 (CPE,Customer Premises Equipment),由中華電信提供。

- **TA** (Terminal Adapter,終端配接器):負責提供非 ISDN 用戶終端設備連接到 ISDN 網路,俗稱 ISDN 數據機,例如 ISDN 路由器就是屬於 TA 的一種。

- **TE1** (Terminal Equipment I,終端設備一型):這是指典型的 ISDN 用戶終端設備,例如 ISDN 電話機、ISDN 影像電話、G4 傳真機等。

- **TE2** (Terminal Equipment II,終端設備二型):這是指非 ISDN 用戶終端設備,例如傳統的電話機、傳真機、電腦等。

事實上,ISDN 不僅要將 PSTN 電話網路上既有的服務數位化,還要將廣播、電視數位化,然後整合在一起,讓用戶在收看電視的同時,也可以接聽影像電話或收發傳真。

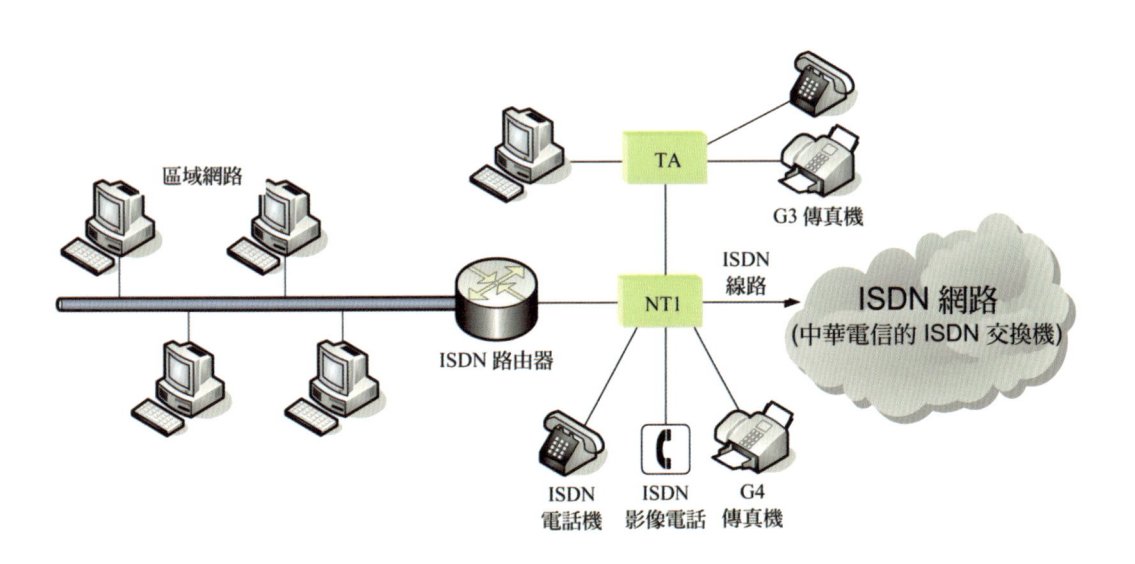

圖 5.21 ISDN 的應用

ISDN 的通道

所謂**通道** (channel) 指的是用來傳輸資料的線路，ISDN 定義了 6 種通道，比較常見的如下：

- **B 通道** (Bearer channel)：這是頻寬為 64Kbps 的數位通道，可以用來傳送語音、影像或數位資料，支援同步、非同步或同一時間 (isochronous) 的服務。

- **D 通道** (Delta channel)：這是頻寬為 16 或 64Kbps 的數位通道，可以用來傳送控制訊號，例如 ISDN 電話交換機與 ISDN 設備之間的控制訊號。

ISDN 的介面

ISDN 的介面分成下列兩種：

- **BRI** (Basic Rate Interface，基本速率介面)：目前中華電信的 ISDN 業務是以 BRI 為主，歐洲又將 BRI 稱為 **BRA** (Basic Rate Access)。BRI 提供了兩個 B 通道和一個 D 通道給用戶，稱為 **2B+D**，一個 B 通道的頻寬有 64Kbps，而一個 D 通道頻寬有 16Kbps，所以 BRI 共提供 144Kbps。

- **PRI** (Primary Rate Interface，原級速率介面)：歐洲又將 PRI 稱為 **PRA** (Primary Rate Access)，有美規 **23B+D** 和歐規 **30B+D** 兩種，前者為 1.544 Mbps (相當於美規 T1 的傳輸速率)，後者為 2.048 Mbps (相當於歐規 E1 的傳輸速率)。

最後要說明一點，ISDN 可以依照頻寬分為**窄頻** (narrowband) 與**寬頻** (broadband) 兩種，寬頻 ISDN 簡稱為 **B-ISDN** (Broadband ISDN)，目的是提供更快的傳輸速率及更佳的傳輸品質，以傳送即時的聲音與影像、互動式電視、全動畫的多媒體資料等。

台灣的 ISDN 服務是由中華電信提供，申請方式如下，相關資訊可到中華電信網站查詢 (https://www.cht.com.tw/)：

- 申請租用 lSDN 業務者，請以書面向已開放地區之中華電信公司所屬各地電信營運處或服務中心申請。

    - 填寫申請書，並簽名或蓋章。
    - 攜帶證件：自然人為國民身分證或駕照正本；法人、非法人團體、商號為營業執照或證照影本及代表人身分證或駕照影本；政府機關、學校及公營事業機構申請免附證件。

- 申請租用特別業務者，請以書面、電話或口頭等方式向已開放地區之中華電信公司所屬各地電信營運處或服務中心申請。

- 免費服務專線：123。

5-8 xDSL

在傳統的電話撥接服務達到 56Kbps 後，電信業者為了進一步提升傳輸速率，遂發展出另一種技術，稱為 **DSL** (Digital Subscriber Line，數位用戶迴路)，目的是透過既有的電話網路提供更快速的上網服務。事實上，DSL 包含了 ADSL、HDSL、SDSL、VDSL 等數種技術，統稱為 **xDSL**。

ADSL (Asymmetric DSL，非對稱數位用戶迴路) 的上行與下行的頻寬不對稱，**上行** (upstream) 指的是從用戶到電信業者的方向，例如上傳資料，而**下行** (downstream) 指的是從電信業者到用戶的方向，例如下載資料。以 ANSI T1.413 標準為例，上行速率最快可達 1Mbps，下行速率最快可達 8Mbps，符合用戶下載資料量大於上傳資料量的原則，而且 ADSL 的線路穩定性及資料安全性均相當高。

ADSL 採取 **DMT** (discrete multitone) 離散多音調變技術，將 1.1MHz 的電話線頻寬分割成每個 4.3125KHz 共 256 個頻道，然後分配給電話語音、上行和下行等三個獨立的通道，如圖 5.22：

- **頻道 0** (0 ~ 4KHz)：電話語音。
- **頻道 1 ~ 5** (4 ~ 25.875KHz)：未使用，以隔離電話語音與資料通訊。
- **頻道 6 ~ 30** (25.875 ~ 138KHz)：1 個頻道作為控制之用，24 個頻道作為上行之用。
- **頻道 31 ~ 255** (138KHz ~ 1.1MHz)：1 個頻道作為控制之用，224 個頻道作為下行之用。

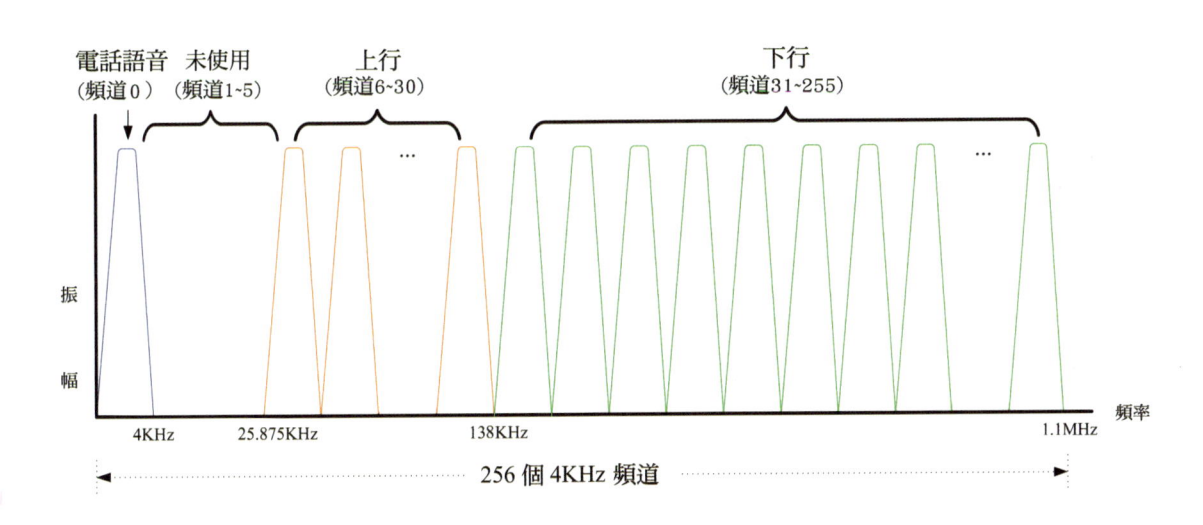

圖 5.22　由於電話語音和上行、下行各自使用不同的頻率範圍，使得 ADSL 電話線路能夠同時通話和上網

網路概論

台灣的 ADSL 寬頻上網服務廠商有中華電信、遠傳大寬頻 Seednet、台灣大寬頻等電信業者，用戶必須自備電腦與網路卡，ADSL 數據機則是由電信業者提供，同時上網的設備也不再侷限於電腦，許多手持式裝置或資訊家電亦內建上網功能，例如智慧型手機、平板電腦、影像電話、遊戲機、電視控制盒等。

圖 5.23 為 ADSL 寬頻上網的方式，裡面有一個叫做**分歧器**(splitter) 的裝置，用來分離語音訊號和資料訊號，避免在通話時產生雜音干擾。為了節省成本，於是發展出無需安裝分歧器的 **ADSL Lite** 技術，分離的工作則改成在電信業者端完成，上行速率最快可達 512Kbps，下行速率最快可達 1.5Mbps。

表 5.5 是一些 ADSL 標準，其中 **ADSL2** (ITU G.992.3) 雖然使用和 ADSL 相同的頻寬，但是調變技術經過改良，使得上行速率提升到 3.5Mbps，下行速率提升到 12Mbps，而 **ADSL2+** (ITU G.992.5) 則是藉由將頻寬從 1.1MHz 擴展到 2.2MHz，使得上行速率最快可達 3.5Mbps，下行速率最快可達 24Mbps。

(a)

(b)

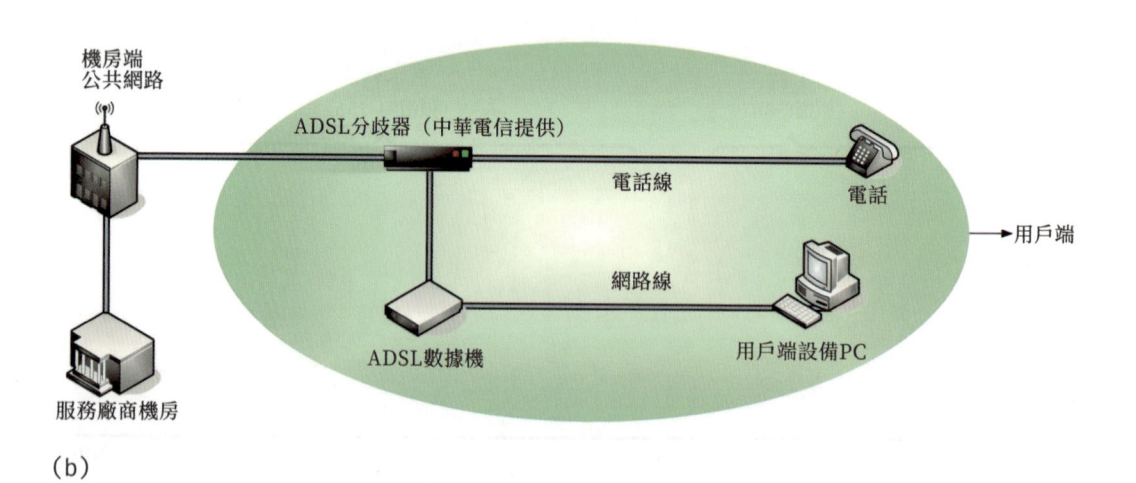

圖 5.23 （a）ADSL 數據機 （b）ADSL 寬頻上網（圖片參考：中華電信）

表 5.5　ADSL 標準

版本	標準	上行速率	下行速率
ADSL	ANSI T1.413	1Mbps	8Mbps
ADSL	ITU G.992.1	1Mbps	8Mbps
ADSL over POTS	ITU G.992.1 Annex A	1Mbps	10Mbps
ADSL over ISDN	ITU G.992.1 Annex B	1Mbps	10Mbps
ADSL Lite (G.lite)	ITU G.992.2	512Kbps	1.5Mbps
ADSL2 (G.bis)	ITU G.992.3	1Mbps	12Mbps
ADSL2	ITU G.992.3 Annex J	3.5Mbps	12Mbps
ADSL2 (G.bis.lite)	ITU G.992.4	1Mbps	12Mbps
ADSL2	ITU G.992.4 Annex J	3.5Mbps	12Mbps
ADSL2+	ITU G.992.5	1Mbps	24Mbps
ADSL2+	ITU G.992.5 Annex M	3.5Mbps	24Mbps

最後，我們來簡單介紹其它 xDSL 技術：

- **HDSL** (High-bit-rate DSL，高速數位用戶迴路)：HDSL 是 PairGain Technologies 公司於 1990 年初期所發展的技術，使用兩對雙絞線進行全雙工對稱式傳輸，上行與下行速率均為 1.544Mbps，傳輸距離為 12000 英呎 (約 3.8 公里)。

- **SDSL** (Symmetric DSL，對稱式數位用戶迴路)：SDSL 是和 HDSL 類似的技術，不同之處在於 SDSL 使用一對雙絞線進行全雙工對稱式傳輸，上行與下行速率均為 2.3Mbps，傳輸距離為 10000 英呎 (約 3 公里)。

- **VDSL** (Very high-bit-rate DSL，超高速數位用戶迴路)：VDSL 是和 ADSL 類似的技術，在同樣使用雙絞線的情況下，VDSL (ITU G.993.1) 的上行速率為 3Mbps，下行速率為 55Mbps，VDSL2 (ITU G.993.2) 的上行與下行速率均為 100Mbps，堪稱最快的 xDSL 技術。

不過，VDSL 的傳輸距離相當短，ITU G.993.1 約 600 公尺，ITU G.993.2 約 350 公尺，而 ADSL 的傳輸距離約 3.8 公里 (從用戶端到機房)，因此，在台灣 VDSL 主要是作為「光纖到府」最後一哩的寬頻上網解決方案，也就是配合下一節所要介紹的 FTTx 光纖上網，當光纖無法直接拉到用戶端時，就以 VDSL 作為光纖與用戶端之間的連線。

5-9 FTTx 光纖上網

FTTx 是「Fiber To The x」的縮寫，意指「光纖到 x」，x 代表光纖的目的地。FTTx 技術主要應用於存取網路光纖化，範圍從區域電信機房到用戶終端設備，我們可以根據光纖的目的地，將 FTTx 分為下列幾種服務模式：

- **FTTC** (Fiber To The Curb，光纖到街角)：FTTC 的服務對象是以住宅區為主，此模式中的光纖是拉到住宅區附近的光化箱，再以 VDSL 連接到用戶家。

- **FTTCab** (Fiber To The Cabinet，光纖到光化箱)：FTTCab 的服務對象是以較為分散的企業、學校、醫院、政府部門、偏遠地區為主，此模式和 FTTC 類似，只是用戶和光化箱的距離較遠。

- **FTTB** (Fiber To The Building，光纖到樓)：FTTB 的服務對象是以大樓為主，此模式中的光纖是拉到大樓的電信配線箱，再以 VDSL 或乙太網路連接到用戶家。

- **FTTH** (Fiber To The Home，光纖到家)：相較於 FTTC、FTTCab、FTTB 只有從電信機房到光化箱之間才使用光纖，剩下線路改以 VDSL 透過電話線來傳輸，FTTH 則是真正的光纖到家，也就是將光纖延伸到用戶家。

目前光纖上網的用戶已經超越 ADSL 寬頻上網，下行／上行速率高達 100M/40M、300M/300M、500M/500M、1G/1G、2G/1Gbps。

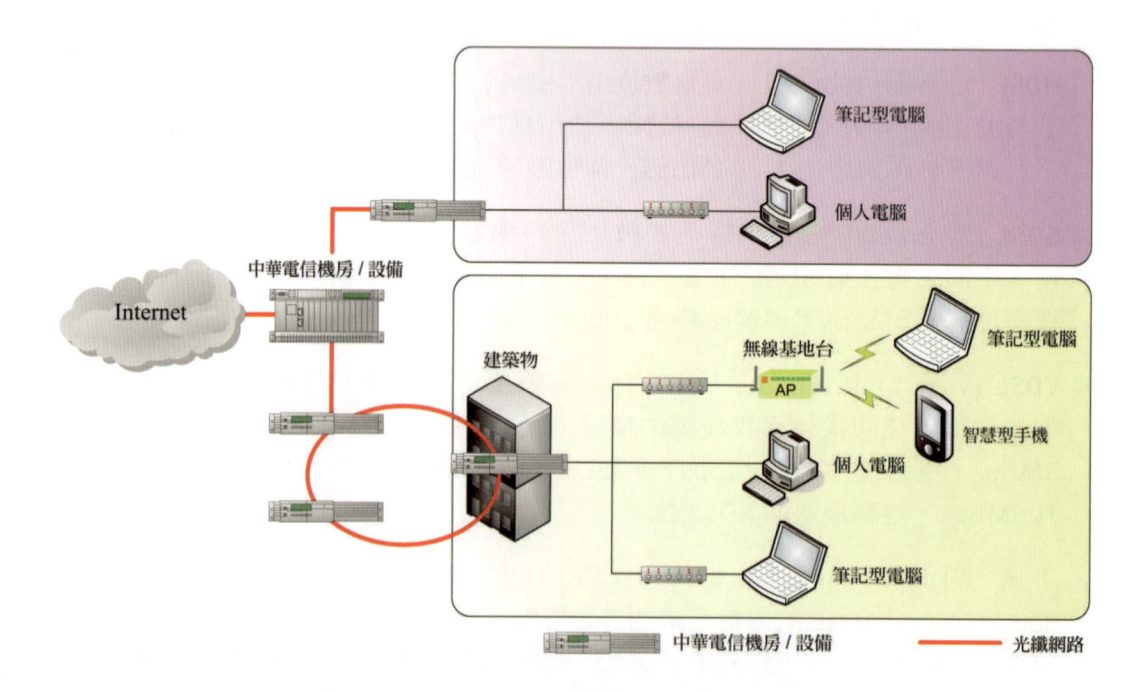

圖 5.24　FTTx 光纖上網（圖片參考：中華電信）

5-10 有線電視網路

傳統的**有線電視網路** (cable TV network) 屬於**社區天線電視** (CATV，Community Antenna TV)，必須透過建築物頂端的天線接收電視台的訊號，然後透過同軸電纜將訊號傳送到用戶端，此時只有單向通訊，也就是從頭端 (head end，通常是電視台) 傳送到用戶端。

第二代的有線電視網路則是改用**混合式光纖同軸電纜網路** (HFC，Hybrid Fiber-Coaxial)，如圖 5.25，從頭端到接線盒是使用光纖，而從接線盒到用戶端仍是使用同軸電纜，如此轉變的好處在於有線電視能夠從單向通訊提升至雙向通訊。

至於**有線電視寬頻上網**指的是透過有線電視網路進行高速資料傳輸，在 HFC 網路中，同軸電纜的頻寬約 5 ~ 750MHz，於是有線電視公司將其劃分成如圖 5.26 的三個頻段：

- **下行視訊頻段** (downstream video band)：這個頻段的範圍約 54 ~ 550 MHz，用來傳送電視頻道到用戶端，每個電視頻道需要 6MHz。

- **上行資料頻段** (upstream data band)：這個頻段的範圍約 5 ~ 42MHz，用來讓用戶端上傳資料到 Internet。

- **下行資料頻段** (downstream data band)：這個頻段的範圍約 550 ~ 750 MHz，用來讓用戶端從 Internet 下載資料。

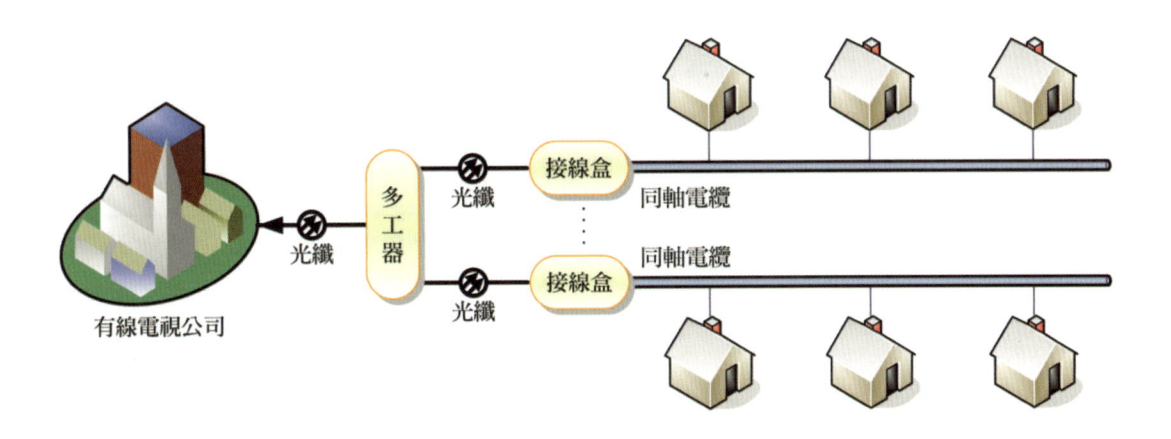

圖 5.25 有線電視網路

網路概論

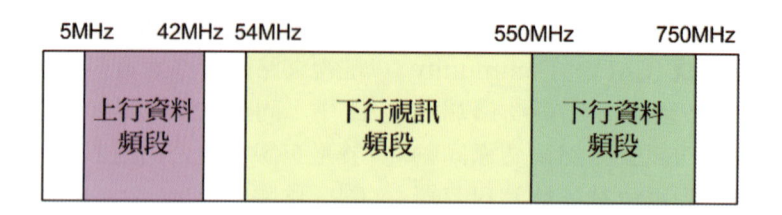

```
5MHz  42MHz 54MHz        550MHz       750MHz
┌─────┬──────┬─────────────┬──────────┬─────┐
│     │ 上行 │   下行視訊   │  下行資料 │     │
│     │ 資料 │    頻段     │   頻段    │     │
│     │ 頻段 │             │          │     │
└─────┴──────┴─────────────┴──────────┴─────┘
```

圖 5.26　HFC 網路中的同軸電纜頻段劃分

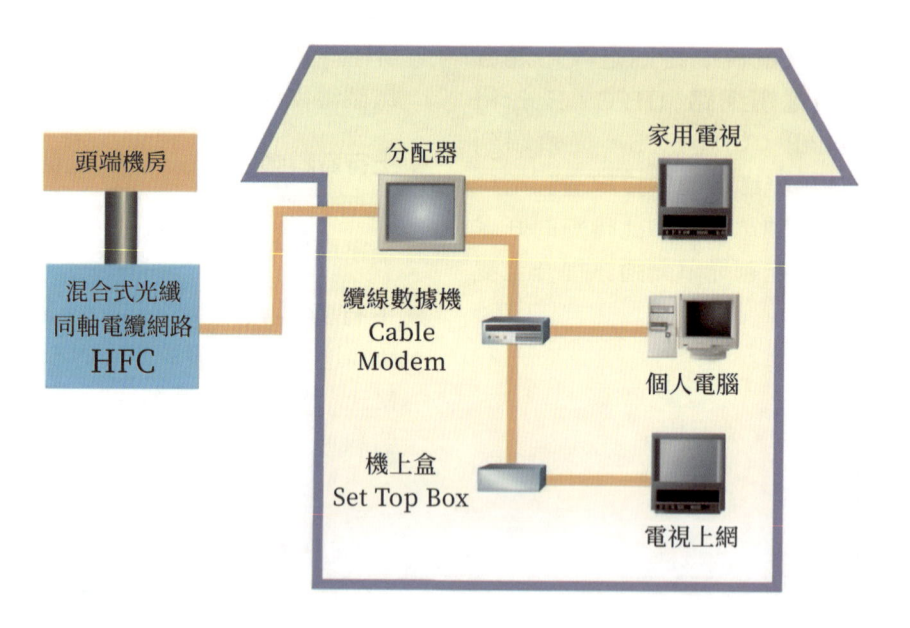

圖 5.27　有線電視寬頻上網（圖片參考：東森寬頻）

表 5.6　有線上網的方式

	傳輸媒介	下行 / 上行傳輸速率 (bps)	頻寬分配
ADSL 寬頻上網	電話線	快 (2M/64K～4M/1M)	獨自使用
FTTx 光纖上網	光纖	最快 (16M/3M～2G/1G)	獨自使用
有線電視寬頻上網	混合式光纖同軸電纜	快 (150M/50M～1G/500M)	共享頻寬

註：雖然 ADSL 寬頻上網的下行 / 上行最高可達速率比不上有線電視寬頻上網，但前者是由一個用戶獨享，而後者是由多個用戶共享，用戶愈多，傳輸速率就愈慢。

本章回顧

- 廣域網路主要是採取**電路交換** (circuit switching) 與**封包交換** (packet switching) 兩種技術，將資料從發訊端傳送到收訊端。

- 封包交換網路的封包從來源節點傳送到目的節點的方式有**資料元** (datagram) 與**虛擬電路** (virtual circuit) 兩種。

- 廣域網路在實體層的傳輸規範是以 **T-Carrier** 和 **SONET/SDH** 為主，在資料連結層的封裝標準則有 **X.25**、**Frame Relay**、**ATM** 等。

- **X.25** 通訊協定是定義 DTE 如何連接到封包交換網路，包含**實體層** (physical layer)、**連結存取層** (link access layer) 和**封包層** (packet layer) 三個層次。

- **Frame Relay** 的資料傳輸技術和 X.25 一樣採取**虛擬電路** (VC)，而且分為**永久式虛擬電路** (PVC) 和**交換式虛擬電路** (SVC) 兩種方式。

- **ATM** 是從 Frame Relay 發展出來，不同的是 Frame Relay 傳送的是變動長度的訊框，而 ATM 傳送的是固定長度的**細胞** (cell)，具有支援多種傳輸速率、支援多種傳輸媒介、傳輸速率快、獨占式頻寬等優點。

- **PSTN** 是公共交換電信網路 (即電話網路)，費用便宜、安裝簡單且分佈最廣。

- **ISDN** 的目的是將語音、數據、文字、影像、多媒體等不同的服務整合到相同的數位線路，可以應用於存取 Internet、連接區域網路、影像電話、視訊會議、電子白板、高音質音樂實況轉播、遠距教學、遠端監控等方面。

- **ADSL** 是透過既有的電話網路提供高速上網服務，其特色是上行與下行的頻寬不對稱。

- **FTTx** 技術主要應用於存取網路光纖化，我們可以根據光纖的目的地，將 FTTx 分為 **FTTC**、**FTTCab**、**FTTB**、**FTTH** 等服務模式。

- **有線電視寬頻上網**是透過有線電視網路提供高速上網服務。

學 習 評 量

一、選擇題

( ) 1. 下列何者不屬於封包交換網路？
    A. X.25　　　　　　　　　　B. Frame Relay
    C. ISDN　　　　　　　　　　D. ATM

( ) 2. 下列何者不屬於廣域網路的實體層傳輸規範？
    A. T-Carrier　　　　　　　　B. SONET
    C. SDH　　　　　　　　　　D. ATM

( ) 3. 下列關於 T-Carrier 的敘述何者錯誤？
    A. 廣泛應用於北美、日本
    B. T3 的傳輸速率是 T1 的 4 倍
    C. 屬於數位訊號傳輸系統
    D. 採取 PCM 與 TDM 技術

( ) 4. 下列關於 SONET/SDH 的敘述何者錯誤？
    A. SDH 為國際標準
    B. SONET 為北美標準
    C. 屬於光纖傳輸介面
    D. 目的是讓不同廠商的同軸電纜互連

( ) 5. 下列關於 X.25 的敘述何者錯誤？
    A. X.25 通訊協定的發展比 OSI 參考模型早
    B. LAN 可以透過 X.25 路由器連接到 X.25 網路
    C. X.25 通訊協定只有兩個層次
    D. X.25 網路現在已經退出市場

( ) 6. 下列關於 Frame Relay 的敘述何者錯誤？
    A. 連線品質可以媲美專線
    B. 透過 Voice over Frame Relay 技術可以進行語音通訊
    C. 訊框內包含許多錯誤檢查位元
    D. 屬於封包交換網路

( ) 7. 下列關於 ATM 的敘述何者錯誤？
    A. 支援多種傳輸媒介
    B. 所傳送的細胞屬於變動長度
    C. 獨占式頻寬
    D. 端點與交換器之間的介面稱為 UNI

(　　) 8. 下列關於 xDSL 的敘述何者錯誤？
　　　　　A. ADSL 的上行與下行的頻寬相同
　　　　　B. ADSL Lite 無需安裝分歧器
　　　　　C. 使用既有的電話網路
　　　　　D. VDSL 的傳輸速率比 ADSL 快

(　　) 9. 下列關於有線電視寬頻上網的敘述何者錯誤？
　　　　　A. 使用有線電視網路
　　　　　B. 以雙向為主流
　　　　　C. 上行與下行的頻寬不相同
　　　　　D. 用戶可以獨享頻寬

(　　) 10. 下列關於 ISDN 的敘述何者錯誤？
　　　　　A. 以數位方式傳送資料
　　　　　B. ISDN 路由器屬於 TA 的一種
　　　　　C. PRI 介面的頻寬為 144Kbps
　　　　　D. 可以應用於遠端監控

二、簡答題

1. 簡單說明何謂電路交換技術？

2. 簡單說明何謂封包交換技術？

3. 簡單說明何謂 SONET 與 SDH？

4. 簡單說明 DTE 或區域網路如何連接到 X.25 網路？

5. 簡單說明 Frame Relay 的傳輸速率為何能比 X.25 快？

6. 簡單說明 Frame Relay 的資料傳輸技術分為哪兩種方式？

7. 簡單說明 ATM LAN 的網路架構有哪三種類型？

8. 簡單說明 FTTx 包含哪幾種服務模式。

Computer Networks • Computer Networks • Computer Networks • Computer Networks

CHAPTER

06

無線網路與行動通訊

6-1　無線網路簡介

6-2　無線個人網路 (WPAN)

6-3　無線區域網路 (WLAN)

6-4　無線都會網路 (WMAN)

6-5　行動通訊

6-6　衛星網路

6-1 無線網路簡介

無線網路 (wireless network) 指的是利用無線技術進行資料傳輸的網路，適合應用在需要移動或不便鋪設實體線路的場域，例如智慧家庭的無線網路可以連接智慧音箱、監控攝影機、空調設備和燈光控制系統，實現家庭自動化，避免鋪設多餘的網路線，提供整潔的空間與靈活的連接方式。

無線網路的傳輸媒介是透過開放空間以電磁波的形式傳送訊號，包括**無線電** (radio)、**微波** (microwave) 及**紅外線** (infrared)，其訊號的傳送與接收都是透過天線來達成，而**天線** (antenna) 是一個能夠發射或接收電磁波的導體系統，第 3 章有做過介紹。

我們可以根據無線網路所涵蓋的範圍，將之分成下列幾種類型，以下各小節有進一步的說明：

- **無線個人網路**（WPAN，Wireless Personal Area Network）
- **無線區域網路**（WLAN，Wireless Local Area Network）
- **無線都會網路**（WMAN，Wireless Metropolitan Area Network）
- **無線廣域網路**（WWAN，Wireless Wide Area Network，包括行動通訊和衛星網路）

表 6.1　無線網路 vs. 有線網路

	優點	缺點
無線網路	◆ 機動性較高 (不需要佈線) ◆ 容易架設 ◆ 長期維護成本較低	◆ 架設成本較高 ◆ 傳輸速率較慢 ◆ 保密性較差 (訊號可能被第三者接收) ◆ 容易受到干擾 (例如氣候、地形、障礙物、電器、鄰近頻道等)
有線網路	◆ 架設成本較低 ◆ 傳輸速率較快 ◆ 保密性較佳 ◆ 不易受到干擾	◆ 機動性較低 (需要佈線) ◆ 不易架設 ◆ 長期維護成本較高

圖 6.1　無線網路與行動通訊滿足了人們在戶外或公共場所的無線連接需求 (圖片來源：ASUS)

6-2 無線個人網路 (WPAN)

無線個人網路 (WPAN，Wireless Personal Area Network) 主要是提供小範圍的無線通訊，例如手機免持聽筒、行動裝置的無線傳輸、電腦與周邊的無線傳輸等。

WPAN 的標準是 IEEE 802.15 工作小組於 2002 年以**藍牙** (Bluetooth) 為基礎所提出的 **802.15**，屬於 IEEE 802.x 標準 (圖 6.2(a))，其中 **802.15.1**、**802.15.3**、**802.15.4** 定義的是 WPAN (Bluetooth)、High Rate WPAN (UWB) 和 Low Rate WPAN (ZigBee) 的實體層 (PHY) 與媒介存取控制 (MAC) 規格 (圖 6.2(b))。

從圖 6.2(b) 可以看到，IEEE 802.x 標準將 OSI 參考模型的資料連結層分成 **LLC** (Logical Link Control，邏輯連結控制) 與 **MAC** (Media Access Control，媒介存取控制) 兩個子層次。

除了藍牙、ZigBee 和 UWB 之外，諸如 RFID、NFC 等近距離無線通訊技術亦相當常見，我們也會在本節中做介紹。

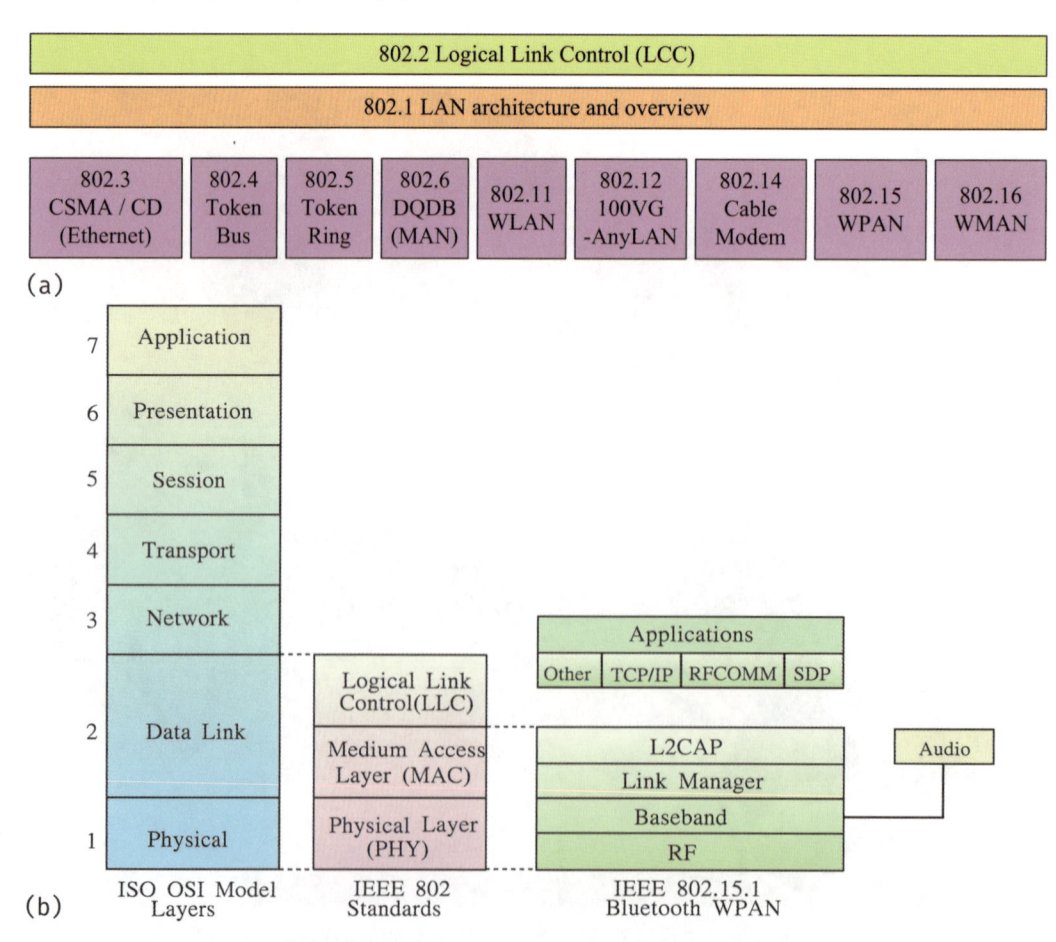

圖 6.2 (a) IEEE 802.x 標準 (b) IEEE 802.15

6-2-1 藍牙

藍牙是 Bluetooth SIG 於 1999 年所提出之短距離、低速率、低功耗、低成本的無線通訊標準，使用 2.4GHz 頻段，可以傳送語音與數據資料。Bluetooth 1.1 於 2001 年被標準化為 IEEE 802.15.1，後續則是由 Bluetooth SIG 負責維護，這是由 Sony、IBM、Intel、Nokia 等廠商所成立的特別興趣小組。

針對圖 6.2(b) 的參考模型，我們來做些簡單的說明：

- **RF** (Radio Frequency)：藍牙使用 2.4GHz ISM 頻段和**跳頻** (FH，Frequency Hopping) 技術，將整個頻段分成 79 個頻寬為 1MHz 的頻道，發訊端可以和收訊端協調要使用哪個頻道進行傳輸，跳躍頻率為每秒鐘 1600 次，傳輸速率為 1Mbps，輸出功率為 1mW ~ 100W，傳輸距離為 1 ~ 100 公尺，輸出功率愈大，傳輸距離就愈遠。

- **ISM** (Industrial Scientific Medical) 是應用於工業、科學與醫療的頻段 (圖 6.3)，藍牙所使用的 2.4GHz 頻段便涵蓋在內。由於法律上沒有明定 ISM 的使用限制，因此，諸如計程車無線電、醫療儀器或家用無線電話、微波爐等電器都可能因為使用 ISM 頻段而與藍牙裝置產生干擾。

不過，干擾的問題到了 2003 年推出的 Bluetooth 1.2 (IEEE 802.15.1a) 已經獲得解決，因為它改使用**可調式跳頻** (AFH，Adaptive Frequency Hopping) 技術，能夠避開衝撞機率較高的頻道，另外選擇頻道傳送資料。

- **Baseband**：負責建立藍牙裝置之間的實際連結、轉換資料與過濾雜訊等。

- **Link Manager**：負責建立、管理與釋放藍牙裝置之間的連線、訊息編碼、協調封包大小、電源功率、加密/解密等。

- **L2CAP** (Logical Link Control and Adaptation Protocol)：負責通訊協定多工處理、封包切割與重組等。

- **SDP** (Service Discovery Protocol)：負責提供搜尋服務，讓已經建立連線的藍牙裝置之間可以交換服務或取得所需的服務。

- **RFCOMM**：負責管理多個同時的連線。

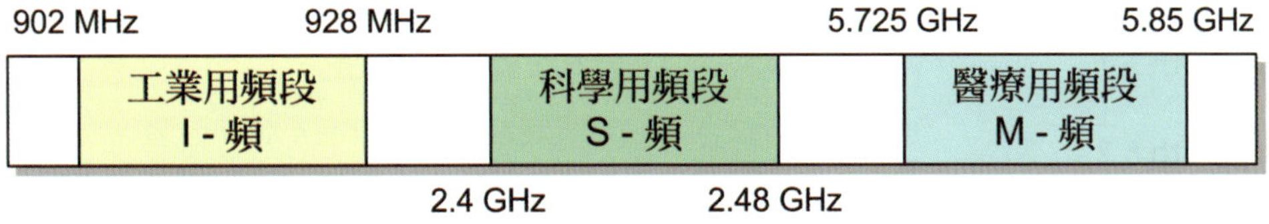

圖 6.3 ISM 頻段 (902MHz 和 5.725GHz 僅限美國使用，2.4GHz 則為全球可用)

網路概論

藍牙常見的應用如下：

- 行動裝置的無線傳輸，例如手機免持聽筒、手機與智慧車載系統連線。

- 電腦與周邊的無線傳輸，例如無線滑鼠、無線鍵盤、無線喇叭。

- 傳統有線裝置的無線化，例如醫療儀器、遊戲機的無線控制器。

- 智慧家庭與物聯網，例如設置感測器監控環境中的溫度、溼度、空氣品質等數據，然後透過藍牙傳輸到手機。

(a)　　　　　　　　　　　　(b)

圖 6.4 （a）藍牙標誌 （b）藍牙耳機 (圖片來源：ASUS)

表 6.2　藍牙標準

版本	年份	說明
Bluetooth 1.0	1999	傳輸速率為 1Mbps，傳輸距離為 10 公尺。
Bluetooth 2.0	2004	傳輸速率提升至 2Mbps。
Bluetooth 3.0	2009	傳輸速率提升至 24Mbps，並引進增強電源控制。
Bluetooth 4.0	2010	包含「高速藍牙」、「經典藍牙」和「低功耗藍牙」三種模式，應用於資料交換、裝置連線與訊息交換、低功耗行動裝置，傳輸距離提升至 100 公尺 (低功耗模式下)。
Bluetooth 4.1	2013	強化低功耗藍牙的功能，包括與 4G LTE 通訊技術並存、暫時中斷連線後自動恢復連線等，目的是成為物聯網的核心技術。
Bluetooth 4.2	2014	提升加密保護技術與隱私權設定，支援 IPv6，連網的裝置都能有自己的 IP 位址。
Bluetooth 5	2016	傳輸距離提升至 300 公尺，支援室內定位導航，降低與其它無線通訊技術的干擾，大幅增加在物聯網的應用。
Bluetooth 5.1	2019	新增尋向功能，改善藍牙位置服務的效能。
Bluetooth 5.2	2020	透過低功耗支援多使用者音訊，提供高品質音訊體驗，以及支援基於位置的廣播或無線音訊共享。
Bluetooth 5.3	2021	提高安全性、降低功耗並減少干擾。
Bluetooth 5.4	2023	新增加密廣播資料功能，提高安全性。

資訊部落

IEEE 802.15（藍牙）的架構

IEEE 802.15（藍牙）的架構有下列兩種類型：

- **piconet**（微網）：piconet 能夠支援 8 個連線裝置，其中之一為主裝置（master），其它為從屬裝置（slave），而主裝置與從屬裝置之間的溝通可以是一對一或一對多（圖 6.5）。

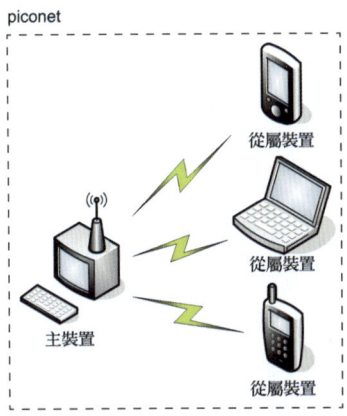

圖 6.5　piconet

- **scatternet**（散網）：數個 piconet 可以組成一個 scatternet，而且一個 piconet 內的從屬裝置可以同時是其它數個 piconet 的成員，或另一個 piconet 的主裝置（圖 6.6），此時，它可以將第一個 piconet 的訊息傳送給第二個 piconet 的成員。

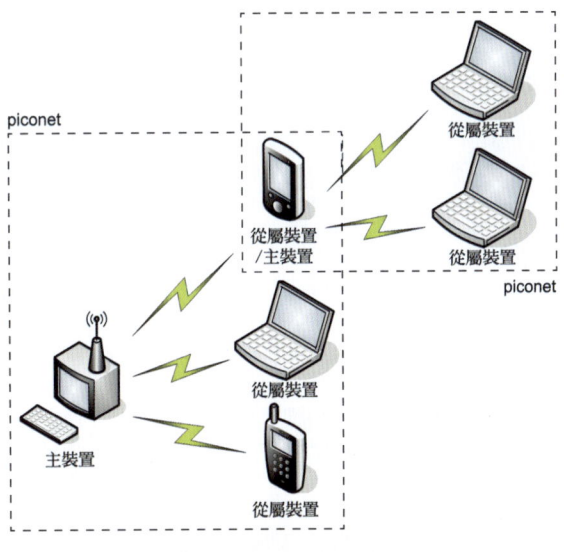

圖 6.6　scatternet

6-2-2 ZigBee

ZigBee 是 ZigBee Alliance 所發展之短距離、低速率、低功耗、低成本的無線通訊標準。ZigBee Alliance 於 2001 年向 IEEE 提案將 ZigBee 納入 **IEEE 802.15.4**，並於 2005 年推出 ZigBee 1.0。之後因應物聯網的發展推出 ZigBee 2.0，主打智慧能源規範，而 2015 年推出的 ZigBee 3.0，更是將過去不同裝置的 ZigBee 標準加以統一，提升互通性和安全性。

ZigBee 使用 2.4GHz、868MHz 或 915MHz 頻段，傳輸速率為 250Kbps、20Kbps、40Kbps，傳輸距離為 50 公尺，支援高達 65,000 個節點，應用於智慧家庭、智慧建築、醫療照護、能源管理、工業自動化、無線感測網路等領域，其中**無線感測網路** (WSN，Wireless Sensor Network) 是在環境中嵌入許多無線感測器，以擷取、儲存並傳送資料給主電腦做分析，例如監測溫度、濕度等環境變化、監控軍事行動或交通流量、偵測化學物質或放射性物質的濃度、追蹤病人的健康數據、自動抄表等。

6-2-3 UWB

UWB (Ultra-WideBand，超寬頻) 是一種短距離、高速率的無線通訊標準，原是在 1940 年代美國軍方為了避免通訊遭到監聽所發展的寬頻技術，又稱為「隱形波」，由 **IEEE 802.15.3a** 工作小組負責標準化，初期的目標是 10 公尺內達到 100Mbps 無線傳輸，3 公尺內達到 480Mbps 無線傳輸，之後提升至 1 公尺內達到 1Gbps 無線傳輸。

UWB 可以在 3.1～10.6GHz 頻段中使用 500MHz 以上的頻寬，不像藍牙使用特定的窄頻，同時其傳輸方式亦不是傳統的載波方式，而是脈衝方式，能夠達到 100Mbps～1Gbps 高速無線傳輸，具有系統複雜度低、定位精確度高、對訊號衰減不敏感、發射訊號功率低、不易對現有的窄頻無線通訊設備造成干擾等優點，適合用來建立無線個人網路 (WPAN) 與無線區域網路 (WLAN)。

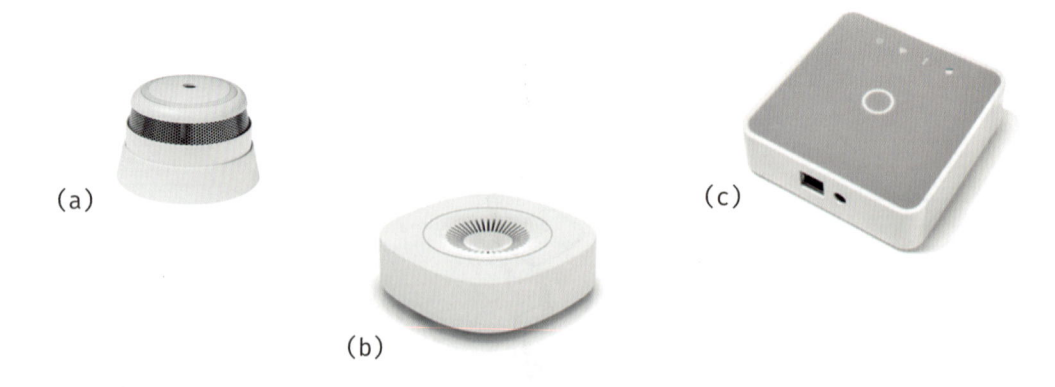

圖 6.7 符合 ZigBee 認證的產品 （a）煙霧偵測器 （b）空氣品質偵測器 （c）物聯網閘道器 (圖片來源：Develco Products)

6-2-4 其它近距離無線傳輸技術 (RFID、NFC)

RFID（無線射頻辨識）

RFID (Radio Frequency IDentification) 是透過無線電傳送資料的近距離無線通訊技術，生活中有許多 RFID 的應用，例如悠遊卡、商品電子標籤、高速公路電子收費系統 (ETC)、寵物晶片等。

RFID 系統包含**電子標籤**、**讀卡機**與**應用系統**三個部分，其中電子標籤是一張塑膠卡片包覆著晶片和天線，裡面可以儲存資料，而讀卡機是由天線、接收器、解碼器所構成，運作原理如下：

1. 利用讀卡機發射無線電，啟動感應範圍內的電子標籤。
2. 藉由電磁感應產生供電子標籤運作的電流，進而發射無線電回應讀卡機。
3. 讀卡機透過網路將收到的資料傳送到主電腦的應用系統，進而應用到門禁管制、物流管理、倉儲管理、工廠自動化管理、醫療照護、運輸監控、電子收費系統等領域。

電子標籤又分成**主動式**、**被動式**與**半被動式**，主動式有內建電池，可以主動傳送資料給讀卡機，讀取範圍較大；反之，被動式沒有內建電池，只有在收到讀卡機的無線電時，才會藉由電磁感應產生電流，傳送資料給讀卡機，讀取範圍較小；至於半被動式則介於兩者之間，有內建電池，在收到讀卡機的無線電時，就會透過自身的電力傳送資料給讀卡機。

RFID 和傳統的條碼技術不同，條碼技術是利用條碼掃描器將光訊轉換成電訊，以讀取條碼所儲存的資料，因此，條碼不僅得非常靠近條碼掃描器，而且中間不能隔著箱子、盒子等包裝。

反之，RFID 只要在讀卡機的讀取範圍內，中間即便隔著箱子、盒子等包裝，一樣讀取得到電子標籤所儲存的資料，而且 RFID 的資料容量比條碼多，掃描速度比條碼快，同時具有條碼所欠缺的防水、防磁、耐高溫等特點，縱使遇到下雨、降雪、冰雹、起霧等惡劣的工作環境，依然能夠運作。

表 6.3　RFID 電子標籤常用的頻段

頻段	讀取範圍/傳輸速度	應用
135KHz	10 公分，低速	門禁管制、寵物晶片等
13.56MHz	1 公尺，低速到中速	悠遊卡、電子票證等
433MHz	1~100 公尺，中速	定位服務、車輛管理等
860~930MHz	1~2 公尺，中速到高速	物流管理、倉儲管理等
2.45GHz、5.8GHz	1~100 公尺，高速	醫療照護、電子收費系統等

NFC（近場通訊）

NFC（Near Field Communication）是從 RFID 發展而來的近距離無線通訊技術，使用 13.56MHz 頻段，傳輸距離為 20 公分，傳輸速率為 106、212、424 Kbps。NFC 支援下列幾種工作模式：

- **點對點模式**：兩個具有 NFC 功能的裝置（例如手機、數位相機）可以在近距離交換少量資料，例如手機行動支付或資料同步。

- **卡片模式**：這是將 NFC 功能應用在被讀取的用途，例如使用 NFC 手機以近距離感應的方式進行門禁管理或小額付款。

- **讀卡機模式**：這是將 NFC 功能應用在讀取的用途，例如使用 NFC 手機掃描廣告看板的 NFC 電子標籤，以讀取該標籤所儲存的資料。

目前手機所使用的近距離無線通訊技術是以藍牙為主，但內建 NFC 功能的手機亦相當多，兩者的比較如下，事實上，NFC 的目的並不是取代藍牙，而是在不同的用途共存互補：

- 雖然 NFC 的傳輸距離沒有藍牙遠，傳輸速率沒有藍牙快，但兩個 NFC 裝置之間建立連線互相識別的速度比藍牙快，而且傳輸距離短反倒可以減少不必要的干擾。

- NFC 裝置一次只和一個 NFC 裝置連線，安全性較高，適合用來交換敏感的個人資料或財務資料。

- NFC 裝置的耗電量比藍牙裝置低。

- NFC 與被動式 RFID 相容。

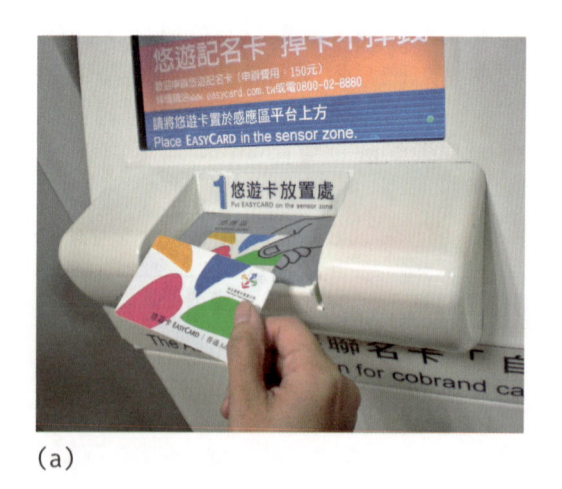

(a)　(b)

圖 6.8 （a）悠遊卡採取 RFID 技術 （b）內建 NFC 功能的智慧型手機可以應用於行動支付（圖片來源：ASUS）

6-3 無線區域網路 (WLAN)

無線區域網路 (WLAN，Wireless Local Area Network) 主要是提供範圍在數十公尺到一百公尺左右的無線通訊。無線區域網路 (WLAN) 與無線個人網路 (WPAN) 是有差異的，前者是以高頻率的無線電取代傳統的有線區域網路，用途是以區域網路的連線為主，具有不需要佈線、機動性高、擴充性高等優點，適用於小型辦公室、家庭網路、醫療院所、百貨賣場、倉儲物流等場所；而後者則著重於個人用途的無線通訊，例如手機、平板電腦、智慧手錶、遊戲機、智慧家電、穿戴式裝置等。

無線區域網路的標準是 IEEE 802.11 工作小組於 1997 年所發布的 **802.11**，之後延伸出 802.11a、802.11b、802.11g、802.11n、802.11ac、802.11ad、802.11ax、802.11ay、802.11be、802.11bn (預計於 2028 年發布) 等，這些標準定義的是 OSI 參考模型中的實體層與媒介存取控制 (MAC) (圖 6.9)。

6-3-1 無線電展頻技術

除了紅外線 (Infrared)，802.11 的實體層還會使用到無線電展頻技術，在介紹 802.11 系列標準之前，我們先來說明這些技術的原理。

由於無線電容易洩密及受到干擾，第三者可以使用特殊儀器接收特定頻率範圍內的訊號，或發送頻率相同但功率更高的訊號干擾收訊端，因此，軍方遂運用**展頻** (spread spectrum) 技術將原本功率較高、頻率範圍較窄的電波轉換成功率較低、頻率範圍較寬的電波 (圖 6.10)。

經過展頻的訊號因為功率低於雜訊，會被一般接收器視為雜訊，而且訊號的頻率範圍較寬，他人較難發出範圍如此廣大的訊號干擾接收端，故保密性及抗干擾能力均較佳。常見的展頻技術有直接序列展頻 (DSSS)、跳頻展頻 (FHSS)、正交分頻多工 (OFDM) 等。

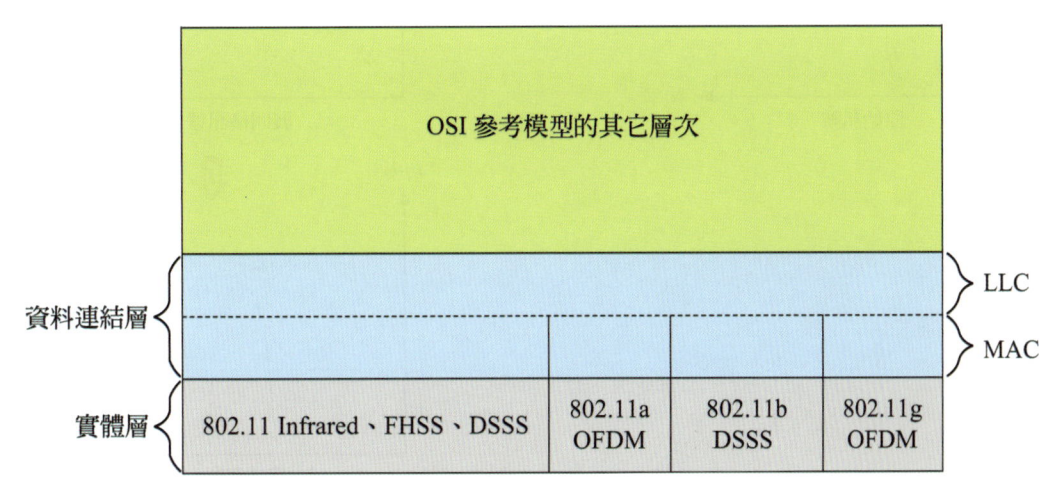

圖 6.9 IEEE 802.11

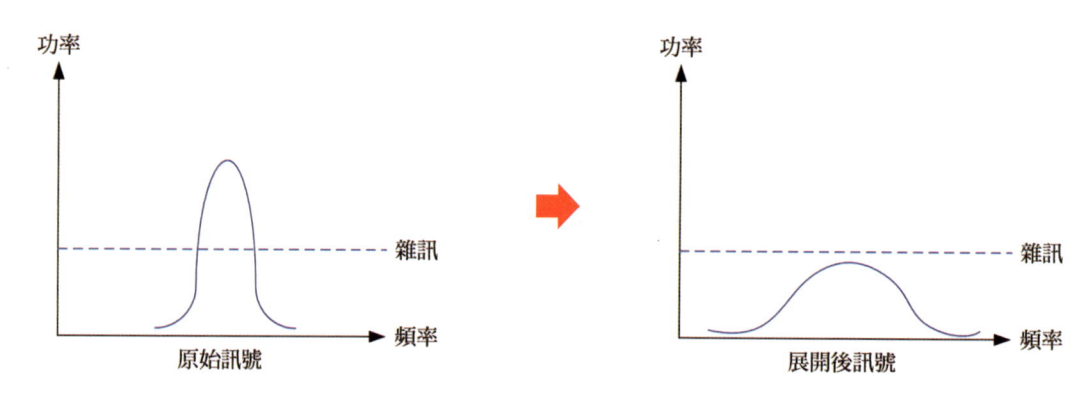

圖 6.10 運用展頻技術將原始訊號轉換成功率較低、頻率範圍較寬的電波

直接序列展頻 (DSSS)

直接序列展頻 (DSSS，Direct Sequence Spread Spectrum) 的原理是發訊端將原始訊號和**展頻碼** (spreading code) 做運算，將原本功率較高、頻率範圍較窄的電波轉換成功率較低、頻率範圍較寬的電波，然後傳送出去，收訊端再將收到的電波和相同的展頻碼做運算，過濾掉雜訊，還原成原始訊號 (圖 6.11)。

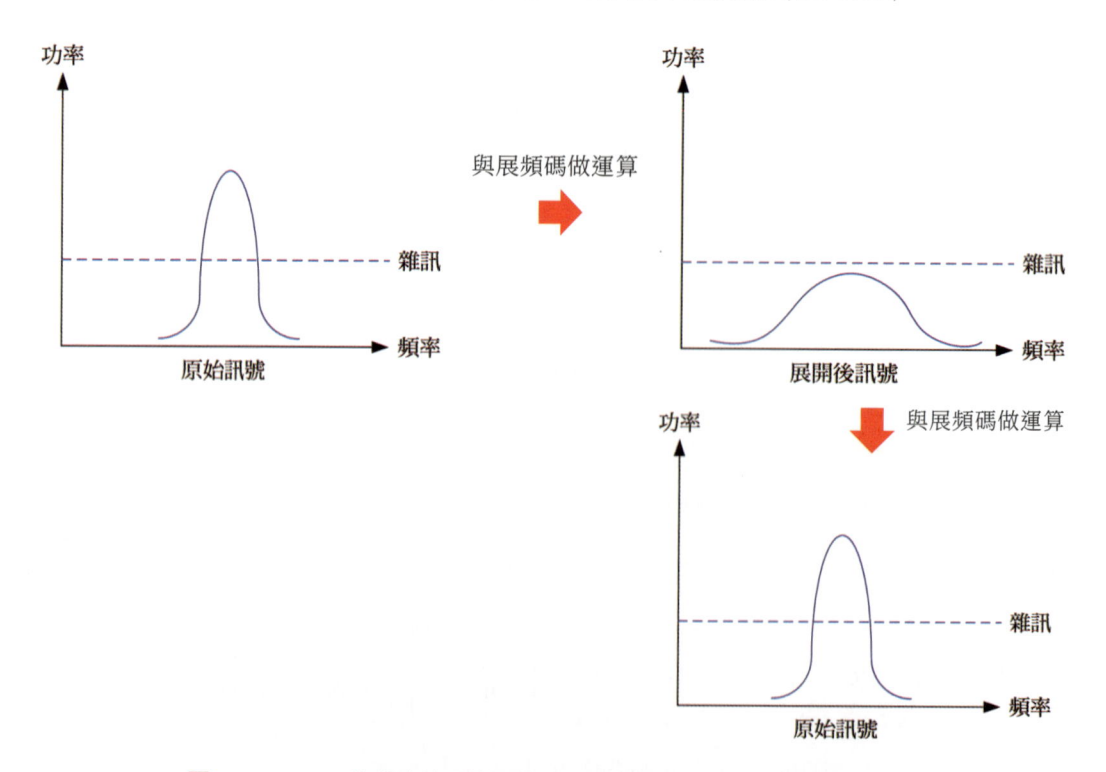

圖 6.11 DSSS 技術中的原始訊號只要經過兩次展頻碼運算就可以還原

跳頻展頻 (FHSS)

跳頻展頻 (FHSS，Frequency Hopping Spread Spectrum) 的原理是在同步且同時的狀態下，發訊端與收訊端透過特定的窄頻載波在不同頻道間以跳躍的方式傳送訊號。

以美國聯邦通訊委員會 (FCC) 的規定為例，所謂「跳頻」指的是將 2400 ~ 2483.5MHz 的頻段分割為 75 個頻寬約 1MHz 的狹窄頻道，發射功率不得大於 1W，加上天線不得大於 4W，然後無線設備必須每隔一段時間，將傳送中的訊號從這些狹窄頻道中的某個頻道，跳躍到另一個頻道繼續傳送，直到抵達收訊端 (圖 6.12)。

兩個跳躍頻道的間隔時間最大值為 400ms (毫秒)，而 IEEE 802.11 規定的間隔時間為 250ms，即每秒鐘至少跳頻 4 次，遠低於藍牙裝置的跳頻次數 (1600 次/秒)。跳頻可以降低洩密的風險，因為傳送中的訊號下次要跳躍到哪個頻道，只有收訊端才知道。

正交分頻多工 (OFDM)

正交分頻多工 (OFDM，Orthogonal Frequency Division Multiplexing) 的原理是將一個頻道分割為數個子頻道，然後在這些子頻道中同時傳送訊號，令訊號並列傳送出來，彼此正交不會互相干擾，以提升傳輸速率。至於子頻道如何分割則取決於各個標準，例如 IEEE 802.11a 是將頻道分割為 52 個子頻道，其中 4 個子頻道是傳送同步訊號，剩下的 48 個子頻道是傳送資料訊號。

美國國會於 1934 年通過《Communication Act》(通訊法案)，美國政府據此成立 **FCC** (Federal Communications Commission，聯邦通訊委員會) 並受國會監督，負責分配無線電頻段與審核使用執照，凡進入美國的通訊產品、電子裝置、電話、傳真機、遙控玩具、電腦等，都要符合 FCC 標準。台灣也有一個類似的機構 **NCC** (National Communications Commission，國家通訊傳播委員會)，負責管理電信通訊、網路和廣播電視等訊息流通事業的相關事宜。

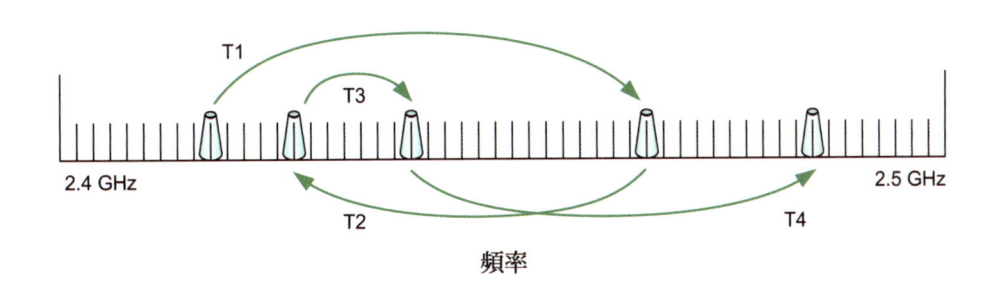

圖 6.12 在 FHSS 技術中，IEEE 802.11 規定每秒鐘至少跳頻 4 次

6-3-2 無線區域網路的架構

無線區域網路的架構有下列兩種：

- **對等式網路** (ad hoc network)：以圖 6.13 為例，裡面有兩個**基本服務組合 BSS1 與 BSS2** (Basic Service Set)，其中 BSS1 有兩個工作站 STA1 和 STA2，BSS2 也有兩個工作站 STA3 和 STA4，位於相同基本服務組合的工作站可以透過無線介面直接通訊（例如 STA1 和 STA2、STA3 和 STA4），而位於不同基本服務組合的工作站則無法通訊（例如 STA1 和 STA3）。

  對等式網路屬於**點對點** (peer-to-peer) 傳輸，無須透過**存取點** (AP，Access Point)，使用者只要選購支援點對點傳輸的無線網路卡，就可以互相通訊。

- **基礎架構網路** (infrastructure network)：以圖 6.14 為例，這個架構比對等式網路多了兩個元件，其中**存取點 AP1 和 AP2** (Access Point) 本身也是工作站，但是多了類似基地台的功能，可以透過無線介面取得相同基本服務組合內其它工作站的資訊，然後轉送給**分散系統 DS** (Distributton System)，或從分散系統 DS 取得資訊，然後透過無線介面轉送給其它工作站，如此一來，不同基本服務組合的工作站就可以互相通訊，我們將這些基本服務組合統稱為**延伸服務組合 ESS** (Extended Service Set)。

  透過基礎架構網路，我們可以連接 802.11x 無線區域網路與其它 802.x 有線區域網路，中間則使用了一個叫做**埠接器** (portal) 的元件，如圖 6.15。

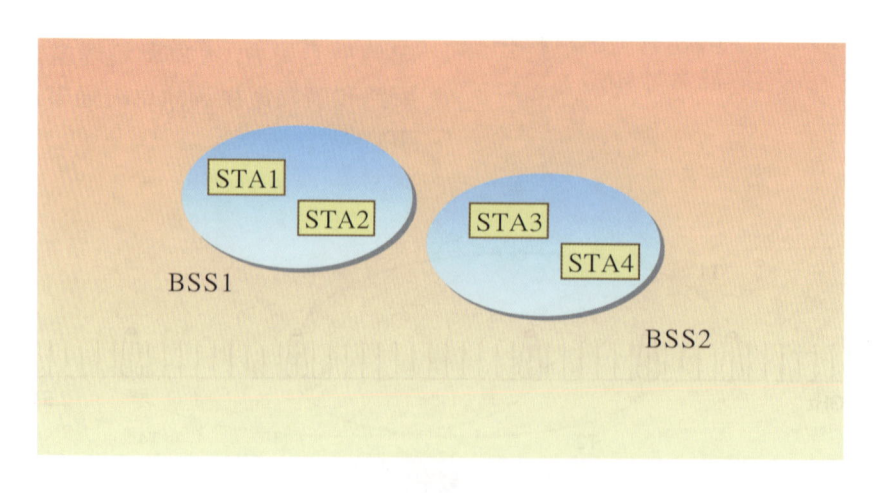

圖 6.13 對等式網路 (ad hoc network)

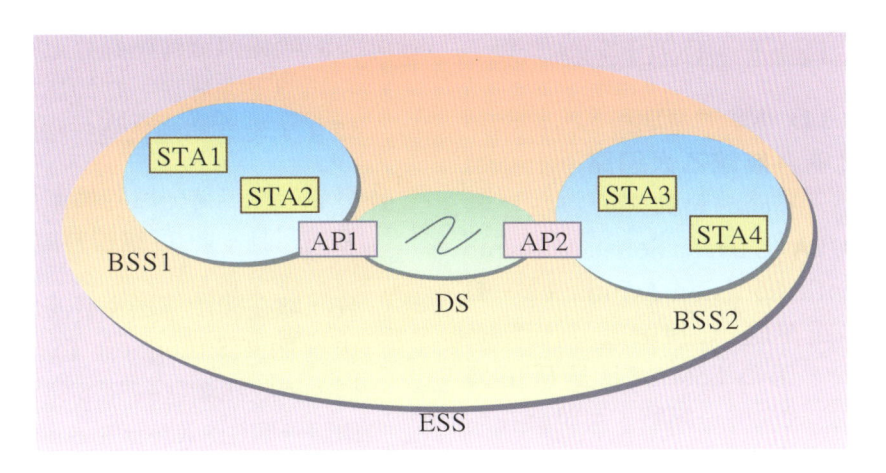

圖 6.14 基礎架構網路 (infrastructure network)

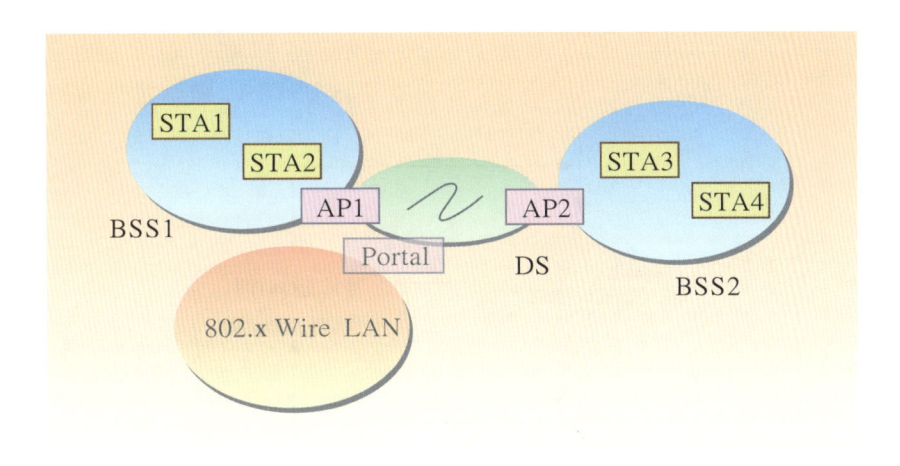

圖 6.15 透過埠接器連接 802.11x 無線區域網路與其它 802.x 有線區域網路

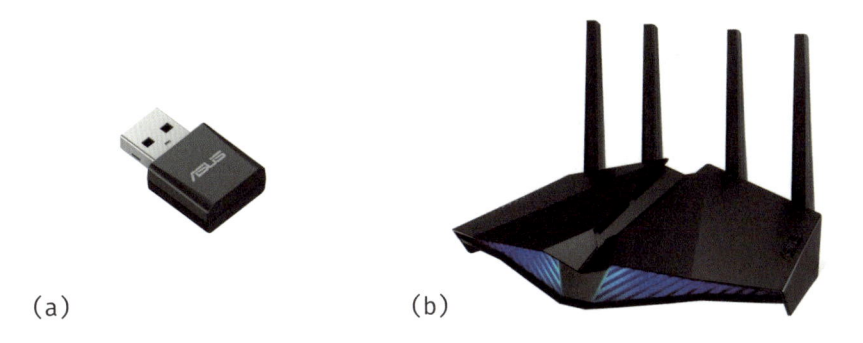

(a)　　　　　　　(b)

圖 6.16 （a）無線網路卡 （b）無線存取點 (無線基地台) (圖片來源：ASUS)

6-3-3 IEEE 802.11x 標準

IEEE 802.11x 標準的原理和乙太網路類似，故又稱為**無線乙太網路** (wireless Ethernet)，不同的是其媒介存取控制為 **CSMA/CA** (Carrier Sense Multiple Access with Collision Avoidance，載波感測多重存取 / 碰撞迴避)，而不是 CSMA/CD，因為 CSMA/CD 是藉由偵測碰撞的方式來傳送訊號，可是要在無線網路中偵測碰撞卻相當困難，於是改用 CSMA/CA。

CSMA/CA 的運作方式如下 (圖 6.17)：

1 發訊端先偵測傳輸媒介上是否有其它訊號正在傳送，有的話就進行步驟 2.，沒有的話就進行步驟 3.。

2 發訊端在等待一段隨機產生的時間後，回到步驟 1. 繼續嘗試傳送。

3 發訊端在開始傳送資料前，會先傳送一個 RTS (Request To Send) 訊框，待收訊端收到 RTS 訊框後，會傳回一個 CTS (Clear To Send) 訊框。

4 若發訊端收到 CTS 訊框，就開始傳送資料；反之，若發訊端沒有收到 CTS 訊框，表示發生碰撞，就回到步驟 1. 繼續嘗試傳送。

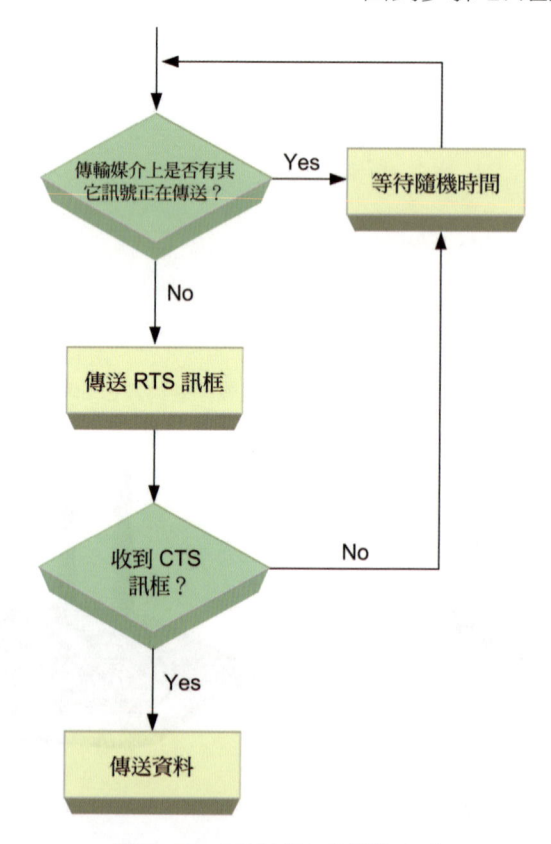

圖 6.17 CSMA/CA 的運作方式

802.11

802.11 於 1997 年發布，實體層使用的傳輸技術為 **Infrared**（紅外線）、**DSSS**（直接序列展頻）和 **FHSS**（跳頻展頻），傳輸速率為 1、2Mbps，傳輸距離約 100 公尺，其中 Infrared 為紅外線，FHSS 和 DSSS 則使用 2.4GHz 頻段，和藍牙一樣，但藍牙跳頻較快，所以容易受到藍牙裝置的干擾，後來被 802.11b 取代。

802.11a

802.11a 於 1999 年發布，實體層使用的傳輸技術為 **OFDM**（正交分頻多工），使用 5GHz 頻段，傳輸速率為 6、9、12、18、24、36、48、54Mbps，傳輸距離約 50 公尺。

相較於 2.4GHz 頻段，使用 5GHz 頻段的好處是大幅降低被雜訊干擾的機率，缺點則是訊號衰減較快，穿透力較差，傳輸距離較短。

802.11b

802.11b 於 1999 年發布，實體層使用的傳輸技術為 **DSSS**（直接序列展頻），使用 2.4GHz 頻段，傳輸速率為 1、2、5.5、11Mbps，傳輸距離約 100 公尺，其中 1、2Mbps 是為了與 802.11 的傳輸技術相容所提供，5.5、11Mbps 則是透過搭配 **CCK**（Complementary Code Keying）調變技術來提升傳輸速率。

雖然 802.11b 的傳輸速率比 802.11a 慢、抗干擾能力亦比 802.11a 差，但相關設備的價格較低、穿透力較強、傳輸距離較長，故市場接受度比 802.11a 高。

802.11g

802.11g 於 2003 年發布，結合了 802.11a 和 802.11b 的特點。實體層使用的傳輸技術為 **OFDM**（同 802.11a），同時保留 **DSSS** 搭配 **CCK** 調變技術（同 802.11b），以保持向下相容性，使用 2.4GHz 頻段（同 802.11b），傳輸速率為 5.5、11、6、9、12、18、24、36、48、54Mbps，傳輸距離約 100 公尺。

由於 802.11g 的傳輸速率和 802.11a 一樣快，而且和 802.11b 相容，所以早期有些無線區域網路設備會採取 802.11g/b 雙頻規格。雖然 802.11g 已經過時，但卻是 2003～2010 年期間主流的無線區域網路標準，並對後續的 802.11n、802.11ac 等標準有著重要影響。

802.11n

802.11n 於 2009 年發布，這是 802.11a 和 802.11g 的後繼標準。實體層使用的傳輸技術為 **OFDM** 搭配 **MIMO**（Multiple Input Multiple Output，多重輸入多輸出）技術，使用 2.4/5GHz 頻段，傳輸速率為 72～600Mbps，傳輸距離約 100 公尺，其中 MIMO 技術是使用多支天線來接收主訊號及反射或散射而來的訊號，然後將後者進行處理，以增強主訊號，改善傳輸品質。

802.11n 向下相容於 802.11a/b/g，可與舊設備共存，適合企業和家庭網路升級。不過，比起動輒 Gbps 等級的乙太網路還是差很多，因此，IEEE 802.11 委員會遂成立 802.11ac、802.11ax 等工作小組，著手研擬更高速的無線區域網路標準。

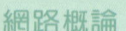

802.11ac

802.11ac 於 2014 年發布,這是 802.11n 的後繼標準,使用 5GHz 頻段,但採取更大的通道頻寬、增強的調變技術和更多的 MIMO 空間串流 (spatial stream),最高理論傳輸速率大幅提升至 6.93Gbps。由於使用 5GHz 頻段,故干擾較少,但穿透力較差,適合短距離高速傳輸,最大傳輸距離約 50 公尺。

802.11ad

802.11ad 於 2012 年發布,使用 60GHz 頻段,傳輸速率高達 7Gbps,傳輸距離約 1 ~ 10 公尺,不僅抗干擾,更可以應用在家庭的閘道器、影音串流、機上盒等裝置,實現高畫質影音無線傳輸,亦能替代光纖與纜線佈建。雖然 802.11ad 有著前述優勢,但由於傳輸距離較短、穿透力較差、消耗功率較高、設備支援少等因素,並沒有成為主流的標準。

802.11ax

802.11ax 於 2019 年發布,這是 802.11ac 的後繼標準,又稱為**高效率無線區域網路** (HEW,High Efficiency WLAN),使用 2.4/5/6GHz 頻段,傳輸距離分別約 100、50、30 公尺,傳輸速率高達 10 Gbps,主要改進如下:

- MU-MIMO (Multi-User MIMO) 強化,多裝置平行傳輸更順暢。
- 更高的傳輸速率 (單流最高 1.2Gbps,多流可達 9.6Gbps)。
- 使用 OFDMA (Orthogonal Frequency Division Multiple Access) 提升頻譜利用率。
- TWT (Target Wake Time,目標喚醒時間) 技術,減少裝置功耗。

802.11ax 向下相容於 802.11a/b/g/n/ac,目標在於提升無線網路的容量及效率,以支援 AR、VR、影音串流、企業無線網路、智慧家庭、物聯網等應用,目前已經繼 802.11ac 成為市場上的主流。

802.11ay

802.11ay 於 2020 年發布,這是 802.11ad 的後繼標準,使用 60GHz 頻段,傳輸速率高達 40Gbps,透過波束成形與 MIMO 技術將傳輸距離大幅提升至 300 公尺,適合高速無線傳輸、AR/VR 無線連接、智慧城市、工業物聯網等應用。

802.11be

802.11be 是基於 802.11ax 的修訂,於 2024 年發布,使用 2.4/5/6GHz 頻段,傳輸速率高達 40Gbps。802.11be 主要是針對超高頻寬、低延遲、多裝置平行傳輸的需求進行優化,適合 8K/16K 影音串流、雲端遊戲、AR、VR、人工智慧運算、工業物聯網等應用。

802.11bn

802.11bn 是基於 802.11be 的修訂,預計於 2028 年發布,除了使用原來的 2.4/5/6GHz 頻段,還另外新增 42/71GHz 頻段,傳輸速率高達 100Gbps。

其它 802.11x

為了提供更佳的服務品質、安全性與整合性，IEEE 亦自 802.11 延伸出應用於車載無線通訊的 **802.11p**、具有加密功能的 **802.11i**、支援服務品質增強的 **802.11e**、提供 Inter-Access Point Protocol 的 **802.11f**、提供無線區域網路的無線電資源測量的 **802.11k**、支援無線感測網路、物聯網與智慧電網的 **802.11ah** 等。

Wi-Fi

為了讓不同廠商根據 802.11x 所製造的 WLAN 設備能夠互通，WECA 提出了 **Wi-Fi** (Wireless Fidelity) 認證，而 **Wi-Fi 無線上網** 指的就是採取 802.11x 的 WLAN，其建置是以**無線存取點** (AP，Access Point，又稱為**無線基地台**) 作為訊號發射及接收端，裝置只要內建無線上網模組或安裝 Wi-Fi 認證的無線網路卡，就可以透過無線的方式連上網路。

Wi-Fi Direct

WECA 還提出了另一種無線通訊技術 **Wi-Fi Direct**，能夠讓裝置以點對點的方式傳輸資料，無須經過無線基地台。換言之，Wi-Fi Direct 裝置可以直接相互連接，例如手機與智慧電視、筆電與印表機、遊戲機與無線喇叭等，無須加入傳統的家庭、企業或熱點網路。Wi-Fi Direct 技術架構在 802.11a/g/n 之上，使用 2.4/5GHz 頻段，支援一對一及一對多模式，傳輸速率為 250Mbps，傳輸距離約 200 公尺。

圖 6.18 Wi-Fi 7 認證標誌

表 6.4　IEEE 802.11x 與 Wi-Fi 世代的對照

	頻段	傳輸速率	Wi-Fi 世代
802.11	2.4GHz	1～2Mbps	--
802.11a	5GHz	6～54Mbps	--
802.11b	2.4GHz	1～11Mbps	--
802.11g	2.4GHz	6～54Mbps	--
802.11n	2.4/5GHz	72～600Mbps	Wi-Fi 4
802.11ac	5GHz	6.93Gbps	Wi-Fi 5
802.11ax	2.4/5GHz	10Gbps	Wi-Fi 6
	6GHz	10Gbps	Wi-Fi 6E
802.11be	2.4/5/6GHz	40Gbps	Wi-Fi 7
802.11bn	2.4/5/6/42/71GHz	100Gbps	Wi-Fi 8

資訊部落

常見的無線區域網路設備

- **無線基地台**（AP，Access Point）：無線基地台可以發射及接收無線網路訊號，用來連接無線區域網路與有線區域網路。舉例來說，家庭使用者可以自行購買 IEEE 802.11ac/ax/be 相容規格的無線基地台（圖 6.19(a)），將之連接到中華電信、第四台等寬頻業者所提供的數據機，此時，諸如桌上型電腦、筆電、手機、平板電腦、智慧家電等裝置，只要內建無線上網模組或安裝 Wi-Fi 認證的無線網路卡（圖 6.19(b)），就可以透過無線基地台分享網際網路連線，或存取無線區域網路與有線區域網路的資源（圖 6.19(c)）。

(a)　　　　　　　　　　(b)

(c)

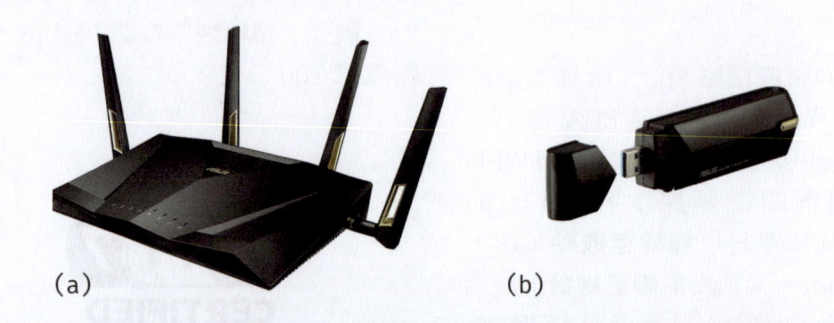

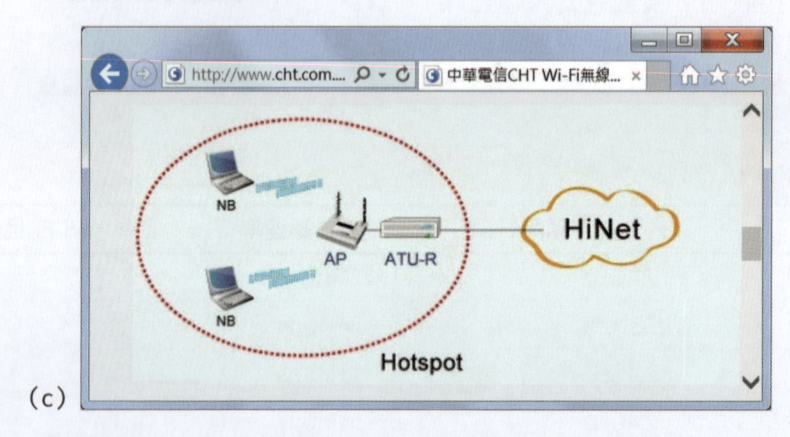

圖 6.19　(a) 無線基地台　(b) USB 介面的外接式無線網路卡
　　　　(c) 寬頻網路無線分享示意圖（圖片來源：中華電信網站）

- **無線網路卡**：對於沒有內建無線上網模組的裝置，使用者必須自行安裝 Wi-Fi 認證的無線網路卡（例如 USB 介面的外接式無線網路卡），才能存取無線網路，其使用方式如圖 6.20。

圖 6.20 電腦只要安裝無線網路卡，就可以透過無線基地台存取無線網路

有些無線網路卡支援 Software AP 功能，只要將之連接到桌上型電腦或筆電，就可以將該電腦模擬成無線基地台使用，提供平板電腦或智慧型手機等裝置存取無線網路，如圖 6.21。

圖 6.21 支援 Software AP 功能的無線網路卡可以將電腦模擬成無線基地台使用

- **具有 Wi-Fi 功能的數據機**：目前中華電信、第四台等寬頻業者以具有 Wi-Fi 功能的數據機提供家用 Wi-Fi 服務，不受有線網路架設環境的侷限，只要是 Wi-Fi 無線訊號可及之處皆可上網，使用者就不用自行安裝無線基地台。

資訊部落

連接 WLAN 與 LAN

無線區域網路 (WLAN) 與有線區域網路 (LAN) 的架構類似，最大的差別是增加無線存取能力，正因為是無線，所以沒有佈線的問題，只要無線用戶端裝置收得到無線訊號即可。我們可以使用無線基地台 (AP) 連接無線區域網路與有線區域網路，如圖 6.22。

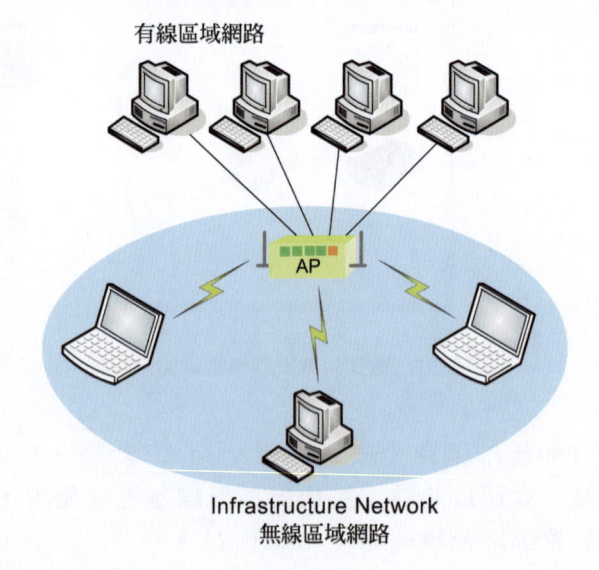

圖 6.22 使用無線基地台連接 WLAN 與 LAN

無線基地台的連接埠數目是固定的，例如 4、8、16 個，若要連接的電腦數目超過連接埠數目，可以加裝交換器，如圖 6.23。

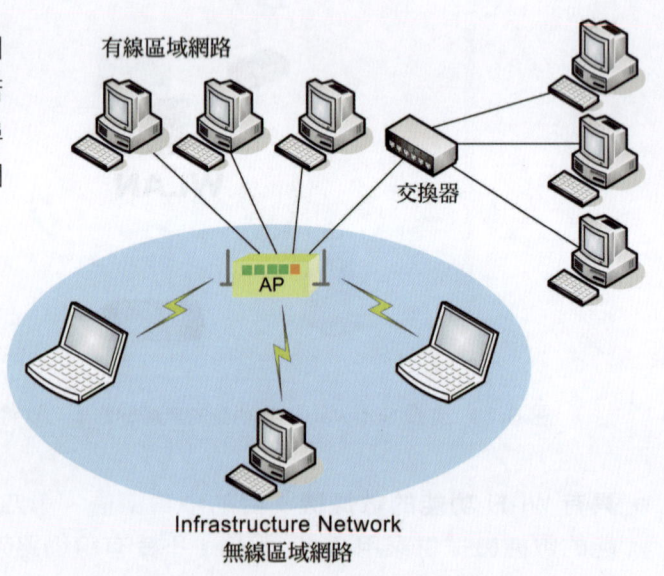

圖 6.23 使用交換器擴充區域網路的電腦數目

6-4 無線都會網路 (WMAN)

無線都會網路 (WMAN, Wireless Metropolitan Area Network) 主要是提供大範圍的無線通訊，例如一個校園或一座城市。無線都會網路的標準是 IEEE 於 2001 年所發布的 **802.16**，它和 IEEE 802.11x 標準一樣是遵循 OSI 參考模型所設計 (圖 6.24)。

802.16 的實體層使用 QPSK (Quadrature Phase Shift Keying)、QAM-16 (Quadrature Amplitude Modulation)、QAM-64 三種調變技術，傳輸距離為長、中、短，傳輸速率為慢、中、快；資料連結層分成三個子層次，Security sublayer 負責處理資料安全，MAC sublayer 負責管理上行 / 下行頻道，Service specific convergence sublayer 負責作為資料連結層與網路層的介面。

為了讓不同廠商根據 802.16 所製造的 WMAN 設備能夠互通，不會發生不相容，WiMAX Forum 提出了 **WiMAX** (Worldwide Interoperability for Microwave Access) 認證。

IEEE 802.16x 標準包括 802.16、802.16a、802.16c、802.16d、802.16e、802.16f、802.16g、802.16m 等，其中 **802.16m** 在高速移動狀態下的傳輸速率可達 100Mbps，又稱為 **WiMAX 2**，屬於 4G 行動通訊標準之一。

雖然 WiMAX 的傳輸距離比 Wi-Fi 無線上網遠，傳輸速率比 3G 行動上網快，但下一節所要介紹的 LTE 快速成為主流的 4G 行動通訊標準，導致 WiMAX 產業萎縮，黯然退出台灣市場。

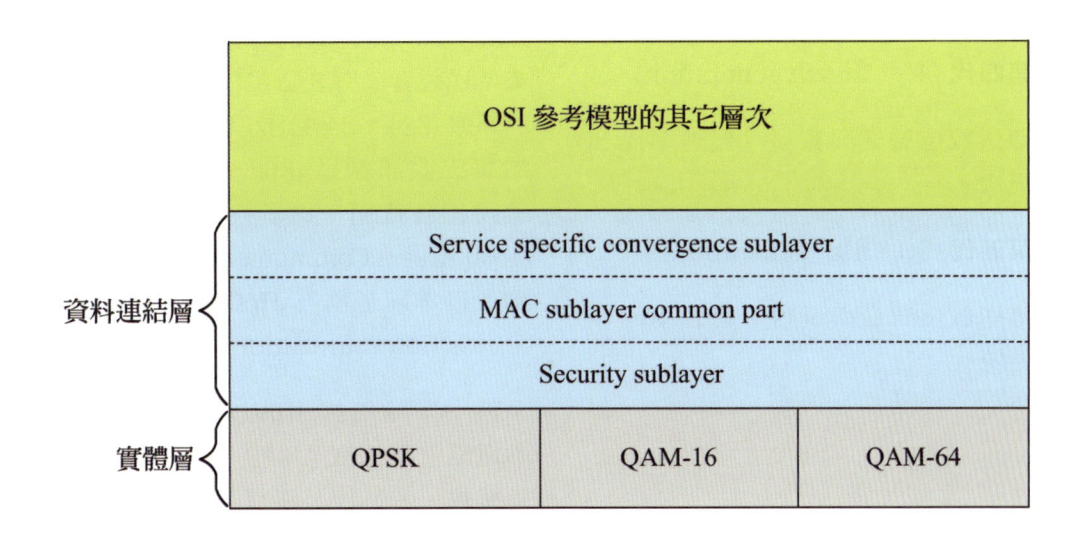

圖 6.24　IEEE 802.16

6-5 行動通訊

通訊系統包含「有線通訊」與「無線通訊」兩種，前者指的是傳統的 PSTN (Public Switched Telephone Network)，有電話線路、交換機房等裝置，而後者指的是**行動通訊** (mobile communication)，有基地台、人手一機的行動電話、平板電腦等裝置，使用者可以隨時隨地與其它人進行通訊。

根據所使用的技術不同，行動通訊又分成下列幾代：

- **第一代** (1G，first generation)

  傳送類比聲音。

- **第二代** (2G，second generation)

  傳送數位聲音。

- **第三代** (3G，third generation)

  傳送數位聲音與資料。

- **第四代** (4G，fourth generation)

  傳送數位聲音與資料，但速率比 3G 更快。

- **第五代** (5G，fifth generation)

  傳送數位聲音與資料，但速率比 4G 更快。

6-5-1 第一代行動通訊 (1G)

第一代行動通訊系統誕生於 1946 年的聖路易 (St. Louis)，當時人們是在大樓頂端架設大型收發器，使用單一頻道作為收發訊號之用。截至目前，計程車無線電還經常使用這種技術。

接著於 1960 年代出現了另一種行動通訊系統 **IMTS** (Improved Mobile Telephone System)，它的大型收發器是架設在山上，功率較高，而且提供 23 個頻道 (150～450MHz) 作為收發訊號之用。

IMTS 的頻道少，使用者得花費許多時間等待，而且相鄰系統之間會互相干擾，除非相距數百公里以上，直到 AT&T 貝爾實驗室於 1980 年代發展出 **AMPS** (Advanced Mobile Phone System)，才解決了這些問題。

AMPS 屬於類比式的行動通訊系統，用來傳送聲音，有 832 個 30KHz 的單工發訊頻道 (824～849MHz) 和 832 個 30KHz 的單工收訊頻道 (869～894MHz)，在美國相當普遍，到了英國是稱為 **TACS** (Total Access Communication System)，到了日本則是稱為 **JTAC** (Japanese Total Access Communication)。

早期中華電信推出的以 090 開頭的行動電話就是採取 AMPS，其優點是傳輸距離長、音質佳、沒有回音，缺點則是容易遭到竊聽、容易受到電波干擾而影響通話品質。

行動電話的設計是為了提供一個移動單元 (例如行動電話) 與一個常駐單元 (例如家用電話) 之間的通訊，或兩個移動單元之間的通訊，因此，電信業者必須能夠找到並追蹤通話者，配置一個頻道給他，然後隨著他的移動從一個基地台轉移到另一個基地台。

為了方便追蹤，AMPS 將所涵蓋的區域劃分成一個個細胞 (cell)，結構狀似蜂巢 (圖 6.25)，細胞的中央為基地台，負責收訊及發訊，故行動電話又稱為**蜂巢式電話** (cellular telephone)，而且每個基地台是由**行動交換中心** (MSC, Mobile Switching Center) 控制，行動交換中心會負責基地台與 PSTN 交換機房的通訊，讓行動電話得以和家用電話通訊 (圖 6.26)。

圖 6.25　AMPS 將所涵蓋的區域劃分成蜂巢式結構

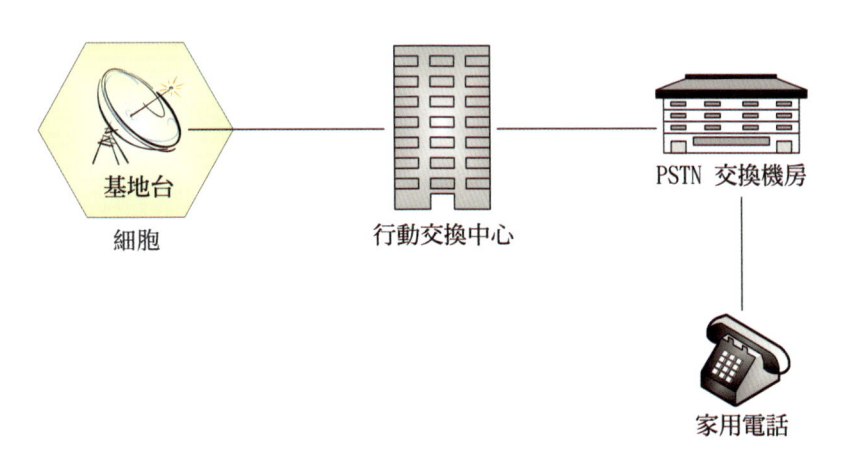

圖 6.26　蜂巢式電話系統

6-5-2 第二代行動通訊 (2G)

第二代行動通訊 (2G) 和第一代行動通訊 (1G) 的分野在於數位化，不僅提升了通話品質，也比較不容易遭到竊聽，主要有下列幾種標準：

- **D-AMPS** (Digital AMPS)：D-AMPS 是數位化的 AMPS，與 AMPS 相容，也就是第一代行動電話和第二代行動電話能夠同時在相同細胞內使用。D-AMPS 的上行頻段為 1850～1910MHz，下行頻段為 1930～1990MHz，每個頻道為 30KHz，使用 D-AMPS 的國家主要有美國。

- **GSM** (Global System for Mobile communication)：GSM 是 ETSI (歐洲電信標準協會) 所制定的數位蜂巢式電話系統，支援的頻段為 900、1800、1900MHz，每個頻道為 200KHz，傳輸速率最高為 9600bps，提供國際漫遊及簡訊服務，使用 GSM 的國家已經超過 170 個以上，包括歐洲及多數亞洲國家。

  使用過 GSM 手機的人應該都看過 **SIM** (Subscriber Identity Module) 卡，裡面儲存著使用者的資料，當手機開機時，就會透過 SIM 卡的資料向基地台進行登錄，並在使用者移動時，將新的位置回報給基地台，若因為距離太遠或雜訊干擾，導致通話品質下降，就自動將連線轉移到另一個品質較佳的基地台，以保持連線並降低手機的功率損耗。

- **CDMA** (Code Division Multiple Access)：相對於 D-AMPS 和 GSM 是將頻率範圍分割成數百個頻道，CDMA 則允許基地台使用整個頻率範圍，由於技術較為先進、抗干擾能力強、安全性高，不僅在美國取代了 D-AMPS，更奠定了第三代行動通訊的基礎。

台灣自 1996 年通過電信三法，積極推動電信自由化，更於 1997 年開放行動通訊業務，加入營運的公司有中華電信 (全區 900/1800MHz 雙頻)、台灣大哥大 (全區 1800MHz)、遠傳 (北區 900MHz、全區 1800MHz)、和信 (北區 1800MHz)、東信 (中區 900MHz)、泛亞 (南區 900MHz)、東榮 (中區、南區 1800MHz) 等，其中泛亞被台灣大哥大合併，東榮被和信合併，和信被遠傳合併，成為中華電信、台灣大哥大、遠傳三強鼎立的現況。

到了 2002 年，政府開放第三代行動通訊 (3G) 執照競標，有中華電信、台灣大哥大、遠致 (遠傳子公司)、亞太電信、威寶電信等五家公司得標，總得標金額高達 500 億台幣。

GPRS 與 2.5G

由於 GSM 是使用電路交換 (circuit switching) 技術來傳送資料,而網際網路是使用封包交換 (packet switching) 技術來傳送資料,導致兩者之間無法互相連接,為了讓使用者透過行動電話存取網際網路,於是 ETSI (歐洲電信標準協會) 制定了 **GPRS** (General Packet Radio Service)。

GPRS 是在既有的 GSM 網路加入 **SGSN** (Serving GPRS Support Node) 和 **GGSN** (Gateway GPRS Support Node) 兩個數據交換節點來處理封包,成功連接 GSM 與網際網路,最快傳輸速率可達 115Kbps,所以 GPRS 並不是用來取代 GSM 的新系統,而是隸屬於 GSM 上的一種數據通訊服務。有人將 GPRS 稱為 **2.5G**,也就是第 2.5 代行動通訊,因為它是介於第二代與第三代行動通訊之間的產物。

圖 **6.27** 行動通訊的發達讓人們的聯繫更加便利 (圖片來源:ASUS)

6-5-3 第三代行動通訊 (3G)

第三代行動通訊 (3G) 可以即時高速存取網際網路，傳送語音、數位資料與影像，應用於視訊通話、多媒體影音分享、互動式應用程式、行動商務等。

ITU（國際電信聯盟）將 3G 行動通訊規格稱為 **IMT-2000**，其特點如下：

- 語音品質應和現有的電話網路相當。
- 在室內駐點、戶外慢速行走和行車環境下的傳輸速率分別可達 2Mbps、384Kbps 及 144Kbps。
- 支援封包交換與電路交換技術。
- 支援更廣泛的行動裝置。

3G 行動通訊使用和網際網路相同的 IP 通訊協定，以提升網路效率，降低營運成本。封包交換網路不僅能夠讓使用者隨時處於連線狀態，而且只需要依照傳送或接收的資料量進行收費，換言之，除非使用者透過 3G 手機收發電子郵件、瀏覽網頁、傳送或下載資料，否則隨時處於連線狀態並不需要付費。

3G 行動通訊主要有下列兩種標準：

- **WCDMA** (Wideband CDMA)：這是歐盟所主導的行動通訊標準，使用一對 5MHz 頻道，上行頻段為 1900MHz，下行頻段為 2100MHz，傳輸速率為 144Kbps ~ 2Mbps，能夠和 GSM 共同運作。

- **CDMA2000**：這是 Qualcomm（高通）公司所提出的行動通訊標準，使用一對 1.25MHz 頻道，無法和 GSM 共同運作，主要應用於北美和亞洲的部分電信運營商。

在亞太電信於 2003 年 8 月開台後，台灣正式邁入 3G 行動通訊時代，其中台灣大哥大、中華電信、遠傳、威寶屬於 WCDMA 陣營，而亞太電信屬於 CDMA2000 陣營。

為了有更快的傳輸速率、更佳的服務品質、更高的安全性、更強的移動性及更大的覆蓋範圍，電信業者進一步將 3G 升級至 3.5G 和 3.75G，其中 **3.5G** 指的是 **HSDPA** (High Speed Downloadlink Packet Access，高速下行封包存取)，這是以 WCDMA 為基礎的行動通訊技術，可以將下行速率提升至 1.8、3.6、7.2、14.4Mbps，而上行速率均為 384Kbps，當然這是理論數值，實際數值會因設備或與基地台的距離而異。

3.75G 指的是 **HSUPA** (High Speed Upload-link Packet Access，高速上行封包存取)，這是為了克服 HSDPA 上行速率不足所發展的技術，可以將上行速率提升至 5.76Mbps，如此一來，使用者就可以從事網路電話或雙向視訊等需要大量上行頻寬的活動。

6-5-4 第四代行動通訊 (4G)

ITU（國際電信聯盟）將**第四代行動通訊** (4G) 規格稱為 **IMT-Advanced**，其特點如下：

- 使用 IP 通訊協定連接各種網路。

- 使用全球通用的標準，並可在現有的無線通訊系統下運作。

- 在慢速狀態下的傳輸速率可達 1Gbps，在高速移動狀態下的傳輸速率可達 100Mbps。

- 支援固定式無線傳輸和移動式無線傳輸，並可於固定式網路和移動式網路之間切換。

- 提供高品質的無線寬頻服務，例如更傳真的語音、更高畫質的影像、更快的傳輸速率、更高的安全性。

4G 行動通訊主要有下列兩種標準：

- **IEEE 802.16m** (WiMAX 2)：IEEE 802.16m 在慢速狀態下的傳輸速率可達 1Gbps，在高速移動狀態下的傳輸速率可達 100Mbps。

  IEEE 於 2011 年批准 802.16m 為新一代的 WiMAX 標準，並交由 WiMAX Forum 進行測試認證。不過，隨著 LTE 成為主流的 4G 行動通訊標準，WiMAX 已經退出台灣市場。

- **LTE** (Long Term Evolution)：LTE 是 3GPP 於 2004 年 11 月所提出的行動通訊技術，整體規格於 2009 年確定。

  3GPP (3rd Generation Partnership Project) 是由數個電信聯盟（例如 CCSA、ETSI、TTA、TTC）所簽署的合作協議，負責擬定行動通訊的相關標準。由於 LTE 是以 WCDMA 為基礎，因而成為 3G 電信業者最自然的選擇，並獲得許多廠商的支持。

  不過，LTE 的最高下行速率為 326.4Mbps，最高上行速率為 172.8Mbps，而這樣的速率尚未達到 ITU 針對 4G 所提出的目標，遂有人將 LTE 稱為 **3.9G**。

  之後 3GPP 於 2011 年發布 **LTE-Advanced** (LTE-A)，最高下行速率可達 1Gbps，最高上行速率可達 500Mbps，使得 LTE-A 成為名符其實的 4G 行動通訊標準。

  國家通訊傳播委員會 (NCC) 於 2013 年 9 月開始進行 4G 釋照競標作業，開放 700MHz、900MHz、1800MHz、2600MHz 等頻段，特許經營權 15 年，於 2013 年 10 月完成頻段拍賣，得標的業者包括中華電信、台灣大哥大、遠傳電信、亞太電信、台灣之星、國碁電子等，總得標金額高達 1186.5 億元，並陸續於 2014 年下半年進行商轉。

6-5-5 第五代行動通訊 (5G)

除了行動上網的使用者對於頻寬的需求快速增加之外，許多新科技與新創事業也需要高速的網路來互相連結，因此，有許多廠商與電信業者積極投入研發**第五代行動通訊** (5G)。

根據下一代行動網路聯盟 (Next Generation Mobile Networks Alliance) 的定義，5G 網路應該滿足如下要求：

- 以 10Gbps 的資料傳輸速率支援數萬個使用者。
- 以 1Gbps 的資料傳輸速率同時提供給同一樓辦公的人員。
- 連結並支援數十萬個無線感測器。
- 頻譜效率比 4G 顯著增強。
- 延遲比 4G 顯著降低。
- 覆蓋範圍比 4G 大。
- 訊號效率比 4G 強。

3GPP 於 2016 年、2017 年發布 **Release 13**、**Release 14**，稱為 **LTE-Advanced Pro** (LTE-A Pro)，作為 LTE-A 邁向 5G 的過渡技術，又稱為 **4.5G**。之後 3GPP 提出 5G 標準— **5G NR** (New Radio)，**Release 15**、**Release 16**、**Release 17** 相繼於 2018 年、2020 年、2022 年發布，而 **Release 18** 於 2024 年發布，稱為 **5G Advanced**，為未來的 6G 技術奠定基礎。

ITU IMT-2020 規範要求 5G 的速率必須高達 20Gbps，可以實現寬通道頻寬和大容量 MIMO (Multiple Input Multiple Output)，而 5G NR 便能滿足這樣的要求。5G NR 的頻段大致上分成 **FR1** (Frequency Range 1) 和 **FR2** (Frequency Range 2)，FR1 指的是 6GHz 以下的頻段，FR2 指的是 24GHz 以上的頻段。

5G 具備高速率、大頻寬、大連結、低延遲等特點，最高下行 / 上行速率可達 20/10Gbps。除了讓上網速度變得更快，還有許多深具潛力的應用，例如 VR、AR、物聯網、車聯網、無人機、自駕車、智慧城市、智慧交通、智慧製造、遠距醫療、無線家庭娛樂、AI 助理等。

(a)   (b)   (c)

圖 6.28 （a）LTE-A Pro 標誌 （b）5G 標誌 （c）5G Advanced 標誌

6-6 衛星網路

衛星網路 (satellite network) 是由衛星、地面站、端末使用者的終端機或電話等節點所組成，利用衛星作為中繼站轉送訊號，以提供地面上兩點之間的通訊（圖 6.29），也就是發訊端透過地面站將無線電傳送至衛星，此稱為**上行** (uplink)，而收訊端透過地面站接收來自衛星的無線電，此稱為**下行** (downlink)。優點是提供全球覆蓋、不受地形影響、傳輸速率快、傳輸距離長，缺點則是成本高、有傳輸延遲、缺乏保密性及抗干擾的能力。

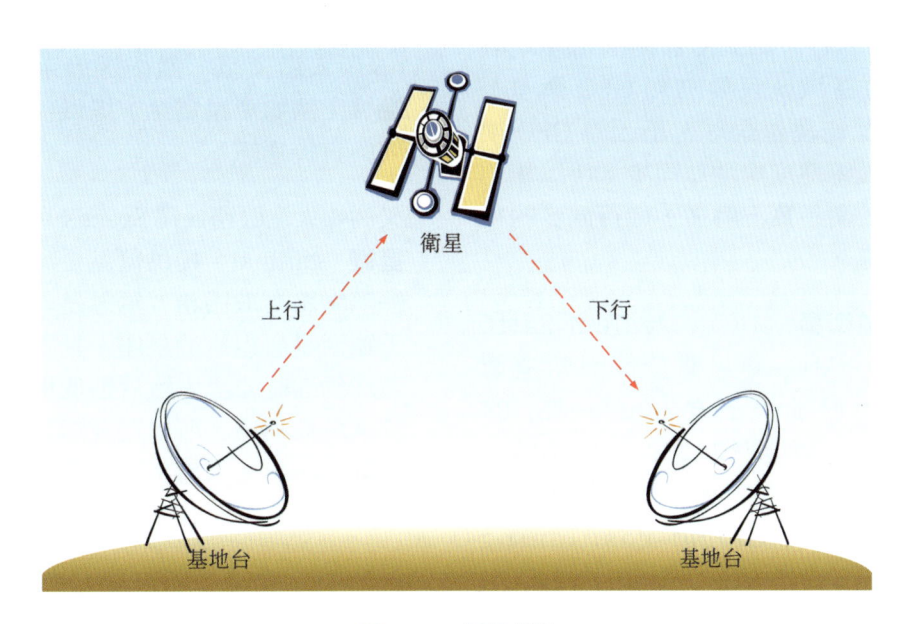

圖 6.29 衛星微波

衛星有「天然衛星」和「人造衛星」兩種，例如月球就是地球的天然衛星。不過，天然衛星的距離無法調整，而且不易安裝電子設備再生訊號，所以在實際應用上還是以人造衛星較佳。至於人造衛星環繞地球的路徑則有三種，包括**赤道軌道**、**傾斜軌道**和**兩極軌道**（圖 6.30）。

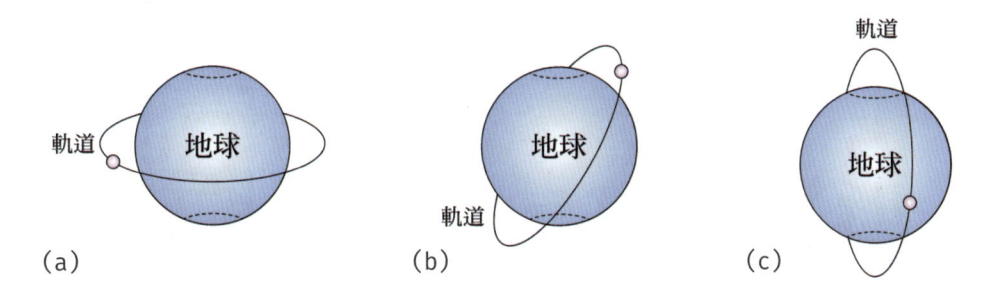

圖 6.30 （a）赤道軌道 （b）傾斜軌道 （c）兩極軌道

網路概論

我們可以根據軌道的位置將人造衛星分成下列三種類型：

- **同步軌道衛星**（GEO，Geostationary Earth Orbit）：GEO 衛星屬於赤道軌道衛星，位於地表上方 35,786 公里處，環繞週期與地球自轉週期一樣為 24 小時，訊號覆蓋範圍可達地表 1/3 的區域，只要三顆 GEO 衛星，訊號就能覆蓋全球。正因為 GEO 衛星的環繞速度與地球同步，所以能夠應用於衛星實況轉播，進行同步的視訊傳導。

- **中軌道衛星**（MEO，Medium Earth Orbit）：MEO 衛星屬於傾斜軌道衛星，位於地表上方 2,000～35,786 公里處，環繞週期約 2～24 小時，例如美國國防部所建置的**全球定位系統**（GPS，Global Positioning System）就是在 6 個軌道上使用 24 顆人造衛星，然後透過接收器接收並分析這些人造衛星傳回來的訊號，進而決定接收器的地理位置，以應用於地面與海上導航。

- **低軌道衛星**（LEO，Low Earth Orbit）：LEO 衛星屬於兩極軌道衛星，位於地表上方 500～2,000 公里處，環繞週期約 1.5～2 小時，由於離地表較近，傳輸延遲較小，所以適合用來傳送聲音，例如 Motorola 所發展的 **Iridium 系統**就是在 6 個軌道上使用 66 顆人造衛星，然後透過手持式終端機（例如衛星電話）提供使用者之間的直接通訊。

又例如太空服務公司 SpaceX 所推出的**星鏈**（Starlink），提供覆蓋全球的高速網際網路存取服務，星鏈是一個由數千顆衛星所組成的星座，其軌道距離地球約 550 公里，覆蓋整個地球，由於處於低軌道，所以延遲顯著降低，能夠支援串流媒體、線上遊戲、視訊通話或其它需要高速傳輸的活動。

比起 GEO 衛星，MEO 衛星和 LEO 衛星的體積較小、質量較輕、發射升空的價格較便宜、地面站的發射輸出功率亦較低，但也正因為 MEO 衛星和 LEO 衛星的軌道高度較低，訊號覆蓋範圍較小，所以需要較多顆衛星。

(a)　　　　　　　　　　　(b)

圖 6.31 （a）Garmin 導航機 （b）Garmin 衛星通訊器（圖片來源：Garmin）

本章回顧

- **無線個人網路** (WPAN) 的標準是 IEEE 802.15 工作小組於 2002 年以**藍牙** (Bluetooth) 為基礎所提出的 **802.15**，其中 802.15.1、802.15.3、802.15.4 定義的分別是 WPAN (Bluetooth)、High Rate WPAN (UWB) 和 Low Rate WPAN (ZigBee)。此外，諸如 RFID、NFC 等近距離無線通訊技術亦相當常見。

- IEEE 802.15 的架構有 **piconet**（微網）和 **scatternet**（散網）兩種類型。

- 無線區域網路的標準是 IEEE 802.11 工作小組於 1997 年所發布的 **802.11**，之後延伸出 802.11a、802.11b、802.11g、802.11n、802.11ac、802.11ad、802.11ax、802.11ay、802.11be、802.11bn 等。

- IEEE 802.11 的架構有**對等式網路** (ad hoc network) 和**基礎架構網路** (infrastructure network) 兩種類型。

- **無線都會網路** (WMAN) 的標準是 IEEE 於 2002 年所提出的 **802.16**，其中 **802.16m** 為 4G 行動通訊標準之一，又稱為 **WiMAX 2**。

- 第一代行動通訊 (1G) 可以傳送類比聲音，主要有 **IMTS**、**AMPS** 等系統。

- 第二代行動通訊 (2G) 可以傳送數位聲音，主要有 **D-AMPS**、**GSM**、**CDMA** 等標準。

- 第三代行動通訊 (3G) 可以即時高速存取網際網路，傳送語音、數位資料與影像，主要有 **WCDMA**、**CDMA2000** 等標準。

- 第四代行動通訊 (4G) 可以提供更多元化的無線寬頻服務，例如更傳真的語音、更高畫質的影像、更快的傳輸速率、更高的安全性，主要有 **IEEE 802.16m** (WiMAX 2) 和 **LTE-Advanced** 兩種標準。

- 第五代行動通訊 (5G) 具備高速率、大頻寬、大連結、低延遲等特點，5G 標準為 3GPP 所提出的 **5G NR**，有 Release 15、Release 16、Release 17 等階段，而 2024 年發布的 Release 18 稱為 **5G Advanced**，為未來的 6G 技術奠定基礎。

- **衛星網路** (satellite network) 是利用衛星作為中繼站轉送訊號，以提供地面上兩點之間的通訊。優點是提供全球覆蓋、不受地形影響、傳輸速率快、傳輸距離長，缺點則是成本高、有傳輸延遲、缺乏保密性及抗干擾的能力。

網路概論

學│習│評│量

一、選擇題

(　) 1. 和有線網路相比，下列何者不是無線網路的優點？
　　　　A. 架設成本較低　　　　　　　　B. 機動性較高
　　　　C. 容易架設　　　　　　　　　　D. 容易維護

(　) 2. 下列何者使用 2.4GHz ISM 頻段？
　　　　A. 藍牙　　　　　　　　　　　　B. UWB
　　　　C. 802.11a　　　　　　　　　　　D. NFC

(　) 3. 下列何者不屬於近距離無線通訊標準？
　　　　A. 藍牙　　　　　　　　　　　　B. ZigBee
　　　　C. NFC　　　　　　　　　　　　D. LTE

(　) 4. 下列關於 RFID 的敘述何者錯誤？
　　　　A. 悠遊卡屬於 RFID 的應用　　　B. RFID 就是平常看見的條碼
　　　　C. RFID 具有防磁、耐高溫的特點　D. RFID 的傳輸媒介為無線電

(　) 5. 下列何者比較適合應用於手機行動支付？
　　　　A. LTE　　　　　　　　　　　　B. WiMAX
　　　　C. NFC　　　　　　　　　　　　D. UWB

(　) 6. 下列何者比較適合應用於無線感測網路？
　　　　A. Wi-Fi　　　　　　　　　　　 B. ZigBee
　　　　C. LTE　　　　　　　　　　　　D. WiMAX

(　) 7. 下列何者比較適合應用於物聯網和車聯網？
　　　　A. 2G　　　　　　　　　　　　　B. 5G
　　　　C. 衛星通訊　　　　　　　　　　D. 802.11

(　) 8. 第二代行動通訊可以傳送下列何者？
　　　　A. 類比聲音　　　　　　　　　　B. 數位影像
　　　　C. 數位聲音　　　　　　　　　　D. 類比影像

(　) 9. 下列何者屬於第三代行動通訊系統？
　　　　A. AMPS　　　　　　　　　　　　B. WCDMA
　　　　C. UWB　　　　　　　　　　　　D. LTE

(　) 10. 下列關於 GEO 衛星的敘述何者錯誤？
　　　　A. GEO 衛星的發射成本比 MEO 衛星和 LEO 衛星來得高
　　　　B. GEO 衛星的傳輸延遲比 MEO 衛星和 LEO 衛星來得長
　　　　C. GEO 衛星的訊號涵蓋範圍比 MEO 衛星和 LEO 衛星來得小
　　　　D. GEO 衛星屬於赤道軌道衛星

(　　) 11. 下列何者是低軌道衛星 (LEO) 的應用？
　　　　　A. 衛星實況轉播　　　　　　　B. 全球定位系統 (GPS)
　　　　　C. 同步氣象衛星　　　　　　　D. SpaceX 星鏈

(　　) 12. 下列何者是 4G 行動通訊標準之一？
　　　　　A. GSM　　　　　　　　　　　B. LTE-Advanced
　　　　　C. GPRS　　　　　　　　　　　D. CDMA2000

(　　) 13. 下列關於 5G 行動通訊的敘述何者錯誤？
　　　　　A. 最高下行速率可達 20Gbps，最高上行速率可達 10Gbps
　　　　　B. 能夠連結並支援數十萬個無線感測器
　　　　　C. 適合應用於 VR、AR、無人機、自駕車等領域
　　　　　D. 通訊標準為 3GPP 所提出的 LTE-A Pro

(　　) 14. 下列關於 Wi-Fi、藍牙、5G 的敘述何者錯誤？
　　　　　A. 三者的傳輸速率以藍牙最慢　　B. 藍牙的標準為 IEEE 802.15
　　　　　C. 三者的傳輸距離以 Wi-Fi 最遠　D. Wi-Fi 的標準為 IEEE 802.11x

(　　) 15. 下列關於藍牙與 NFC 的敘述何者錯誤？
　　　　　A. 藍牙的傳輸距離比 NFC 遠　　B. NFC 的目標是取代藍牙
　　　　　C. 藍牙的傳輸速率比 NFC 快　　D. NFC 的安全性比藍牙高

(　　) 16. 透過商品上的微晶片來辨識與確認商品狀態的無線辨識技術稱為什麼？
　　　　　A. RFID　　　　　　　　　　　B. ZigBee
　　　　　C. 藍牙　　　　　　　　　　　D. UWB

二、簡答題

1. 簡單比較無線網路與有線網路的優缺點。

2. 簡單說明何謂藍牙以及其應用。

3. 簡單說明何謂 Wi-Fi 無線上網？何謂 Wi-Fi 7？

4. 簡單說明何謂衛星網路以及其優缺點。

5. 簡單說明何謂 NFC 以及其應用。

6. 簡單說明何謂 RFID 以及其應用。

7. 簡單說明何謂 5G 以及其應用。

8. 簡單說明何謂低軌道衛星 (LEO) 以及其應用。

Computer Networks • Computer Networks • Computer Networks

CHAPTER

07

網際網路

7-1　網際網路的起源

7-2　連上網際網路的方式

7-3　網際網路的應用

7-4　網際網路命名規則

7-5　網頁設計

7-1 網際網路的起源

網際網路 (Internet) 是全世界最大的網路，由成千上萬個大小網路連接而成。它的起源可以追溯至 1950 年代，那是一個只有政府機構或大型企業才買得起電腦的年代，而當時的電腦指的是**大型電腦** (mainframe)。這些組織會將大型電腦放在電腦中心，然後透過電話線路在每個辦公室連接一個終端機和鍵盤，當不同辦公室的人要互相傳送訊息，就必須經過大型電腦，這是一個**集中式網路** (centralized network)(圖 7.1(a))。

由於集中式網路是一部主電腦連接多部終端機，所有訊息的傳送都必須經過主電腦，萬一哪天突然斷電，主電腦因而當機，或發生核子戰爭（別懷疑，這是當時冷戰期間美國很擔心的問題），主電腦被炸毀，整個網路將無法運作，為此，美國國防部於 1968 年請 BBN 科技公司尋求解決之道。

BBN 科技公司想出一項足以締造奇蹟的實驗計畫－**ARPANET** (Advanced Research Projects Agency NETwork)，這是一個**封包交換網路** (packet switching network)（圖 7.1(b)），每部電腦都像主電腦一樣可以接收訊息、決定訊息該如何傳送，換言之，兩部電腦的溝通路徑不再像集中式網路是唯一的，當網路連線遭到破壞時，資料會自動尋找新的路徑。

ARPANET 的成員一開始只有加州的三部電腦和猶他州的一部電腦，但從 1970 年代開始，美國的多所大學及企業紛紛加入 ARPANET 的陣營。由於膨脹速度過快，而且要連接諸如迷你電腦、個人電腦、工作站等不同類型的電腦，因此，ARPANET 採取 **TCP/IP** (Transmission Control Protocol/Internet Protocol) 通訊協定，並促使 Berkeley UNIX (4.2BSD) 作業系統完全整合 TCP/IP。

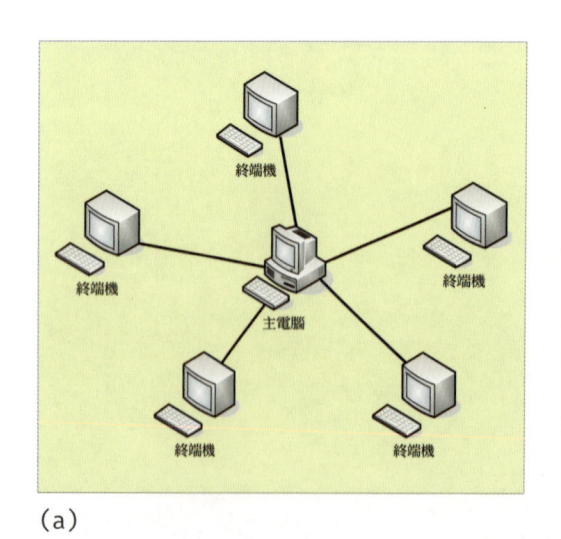

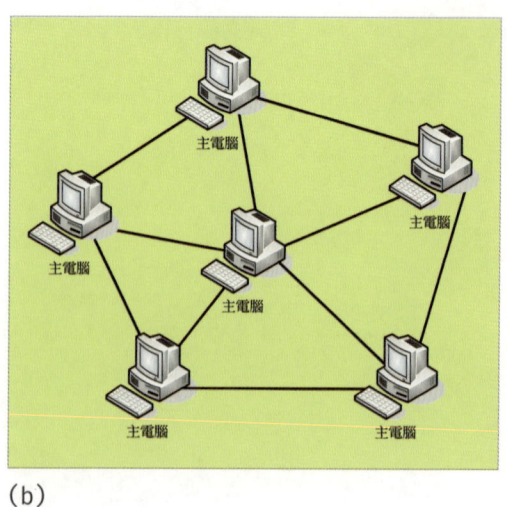

圖 7.1 (a) 集中式網路 (b) 封包交換網路

07 網際網路

美國國防部成立 ARPANET 的原意是軍事用途，但後來卻逐漸演變成大學及企業鳩佔鵲巢的局面，美國國防部只好另外成立一個軍事網路 **MILNET**。幾年後，美國國家科學基金會 (NSF) 根據 ARPANET 的基本架構成立 **NSFNET**，藉以結合 NSF 的研究人員。由於 NSFNET 可以透過 TCP/IP 通訊協定和 ARPANET 溝通，加上 NSFNET 有研究人員負責維護，ARPANET 遂被 NSFNET 合併。

繼 NSFNET 之後，1980 年代又出現了兩個比較重要的網路—**USENET** 和 **BITNET**，這兩個網路雖然有別於 NSFNET，但使用者可以互相溝通，而 **Internet** 就是這些網路的統稱。

隨著網際網路的使用者呈現爆炸性的成長，網際網路的效能開始顯得捉襟見肘，為此，美國的多所大學、研究機構、私人企業，以及其它國家的國際聯網夥伴於 1996 年提出要成立一個全新的、獨立的高效能網路，稱為**第二代網際網路** (Internet2)，以滿足教育與科學研究的需要。

Internet2 於 1998 年進行運作試驗，並於 2007 年正式運作，傳輸速率高達 100Gbps。目前 Internet2 是作為新技術的測試平台，例如遠距醫療、科學模擬等，不會取代公眾的網際網路，也沒有提供服務給一般使用者。

圖 7.2　網際網路有著琳瑯滿目的各類資訊

資訊部落

網際網路由誰管理？

這個全世界最大的網路並沒有特定的機構負責管理，因為網際網路是由成千上萬個大小網路連接而成，所以管理的工作是各個網路的管理人員負責。至於各個網路之間的使用規則、通訊協定及如何傳送訊息，則是由數個組織共同議定，例如：

- **IAB** (Internet Architecture Board)：IAB 負責網際網路架構所涉及的技術與策略問題，包括網際網路各項通訊協定的審核、解決網際網路所碰到的技術問題、RFC 的管理與出版等。基本上，IAB 的決策都是公開的，而且會廣徵各方意見以取得共識，其網址為 https://www.iab.org。

- **IETF** (Internet Engineering Task Force)：由於網際網路的成員迅速增加，許多實驗中的通訊協定也由學術研究範疇邁入商業用途，為了協調並解決所產生的問題，於是 IAB 另外成立 IETF。IETF 是由許多與網際網路通訊協定相關的網路設計人員、管理人員、廠商及學術單位所組成，負責提出通訊協定的規格、網際網路術語的定義、網際網路安全問題的解決，其網址為 https://www.ietf.org。

- **IRTF** (Internet Research Task Force)：為了提升網路研究及發展新技術，IAB 又成立 IRTF，IRTF 是由許多對網際網路有興趣的研究團體所組成，由於研究主題偶爾和 IETF 重疊，所以兩者的工作劃分並不是壁壘分明的，其網址為 https://irtf.org。

- **ISOC** (Internet Society)：ISOC 是一個專業的非營利組織，負責將網際網路的技術和應用推廣至學術團體、科學團體及一般大眾，進而發掘網際網路更多的用途，其網址為 https://www.internetsociety.org。

- **InterNIC** (Internet Network Information Center)：InterNIC 是美國國家科學基金會 (NSF) 於 1993 年開始支援的一項專題，主要是提供網路資訊服務，其中目錄及資料庫服務由 AT&T 公司提供，資訊服務由 General Atomics 公司提供，網域名稱註冊服務由 Network Solutions, Inc. 公司提供。InterNIC 的網址為 https://www.internic.net，中文網域名稱註冊服務則是由「台灣網路資訊中心 TWNIC」提供，其網址為 https://www.twnic.tw，另外還有「亞太網路資訊中心 APNIC」，負責提供亞洲地區的網際網路資源服務，其網址為 https://www.apnic.net。

- **ICANN** (Internet Corporation for Assigned Names and Numbers)：這個非營利機構負責 IP 位址配置與管理網域名稱系統 (DNS，Domain Name System)，其網址為 https://www.icann.org。

7-2 連上網際網路的方式

早期人們通常是經由電話撥接上網，所要自備的有電腦、數據機、非經總機轉接的電話線路及向 ISP (Internet Service Provider) 申請的連線帳號。之後 ADSL 寬頻上網、FTTx 光纖上網和有線電視寬頻上網取而代之成為主流，此時，人們必須自備電腦與網路卡，而 ADSL 數據機和 VDSL 數據機是由中華電信提供，纜線數據機 (Cable Modem) 則是由第四台系統業者提供。

ADSL (Asymmetric Digital Subscriber Line，非對稱數位用戶迴路) 是透過既有的電話線路提供高速上網服務，其特色是上行與下行的頻寬不對稱，**上行** (upstream) 指的是從用戶到電信業者的方向，例如上傳資料，而**下行** (downstream) 指的是從電信業者到用戶的方向，例如下載資料。

FTTx 是「fiber to the x」的縮寫，意指「光纖到 x」，其中 x 代表光纖的目的地，包括 **FTTC** (fiber to the curb，光纖到街角)、**FTTCab** (fiber to the cabinet，光纖到光化箱)、**FTTB** (fiber to the building，光纖到樓)、**FTTH** (fiber to the home，光纖到府) 等服務模式，而**有線電視寬頻上網**則是透過有線電視的纜線提供高速上網服務。

除了有線上網，也有許多人使用無線上網，常見的有 Wi-Fi 無線上網、4G/5G 行動上網。至於上網的設備也不再侷限於電腦，許多手持式裝置或智慧家電亦內建上網功能，例如智慧型手機、平板電腦、遊戲機、電視控制盒、智慧電視、智慧手錶、智慧冰箱等。

表 7.1　有線上網的方式

	傳輸媒介	下行 / 上行傳輸速率 (bps)	頻寬分配
ADSL 寬頻上網	電話線	快 (2M/64K～4M/1M)	獨自使用
FTTx 光纖上網	光纖	最快 (16M/3M～2G/1G)	獨自使用
有線電視寬頻上網	混合式光纖同軸電纜	快 (150M/50M～1G/500M)	共享頻寬

表 7.2　無線上網的方式

	傳輸媒介	下行 / 上行傳輸速率 (bps)
Wi-Fi	無線電	10G (Wi-Fi 6/6E)、40G (Wi-Fi 7)
4G	無線電	1G/500M
5G	無線電	20G/10G

7-3 網際網路的應用

網際網路的應用很多，以下各小節會介紹一些常見的應用。

7-3-1 全球資訊網

雖然**全球資訊網** (World Wide Web、WWW、W3、Web) 一詞出現於 1989 年，但其構想可以追溯至 1945 年，當時美國科學研究中心的一位顧問 Vannevar Bush 發表了一篇論文 "As We May Think"，這是首次有人提出**超文字系統** (hypertext system) 的概念，而這正是 Web 的基本精神。

到了 1989 年，開始有人將超文字系統的概念應用到網際網路，歐洲核子研究協會 (CERN) 的 Tim Berners-Lee 提出了 **World Wide Web** 計畫，目的是讓研究人員分享及更新訊息，並於 1990 年開發出世界上第一個 **Web 瀏覽器** (browser) 和 **Web 伺服器** (server)，使用 **HTTP** (HyperText Transfer Protocol) 通訊協定。

Web 採取主從式架構，如圖 7.3，其中**用戶端** (client) 可以透過網路連線存取另一部電腦的資源或服務，而提供資源或服務的電腦就叫做**伺服器** (server)。Web 用戶端只要安裝瀏覽器軟體 (例如 Chrome、Edge、Safari、Opera、Firefox…)，就能透過該軟體連上全球各地的 Web 伺服器，進而瀏覽 Web 伺服器所提供的網頁。

由圖 7.3 可知，當使用者在瀏覽器中輸入網址或點取超連結時，瀏覽器會根據該網址連上 Web 伺服器，並向 Web 伺服器要求使用者欲開啟的網頁，此時，Web 伺服器會從磁碟上讀取該網頁，然後傳送給瀏覽器並關閉連線，而瀏覽器一收到該網頁，就會將之解譯成畫面，呈現在使用者的眼前。

❶ 在瀏覽器中要求開啟網頁

❸ Web 伺服器從磁碟上讀取網頁

❷ 瀏覽器根據網址連上 Web 伺服器要求欲開啟的網頁

Request（要求）

Response（回應）

❹ 將網頁傳送給瀏覽器並關閉連線，瀏覽器再將網頁解譯成畫面。

Web 用戶端

Web 伺服器

圖 7.3 Web 的架構

7-3-2 電子郵件

電子郵件 (E-mail) 的概念與生活中的郵件類似，不同的是寄件者不必將訊息寫在信紙上，而是使用電子郵件程式撰寫郵件 (例如 Outlook、Thunderbird…)，該程式會根據寄件者的電子郵件地址，將郵件送往寄件者的外寄郵件伺服器，之後外寄郵件伺服器會根據收件者的電子郵件地址，將郵件送往收件者的內收郵件伺服器，待收件者啟動電子郵件程式，該程式會到內收郵件伺服器檢查有無新郵件，有的話就加以接收。

電子郵件程式用來傳送與接收郵件的通訊協定分別為 **SMTP** (Simple Mail Transfer Protocol) 和 **POP** (Post Office Protocol)，而 Web-Based Mail (網頁式電子郵件) 則是使用 **HTTP** (HyperText Transfer Protocol)，例如 Hotmail、Gmail。

無論要傳送或接收電子郵件，使用者都必須擁有**電子郵件地址** (E-mail address)，就像門牌一樣。電子郵件地址分成兩個部分，以 @ 符號隔開，左邊是使用者名稱，右邊是郵件伺服器名稱，例如 tom@mail.lucky.com，其中 tom 是向郵件服務廠商申請的使用者名稱，而 mail.lucky.com 是郵件服務廠商提供的郵件伺服器名稱。

7-3-3 檔案傳輸 (FTP)

FTP (File Transfer Protocol) 指的是在網路上傳送檔案的通訊協定，例如使用者可以登入 FTP 伺服器，然後將本機電腦的檔案上傳到該伺服器，或將該伺服器的檔案下載到本機電腦。有些 FTP 伺服器會提供匿名服務，讓沒有帳號與密碼的人也能透過該伺服器傳送檔案。

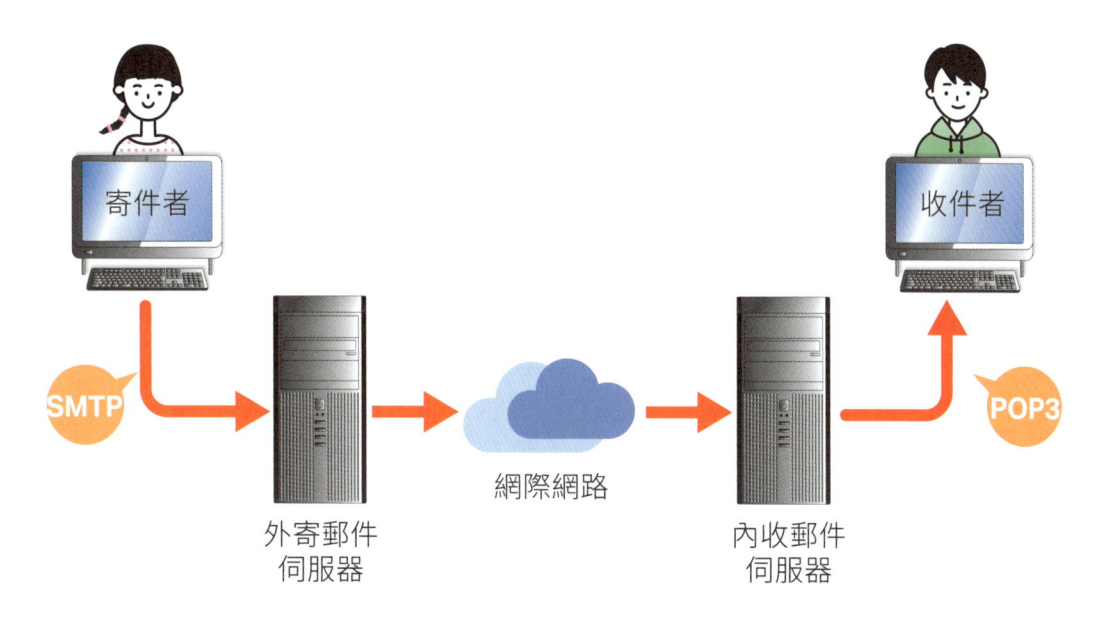

圖 **7.4** 電子郵件的收發過程

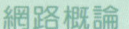

7-3-4 電子布告欄 (BBS)

BBS (Bulletin Board System) 是一種網路系統，使用者可以在 BBS 討論時事、分享生活情報、玩遊戲或聊天，例如批踢踢 (ptt.cc)、批踢踢兔 (ptt2.cc)、巴哈姆特電玩資訊站 (bbs.gamer.com.tw) 等。

多數 BBS 是對外開放的，不需要付費，在使用者連線到 BBS 後，它們通常會要求使用者註冊個人資料，包括真實姓名、E-mail 地址、代號、暱稱、密碼等，唯有經過合法註冊的使用者才能擁有會員獨享的權益，例如發言權或投票權。

7-3-5 即時通訊

即時通訊 (instant messaging) 指的是兩個或多個使用者透過網際網路即時傳送訊息、檔案、語音或視訊，只要使用者有安裝即時通訊軟體並註冊帳號 (例如 Line、WhatsApp、Facebook Messenger、Apple iChat、WeChat…)，就能在彼此之間建立專屬的通道，以傳送訊息、傳送檔案、傳送位置、貼圖、語音通話或視訊通話。

知名的即時通訊軟體首推 Line，不僅操作簡便，傳送訊息、傳送檔案、語音通話和視訊通話完全免費，還有豐富的貼圖，使得 Line 一推出就大受歡迎。也正因為行動版 Line 的高人氣，催生了 PC 版 Line，使用者只要先在行動裝置上註冊，就能到官方網站下載 PC 版 Line。

7-3-6 網路電話與視訊會議

網路電話 (VoIP，Voice over Internet Protocol) 是一種語音通話技術，它會先將聲音數位化，然後透過網際網路的 IP 通訊協定來傳送語音。隨著寬頻網路的普及，網路電話已經克服品質的障礙，成為生活中常見的應用，表 7.3 是網路電話的通話類型。

知名的網路電話軟體首推 Skype，它可以透過網際網路為 PC、平板電腦和行動裝置提供與其它連網裝置或全球市話 / 行動電話之間的語音及視訊服務。使用者可以透過 Skype 撥打電話、傳送訊息、檔案、多媒體訊息或進行視訊會議。

網路電話與即時通訊原屬於不同性質的應用，但從即時通訊軟體開始支援語音和視訊後，這兩種軟體的功能就已經不分軒輊，並廣泛應用到視訊會議。

常見的視訊會議軟體有 Zoom、Microsoft Teams、Google Meet、FaceTime、Amazon Chime、Cisco Webex、GoTo Meeting 等，其中 Zoom 可以讓百人共同連線，提供視訊會議、白板、共享螢幕、會議錄影等功能；而 Microsoft Teams 可以讓 250 人共同連線，提供視訊會議、白板、共享螢幕、資料同步 OneDrive 存檔、小組討論與工作指派、Office 系列檔案共同編輯、主題發文等功能，Microsoft 於 2025 年 5 月停止 Skype 服務，並鼓勵用戶改用免費的 Teams 應用程式。

表 7.3　網路電話的通話類型

	發話方	收話方	說明
PC to PC （電腦對電腦）	電腦	電腦	通話雙方的電腦除了有麥克風、音效卡、喇叭等配備，還要安裝相同的網路電話軟體，之後發話方只要在網路電話軟體輸入收話方的識別碼，待收話方回應後，就能進行通話。
PC to Phone （電腦對電話）	電腦	電話	發話方須事先向網路電話服務業者註冊，之後發話方只要在網路電話軟體輸入收話方的電話號碼，就能透過網路電話服務業者提供的網路電話閘道器轉接到收話方的電話或手機。
Phone to PC （電話對電腦）	電話	電腦	發話方須事先向網路電話服務業者註冊，之後發話方只要在電話或手機輸入收話方的識別碼，就能透過網路電話服務業者提供的網路電話閘道器轉接到收話方的電腦。

(a)

(b)

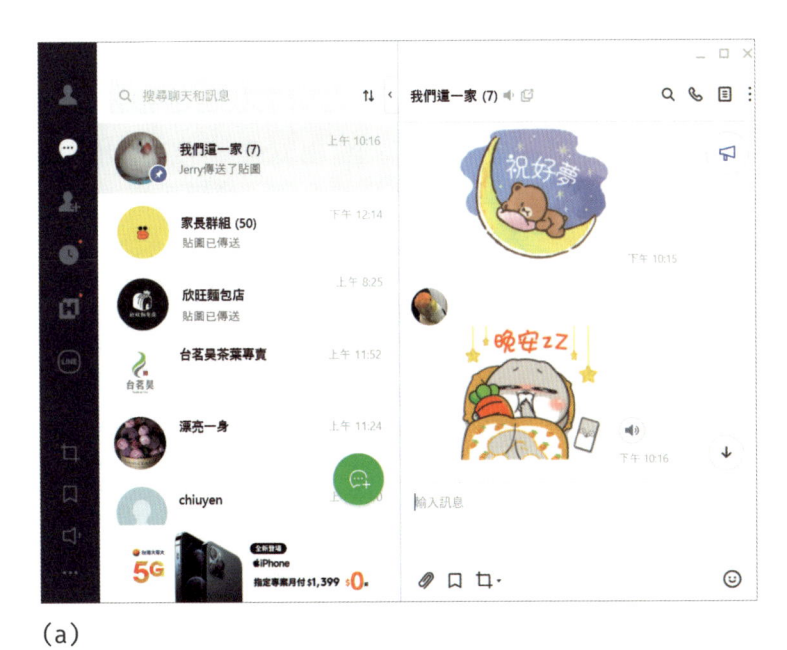

圖 7.5　（a）Line 豐富的貼圖深受使用者喜愛 (此為 PC 版)
　　　　（b）Facebook 提供的即時通訊軟體 Messenger (此為手機版)

7-3-7 多媒體串流技術

在過去，由於多媒體影音的檔案龐大，加上網路的傳輸速率不夠快，使用者如欲觀看影音資料，必須將檔案下載到自己的電腦，再透過特定的程式來播放，例如 Windows Media Player、QuickTime Player。

然而這種方式並不理想，一來是使用者必須花費長時間等待檔案下載完畢才能觀看，二來是諸如智慧型手機、平板電腦等行動裝置的儲存容量有限，三來是檔案可能會在未經授權的情況下被四處散播。

隨著寬頻時代的來臨，遂發展出**多媒體串流技術** (streaming)，這是一種網路多媒體播放方式，在伺服器收到用戶端欲觀看影音資料的要求後，會將影音資料分割成一個個封包，當封包陸續抵達用戶端時，就將之重組立刻呈現在用戶端，不必等待整個檔案下載完畢。事實上，傳統的電視或廣播電台就是以串流的方式傳送訊號。

多媒體串流技術能夠讓使用者在無須長時間等待的情況下即時觀看影音資料，支援**隨選視訊** (VoD，Video on Demand)，同時亦保護了影音資料提供者的智慧財產權，因為多媒體串流技術只會傳送及播放影音資料，不會在用戶端留下拷貝。

多媒體串流技術可以將影音資料由一點傳送到單點或多點，又分成下列幾種模式：

- **廣播** (broadcast)：伺服器會將訊號傳送給所有用戶端，就像電視或廣播電台一樣，雖然便利，卻會浪費頻寬。

- **單播** (unicast)：伺服器只會將訊號傳送給有提出要求的用戶端，如此一來，自然比較節省頻寬。不過，若多數用戶端在相同的時間要求觀看相同的節目，伺服器必須對每個用戶端個別傳送相同的串流資料，不僅增加伺服器的負荷，也會浪費頻寬。

- **群播** (multicast)：伺服器會傳送訊號給特定群組的用戶端，這樣就能節省頻寬，解決單播所面臨的問題。

多媒體串流技術主要的應用有**即時** (onlive) 與**非即時** (on demand) 兩種，前者的影音資料是立刻由伺服器傳送給用戶端，例如視訊會議、即時監控或直播；後者的影音資料是先儲存在資料庫，待用戶端提出要求，伺服器再從資料庫取出影音資料傳送給用戶端，例如隨選視訊。

知名的多媒體串流平台有 YouTube、Twitch、Podcast、Netflix、Disney+ 等，其中 **YouTube** 可以讓人們上傳自製的影片給大家觀看；**Twitch** 是一個遊戲影音串流平台，可以讓玩家進行遊戲實況直播、螢幕分享或遊戲賽事轉播；**Podcast**（播客）是一個類似網路廣播的數位媒體，創作者將音訊或影片上傳到 Apple Podcast、Google Podcast、Spotify 等 Podcast 平台給大家聆聽或觀看；**Netflix** 和 **Disney+** 提供隨選視訊服務，包括電影、電視節目和平台的原創節目。

(a)

(b) (c)

(d)

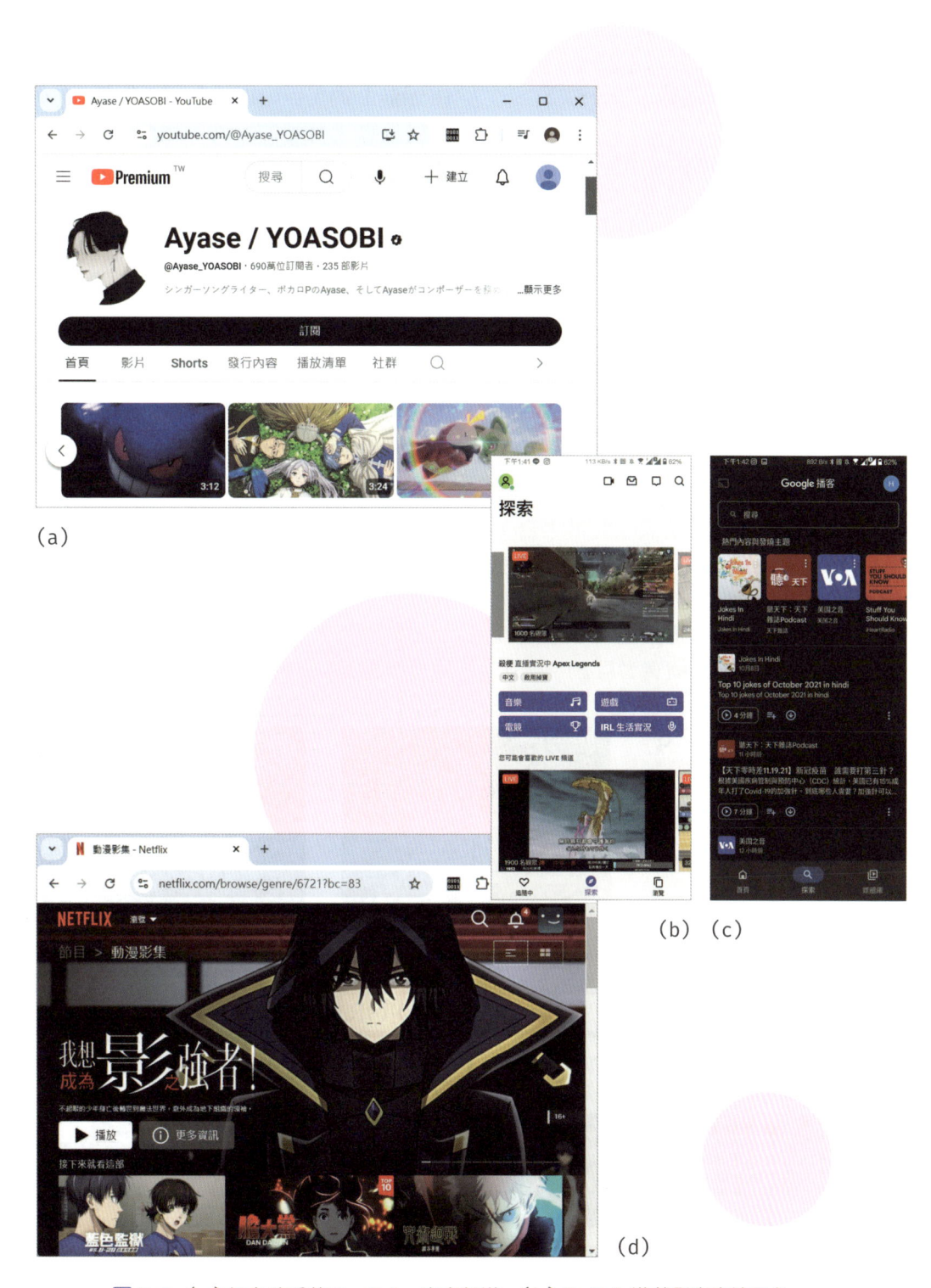

> **圖 7.6** （a）知名歌手的 YouTube 官方頻道 （b）Twitch 遊戲影音串流平台
> （c）Google Podcast 平台 （d）Netflix 提供電影和電視節目的訂閱服務

7-11

7-3-8 社群媒體

社群媒體 (social media) 指的是透過網路平台讓人們創作、分享和交流內容的工具，例如 Facebook、Instagram、Threads、X、YouTube、TikTok、LinkedIn、Reddit、Snapchat、Podcast、部落格等，用戶可以發布文字、圖片、音樂、影片等多種形式的內容，並與其它用戶互動。社群媒體不僅是個人交流的工具，更被廣泛應用到商業、行銷、新聞、娛樂等領域。

Facebook 是目前規模最大的社群平台，用戶可以建立個人頁面、自動推薦朋友、更新動態消息、貼文、打卡、直播、參加活動等，而企業還可以透過商業頁面和廣告功能與消費者互動。

Facebook 的用戶可以成立「粉絲專頁」，當粉絲專頁有新消息時，粉絲都會在動態消息中看到。相較於開放式的粉絲專頁，用戶也可以成立封閉式的「社團」，只有受邀請的人才能加入。

另外還有相片及影片分享社群平台 **Instagram**，用戶可以輕鬆分享相片及影片，使用濾鏡和編輯工具美化內容，透過主題標籤 (hashtag) 增加曝光率，或透過限時動態分享 24 小時後自動消失的內容。Instagram 專注於視覺內容的分享，適合用來生活分享與品牌行銷。至於 **Threads** 則是以文字為主的社群平台，用戶可以發表短文本內容，並附加圖片、影片或連結，適合用來快速分享觀點、討論社會議題等。

(a)　　　　　　　　(b)　　　　　　　　(c)

圖 7.7　(a) Facebook 是綜合型的社群平台　(b) Instagram 專注於視覺內容分享　(c) Threads 是以短文本內容為主

7-4 網際網路命名規則

在生活中，戶政事務所可以透過身分證字號辨識每位國民，學校可以透過學號辨識每位學生，但在網際網路的世界裡，我們要如何辨識特定的使用者或電腦呢？事實上，網際網路的每部電腦都有一個編號和名稱，這個編號叫做 **IP 位址** (Internet Protocol address)，而名稱叫做**網域名稱** (domain name)，至於網域名稱的命名方式則須遵循**網域名稱系統** (DNS，Domain Name System)。

7-4-1 IP 位址

凡連上網際網路的電腦都叫做**主機** (host)，而且每部主機都有唯一的編號，叫做 **IP 位址** (IP address)，就像房子有門牌號碼一樣。

第一個廣泛使用的 IP 定址方式為 **IPv4** (IP version 4)，在這個版本中，IP 位址是一個 32 位元的二進位數字，例如 10001100011100000001111000010110，為了方便記憶，這串數字被分成四個 8 位元的十進位數字，中間以小數點連接，即 140.112.30.22。未來會逐漸升級為 **IPv6**，屆時每個 IP 位址將有 128 位元。

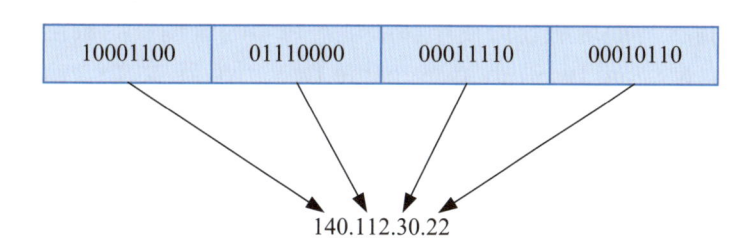

| 10001100 | 01110000 | 00011110 | 00010110 |

140.112.30.22

在台灣，主機的 IP 位址是有規則的，我們可以從左邊開始解譯，以 140.112.30.22 為例，140.112 是教育部指派給台灣大學的編號，30 是台灣大學指派給資訊工程學系的編號，而 22 是資訊工程學系指派給特定主機的編號。

表 7.4　IP 位址實例

IP 位址	單位 / 主機名稱
12.0.0.0	AT&T
206.190.36.105	美國 Yahoo 網站
140.109.4.8	中研院網站
140.112.8.116	台灣大學 BBS 主機
172.217.5.195	台灣 Google 網站

7-4-2 網域名稱系統 (DNS)

雖然我們可以透過 IP 位址辨識網際網路的每部電腦，但 IP 位址只是一串看不出意義的數字，並不容易記憶，於是有了**網域名稱** (domain name)，這是一串用小數點隔開的名稱，只要透過**網域名稱系統** (DNS，Domain Name System)，就可以將網域名稱和 IP 位址互相對映，例如 www.google.com.tw 是台灣 Google 網站的網域名稱，該名稱對映至 IP 位址 172.217.5.195，相較於 172.217.5.195，www.google.com.tw 顯得有意義且好記多了。

在台灣，主機的網域名稱是有規則的，我們可以從右邊開始解譯，例如 www.google.com.tw 的 tw 是國碼（台灣），com 是公司，google 是 Google 公司，www 是網站伺服器的名稱；又例如 ntucsa.csie.ntu.edu.tw 的 tw 是國碼（台灣），edu 是教育單位，ntu 是台灣大學，csie 是資訊工程學系，ntucsa 是某部主機的名稱。

表 7.5 是一些常見的 DNS 頂層網域名稱，台灣的使用者可以向 HiNet、PChome、遠傳、台灣大哥大等網址服務廠商申請網址，每年的管理費約數百元不等，例如 .com.tw、.net.tw、.org.tw、.idv.tw、.game.tw、.tw（英文）、.tw（中文）、.台灣（中文）、.台灣（英文）等台灣網域名稱，或 .com、.net、.org、.biz、.info、.asia、.cc、.mobi、.taipei 等國際網域名稱，以及其它新的頂級網域名稱。

表 7.5 　DNS 頂層網域名稱

網域名稱	說明	網域名稱	說明
國碼	例如 tw 表示台灣、us 表示美國、jp 表示日本、cn 表示中國、ca 表示加拿大、uk 表示英國、fr 表示法國等	aero	航空運輸業
com	公司或商業組織	biz	商業組織
edu	教育或學術單位	coop	合作性組織
gov	政府部門	info	提供資訊服務的機構
mil	軍事單位	museum	博物館
int	國際性組織	name	家庭或個人
org	財團法人、基金會或其它非官方機構	pro	律師、醫師、會計師等專業人士
net	網路服務機構		

7-4-3 URI與URL

網頁上除了有豐富的圖文，還有**超連結** (hyperlink) 可以用來連結到網頁內的某個位置、E-mail 地址、其它圖片、程式、檔案或外部網站。

超連結的定址方式稱為 **URI** (Universal Resource Identifier)，指的是 Web 上各種資源的網址，而我們經常聽到的 **URL** (Universal Resource Locator) 則是 URI 的子集。URI 通常包含下列幾個部分：

通訊協定 伺服器名稱 [: 通訊埠編號]/ 資料夾 [/ 資料夾 2…]/ 文件名稱

例如：

```
http://www.lucky.com.tw:80/Books/index.html
```
通訊協定　伺服器名稱　　通訊埠編號　資料夾　文件名稱

- **通訊協定**：這是用來指定 URI 所連結的網路服務，如表 7.6。
- **伺服器名稱 [: 通訊埠編號]**：伺服器名稱是提供服務的主機名稱，而冒號後面的通訊埠編號用來指定要開啟哪個通訊埠，省略不寫的話，表示為預設值 80。由於電腦可能會同時擔任不同的伺服器，為了方便區分，每種伺服器會各自對應一個通訊埠，例如 FTP、Telnet、SMTP、HTTP、POP 的通訊埠編號為 21、23、25、80、110。
- **資料夾**：這是存放檔案的地方。
- **文件名稱**：這是檔案的完整名稱，包括主檔名與副檔名。

表 7.6　通訊協定所連結的網路服務

通訊協定	網路服務	實例
http://、https://	全球資訊網	https://www.google.com.tw/
ftp://	檔案傳輸	ftp://ftp.lucky.com/
file:///	存取本機磁碟檔案	file:///c:/games/bubble.exe
mailto:	傳送電子郵件	mailto:jean@mail.lucky.com
telnet://	遠端登入	telnet://ptt.cc

7-5 網頁設計

7-5-1 網頁設計流程

網頁設計流程大致上可以分成如圖 7.8 的四個階段，以下有進一步的說明。

蒐集資料與規劃網站架構

階段一的工作是蒐集資料與規劃網站架構，除了釐清網站所要傳達的內容，更重要的是確立網站的目的、功能與目標使用者，也就是「誰會使用這個網站以及如何使用」，然後規劃出組成網站的所有網頁，將網頁之間的關係整理成一張階層式的架構圖，稱為**網站地圖** (sitemap)。

下面幾個問題值得您深思：

- 網站的目的是為了銷售產品或服務？塑造並宣傳企業形象？還是方便業務聯繫或客戶服務？抑或作品展示、技術交流或資訊分享？若網站本身具有商業用途，那麼您還需要進一步瞭解其行業背景，包括產品類型、企業文化、品牌理念、競爭對手等。

- 網站的建置與經營需要投入多少人力、時間、預算與資源？您打算如何行銷網站？有哪些管道及相關的費用？

- 網站的獲利模式為何？例如銷售產品或服務、廣告贊助、手續費、訂閱費或其它。

- 網站將提供哪些資訊或服務給哪些對象？若是個人的話，那麼其統計資料為何？包括年齡層分佈、男性與女性的比例、教育程度、職業、收入、婚姻、居住地區、上網的頻率與時數、使用哪些裝置上網等；若是公司的話，那麼其統計資料為何？包括公司的規模、營業項目與預算。

關於這些對象，他們有哪些共同的特徵或需求呢？舉例來說，彩妝網站的目標使用者可能鎖定為時尚愛美的女性，所以首頁往往呈現出豔麗的視覺效果，好緊緊抓住使用者的目光，而購物網站的目標使用者比較廣泛，所以首頁通常展示出琳瑯滿目的商品。

- 網路上是否已經有相同類型的網站？如何讓自己的網站比這些網站更吸引目標族群？因為人們往往只記得第一名的網站，卻分不清楚第二名之後的網站，所以定位清楚且內容專業將是網站勝出的關鍵，光是一味的模仿，只會讓網站流於平庸化。

階段一：蒐集資料與規劃網站架構 → 階段二：網頁製作與測試 → 階段三：網站上傳與推廣 → 階段四：網站更新與維護

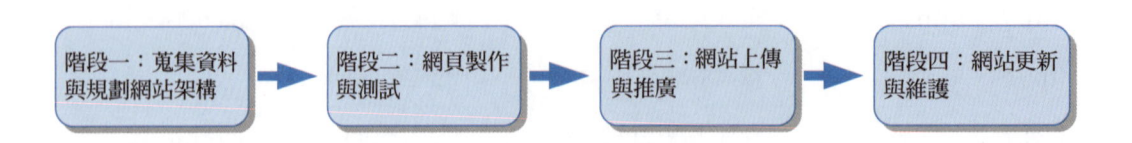

圖 7.8 網頁設計流程

(a)

(b)

(c)

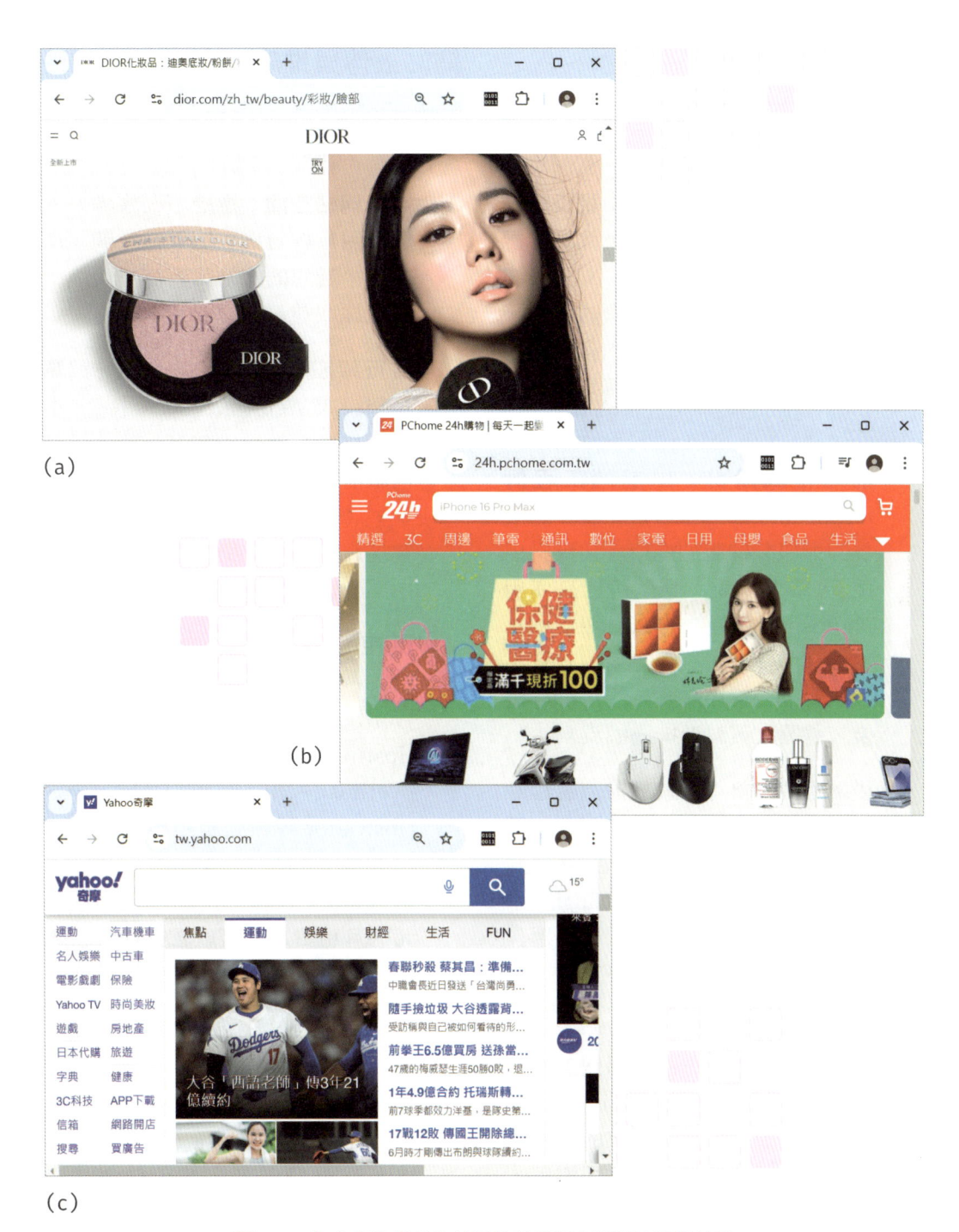

圖 7.9 （a）彩妝網站的首頁往往呈現出豔麗的視覺效果
　　　 （b）購物網站的首頁通常展示出琳瑯滿目的商品
　　　 （c）廣告收益是入口網站相當重要的獲利模式

網頁製作與測試

階段二的工作是製作並測試階段一所規劃的網頁，包括：

1. **網站視覺設計**：首先，由**視覺設計師** (Visual Designer) 設計網站的視覺風格；接著，針對 PC、平板或手機等目標裝置設計網頁的版面配置；最後，設計首頁與內頁版型，試著將圖文資料編排到首頁與內頁版型，如有問題，就進行修正。

2. **前端程式設計**：由**前端工程師** (Front-End Engineer) 根據視覺設計師所設計的版型進行「切版與組版」，舉例來說，版型可能是使用 Photoshop 所設計的 PSD 設計檔，而前端工程師必須使用 HTML、CSS 或 JavaScript 重新切割與組裝，將圖文資料編排成網頁。

3. **後端程式設計**：相較於前端工程師負責處理與使用者接觸的部分，例如網站的架構、外觀、瀏覽動線等，**後端工程師** (Back-End Engineer) 則是負責撰寫網站在伺服器端運作的資料處理、商業邏輯等功能，然後提供給前端工程師使用。

4. **網頁品質測試**：由**品質保證工程師** (Quality Assurance Engineer) 檢查前端工程師所整合出來的網站，包含使用正確的開發方法與流程，校對網站的內容，測試網站的功能等，確保軟體的品質，如有問題，就讓相關的工程師進行修正。

網站上傳與推廣

階段三的工作是將網站上傳到 Web 伺服器並加以推廣，包括：

1. **申請網站空間**：透過下面幾種方式取得用來放置網頁的網站空間，原則上，若您的網站具有商業用途，建議採取前兩種方式：

   - **自行架設 Web 伺服器**：將一部電腦架設成 Web 伺服器，維持 24 小時運作。雖然成本較高（包括採購伺服器軟硬體、防火牆、網路月租費、聘僱 MIS 工程師等），但可以掌控資料維護技術，也可以跟企業內部的資訊系統做結合。

   - **租用虛擬主機**：向 HiNet、PChome、智邦生活館、WordPress.com、GitHub Pages、Hostinger、Weebly、Freehostia、Byethost、Bluehost、GoDaddy、HostGator 等業者租用虛擬主機，也就是所謂的「主機代管」或「網站代管」，只要花費數百元到數千元的月租費，就可以省去採購軟硬體的費用，同時有專業人員管理伺服器。

   - **申請免費網站空間**：向 WordPress.com、GitHub Pages、Hostinger、Weebly、Freehostia、Byethost、Wix.com 等業者申請免費網站空間，或者像 HiNet 等 ISP 也有提供用戶免費網站空間。

2. **申請網址**：向 HiNet、PChome、遠傳、台灣大哥大等網址服務廠商申請網址，每年的管理費約數百元不等。

3. **上傳網站**：透過網址服務廠商提供的平台將申請到的網域名稱對應到 Web 伺服器的 IP 位址，此動作稱為「指向」，等候幾個小時就會生效，同時將網站上傳到網站空間，等指向生效後，就可以透過該網址連線到網站，完成上線的動作。

4. **行銷網站**：在網站上線後，就要設法增加能見度，常見的做法是進行網路行銷，例如購買網路廣告、搜尋引擎優化、關鍵字行銷、社群行銷等，也可以利用 Google Search Console 提升網站在 Google 搜尋中的成效。

網站更新與維護

您的工作可不是將網站上線就結束了，既然建置了網站，就必須持續更新與維護任，才能提升網站的人氣與流量。

（a）

（b）

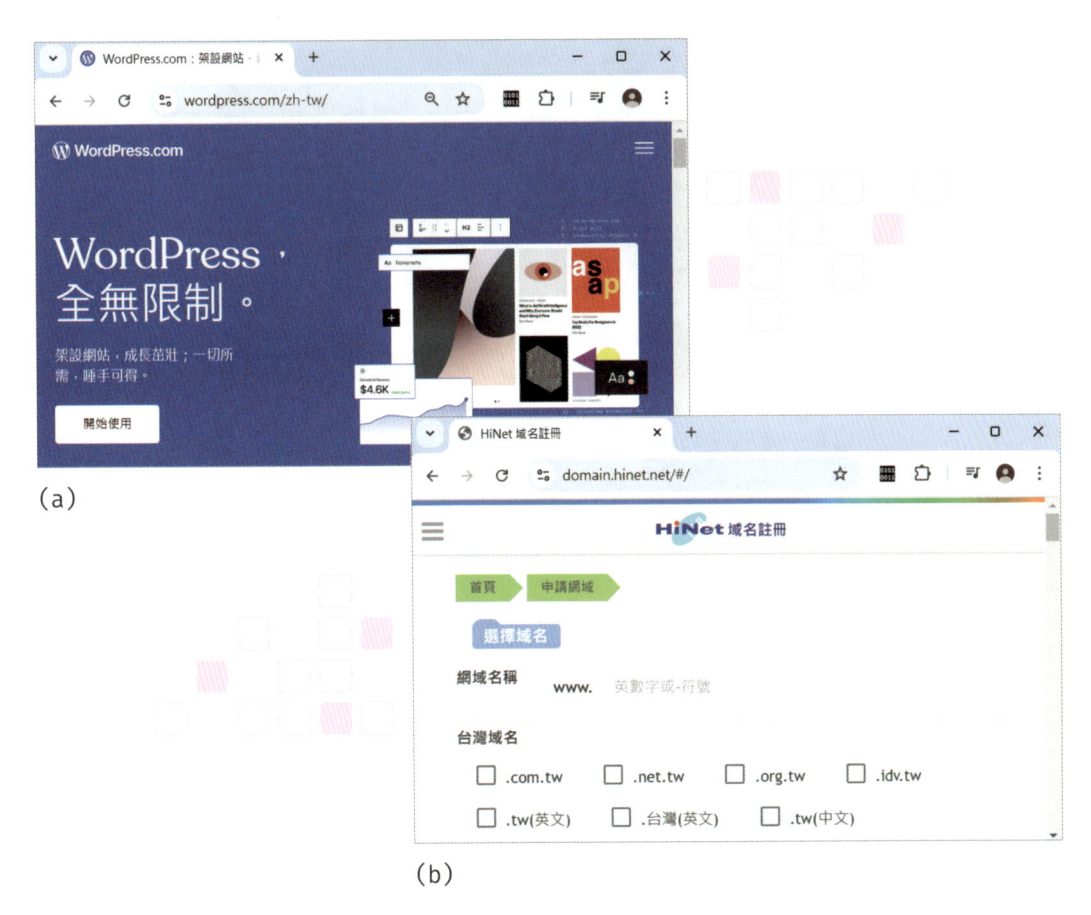

圖 7.10 （a）WordPress 是相當多人使用的部落格軟體和內容管理系統
（b）HiNet 域名註冊服務 (https://domain.hinet.net/#/)

7-19

7-5-2 網頁設計相關的程式語言

網頁設計相關的程式語言很多，常見的如下：

- **HTML**（HyperText Markup Language，超文字標記語言）：HTML 主要的用途是定義網頁的內容，讓瀏覽器知道哪裡有圖片或影片，哪些文字是標題、段落、超連結、項目符號、編號清單、表格或表單等。HTML 文件是由**標籤** (tag) 與**屬性** (attribute) 所組成，統稱為**元素** (element)，瀏覽器只要看到 HTML 原始碼，就能解譯成網頁。

圖 7.11 （a）網頁的實際瀏覽結果 （b）網頁的 HTML 原始碼

- **CSS** (Cascading Style Sheets，階層樣式表、串接樣式表)：CSS 主要的用途是定義網頁的外觀，也就是網頁的編排、顯示、格式化及特殊效果，有部分功能與 HTML 重疊。或許您會問，「既然 HTML 提供的標籤與屬性就能將網頁格式化，那為何還要使用 CSS？」，沒錯，HTML 確實提供一些格式化的標籤與屬性，但其變化有限，而且為了進行格式化，往往會使得 HTML 原始碼變得非常複雜，內容與外觀的倚賴性過高而不易修改。

  為此，W3C (World Wide Web Consortium) 遂鼓勵網頁設計人員使用 HTML 定義網頁的內容，然後使用 CSS 定義網頁的外觀，將內容與外觀分隔開來，便能透過 CSS 從外部控制網頁的外觀，同時 HTML 原始碼也會變得精簡。

- **XML** (eXtensible Markup Language，可延伸標記語言)：XML 主要的用途是傳送、接收與處理資料，提供跨平台、跨程式的資料交換格式。XML 可以擴大 HTML 的應用及適用性，例如 HTML 雖然有著較佳的網頁顯示功能，卻不允許使用者自訂標籤與屬性，而 XML 則允許使用者這麼做。

- **瀏覽器端 Script**：嚴格來說，使用 HTML 與 CSS 所撰寫的網頁屬於靜態網頁，無法顯示動態效果，例如顯示目前的股票指數、即時通訊內容、線上遊戲、公車到站資訊、Google 地圖等即時更新的資料。此類的需求可以透過瀏覽器端 Script 來完成，這是一段嵌入在 HTML 原始碼的程式，通常是以 **JavaScript** 撰寫而成，由瀏覽器負責執行。

  事實上，HTML、CSS 和 JavaScript 是網頁設計最核心也最基礎的技術，其中 HTML 用來定義網頁的內容，CSS 用來定義網頁的外觀，而 JavaScript 用來定義網頁的行為。

- **伺服器端 Script**：雖然瀏覽器端 Script 已經能夠完成許多工作，但有些工作還是得在伺服器端執行 Script 才能完成，例如存取資料庫。由於在伺服器端執行 Script 必須具有特殊權限，而且會增加伺服器端的負荷，因此，網頁設計人員應盡量以瀏覽器端 Script 取代伺服器端 Script。

  常見的伺服器端 Script 有 PHP、ASP.NET、CGI、JSP 等，其中 **PHP** (PHP:Hypertext Preprocessor) 程式是在 Apache、Microsoft IIS 等 Web 伺服器執行的 Script，由 PHP 語言所撰寫，屬於開放原始碼，具有免費、穩定、快速、跨平台 (Windows、Linux、macOS、UNIX…)、易學易用、物件導向等優點；而 **ASP.NET** 程式是在 Microsoft IIS Web 伺服器執行的 Script，由 C#、Visual Basic、C++、JScript.NET 等 .NET 相容語言所撰寫。

資訊部落

響應式網頁設計

響應式網頁設計 (RWD，Responsive Web Design) 指的是一種網頁設計方式，目的是根據使用者的瀏覽器環境（例如寬度或行動裝置的方向等），自動調整網頁的版面配置，以提供最佳的顯示結果，換言之，只要設計單一版本的網頁，就能完整顯示在 PC、平板電腦、智慧型手機等裝置。

以 LV 網站 (https://tw.louisvuitton.com/) 為例，它會隨著瀏覽器的寬度自動調整版面配置，當寬度夠大時，會顯示如圖 7.12(a)，隨著寬度縮小，就會按比例縮小，如圖 7.12(b)，最後變成單欄版面，如圖 7.12(c)，這就是響應式網頁設計的基本精神，不僅網頁的內容只有一種，網頁的網址也只有一個。

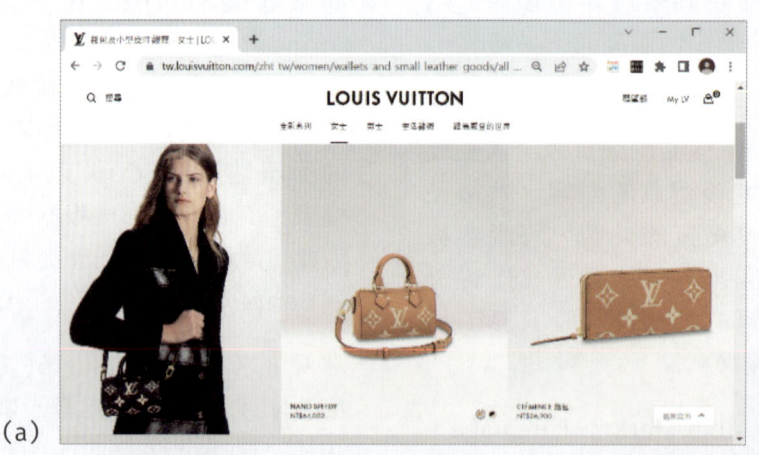

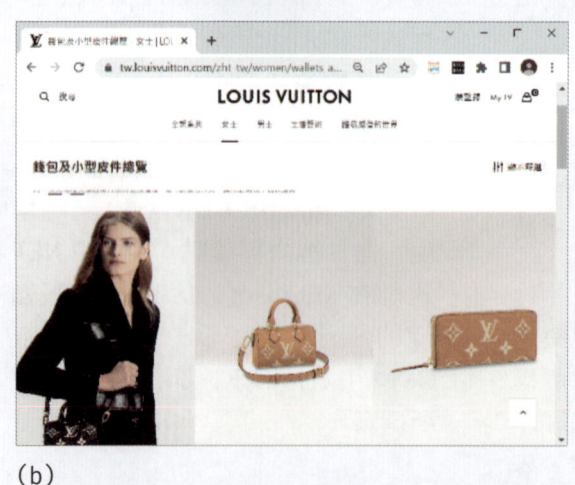

圖 7.12 採取響應式網頁設計的網站

本章回顧

- **網際網路** (Internet) 是全世界最大的網路,由成千上萬個大小網路連接而成,採取 **TCP/IP** 通訊協定。

- 連上網際網路的方式除了 ADSL 寬頻上網、FTTx 光纖上網和有線電視寬頻上網之外,也有許多人使用無線上網,常見的有 Wi-Fi 無線上網、4G/5G 行動上網。

- 網際網路的應用很多,例如全球資訊網 (WWW)、電子郵件 (E-mail)、檔案傳輸 (FTP)、電子布告欄 (BBS)、即時通訊、網路電話與視訊會議、多媒體串流技術、社群媒體等。

- 網際網路的每部主機都有唯一的編號,叫做 **IP 位址**。第一個廣泛使用的 IP 定址方式為 **IPv4**,每個 IP 位址有 32 位元,未來會逐漸升級為 **IPv6**,屆時每個 IP 位址將有 128 位元。

- 網際網路的每部主機都有唯一的名稱,叫做**網域名稱**,只要透過**網域名稱系統** (DNS),就可以將網域名稱和 IP 位址互相對映。

- 常見的 DNS 頂層網域名稱有國碼、com(公司)、edu(教育單位)、gov(政府部門)、mil(軍事單位)、int(國際性組織)、org(非官方機構)、net(網路服務機構)、aero(航空運輸業)、biz(商業組織)、coop(合作性組織)、info(資訊服務機構)、museum(博物館)、name(家庭或個人)、pro(專業人士)等。

- 超連結的定址方式稱為 **URI** (Universal Resource Identifier),指的是 Web 上各種資源的網址,而我們經常聽到的 **URL** (Universal Resource Locator) 則是 URI 的子集。

- 網頁設計流程大致上可以分成「蒐集資料與規劃網站架構」、「網頁製作與測試」、「網站上傳與推廣」、「網站更新與維護」等四個階段。

- 網頁設計相關的程式語言很多,例如 HTML、CSS、XML、瀏覽器端 Script (JavaScript)、伺服器端 Script (PHP、ASP.NET、CGI、JSP) 等。

學習評量

一、選擇題

(　　) 1. IP 位址 11001100011100000001111000000110 可以表示成下列何者？
   A. 204:104:30:6　　　　　　　B. 204.112.30.6
   C. 204:112:15:12　　　　　　D. 204.104.15.6

(　　) 2. 下列何者最有可能是行政院國家科學委員會的網址？
   A. www.nsc.net.tw　　　　　　B. www.nsc.edu.tw
   C. www.nsc.com.tw　　　　　　D. www.nsc.gov.tw

(　　) 3. URL 中開頭的 https:// 指的是下列何者？
   A. 瀏覽器版本　　　　　　　　B. 通訊協定
   C. HTML 網頁　　　　　　　　D. 固定的開頭

(　　) 4. 網際網路採取下列哪種通訊協定？
   A. IPX　　　　　　　　　　　B. AppleTalk
   C. TCP/IP　　　　　　　　　D. X.25

(　　) 5. 下列何者主要的用途是製作網頁？
   A. BASIC　　　　　　　　　　B. C++
   C. PROLOG　　　　　　　　　D. HTML

(　　) 6. 全球資訊網採取下列哪種通訊協定？
   A. TCP/IP　　　　　　　　　B. FTP
   C. HTTP　　　　　　　　　　D. SNMP

(　　) 7. 中文網域名稱註冊服務由哪個機構負責？
   A. TWNIC　　　　　　　　　　B. IETF
   C. APNIC　　　　　　　　　　D. ISOC

(　　) 8. 下列哪種通訊協定可以在郵件伺服器之間傳送電子郵件？
   A. MAPI　　　　　　　　　　　B. SMS
   C. NNTP　　　　　　　　　　　D. SMTP

(　　) 9. 下列何者可以用來解譯網域名稱？
   A. TCP　　　　　　　　　　　B. SSL
   C. IP　　　　　　　　　　　　D. DNS

(　) 10. IPv6 可能的位址數目是 IPv4 的幾倍？
　　　　A. 32　　　　　　　　　　B. 96
　　　　C. 2^{96}　　　　　　　　D. 2^{128}

(　) 11. 下列何者不是在伺服器端執行？
　　　　A. ASP.NET　　　　　　　B. JavaScript
　　　　C. JSP　　　　　　　　　　D. PHP

(　) 12. 下列何者主要的用途是定義網頁的外觀？
　　　　A. XML　　　　　　　　　B. CGI
　　　　C. JavaScript　　　　　　　D. CSS

(　) 13. 若要舉行視訊會議，您認為可以使用下列哪套軟體？
　　　　A. Chrome　　　　　　　　B. Dreamweaver
　　　　C. Zoom　　　　　　　　　D. PowerPoint

(　) 14. 若要直播電玩賽事，您認為可以使用下列哪個平台？
　　　　A. Flickr　　　　　　　　　B. Twitch
　　　　C. Netflix　　　　　　　　　D. Google Drive

(　) 15. 下列哪個 URI 的寫法錯誤？
　　　　A. mailto:///jean@mail.lucky.com　　B. ftp://ftp.lucky.com
　　　　C. file:///c:/Windows/win.ini　　　　D. http://www.lucky.com

二、簡答題

1. 簡單說明何謂 IP 位址？請舉出一個實例。

2. 簡單說明何謂 DNS？請舉出一個實例。

3. 簡單說明何謂多媒體串流技術？請舉出一個實例。

4. 簡單說明全球資訊網的運作方式為何？

5. 簡單說明網頁設計的流程為何？以及何謂響應式網頁設計？

6. 簡單說明 HTML、CSS 與 JavaScript 的用途為何？

Computer Networks • Computer Networks • Computer Networks • Computer Networks

CHAPTER

08

雲端運算與物聯網

8-1 雲端運算

8-2 物聯網

8-3 智慧物聯網

網路概論

8-1 雲端運算

雲端運算的概念

雲端運算 (cloud computing) 是透過網路以服務的形式提供使用者所需要的軟硬體與資料等運算資源，並依照資源使用量或時間計費，使用者無須瞭解雲端中各項基礎設施的細節（例如伺服器、儲存空間、網路設備、作業系統、應用程式、資料庫等），不必具備相對應的專業知識，也無須直接進行控制。

雲端運算的起源可以追溯至 1990 年代的**網格運算** (grid computing)，這是藉由連結不同地方的電腦進行同步運算以處理大量資料，之後網格運算被應用到數位典藏、地球觀測、生物資訊等領域。

隨著網路與通訊技術快速發展，開始有人提出在網路上提供軟體服務取代購買套裝軟體的構想。Amazon 於 2006 年推出「彈性運算雲端服務」，讓使用者租用運算資源與儲存空間，以彈性的方式來執行應用程式；Google 於 2007、2008 年開始在美國和台灣的大學校園推廣「雲端運算學術計畫」。

總歸來說，雲端運算的「雲」指的是網路，也就是將軟硬體與資料放在網路上，讓使用者透過網路取得資料並進行處理，即便沒有高效能的電腦或龐大的資料庫，只要能連上網路，就能即時處理大量資料，其概念如圖 8.1，對使用者來說，雲端運算所提供的服務細節和網路設備都是看不見的，就像在雲裡面。

(a)

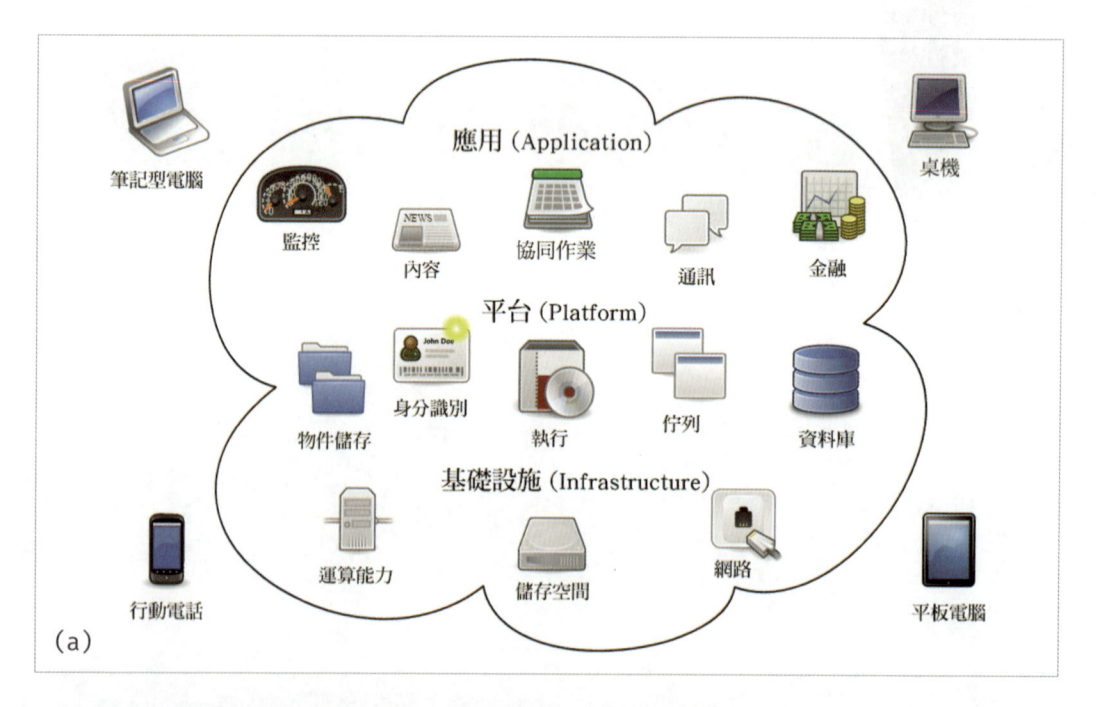

圖 8.1 (a) 雲端運算示意圖（圖片來源：維基百科 CC-BY-SA 3.0 by Sam Johnston）
(b) 使用者可以從任何有網路的位置存取雲端運算服務（圖片來源：shutterstock）

雲端運算的用途

當人們在收發電子郵件、共同編輯文件或把手機的照片上傳雲端時，就已經在使用雲端運算，常見的用途如下：

- **資料儲存**：雲端運算可以儲存大量資料，簡化備份作業。

- **大數據分析**：雲端運算可以提供機器學習、人工智慧等技術進行大數據分析，挖掘有價值的資訊。

- **災難復原**：雲端運算可以備份數位資產，確保企業在發生災難時仍能持續營運。

- **應用程式開發**：雲端運算的工具與平台可以協助使用者快速開發應用程式。

雲端運算的優點

- **彈性快速**：使用者可以從任何有網路的位置存取雲端運算服務，不受地點或設備的限制。即便是大量的運算資源，也能夠在幾分鐘內完成佈建。

- **降低成本**：使用者只要依照資源使用量或時間付費，而且能夠視實際需求調整租用的服務，無須自行採購與管理伺服器或資料中心。

- **安全可靠**：雲端運算供應商通常有更好的技術可以確保資料的安全性與機密性。

- **策略性價值**：雲端運算供應商能夠隨時將創新功能提供給客戶，增加企業的競爭力。

(b)

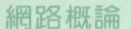

8-1-1 雲端運算的服務模式

根據美國國家標準與技術研究院 (NIST, National Institute of Standards and Technology) 的定義，雲端運算有下列三種服務模式：

- **基礎設施即服務** (IaaS，Infrastructure as a Service)：IaaS 是透過網路以服務的形式提供伺服器、儲存空間、網路設備、作業系統、應用程式等基礎設施，使用者可以經由租用的方式獲得服務，無須自行採購、設定與管理基礎設施，而且每個資源都是獨立的產品，使用者只要支付在需求期間內使用特定資源的費用。

  例如 **Amazon EC2** (Amazon Elastic Compute Cloud) 擁有超過 500 個執行個體，可以讓使用者選擇處理器、儲存、聯網、作業系統、軟體和購買類型，在申請租用的幾分鐘後，就能獲得像實體伺服器一樣的運算資源，而且之後還能視實際需求擴大或縮減服務；其它類似的服務還有 **Google Compute Engine** 提供了安全可靠、可自訂的運算服務，讓使用者透過 Google 的基礎設施建立及執行虛擬機器，以及 **Google Cloud Storage** 提供了非結構化資料的儲存與代管服務。

- **平台即服務** (PaaS，Platform as a Service)：PaaS 是透過網路以服務的形式提供開發、部署、執行及管理應用程式的環境，包括伺服器、儲存空間、網路設備、作業系統、中介軟體、程式語言、開發套件、函式庫、使用者介面等。

  PaaS 可以讓使用者透過網路開發應用程式，與團隊的其它成員協同作業，應用程式會建置在 PaaS 平台，開發完畢立即部署，例如 **Google Cloud Run** 全代管平台可以讓使用者以 Go、Python、Java、Node.js、.NET、Ruby 等程式語言開發及部署應用程式；其它像 Amazon Web Services (AWS)、Microsoft Azure 等雲端服務平台也都有提供 IaaS、PaaS 相關的產品。

- **軟體即服務** (SaaS，Software as a Service)：SaaS 是透過網路以服務的形式提供軟體，包括軟體及其相關的資料都是儲存在雲端，沒有下載到本機電腦，例如使用者可以透過瀏覽器連上 **Google Docs** 編輯文件、試算表和簡報；透過瀏覽器連上 **Gmail** 收發電子郵件；透過瀏覽器連上 **Google Colab** 撰寫 Python 程式，這些軟體及文件、電子郵件、Python 程式等都是儲存在 Google 的雲端資料中心。

  另一個例子是趨勢科技的「雲端防護技術」可以將持續增加的惡意程式、協助惡意程式入侵電腦的郵件伺服器，以及散播惡意程式的網站伺服器等資訊儲存在雲端資料庫，電腦或手機等行動裝置只要連上網路，防毒雲就會自動進行掃毒，避免使用者收到垃圾郵件或連結到危險網頁；其它像管理資訊系統、企業資源規劃、顧客關係管理、供應鏈管理、內容管理等商業應用軟體也經常採取 SaaS 作為交付模式。

圖 8.2 （a）Amazon EC2 屬於 IaaS 服務模式
　　　（b）Google Cloud Run 屬於 PaaS 服務模式
　　　（c）Google Docs 屬於 SaaS 服務模式

資訊部落

使用 Google Colab 撰寫 Python 程式

Google Colab 是一個在雲端運行的開發環境，由 Google 提供虛擬機器，支援 Python 程式與資料科學、機器學習等套件，只要透過瀏覽器就可以撰寫 Python 程式。Colab 用來儲存文字或程式碼的檔案格式比較特別，其副檔名為 **.ipynb**，也就是所謂的**筆記本** (notebook)，可以在單一文件中結合可執行的程式碼和 RTF 格式，並附帶圖片、HTML、LaTeX 等其它格式的內容。

> 新增筆記本

① 首先，開啟瀏覽器；接著，登入 Google 帳號，然後連線到 https://colab.research.google.com/，此時會出現如下畫面，請按 [**新增筆記本**]。

② 出現如下畫面，您可以在此編輯文字或程式碼，筆記本會儲存到雲端硬碟。

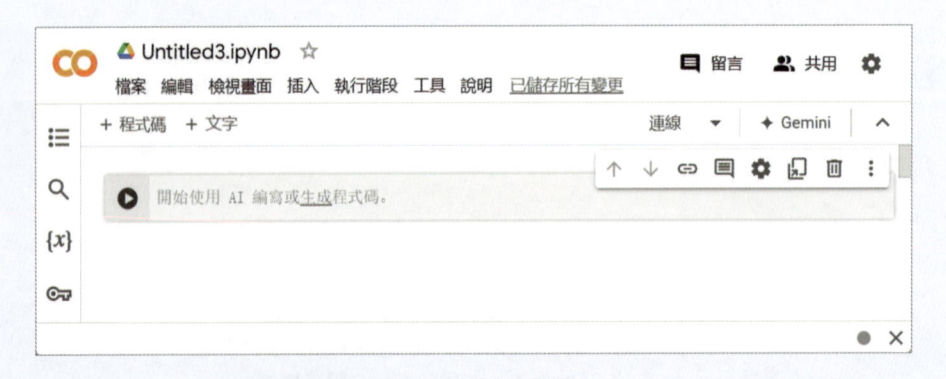

在儲存格輸入並執行程式

在筆記本的畫面中有 ▶ 圖示的地方稱為**程式碼儲存格** (code cell)，您可以在此輸入程式碼，例如 print("Hello, World!")，然後點取 ▶ 圖示，就會顯示執行結果，如下圖。

❷ 點取此圖示　❶ 輸入程式碼

```
print("Hello, World!")
```

```
print("Hello, World!")
Hello, World!
```
0秒

❸ 顯示執行結果

下面是一些基本的操作技巧：

- 若要刪除儲存格，可以在儲存格按一下滑鼠右鍵，然後從快顯功能表中選取 **[刪除儲存格]**。

- 若要在目前的儲存格下面新增程式碼儲存格，可以選取 **[插入] \ [程式碼儲存格]**。

- 若要執行目前的儲存格並新增程式碼儲存格，可以按 **[Shift]** + **[Enter]** 鍵；若要執行所有儲存格，可以按 **[Ctrl]** + **[F9]** 鍵。

- 若要在目前的儲存格下面新增**文字儲存格** (text cell)，可以選取 **[插入] \ [文字儲存格]**，就會出現如下圖的儲存格讓您輸入文字。

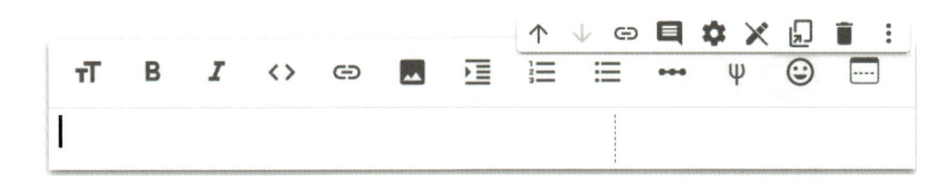

- 筆記本預設的名稱類似 Untitled0.ipynb，若要更名，可以選取 **[檔案] \ [重新命名]**，然後輸入新的名稱；若要儲存，可以選取 **[檔案] \ [儲存]**，預設會儲存在雲端硬碟的 Colab Notebooks 資料夾。

8-1-2 雲端運算的部署模式

根據美國國家標準與技術研究院 (NIST) 的定義，雲端運算有下列幾種部署模式：

- **公有雲** (public cloud)：公有雲是由雲端運算供應商 (例如 AWS、Microsoft Azure、Google Cloud) 所建置與管理的雲端服務平台，透過網路提供運算資源讓不同的企業或個人共同使用。公有雲經常用來提供網頁式電子郵件、雲端辦公室軟體、雲端儲存、雲端相簿、雲端程式開發等服務。公有雲的有些資源是免費的，例如 Google Docs、雲端硬碟、地圖、日曆等，有些資源則是透過訂閱制或按使用量計費，例如 Google Cloud Storage。使用公有雲作為解決方案不僅具有彈性、可靠度高，且成本較低。

- **私有雲** (private cloud)：私有雲是由企業所建置與管理的雲端服務平台，只有該企業的員工、客戶和供應商可以存取上面的資源，所以安全性和效率均比公有雲高，當然成本也較高。另一種方式則是由雲端運算供應商針對個別的企業提供獨立的私有雲，例如 AWS 提供的**虛擬私有雲** (virtual private cloud) 可以讓企業擁有安全性更高的專屬空間。

- **混合雲** (hybrid cloud)：混合雲結合了公有雲與私有雲的特性，企業的非關鍵性資料或工作以及短期的運算需求可以放在公有雲處理，而企業的敏感性資料或工作可以放在私有雲處理，如此一來，不僅兼顧成本效益與資料安全，同時享有更多彈性和部署選項。

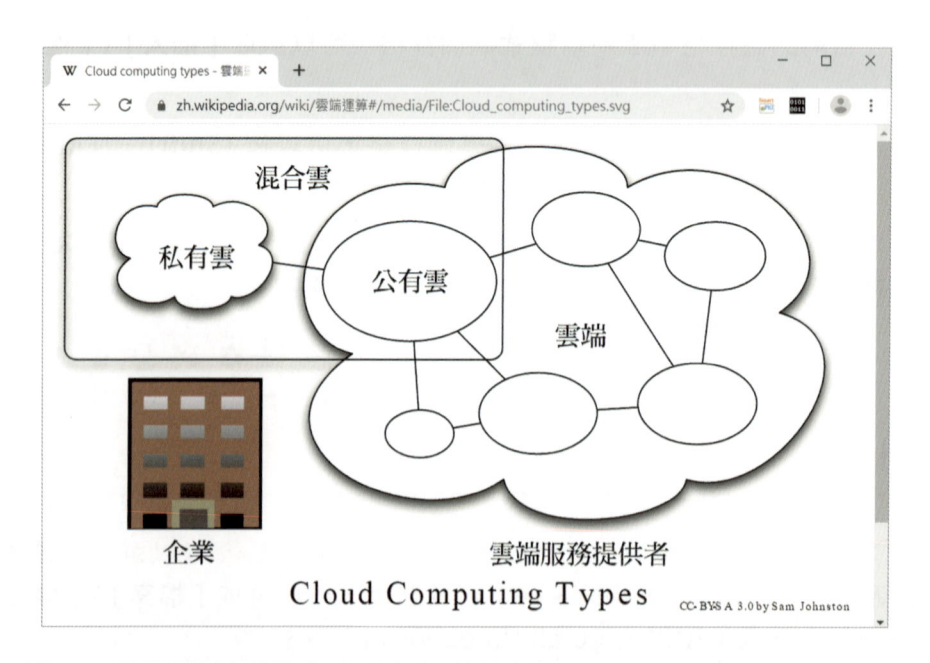

圖 8.3 雲端運算的部署模式 (圖片來源：維基百科 CC-BY-SA 3.0 by Sam Johnston)

8-2 物聯網

物聯網 (IoT,Internet of Things) 指的是將物體連接起來所形成的網路,通常是在公路、鐵路、橋梁、隧道、油氣管道、供水系統、電網、建築物、家電、衣物、眼鏡、手錶等物體上安裝感測器與通訊晶片,然後經由網際網路連接起來,再透過特定的程序進行遠端控制,以應用到智慧家庭、智慧城市、智慧建築、智慧交通、智慧製造、智慧零售、智慧醫療、智慧農業、環境監測、犯罪防治等領域。

物聯網的特色是賦予物體智慧,能夠自動回報狀態,達到物與物、物與人的溝通,例如「土石流監測與預警系統」是在可能發生大規模土石流的地區埋設感測器並架設收發站,然後利用感測器偵測土石淤積線與可能往下移的土體,記錄土石流動的方向、流速、位置等資訊,一旦發現有危險,就自動以警報廣播、發送簡訊等方式通知下游的居民盡速撤離。

物聯網的架構

物聯網的架構如圖 8.4,分成下列三個層次:

- **感知層** (Perception Layer):感知層位於最下層,指的是將具有感測、辨識及通訊能力的感知元件嵌入真實物體,以針對不同的場景進行感測與監控,然後將蒐集到的資料傳送至網路層。

  常見的感知元件有 RFID / NFC 標籤與讀卡機、無線感測網路 (WSN)、全球定位系統 (GPS)、網路攝影機、雷射測距儀、紅外線感測器、電子羅盤、陀螺儀、三軸加速度感測器、計步器、環境感測器 (溫度、濕度、光度、亮度、速度、高度、微生物、細菌、紫外線、一氧化碳、二氧化碳、壓力、音量、霧霾…)、生物感測器 (指紋、掌靜脈、虹膜、聲音、臉部影像…) 等。

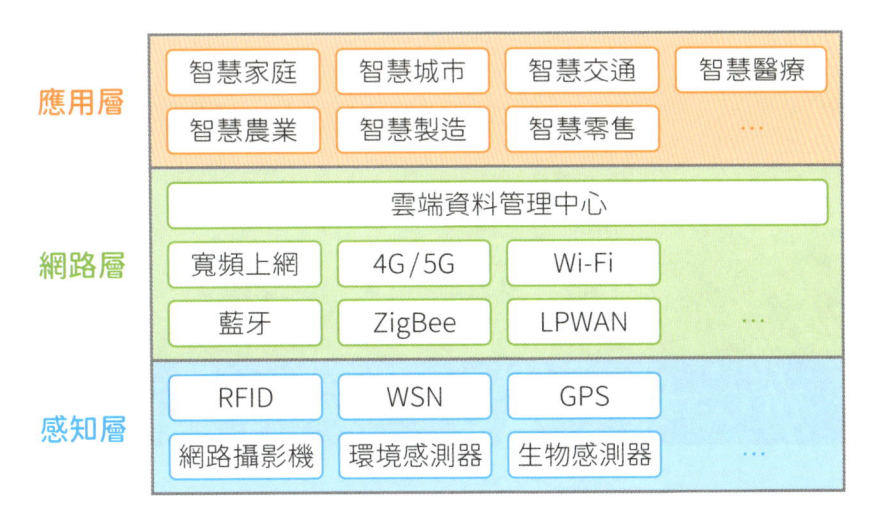

圖 8.4 物聯網的架構

- **網路層**（Network Layer）：網路層位於中間層，指的是利用各種有線及無線傳輸技術接收來自感知層的資料，然後加以儲存與處理，整合到雲端資料管理中心，再傳送至應用層。常見的網路傳輸技術有寬頻上網、4G/5G 行動上網、Wi-Fi 無線上網、藍牙、ZigBee、RFID、NFC、LPWAN 等。

- **應用層**（Application Layer）：應用層位於最上層，指的是物聯網的應用，也就是把來自網路層的資料與各個產業做結合，以提供特定的服務，例如智慧醫療、環境監測、智慧交通、智慧家庭、智慧電網、智慧學習、智慧製造、智慧零售、物流管理、城市管理、食品溯源等。

例如「智慧路燈節能系統」是在路燈嵌入光感測器和紅外線感測器，當光感測器偵測到環境光源低於可視程度時，就啟動紅外線感測器，偵測是否有人車，一旦有人車即將經過該路段，就自動打開路燈，等一段時間沒有偵測到人車，再自動關閉路燈，以達到節能省碳的目的。

又例如高速公路局建置的「智慧型運輸系統」（ITS，Intelligent Transportation System）是利用先進的電子、通訊、電腦、控制及感測等技術於各種運輸系統（尤指陸上運輸），透過即時資訊傳輸，以增進安全、效率與服務，改善交通問題。

圖 8.5　利用物聯網的技術打造智慧交通控制系統（圖片來源：shutterstock）

資訊部落

LPWAN（低功耗廣域網路）

LPWAN (Low Power Wide Area Network) 是一種無線傳輸技術，具有長距離、低功耗、低速度、低資料量、低成本等特點，適合需要低速傳輸的物聯網應用，例如環境監測、土石流監測、河川水質監測、牧場牛隻追蹤、街道照明、停管系統、智慧農業、智慧建築、智慧電表等，至於需要高速傳輸的物聯網應用則須改用其它傳輸技術。

目前發展出來的 LPWAN 技術有好幾種，主要分成**授權頻段**與**非授權頻段**兩種類型，前者以 NB-IoT 為代表，而後者以 SIGFOX 和 LoRa 為代表。

- **NB-IoT** (Narrow Band IoT)：這是 3GPP 所主導的技術，使用現有的 4G 網路，已經有許多廠商投入，例如中華電信、台灣大哥大、遠傳電信等均有推出 NB-IoT 物聯網服務。優點是容易建置，因為使用 4G 網路，只要在現有的基地台進行升級即可，除了節省成本，亦具有相當的安全性。

- **SIGFOX**：這是法國 SIGFOX 公司所發展的技術，使用 ISM Sub-1GHz 非授權頻段，傳輸速率只有 100bps，每個裝置一天只能傳送 140 則訊息，每則訊息最大容量為 12bytes，降低資料量便能大幅節省裝置的耗電量，適合智慧水表、電表、路燈之類的應用。SIGFOX 的特色在於建立一個全球共同的物聯網網路，然後由各地特許的網路營運商提供服務，例如台灣的特許營運商為 UnaBiz（優納比）。

- **LoRa**：這是 LoRa 聯盟所發展的技術，使用 ISM Sub-1GHz 非授權頻段。雖然 LoRa 的傳輸距離沒有 SIGFOX 遠，但其傳輸頻寬較大，傳輸速度較快，能夠進行一定程度的數據交換，適合智慧製造、智慧工廠之類的應用，而且任何人都能自行架設基地台來建置物聯網環境，無須向網路營運商申請服務，因而獲得產業界和電信商的支持。

表 8.1　LPWAN 三大技術比較

	NB-IoT	SIGFOX	LoRa
主導者	3GPP	SIGFOX 公司	LoRa 聯盟
授權頻段	授權頻段	非授權頻段	非授權頻段
傳輸速度	50Kbps	300bps ~ 50Kbps	100bps
傳輸距離	15 公里	10 ~ 50 公里	3 ~ 15 公里
基地台連接數量	10 萬	25 萬	100 萬

8-3 智慧物聯網

智慧物聯網 (AIoT) 是人工智慧 (AI) 結合物聯網 (IoT) 的應用，有別於傳統的物聯網是將資料上傳到雲端做運算，再將結果傳送到用戶端，可能會發生傳輸延遲或回應不夠即時等問題，AIoT 則是採取**邊緣運算** (edge computing)，也就是將部分的人工智慧、機器學習等運算能力植入用戶端的感測器、控制器、機具設備、手機、汽車等裝置，讓裝置能夠做出即時且具有智慧的回應，例如機器人、自駕車、無人機、無人商店、刷臉支付等。

此外，AIoT 還可以應用在居家生活、健康照護、生產製造、倉儲物流、城市治理、交通運輸、能源管理、智慧零售等領域，發展更多創新服務，下面是一些應用實例。

工業物聯網 (IIoT)

工業物聯網 (IIoT，Industrial Internet of Things) 是應用在工業的物聯網，也就是將具有感知、通訊及運算能力的各種感測器或控制器，以及人工智慧、機器學習、大數據分析等技術融入工業場景，實現工業自動化與智慧化管理。

例如利用物聯網的技術對機具設備進行遠端監控，蒐集運行數據，然後透過大數據分析進行預測性維護，及早發現潛在的故障，減少停機時間與維修成本；或是蒐集生產製造過程中的數據進行分析，以制定生產決策及流程優化；或是監控工廠作業環境、管制人員或車輛進出、偵測汙染物、管制危險原料等，以增進工業安全。

(a)

智慧城市

智慧城市是利用物聯網的技術將城市中的設施（例如路燈、監視器、建築物、停車場、大眾運輸工具、交通系統、電力系統、供水系統等）連接在一起，實現智慧化管理與服務，提高城市的效率、便利性和永續性。

例如「城市安全系統」可以透過監視器和感測器監控城市中的空氣品質、天氣變化、交通流量，以及道路、橋梁、隧道、電力設施、天然氣管線、自來水管線等設施，一旦發現公安事故，就立刻提出示警與應對；「智慧能源系統」可以監控城市中不同區域對於電力、天然氣、水等能源的消耗情況，然後進行分析，以制定節能方案。

智慧交通

智慧交通可以增進行車安全、改善交通便利性、減少交通汙染、提升交通系統的效率，例如 YouBike 自行車租借系統、國道 eTag 收費系統、智慧交通管理、智慧停車管理、公車動態資訊系統、車聯網、自駕車等。

例如「智慧交通管理」可以透過路口與快速道路的感測器監控交通流量，進行路網調度及交通管制，以紓解塞車現象、降低交通汙染；「公車動態資訊系統」可以提供公車的定點資訊，當公車上的車機偵測到即將到站的前一段距離時，會自動將到站資訊傳送給伺服器，讓民眾透過網頁或行動裝置 App 進行查詢。

（b）

圖 8.6 （a）Amazon Go 無人商店，拿了商品即可離開，免排隊結帳（圖片來源：維基百科 CC BY-SA 4.0 by SounderBruce）（b）透過工業物聯網實現工業自動化與智慧化管理（圖片來源：shutterstock）

智慧家庭

在物聯網的諸多應用中，**智慧家庭**已經逐漸落實到人們的生活中。以圖 8.7 為例，使用者在家裡裝設溫度、濕度、光線、音量、空氣品質等感測器，以及自動窗簾、自動照明、電鈴、門鎖、監視器、保全系統、智慧空調、智慧冰箱、智慧插座、影音設備、掃地機器人、空氣清淨機等智慧周邊。

感測器會將蒐集到的環境資料傳送到「中央控制系統」（有些廠商將之稱為「智慧管家」），該系統會根據環境資料控制相關的智慧周邊進行處理，例如當空氣品質不佳時，就自動開啟空氣清淨機；當光線不足時，就自動開啟照明；當冰箱的食物快吃完時，就自動提示使用者上網訂購。

除了由中央控制系統自動管理家裡的智慧周邊之外，使用者也可以透過智慧型手機、平板電腦、智慧音箱等介面，經由雲端資料管理中心和中央控制系統控制這些裝置，例如在開車即將抵達家門之前，透過手機告訴中央控制系統說「我到家了」，就會自動開啟車庫門、家裡門鎖、客廳電燈與空調，讓室內達到最舒適的狀態；或是在家裡透過智慧音箱告訴中央控制系統說「晚安」，就會自動將音響音量調小、電燈調暗或拉上窗簾；或是當有人按電鈴時，只要拿起平板電腦一看，就能知道是誰站在門前，然後決定是否要打開大門讓訪客進來。

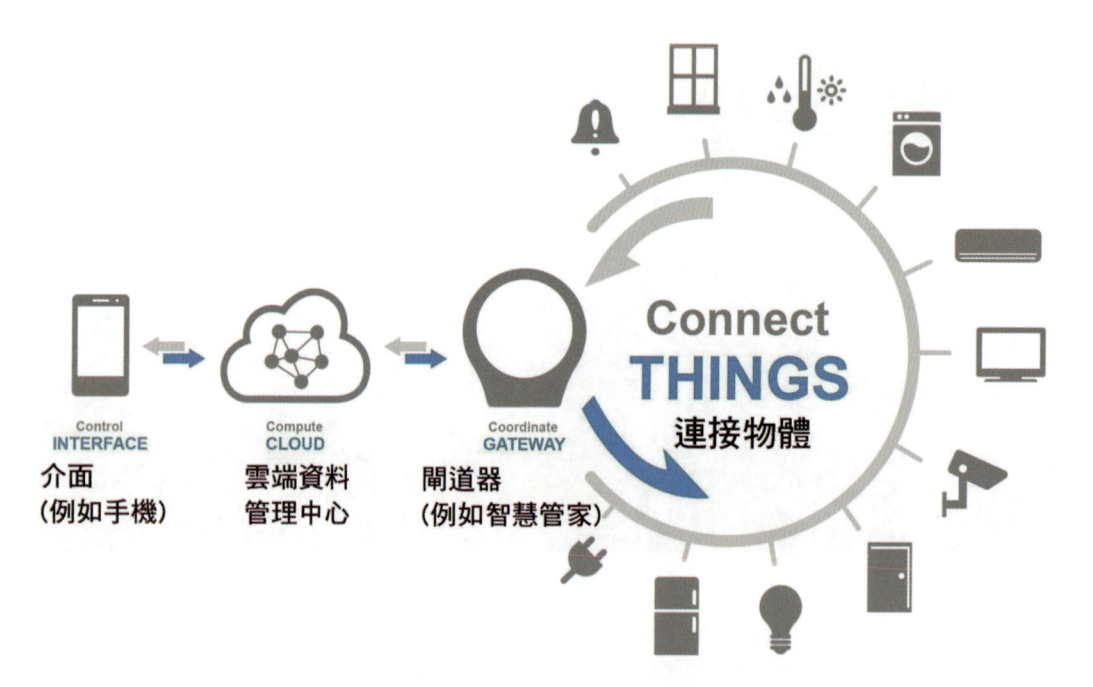

圖 8.7　華碩智慧家庭示意圖（圖片來源：ASUS）

雲端運算與物聯網　08

(a)

(b)

(c)

圖 8.8　(a) 智慧管家只要搭配智慧周邊，即可監控家裡掌握最新狀態
(b) 智慧門鎖支援密碼解鎖、NFC 解鎖、遠端解鎖及鑰匙解鎖
(c) 智慧插座可以遠端遙控開關電器並監控電量 (圖片來源：ASUS)

網路概論

智慧農業

智慧農業是利用物聯網的技術將農業設施（例如溫室、水肥灌溉系統、智慧農機等）和農作物（例如植物生長情況、病蟲害監測、土壤養分狀態等）連接在一起，實現農業自動化與智慧化管理，提高農作物的生產效率和品質，減少對自然環境的影響，並改善農民的經濟收入。

例如「智慧灌溉系統」可以透過農場裡的感測器蒐集溫度、濕度、雨量等數據，然後灌溉經過精密計算的水量，以節省水資源並增加產量；「智慧物流系統」可以實現農產品的自動化採收、分類、包裝、儲存、配送等，以提高農產品的倉儲及運輸效率。

智慧養殖

物聯網在**智慧養殖**的應用亦相當廣泛，例如透過飼養場所裡的感測器監控溫度、濕度、光照、水質、氧氣、甲烷、二氧化碳、氨等環境因素，並自動調整環境參數，保持適宜的飼養環境，以降低疾病風險、減少環境污染；或是透過「智慧識別系統」對家禽牲畜進行管理，包括定期監測體溫、健康情況、疫苗注射、產品溯源等，以提高飼養的效率和食品安全；或是蒐集與分析家禽牲畜的生產數據（例如生長速度、體重增長、飼料成份、傳染疾病等），然後制定最佳的養殖方案，以降低成本、提高效益。

圖 8.9 農民戴著 AR 眼鏡透過物聯網的技術監測溫度、濕度、雨量、土壤 PH 值等數據（圖片來源：shutterstock）

本章回顧

- **雲端運算** (cloud computing) 是透過網路以服務的形式提供使用者所需要的軟硬體與資料等運算資源，並依照資源使用量或時間計費。

- 雲端運算有下列三種服務模式：**基礎設施即服務** (IaaS) 是透過網路以服務的形式提供伺服器、儲存空間、網路設備、作業系統、應用程式等基礎設施；**平台即服務** (PaaS) 是透過網路以服務的形式提供開發、部署、執行及管理應用程式的環境；**軟體即服務** (SaaS) 是透過網路以服務的形式提供軟體。

- 雲端運算有下列幾種部署模式：**公有雲** (public cloud) 是由雲端運算供應商所建置與管理的雲端服務平台，透過網路提供運算資源讓不同的企業或個人共同使用；**私有雲** (private cloud) 是由企業所建置與管理的雲端服務平台，只有該企業的員工、客戶和供應商可以存取上面的資源；**混合雲** (hybrid cloud) 是結合了公有雲與私有雲的特性。

- **物聯網** (IoT，Internet of Things) 指的是將物體連接起來所形成的網路，其架構分成下列三個層次：

    - **感知層** (Perception Layer)：感知層位於最下層，指的是將具有感測、辨識及通訊能力的感知元件嵌入真實物體，以針對不同的場景進行感測與監控，然後將蒐集到的資料傳送至網路層。

    - **網路層** (Network Layer)：網路層位於中間層，指的是利用各種有線及無線傳輸技術接收來自感知層的資料，然後加以儲存與處理，整合到雲端資料管理中心，再傳送至應用層。

    - **應用層** (Application Layer)：應用層位於最上層，指的是物聯網的應用，也就是把來自網路層的資料與各個產業做結合，以提供特定的服務。

- **智慧物聯網** (AIoT) 是人工智慧 (AI) 結合物聯網 (IoT) 的應用，例如工業物聯網、智慧城市、智慧交通、智慧家庭、智慧農業、智慧養殖、智慧物流、智慧零售等，其中**工業物聯網** (IIoT) 是應用在工業的物聯網。

學｜習｜評｜量

一、選擇題

(　　) 1. 下列關於雲端運算的敘述何者錯誤？
       A. 雲端運算沒有資料失竊的風險
       B. 使用者無須知道服務提供的細節
       C. Gmail 屬於 SaaS 服務模式
       D. 企業租用雲端運算服務能夠節省成本

(　　) 2. 下列關於物聯網的敘述何者正確？
       A. 不會使用到無線網路技術
       B. 屬於 VoIP 的應用
       C. 主要用來遠端管理伺服器
       D. 將物體連接起來所形成的網路

(　　) 3. 像 Google Cloud Run 這種開發與代管網路應用程式的平台屬於雲端運算的哪種服務模式？
       A. 基礎設施即服務 (IaaS)
       B. 平台即服務 (PaaS)
       C. 軟體即服務 (SaaS)
       D. 數據即服務 (DaaS)

(　　) 4. 像 Google Docs 這種線上文件服務屬於雲端運算的哪種服務模式？
       A. 基礎設施即服務 (IaaS)
       B. 平台即服務 (PaaS)
       C. 軟體即服務 (SaaS)
       D. 數據即服務 (DaaS)

(　　) 5. 可以讓實體物件連上網路並透過網路進行識別與定位，使物件之間能夠溝通並促進自動化的技術稱為什麼？
       A. 人工智慧
       B. 機器學習
       C. 雲端服務
       D. 物聯網

(　) 6. 全球定位系統 (GPS) 與電子羅盤屬於物聯網架構中的哪個層次？
　　　A. 感知層
　　　B. 網路層
　　　C. 應用層
　　　D. 會議層

(　) 7. Google 地圖屬於雲端運算的哪種部署模式？
　　　A. 公有雲
　　　B. 私有雲
　　　C. 混合雲
　　　D. 社群雲

(　) 8. 下列何者指的是將應用程式與資料處理的運算由網路中心節點移往網路邊緣節點？
　　　A. 雲端運算
　　　B. 邊緣運算
　　　C. 集中運算
　　　D. 平行運算

二、簡答題

1. 簡單說明何謂雲端運算並舉出一個實例。

2. 簡單說明在雲端運算的服務模式中，基礎設施即服務 (IaaS)、平台即服務 (PaaS)、軟體即服務 (SaaS) 的意義為何並各舉出一個實例。若有廠商透過官方網站提供軟體讓使用者在線上使用，那麼這是屬於哪種服務模式？

3. 簡單說明雲端運算有哪些部署模式。

4. 簡單說明何謂物聯網並舉出一個實例。

5. 簡單說明物聯網的架構分成哪三個層次？以及各個層次的功能為何？

6. 簡單說明何謂智慧物聯網並舉出一個實例。

Computer Networks • Computer Networks • Computer Networks • Computer Networks

CHAPTER

09

IP 通訊協定

9-1　TCP/IP 網路層與 IP 通訊協定

9-2　IP 定址

9-3　封裝與封包格式

9-4　封包的切割與重組

9-5　路由

9-1 TCP/IP 網路層與 IP 通訊協定

在「通訊協定」篇中,我們將根據 TCP/IP 參考模型的層次 (圖 9.1),介紹一些知名的通訊協定,其對應如表 9.1。

本章所要介紹的 IP (Internet Protocol) 通訊協定位於網路層,而諸如 ARP、ICMP 等輔助 IP 的通訊協定則留待第 11 章再做討論。網路層負責將資料從來源端傳送到目的端,其中來源端和目的端之間可能涵蓋數種不同類型的實體網路,而網路層的任務就是讓資料經由這些互相聯結的網路抵達目的地。

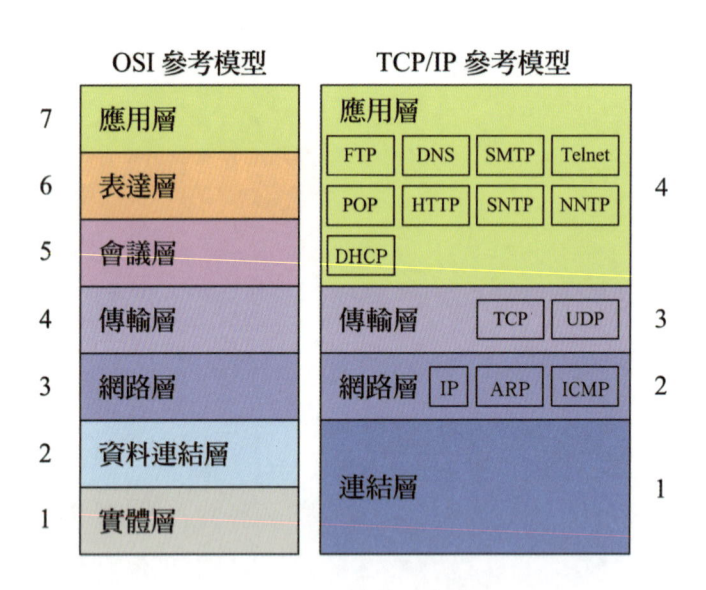

圖 9.1 TCP/IP 參考模型

表 9.1 「通訊協定」篇的章節內容

章節	通訊協定	TCP/IP 參考模型的層次
第 9 章	IP	網路層
第 10 章	IPv6	網路層
第 11 章	ARP、ICMP	網路層
第 12 章	TCP、UDP	傳輸層
第 13 章	DNS、DHCP	應用層

網路層的功能如下：

- **定址** (addressing)：任何一個位於網際網路上的節點都有一個邏輯位址，而網際網路因為是使用 IP 通訊協定，故此邏輯位址稱為 **IP 位址** (IP address)，例如 140.112.30.22 就是一個 IP 位址。

  至於定址的目的則是要讓來源端和目的端都能擁有一個唯一的 IP 位址作為識別，就像郵件必須註明收信人的地址，郵差才能將郵件送給收信人（註：節點泛指能夠擁有 IP 位址的裝置，例如主機、路由器或 L3 交換器等）。

- **封裝** (encapsulation)：來源端的網路層會從來源端的傳輸層接收 TCP 資料段 (segment) 或 UDP 資料元 (datagram)，然後加上網路層的表頭，將之封裝成封包 (packet)，再將封包傳送到來源端的連結層；反之，目的端的網路層會從目的端的連結層接收封包，然後還原為 TCP 資料段或 UDP 資料元，再將之傳送到目的端的傳輸層。

- **切割與重組** (fragmentation and reassembly)：若封裝後的封包大小超過實體網路所能傳送的大小，就必須先做切割才能傳送，待抵達目的地後再做重組。

- **路由** (routing)：在互相聯結的網路中決定封包的傳送路徑，然後一站一站轉送，直到抵達目的地。

IP 通訊協定採取**非連線導向式** (connectionless) 的資料傳送模式，也就是在傳送封包前，來源端與目的端無須事先建立連線，來源端只要盡力傳送封包即可，無須理會目的端的狀態。

至於目的端是否有正確收到每個封包，就往上交給傳輸層負責，若傳輸層使用 TCP 通訊協定，就交給 TCP 通訊協定處理重送；若傳輸層使用 UDP 通訊協定，就再往上交給應用層的應用程式處理重送。

以傳送資料的角度來說，IP 通訊協定是**不可靠的** (unreliable)，因為它只會傳送封包，不會追蹤封包的流向，沒有確認與重送機制，也沒有錯誤控制、流量控制及壅塞控制，之所以如此就是基於效能的考量，若 IP 通訊協定在傳送封包的同時還要做這些工作，將會耗費大量資源，降低網路效能。

資訊部落

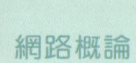

IP 封包的傳送模式

IP 封包的傳送模式分為下列三種：

- **單播** (unicast)：在來源端所傳送的 IP 封包中，目的位址所表示的是單一節點，因此，只有該節點會接收並處理 IP 封包，屬於一對一的傳送模式，又稱為「單點傳送」（圖 9.2）。

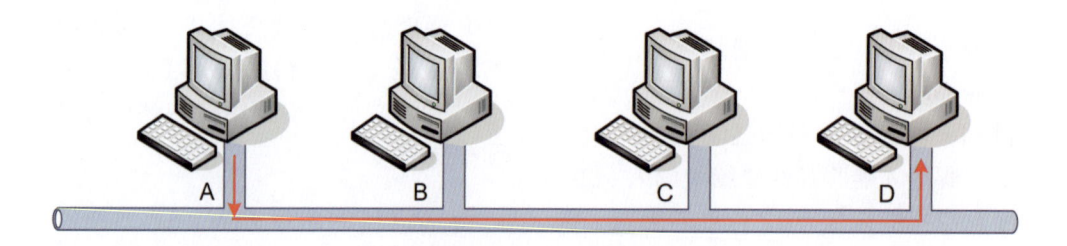

圖 9.2 單播（單點傳送）

- **廣播** (broadcast)：在來源端所傳送的 IP 封包中，目的位址所表示的是某個網路，因此，該網路內的所有節點都會接收並處理 IP 封包，屬於一對多的傳送模式（圖 9.3）。不過，網際網路並沒有明確支援廣播，試想，若有節點要廣播給網際網路上的所有節點，將會占用多麼大的頻寬。

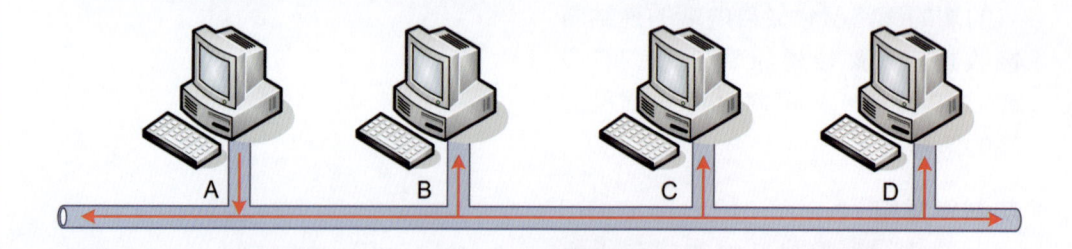

圖 9.3 廣播

- **群播** (multicast)：這也是一對多的傳送模式，但和廣播不同的是在來源端所傳送的 IP 封包中，目的位址所代表的是一群指定的節點，而不是某個網路，因此，只有該群組所指定的節點會接收並處理 IP 封包，又稱為「多點傳送」（圖 9.4）。

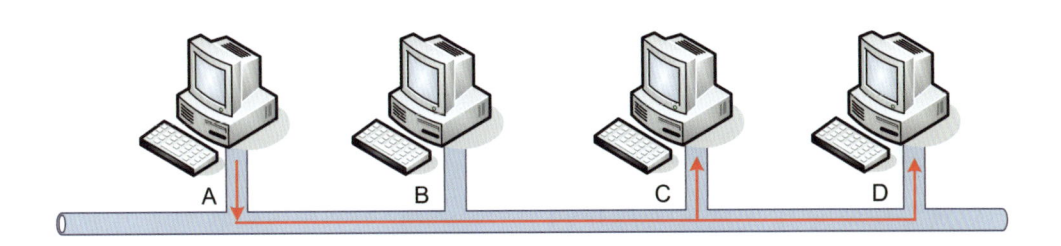

圖 9.4 群播 (多點傳送)

IP 位址配置

IP 位址配置是由 **ICANN** (Internet Corporation for Assigned Names and Numbers) 負責，其網址為 https://www.icann.org/，這個非營利機構會依照國家或地區，授權公正的單位執行該區的 IP 位址配置，例如台灣的 IP 位址配置是由 **TWNIC**（台灣網路資訊中心）負責，其網址為 https://www.twnic.net.tw/。除了 IP 位址之外，DNS（網域名稱系統）也是由 ICANN 管理。

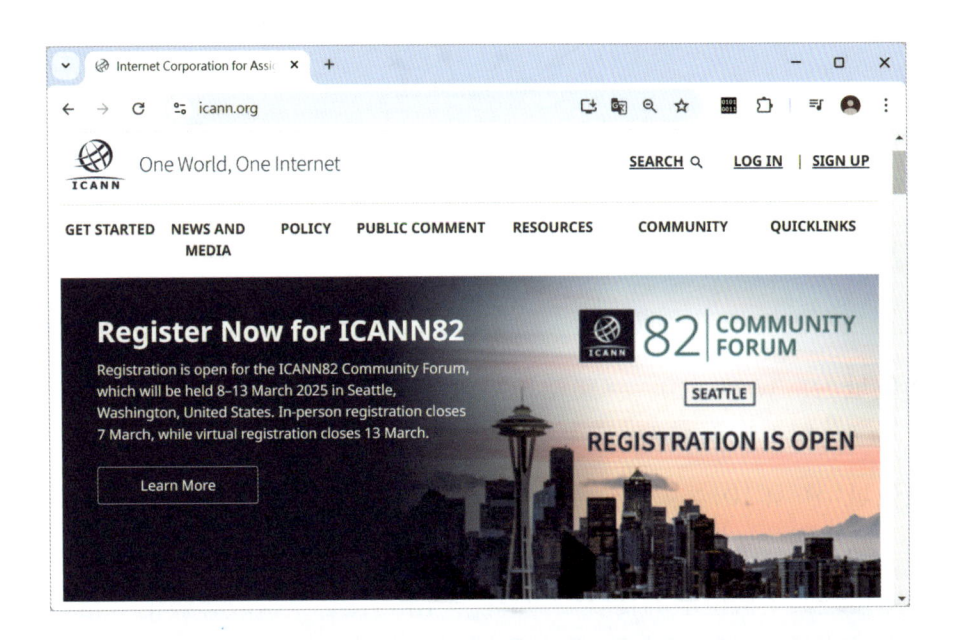

圖 9.5 ICANN 負責 IP 位址配置

9-2 IP 定址

網際網路上的每個節點都必須要有一個唯一的 IP 位址，如此一來，IP 通訊協定在傳送封包時才找得到該節點，就像房子有門牌號碼一樣。

9-2-1 IP位址的格式

第一個廣泛使用的 IP 定址方式為 **IPv4**（IP version 4），在這個版本中，IP 位址的長度為 32 位元，位址空間為 2^{32}（4,294,967,296），採取二進位表示法，例如：

10001100011100000001111000010110

為了方便閱讀，這串數字被分成四個 8 位元的十進位數字，中間以小數點連接，即 140.112.30.22（圖 9.6）。我們將這種表示法稱為**點式十進位表示法**（dotted-decimal notation），每個十進位數字的範圍為 0 ~ 255（00000000 ~ 11111111）。

| 10001100 | 01110000 | 00011110 | 00010110 |

140.112.30.22

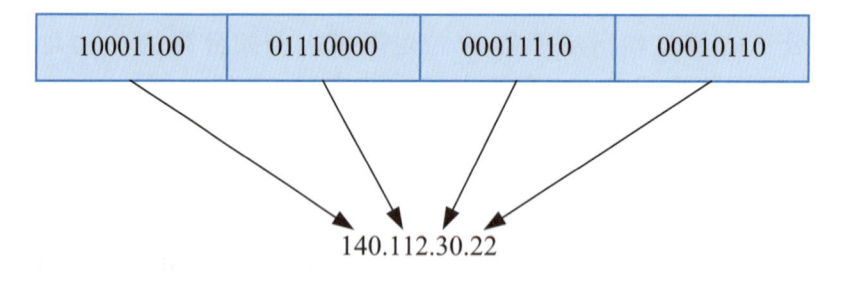

圖 9.6 IP 位址範例

9-2-2 IP位址的定址方式

IP 位址是由下列兩個部分所組成：

- **網路位址**（Network ID）：網路位址用來識別所屬的網路，同一個網路上的節點，其網路位址均相同。

- **主機位址**（Host ID）：主機位址用來識別網路上個別的節點，同一個網路上的節點，其主機位址均不相同。

至於網路位址與主機位址的長度如何分配，InterNIC 是採取**等級化**（classful）的方式，將之分為 A、B、C、D、E 五個等級，其中 A、B、C 三個等級為一般用途，D、E 兩個等級為特殊用途（圖 9.7）。

|←—8 位元—→|←—8 位元—→|←—8 位元—→|←—8 位元—→|

Class A	0 網路位址	主機位址
Class B	1 0 網路位址	主機位址
Class C	1 1 0 網路位址	主機位址
Class D	1 1 1 0 群播位址
Class E	1 1 1 1 實驗性網路

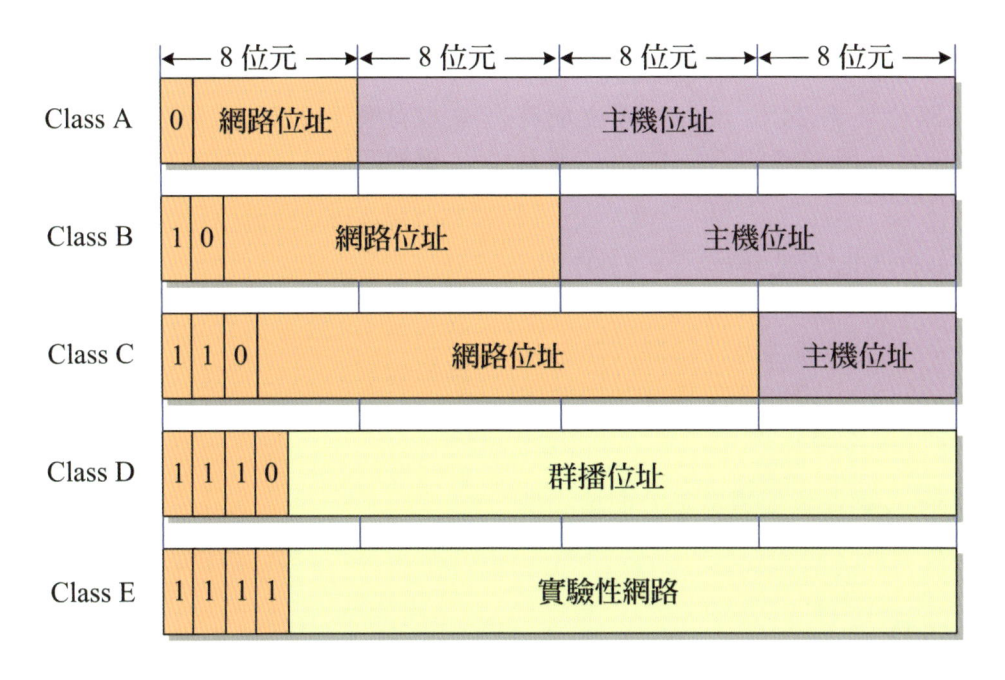

圖 9.7　網路等級

Class A

- 網路位址有 8 位元，主機位址有 24 位元，最左邊的位元必須為 0。

- Class A 網路位址共有 $2^7 - 2 = 126$ 個 (扣除表示網路本身的 0.0.0.0 和表示本機電腦的 127.0.0.0)，每個 Class A 網路最多可以連接 $2^{24} - 2 = 16,777,214$ 部主機 (扣除表示這個網路的 x.0.0.0 和表示廣播至所有主機的 x.255.255.255)。

- 在網際網路發展初期，多數 Class A 網路位址已經分配給參與 ARPANET 實驗計畫的學術單位、政府機構或非營利組織。

Class B

- 網路位址有 16 位元，主機位址有 16 位元，最左邊的兩個位元必須為 10。

- Class B 網路位址共有 $2^{14} = 16,384$ 個，每個 Class B 網路最多可以連接 $2^{16} - 2 = 65,534$ 部主機 (扣除表示這個網路的 x.x.0.0 和表示廣播至所有主機的 x.x.255.255)。

- Class B 網路位址通常是分配給 ISP (Internet Service Provider) 或中大型企業。

Class C

- 網路位址有 24 位元，主機位址有 8 位元，最左邊的三個位元必須為 110。

- Class C 網路位址共有 2^{21} = 2,097,152 個，每個 Class C 網路最多可以連接 $2^8 - 2$ = 254 部主機 (扣除表示這個網路的 x.x.x.0 和表示廣播至所有主機的 x.x.x.255)。

- Class C 網路位址通常是分配給小型企業或機構。

Class D

- 沒有網路位址與主機位址之分，最左邊的四個位元必須為 1110。

- 作為群播 (multicast) 位址使用。

Class E

- 沒有網路位址與主機位址之分，最左邊的四個位元必須為 1111。

- 保留給實驗性網路使用。

擔心會有點混淆嗎？沒關係，您只要對照表 9.2，就可以從 IP 位址判斷其網路等級。

表 9.2　網路等級

Class	第一個數字	遮罩位址	網路位址數目	最多可以連接幾部主機
A	1 ~ 126	255.0.0.0	126 ($2^7 - 2$，0.0.0.0 和 127.0.0.0 不能使用)	16,777,214 ($2^{24} - 2$，x.0.0.0 和 x.255.255.255 不能使用)
B	128 ~ 191	255.255.0.0	16,384 (2^{14})	65,534 ($2^{16} - 2$，x.x.0.0 和 x.x.255.255 不能使用)
C	192 ~ 223	255.255.255.0	2,097,152 (2^{21})	254 ($2^8 - 2$，x.x.x.0 和 x.x.x.255 不能使用)
D	224 ~ 239			
E	240 ~ 255			

除了遵循前述規則之外，還要請您留意下列保留作特殊用途的 IP 位址：

- **主機位址為 0** 表示這個 (this) 或預設 (default)，例如 0.0.0.0 表示網路自己，又例如 200.108.5.0 表示 200.108.5 這個 Class C 網路，而該網路上的主機位址可以是 200.108.5.1 ~ 200.108.5.254。

- **主機位址為 255** 表示廣播至所有主機，例如 255.255.255.255 表示廣播至網際網路上的所有主機，又例如 200.108.5.255 表示廣播至 200.108.5 這個 Class C 網路，也就是 200.108.5.1 ~ 200.108.5.254 的所有主機都會收到訊息。

- 127.0.0.0 ~ 127.255.255.255 保留作**本機迴路測試** (lookback)，也就是所有傳送到此範圍內的封包將不會傳送到網路上，其中 127.0.0.1 保留作本機電腦的 IP 位址。

- 255.0.0.0、255.255.0.0、255.255.255.0 保留作 Class A、B、C 的**網路遮罩** (netmask) 位址，網路遮罩的用途是和 IP 位址做 AND 運算，以判斷該 IP 位址屬於哪個網路，例如 200.108.5.32 和 Class C 網路的遮罩 255.255.255.0 做 AND 運算，得到 200.108.5.0，故得知 200.108.5.32 屬於 200.108.5 網路；又例如 140.112.2.100 和 Class B 網路的遮罩 255.255.0.0 做 AND 運算，得到 140.112.0.0，故得知 140.112.2.100 屬於 140.112.0.0 網路。

- InterNIC 在 Class A、B、C 網路中另外規劃出僅能在區域網路內使用的**私人用途 IP 位址**，凡來源位址或目的位址為私人用途 IP 位址的封包，就不能透過網際網路來傳送，比較常見的有保留作網路位址轉譯 (NAT，Network Address Translation) 的 192.168.X.X、保留作自動私人位址的 169.254.X.X。

等級化 IP 位址看似理想，但實際使用上卻遇到一些問題，例如：

- **位址使用沒有彈性**：Class A、B 網路能夠連接 16,777,214、65,534 部主機，但事實上，這麼多主機不太可能位於同一個實體網路，否則會造成效能低落。

- **位址空間利用率不佳**：Class B 網路能夠連接高達 65,534 部主機，Class C 網路卻只能連接 254 部主機，落差太大，而中大型組織的主機數目往往大於 254 但遠小於 65,534，此時勢必要申請 Class B 網路才夠，使得 Class B 網路供不應求，而且就算申請到 Class B 網路，也不太可能連接 65,534 部主機，導致裡面有不少 IP 位址閒置不用。

9-2-3 子網路 (subnet)

為了克服等級化 IP 位址在實際使用上所遇到的問題，RFC 950 制定了**子網路定址** (subnetting) 標準，目的是將網路劃分為更小的子網路，而且為了讓每個子網路有唯一的子網路位址，IP 位址的主機位址被拆成子網路位址和主機位址，使得 IP 位址由原來的 < 網路位址 > + < 主機位址 > 兩層結構，變成 < 網路位址 > + < 子網路位址 > + < 主機位址 > 三層結構。

舉例來說，假設某個大學分配到一個 Class B 網路，IP 位址為 140.112.x.x，該大學有 5 個學院，每個學院均有各自的區域網路，而且區域網路內的每部主機都要分配到一個 IP 位址。

為了方便管理，校方決定將這 5 個學院的區域網路劃分為 5 個子網路，然後從 IP 位址的主機位址中挪出 3 位元表示子網路位址，如圖 9.8。或許您會問，為何是挪出 3 位元呢？因為 $2^3 - 2 = 6$ 才足以區分 5 個子網路（扣除此 3 位元均為 1 或均為 0 的情況）。

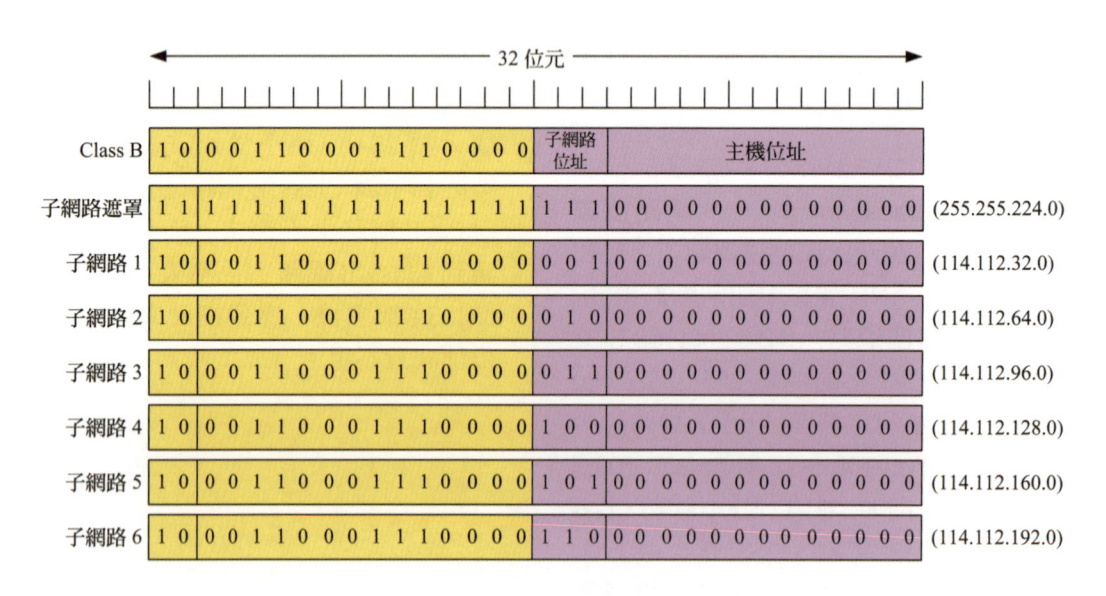

	32 位元	
Class B	1 0 0 0 1 1 0 0 0 1 1 1 0 0 0 0	子網路位址	主機位址
子網路遮罩	1 1 1 1 1 1 1 1 1 1 1 1 1 1 1 1	1 1 1	0 0 0 0 0 0 0 0 0 0 0 0 0	(255.255.224.0)
子網路 1	1 0 0 0 1 1 0 0 0 1 1 1 0 0 0 0	0 0 1	0 0 0 0 0 0 0 0 0 0 0 0 0	(114.112.32.0)
子網路 2	1 0 0 0 1 1 0 0 0 1 1 1 0 0 0 0	0 1 0	0 0 0 0 0 0 0 0 0 0 0 0 0	(114.112.64.0)
子網路 3	1 0 0 0 1 1 0 0 0 1 1 1 0 0 0 0	0 1 1	0 0 0 0 0 0 0 0 0 0 0 0 0	(114.112.96.0)
子網路 4	1 0 0 0 1 1 0 0 0 1 1 1 0 0 0 0	1 0 0	0 0 0 0 0 0 0 0 0 0 0 0 0	(114.112.128.0)
子網路 5	1 0 0 0 1 1 0 0 0 1 1 1 0 0 0 0	1 0 1	0 0 0 0 0 0 0 0 0 0 0 0 0	(114.112.160.0)
子網路 6	1 0 0 0 1 1 0 0 0 1 1 1 0 0 0 0	1 1 0	0 0 0 0 0 0 0 0 0 0 0 0 0	(114.112.192.0)

圖 9.8 子網路

事實上，究竟要從主機位址挪用幾位元表示子網路位址，正是取決於子網路的個數，假設子網路的個數為 50，那麼要挪用 6 位元，因為 $2^6 - 2 = 62$ 才足以區分 50 個子網路（扣除此 6 位元均為 1 或均為 0 的情況）。

仔細觀察圖 9.8，在將 Class B 網路劃分為 5 個子網路後，網路位址仍維持 16 位元，子網路位址及主機位址則分別為 3 位元和 13 位元，此時，我們可以使用網路位址和子網路位址共 19 位元來識別子網路，而且每個子網路最多能夠連接 $2^{13} - 2 = 8190$ 部主機（扣除此 13 位元均為 1 或均為 0 的情況）。

接著，我們來說明**子網路遮罩** (subnet mask)，其特點如下：

- 子網路遮罩的長度和 IP 位址一樣為 32 位元，而且是由左至右使用連續的 1 加上連續的 0。

- 子網路遮罩和 IP 位址做 AND 運算的結果，可以用來判斷該 IP 位址屬於哪個子網路。

- Class A、B、C 網路的**網路遮罩** (netmask) 如下：

```
Class A 網路遮罩：11111111  00000000  00000000  00000000  (255.0.0.0)
Class B 網路遮罩：11111111  11111111  00000000  00000000  (255.255.0.0)
Class C 網路遮罩：11111111  11111111  11111111  00000000  (255.255.255.0)
```

圖 9.8 的子網路遮罩如下，我們可以把它寫成 **255.255.224.0/19**（/19 表示子網路遮罩的長度為 19 位元）：

```
11111111  11111111  11100000  00000000
```

假設某部主機的 IP 位址為 140.112.33.1，那麼只要和子網路遮罩做 AND 運算，得到 140.112.32.0，就知道它屬於子網路 140.112.32。

```
IP 位址：       10001100  01110000  001 00001  00000001  (140.112.33.1)
子網路遮罩：    11111111  11111111  111 00000  00000000  (255.255.224.0/19)
AND 運算：      10001100  01110000  001 00000  00000000  (114.112.32.0)
```

最後，我們來說明另一種情況，這是將屬於同一個網路的兩部主機劃分到不同的子網路，假設兩部主機的 IP 位址為 142.50.140.22、142.50.185.57，其做法如下：

1. 寫出這兩個 IP 位址的二進位表示法。

142	50	140	22
1 0 0 0 1 1 1 0	0 0 1 1 0 0 1 0	1 0 0 0 1 1 0 0	0 0 0 1 0 1 1 0

142	50	185	57
1 0 0 0 1 1 1 0	0 0 1 1 0 0 1 0	1 0 1 1 1 0 0 1	0 0 1 1 1 0 0 1

2. 由步驟 1. 可知，從左邊數過來，第三個位元組的第三個位元可以區分這兩個 IP 位址，於是得到子網路遮罩為 255.255.224.0/19。

1 1 1 1 1 1 1 1	1 1 1 1 1 1 1 1	1 1 1 0 0 0 0 0	0 0 0 0 0 0 0 0
255	255	224	0

我們來驗證一下，首先，將第一部主機的 IP 位址 142.50.140.22 和子網路遮罩 255.255.224.0 做 AND 運算，得到 142.50.128.0；接著，將第二部主機的 IP 位址 142.50.185.57 和子網路遮罩 255.255.224.0 做 AND 運算，得到 142.50.160.0，由此可知兩部主機位於不同的子網路。

9-2-4 無等級化IP位址

子網路在某種程度上確實突破了等級化 IP 位址的限制，但它仍存在著等級化 IP 位址的缺點，尤其是 Class B 網路，因為中大型組織的主機數目往往大於 254 但遠小於 65,534，即便使用子網路去分配 IP 位址，仍會有很多 IP 位址閒置不用。

為了解決這項缺點，遂產生 **CIDR** (Classless Inter-Domain Routing) 標準，這是一種無等級化 IP 位址配置方式，同時也是 IP 通訊協定在封包路由上所遵循的標準。舉例來說，假設某個組織需要 1000 個 IP 位址，在過去，該組織必須申請一個 Class B 網路才夠，但實際上 Class B 網路早已供不應求，而 Class C 網路則相對充裕，於是有一種想法是何不將數個 Class C 網路合併呢？一個 Class C 網路可以連接 254 部主機，只要合併四個 Class C 網路，就可以連接 4 * 254 = 1016 部主機。

由於合併的動作必須透過變更網路位址的長度來達到，因此，被合併的 Class C 網路位址必須是連續的，且個數為 2 的冪次，例如圖 9.9 的四個 Class C 網路就可以滿足該組織的需求，提供超過 1000 個 IP 位址，同時又不會有太多 IP 位址閒置不用。

	32 位元	
子網路遮罩	11111111 11111111 11111100 00000000	(255.255.252.0)
Class C 網路 1	11000011 00110000 10100000 00000000	(195.48.160.0)
Class C 網路 2	11000011 00110000 10100001 00000000	(195.48.161.0)
Class C 網路 3	11000011 00110000 10100010 00000000	(195.48.162.0)
Class C 網路 4	11000011 00110000 10100011 00000000	(195.48.163.0)

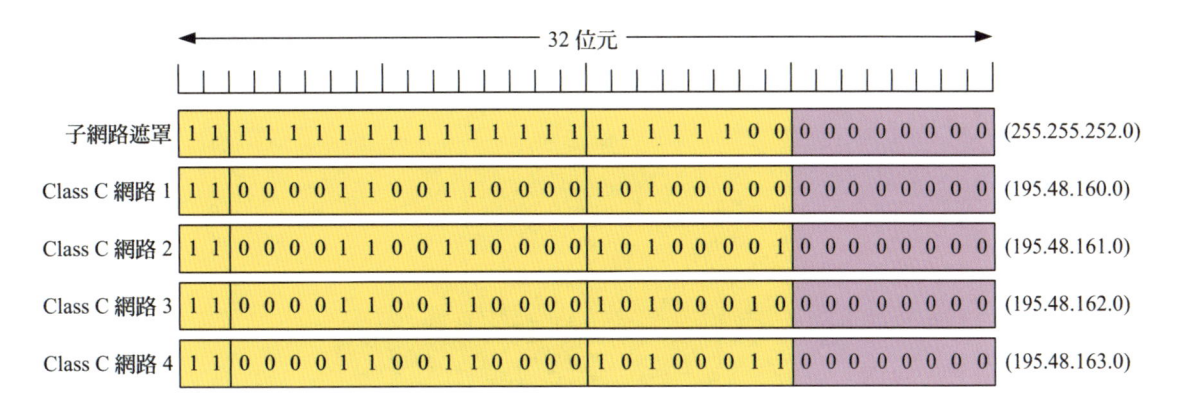

圖 9.9　子網路

根據圖 9.9，我們可以將這四個連續的 Class C 網路位址表示成如下，方框內的兩個位元表示要合併四個 Class C 網路：

網路位址：　11000011　00110000　10100000　00000000　(195.48.160.0)

子網路遮罩：11111111　11111111　111111`00`　00000000　(255.255.252.0)

另外還有一種更簡潔的表示方式如下，/22 表示子網路遮罩的長度為 22 位元：

網路位址：　195.48.160.0/22

正因為 CIDR 是利用子網路遮罩將 2、4、8、16 等 2 的冪次個網路合併成一個網路，故又稱為**超網路** (supernet)，有別於子網路是將現有的網路分割為 2、4、8、16 等 2 的冪次個網路。

網路概論

操作實例

查詢電腦的 TCP/IP 內容與數據使用量

1. 在工作列的網路圖示 🖥 按一下滑鼠右鍵，然後從快顯功能表中選取 [**網路和網際網路設定**]。

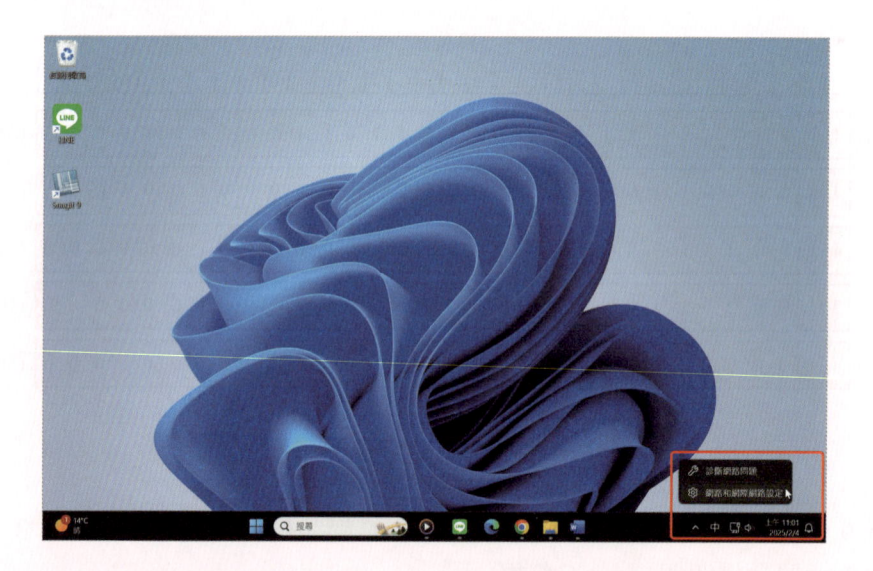

2. 出現如下視窗，裡面列出電腦的網路和網際網路設定，包括 Wi-Fi、乙太網路、VPN、行動熱點等，請點取乙太網路的 [**內容**]。

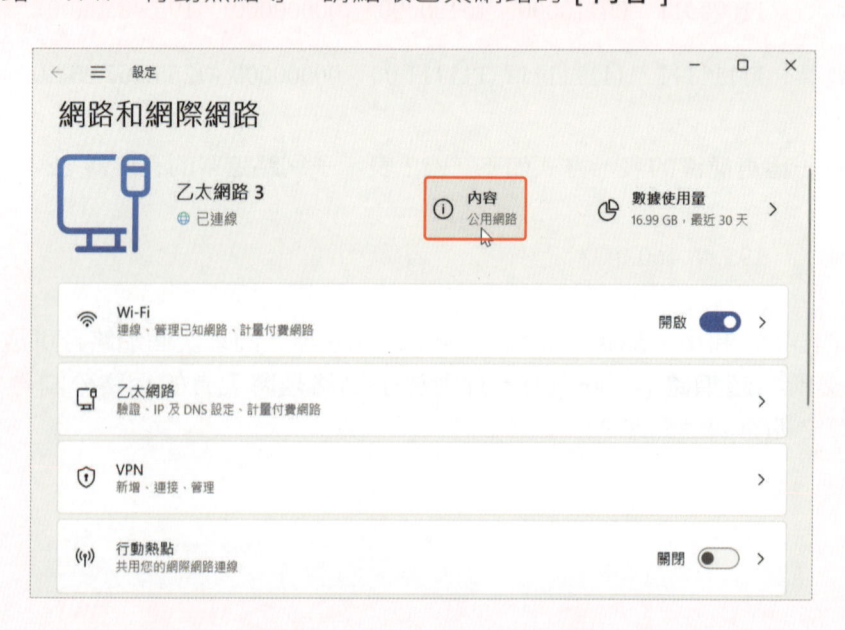

9-14

③ 出現如下視窗，裡面有連結速度、IPv4 位址、IPv4 預設閘道、IPv4 DNS 伺服器、MAC 位址等資訊。

④ 若要查詢數據使用量，可以在步驟 2. 的視窗中點取乙太網路的 [**數據使用量**]，結果如下。

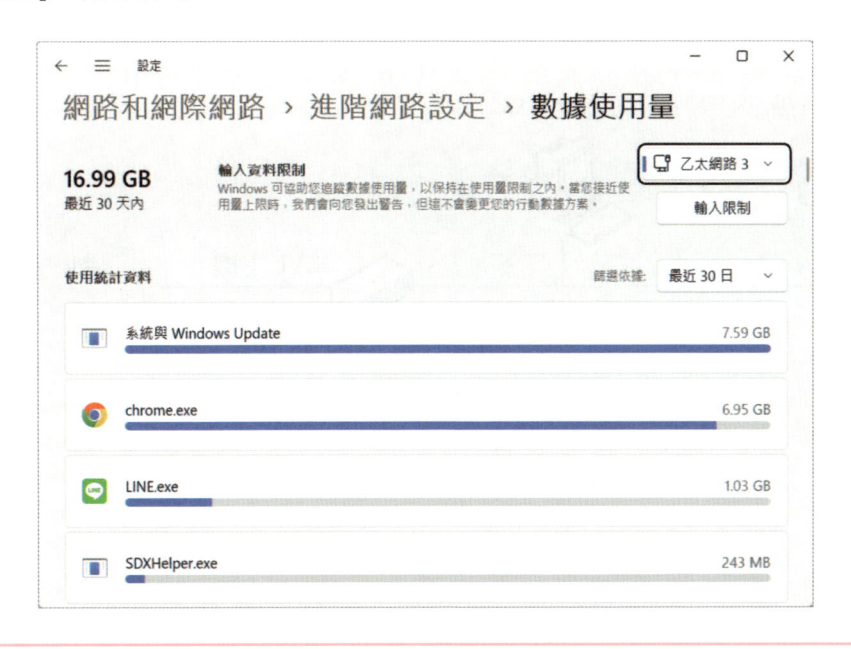

9-2-5 網路位址轉譯 (NAT)

雖然子網路和 CIDR 可以更有效率的配置 IP 位址，但仍無法解決 IP 位址不足的窘境，為此，IETF 提出了另一項技術，叫做**網路位址轉譯** (NAT，Network Address Translation)。

NAT 的原理是一個組織對外公開的 IP 位址 (Public IP) 可能只有一個，但進入該組織的區域網路後，就將這個 IP 位址轉譯為私有的 IP 位址 **192.168.X.X** (Private IP)，如此便能讓多個私有的 IP 位址共用一個公開的 IP 位址。這有點像公司的電話總機系統，公司內部的員工是使用分機號碼，而對外則是使用代表號碼進行撥出和撥入。

在 NAT 的架構下，區域網路和網際網路之間的閘道必須具備 NAT 主機的功能，負責轉譯 Public IP 與 Private IP。

當區域網路內的主機要傳送 IP 封包到網際網路時，會先將封包傳送到 NAT 主機，然後將封包的來源位址由 Private IP 轉譯為 Public IP，再傳送出去；反之，當網際網路上的主機要傳送 IP 封包到區域網路時，會先將封包傳送到 NAT 主機，然後將封包的目的位址由 Public IP 轉譯為 Private IP，再傳送進去。

以圖 9.10 為例，區域網路內的主機均使用 Private IP，而區域網路和網際網路之間的 NAT 主機則同時擁有 Private IP 與 Public IP，對網際網路上的主機來說，它們看到的只有 Public IP 為 205.72.15.8 的 NAT 主機，但看不到區域網路內的主機。

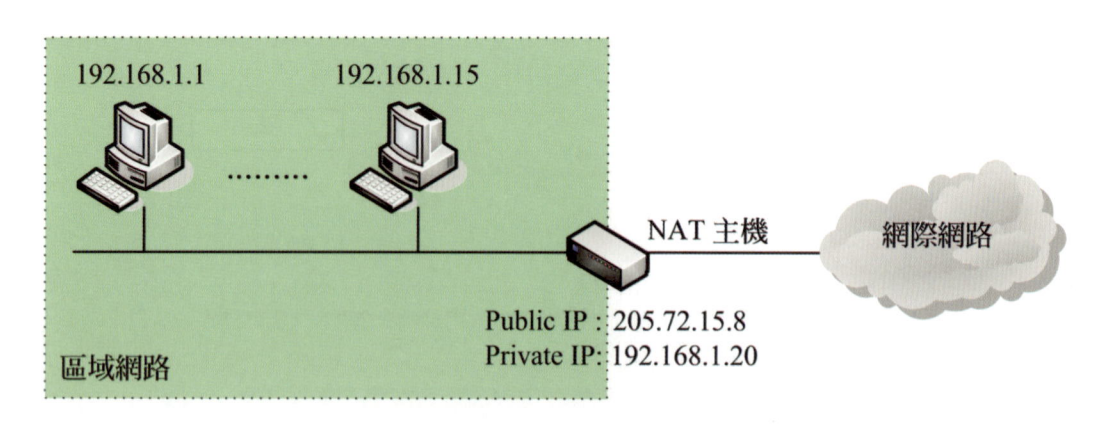

圖 9.10 NAT 主機運作實例

NAT 的實作方式有下列幾種，其中以 NAPT 最常見：

- **靜態網路位址轉譯** (Static NAT)：一個 Private IP 對應一個固定的 Public IP，這種方式只能提高安全性，無法紓緩 IP 位址不足的壓力。

- **動態網路位址轉譯** (Dynamic NAT)：一個 Private IP 對應一個不固定的 Public IP，舉例來說，假設一個組織申請到 10 個 Public IP，而其區域網路內的 20 部主機有 20 個 Private IP，但它們通常不會同時上網，於是先提出上網要求的主機就會先分配到 Public IP，每次分配到的 Public IP 不一定相同，一旦超過 10 個，其它主機就無法上網。

- **網路位址通訊埠轉譯** (NAPT，Network Address Port Translation)：NAPT 是動態網路位址轉譯的改良，為了不讓後來提出上網要求的主機分配不到 Public IP，於是利用 Private IP 加上通訊埠編號的方式來辨識內部的主機，達到多個 Private IP 共用一個 Public IP 的目的。

現在，我們就以區域網路內的主機向網際網路上的 Web 伺服器要求網頁為例，說明 NAT 的運作方式，您可以對照圖 9.11：

1. 用戶端的 Private IP 為 192.168.1.1，而 Public IP 設定於 NAT 主機為 205.72.15.8。

2. 用戶端向網際網路上的 Web 伺服器 (140.112.30.5) 要求網頁，其 IP 封包內有下列資訊：

    - 來源位址為 192.168.1.1，通訊埠編號為 2000 (後者為隨機產生)。

    - 目的位址為 140.112.30.5，通訊埠編號為 80。

3. IP 封包經過閘道時，NAT 主機會將 IP 封包內的資訊改成如下，並記錄這個要求的來源，例如 <192.168.1.1, 2000：140.112.30.5, 80>：

    - 來源位址改為 NAT 主機的 205.72.15.8，通訊埠編號改為 1000 (後者為隨機產生)。

    - 目的位址為 140.112.30.5，通訊埠編號為 80 (兩者維持不變)。

4. Web 伺服器將被要求的網頁回覆至 NAT 主機，其 IP 封包內有下列資訊：

    ■ 來源位址為 140.112.30.5，通訊埠編號為 80。

    ■ 目的位址為 205.72.15.8，通訊埠編號為 1000。

5. NAT 主機收到 IP 封包後，根據記錄發現通訊埠編號 1000 是對應到 192.168.1.1, 2000，於是將 IP 封包內的資訊改成如下，如此一來，用戶端就能收到回覆的網頁：

    ■ 來源位址為 140.112.30.5，通訊埠編號為 80（兩者維持不變）。

    ■ 目的位址改為用戶端的 192.168.1.1，通訊埠編號改為 2000。

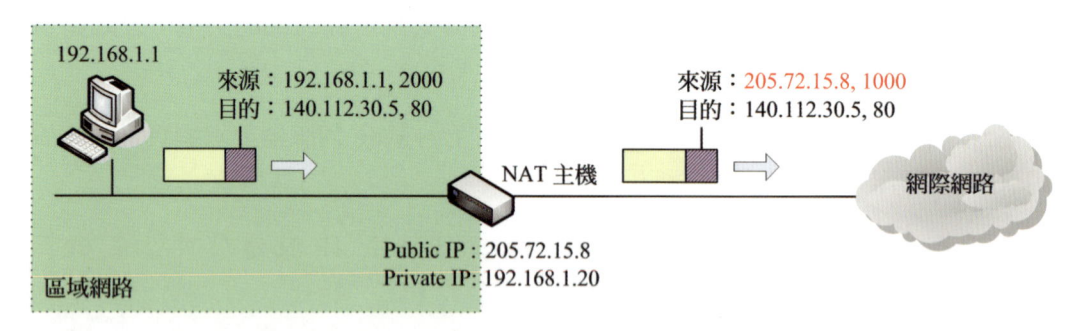

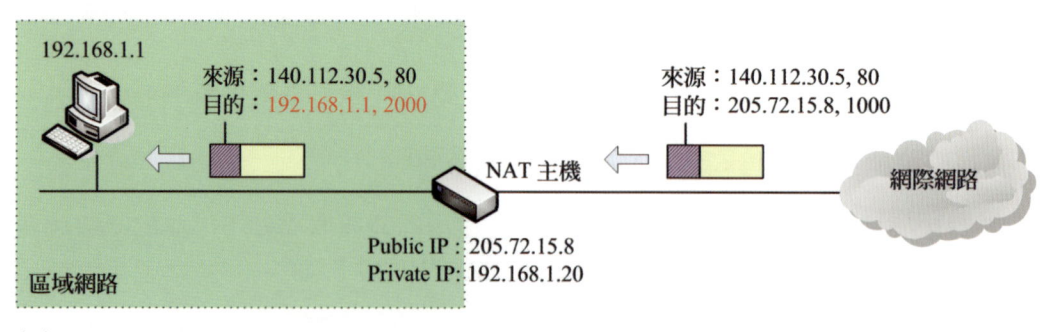

圖 9.11 NAT 運作實例 （a）用戶端向 Web 伺服器要求網頁 （b）Web 伺服器將網頁回覆給用戶端

使用 NAT 的優點如下：

- **紓緩 IP 位址不足的壓力**：由於 Private IP 的位址為 192.168.X.X，而這相當於一個 Class B 網路，因此，區域網路的規模得以擴充，不必擔心有主機分配不到 IP 位址。

- **提高安全性**：區域網路內的主機是使用 Private IP，但外部所看到的是 Public IP，無法看到真正的 Private IP，自然降低了被攻擊的風險。

- **具有透通性** (transparency)：當外部網路變更時，只要改變閘道的設定即可，無須變更內部網路。

既然有優點，當然也免不了有缺點，使用 NAT 的缺點如下，不過，比起前述的優點，這些缺點倒不是太嚴重：

- **無法使用某些加密協定**：例如 IP 封包在經過 IPSec 協定加密後，NAT 將無法辨識其封包內容，也就無法進行轉譯。

- **影響網路效能**：NAT 主機不僅要負責轉譯 Public IP 和 Private IP，還要記錄通訊埠編號與 Private IP 的對應關係，自然會因為負擔增加而影響網路效能。

資訊部落

何謂 IPv6？

雖然 IPv4 能夠表示 2^{32} = 4,294,967,296 個 IP 位址，但 IP 位址的配置除了有等級之分，還有部分保留作特殊用途，並不是每個位址都能使用。隨著網際網路的使用者快速成長，IP 位址面臨了供不應求的窘境，為了提供更多可用的 IP 位址，遂發展出 **IPv6**。

IPv6 和 IPv4 最大的差異在於使用 128 位元表示 IP 位址，能夠表示高達 2^{128} 個 IP 位址（約 $3.4×10^{38}$）。相較於 IPv4 使用四個十進位數字（以小數點連接）表示 IP 位址，IPv6 則使用 8 組包含 4 個十六進位數字（以冒號連接）表示 IP 位址，例如 2000:0000:0000:0000:1234:5648:9ABC:DEF0，第 10 章有進一步的介紹。

9-3 封裝與封包格式

本節所要介紹的**封裝** (encapsulation) 一詞，指的是來源端的網路層會從來源端的傳輸層接收 TCP 資料段 (segment) 或 UDP 資料元 (datagram)，然後加上網路層的表頭，將之封裝成 IP 封包 (packet)，再將封包傳送到來源端的連結層。

IP 封包是由下列兩個部分所組成（圖 9.12）：

- **IP 表頭** (header)：記錄來源位址、目的位址、版本、服務類型、總長度、識別碼、有效期間等資訊。

- **IP 資料** (payload)：用來載送接收自傳輸層的 TCP 資料段或 UDP 資料元。

```
┌─────┬─────────────────────────────────────┐
│ IP  │                                     │
│表頭 │  IP 資料 (TCP Segment/UDP Datagram) │
└─────┴─────────────────────────────────────┘
```
(a)

```
位元 0      4      8      12     16     20     24     28     32
    ┌──────┬──────┬──────────────┬──────────────────────────┐
    │Version│ IHL │Type of Service│    Total Length (TL)     │
    │       │     │    (TOS)      │                          │
    ├──────┴──────┴──────────────┼──────┬───────────────────┤
    │      Identification         │ Flag │ Fragment Offset   │
    ├─────────────┬──────────────┼──────┴───────────────────┤
    │Time to Live │   Protocol   │    Header Checksum       │
    │   (TTL)     │              │                          │
    ├─────────────┴──────────────┴──────────────────────────┤
    │                  Source Address                        │
    ├───────────────────────────────────────────────────────┤
    │                Destination Address                     │
    ├─────────────────────────────┬─────────────────────────┤
    │     Options (變動長度)      │   Padding (變動長度)     │
    ├─────────────────────────────┴─────────────────────────┤
    │         IP資料 (TCP Segment/UDP Datagram)              │
    └───────────────────────────────────────────────────────┘
```
(b)

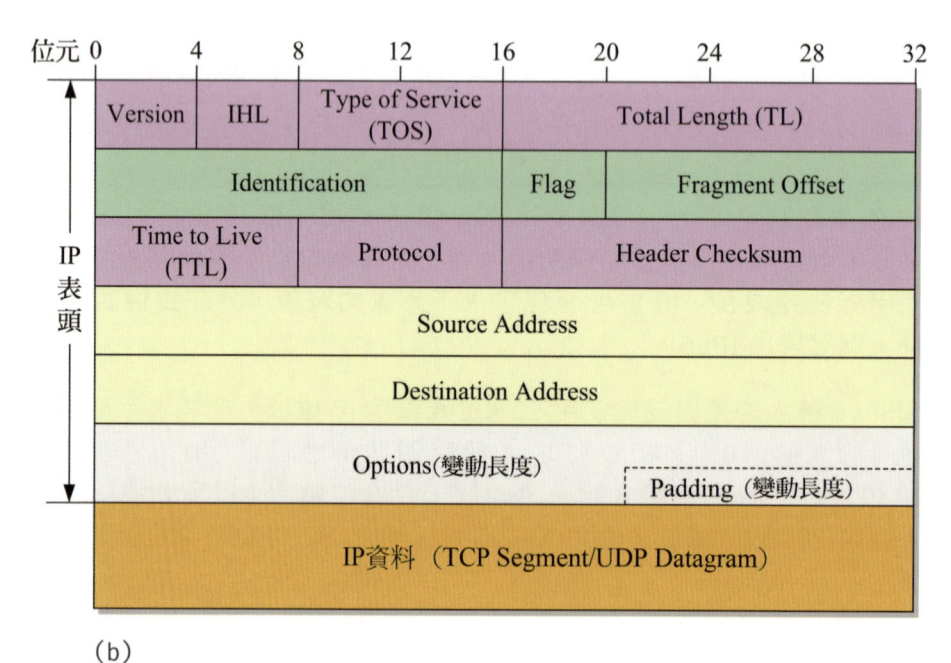

圖 9.12 （a）IP 封包是由 IP 表頭和 IP 資料所組成 （b）IP 表頭的格式

IP 表頭比較重要的欄位如下：

- **Source Address**（來源位址）：記錄來源端的 IP 位址，以便在有需要回覆訊息時使用。

- **Destination Address**（目的位址）：記錄目的端的 IP 位址，這是最重要的欄位，少了它，將不知道封包究竟該送到何處。

- **Version**（版本）：記錄封包所使用的通訊協定版本，例如 4 就表示 IPv4。

- **Type Of Service**（TOS，服務類型）：這個欄位有 8 位元，前 3 位元的值為 000 ~ 111（0 ~ 7），用來表示優先權，後 4 位元用來表示下列五種服務類型：

    - 0000（一般，此為預設值）
    - 0001（最小化成本）
    - 0010（最大化可靠度）
    - 0100（最大化傳輸量）
    - 1000（最小化延遲）

- **Total Length** (TL，總長度)：記錄整個封包的總長度，以位元組為單位。

- **Identification**（識別碼）：這是由來源端所產生的識別碼，會依照封包發出的順序遞增，目的端可以由此判斷封包的順序，同時封包的切割與重組也必須借助於識別碼。

- **Flag**（旗標）：記錄封包切割與重組的資訊。

- **Fragment Offset**（片段偏移量）：記錄封包切割與重組的資訊。

- **Time To Live**（TTL，有效期間）：封包在抵達目的端之前，會經過許多轉送站，為了不讓封包在網際網路上形成迴路，不斷地在轉送站之間傳送，於是需要這個欄位來記錄封包能在網際網路上經過多少轉送站，每經過一個轉送站，這個欄位就遞減 1，直到變成 0，就將封包丟棄。

- **Protocol**（通訊協定）：記錄上層所使用的通訊協定，也就是封包載送的是哪種通訊協定的資料，例如 TCP 或 UDP。

- **Header Checksum**（表頭檢查碼）：這個欄位用來針對 IP 表頭（不包含 IP 資料）進行錯誤檢查。

9-4 封包的切割與重組

傳輸層在將 TCP 資料段或 UDP 資料元封裝成 IP 封包後，會往下傳送到連結層，而連結層用來載送 IP 封包的是訊框 (frame)，若封包的大小超過訊框所能載送的大小，就必須先做**切割** (fragmentation)，待抵達目的地後再做**重組** (reassembly)。

我們將實體網路所能傳送的最大載送資料 (payload) 稱為**最大傳送單位** (MTU，Maximum Transmission Unit)，不同的實體網路有不同的 MTU 值（表9.3），例如乙太網路是 1500 位元組。

當 IP 封包要經由乙太網路傳送時，其封包大小（包括表頭及資料）不能超過 1500 位元組，一旦超過，IP 通訊協定就會做切割，要是沒有做切割，超過的部分將會被丟棄，導至目的端收到不完整的訊息。

此外，由於 IP 封包會經過許多轉送站，若轉送時實體網路的 MTU 值又比 1500 位元組小，那麼轉送站會再做切割，以符合其最大傳送單位。要特別說明的是轉送站會對超過其 MTU 值的封包做切割，但不會對收到的封包做重組，所有封包只會在抵達目的地後做重組。

由於 IP 通訊協定採取**非連線導向式** (connectionless) 的資料傳送模式，也就是在傳送封包前，來源端與目的端無須事先建立連線，因此，切割後的封包不一定會走相同的路線，也不一定會依照順序抵達目的地。

表 9.3　實體網路的 MTU 值

實體網路	最大傳送單位 (MTU)
Ethernet	1500 位元組
Token Ring (16Mbps)	17914 位元組
Token Ring (4Mbps)	4464 位元組
FDDI	4352 位元組
ATM	9180 位元組
802.11	2272 位元組

為了順利完成切割與重組的工作，IP 通訊協定在切割封包的同時，也會修改 IP 表頭內的某些欄位，包括：

- **Total Length** (TL，總長度)：這個欄位會被修改為切割後的片段大小，而不是原訊息的總長度。

- **Identification**（識別碼）：經過切割後的每個片段都有相同的識別碼，屆時做重組時才能由相同的識別碼判斷來源為相同的訊息。

- **Flag**（旗標）：這個欄位裡面有一個 MF (More Fragment) 位元，若是切割後的最後一個片段，就將 MF 位元設定為 0，表示結尾，否則將 MF 位元設定為 1，表示後續還有切割的片段。

- **Fragment Offset**（片段偏移量）：這個欄位用來記錄經過切割後的片段在原訊息內的偏移量（即順序），切割後的第 1、2、3 個片段其 Fragment Offset 欄位必須設定為 0、1、2，其它片段的 Fragment Offset 欄位則依序遞增。

誠如前面所言，所有封包只會在抵達目的地後做重組，因此，目的地必須要設定接收緩衝區存放收到的封包，然後根據上述的欄位，將之重組回原來的 IP 封包。

此外，目的地還要設定接收封包的等待時間，因為封包可能會在傳送的過程中遺失，一旦超過等待時間，就將接收緩衝區內的封包全部丟棄，此時，目的端上層的 TCP 通訊協定將不會發出確認訊息，而來源端上層的 TCP 通訊協定因為等待逾時，就會再重送一次。

9-5 路由

IP 封包在網路層會經過傳送、轉送和路由到達目的地，**傳送** (delivery) 指的是在網路層的控制下，封包在實體層的處理情況；**轉送** (forward) 指的是將封包傳送到下一站的方式；**路由** (routing) 指的是藉由路由表的協助來進行轉送。

至於在不同的網路中負責轉送封包的設備就叫做**路由器** (router)，其特點如下：

- 路由器是在 OSI 參考模型的實體層、資料連結層及網路層運作，在實體層時會增強訊號，在資料連結層時會檢查訊框的實體位址，在網路層時會轉換封包的邏輯位址與路由。

- 路由器具有兩個或以上的網路介面，以連接多個網路或其它路由器。

- 路由器會維持一份**路由表** (ronting table)，裡面記錄了每條路徑的相關資訊，包括網路位址、網路遮罩、下一站、網路介面等，路由器可以藉此決定封包要從哪條路徑轉送出去。

封包的傳送類型

- **直接傳送** (direct delivery)：封包的目的地與傳送者位於同一個實體網路，所以不會經過路由器。直接傳送會發生在封包的來源與目的地位於同一個實體網路，或最後一部路由器與目的地之間的傳送。

- **間接傳送** (indirect delivery)：封包的目的地與傳送者不位於同一個實體網路，所以會經過路由器。

封包的傳送一定會涉及一次的直接傳送和零次或多次的間接傳送，而且最後一次一定是直接傳送。以圖 9.13 為例，主機 A 與主機 B 位於同一個實體網路，因此，當主機 A 欲傳送封包給主機 B 時，就是屬於直接傳送。

反之，主機 A 與主機 C 不位於同一個實體網路，因此，當主機 A 欲傳送封包給主機 C 時，必須依序將封包傳送給路由器 R1、路由器 R2，路由器 R2 再將封包傳送給主機 C，故主機 A 到路由器 R1 及路由器 R1 到路由器 R2 之間均屬於間接傳送，而路由器 R2 到主機 C 之間則屬於直接傳送。

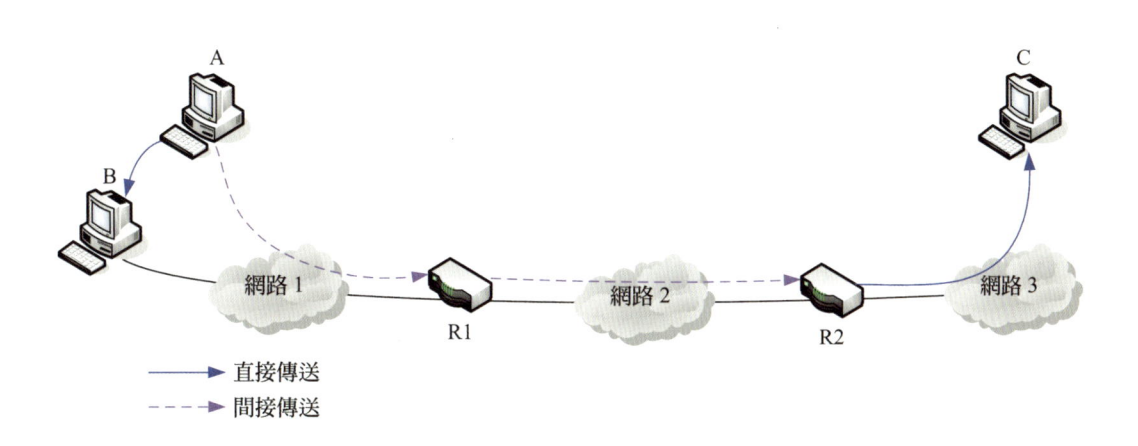

圖 9.13 直接傳送 vs. 間接傳送

封包的轉送方式

轉送 (forward) 指的是將封包傳送到下一站的方式，最常見的轉送方式叫做**下一站路由** (next-hop routing)，也就是當路由器收到封包要轉送時，就會讀取封包內 IP 表頭的目的位址，然後從路由表找出最佳路徑，將封包轉送到下一站，換言之，路由器只須決定封包要送往下一站的路徑，無須知道抵達目的地之前會經過哪幾個站或哪幾條路徑。

以圖 9.13 為例，裡面有網路 1、網路 2、網路 3 等三個網路，以及 R1、R2 等兩部路由器，其中 R1 有兩個網路介面，分別連接網路 1 和網路 2，R2 也有兩個網路介面，分別連接網路 2 和網路 3。

假設主機 A 欲傳送封包給主機 C，同時主機 A 和路由器 R1、R2 的路由表內各有著如下記錄，則傳送過程如下：

主機 A 的路由表

目的地	下一站
主機 C	路由器 R1

路由器 R1 的路由表

目的地	下一站
主機 C	路由器 R2

路由器 R2 的路由表

目的地	下一站
主機 C	Local

1. 檢查主機 C 和主機 A 是否位於同一個實體網路，是的話，就直接將封包傳送給主機 C，否的話，就查看主機 A 的路由表，發現有一筆記錄是當目的地為主機 C 時，下一站為路由器 R1，於是將封包傳送到路由器 R1。

2. 路由器 R1 在收到封包後，會執行下列動作：

    (1) 讀取封包內 IP 表頭的 TTL（有效期間）欄位，若 TTL 欄位等於 1，就停止轉送並回報錯誤訊息給主機 A，否則將 TTL 欄位減 1，然後繼續下一個動作。

    (2) 讀取封包內 IP 表頭的目的位址，得到目的位址為主機 C。

    (3) 檢查主機 C 是否位於路由器 R1 所連接的網路，是的話，就直接將封包傳送給主機 C，否的話，就查看路由器 R1 的路由表，發現有一筆記錄是當目的地為主機 C 時，下一站為路由器 R2，於是將封包傳送到路由器 R2。

3. 路由器 R2 在收到封包後，會執行下列動作：

    (1) 讀取封包內 IP 表頭的 TTL（有效期間）欄位，若 TTL 欄位等於 1，就停止轉送並回報錯誤訊息給主機 A，否則將 TTL 欄位減 1，然後繼續下一個動作。

    (2) 讀取封包內 IP 表頭的目的位址，得到目的位址為主機 C。

    (3) 檢查主機 C 是否位於路由器 R2 所連接的網路，答案是肯定的，於是將封包傳送給主機 C。

和實際的網路比起來，這個例子顯得非常陽春，但基本原理是相同的，只要負責連接網路的路由器能正確選擇下一站，不同網路中的任意兩部主機便能互相傳送封包。

路由表

由於路由器必須負責封包的下一站路由,因此,路由器會維持一份**路由表** (ronting table),裡面記錄了每條路徑的相關資訊,包括網路位址、網路遮罩、下一站、網路介面等,當路由器收到封包要轉送時,就會讀取封包內 IP 表頭的目的位址,然後從路由表找出最佳路徑,將封包轉送到下一站。我們以圖 9.14 為例,說明路由表與鄰近網路的關係,其中路由器 R1 的路由表有四筆資料,其意義如表 9.4。

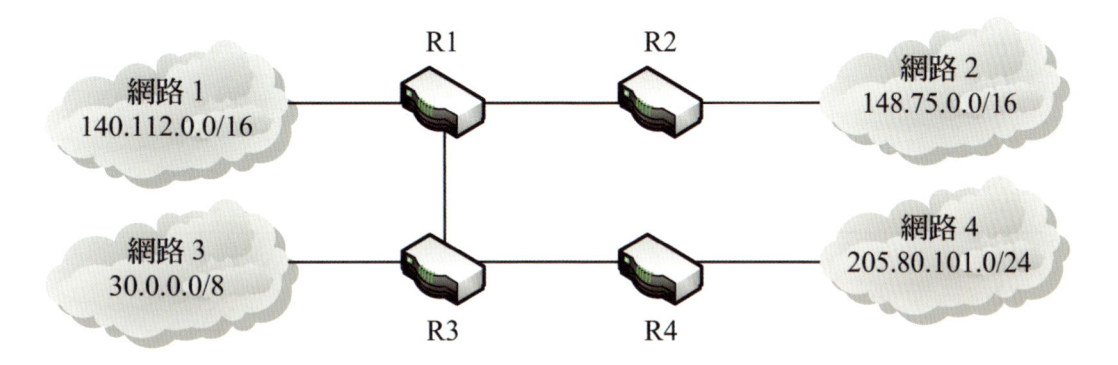

圖 9.14 路由表與鄰近網路的關係

表 9.4 路由器 R1 的路由表 (第四欄純粹為說明並不位於路由表)

網路位址	網路遮罩	下一站	說明
140.112.0.0	255.255.0.0	Local	網路 1 為 Class B 網路,當收到之封包的目的位址為 140.112.X.X 時,就會往網路 1 送,而不會轉送出去。
148.75.0.0	255.255.0.0	R2	網路 2 為 Class B 網路,當收到之封包的目的位址為 148.75.X.X 時,就會轉送給路由器 R2。
30.0.0.0	255.0.0.0	R3	網路 3 為 Class A 網路,當收到之封包的目的位址為 30.X.X.X 時,就會轉送給路由器 R3。
205.80.101.0	255.255.255.0	R3	網路 4 為 Class C 網路,當收到之封包的目的位址為 205.80.101.X 時,就會轉送給路由器 R3。

請注意表 9.4 的第四筆資料，當路由器 R1 收到之封包的目的位址為 205.80.101.X 時，它會將封包轉送給路由器 R3，而不需要知道 205.80.101.X 其實是位於路由器 R4 所連接的網路 4，至於路由器 R2、R3、R4 的路由表則分別如表 9.5、9.6、9.7。

表 9.5　路由器 R2 的路由表（第四欄純粹為說明並不位於路由表）

網路位址	網路遮罩	下一站	說明
148.75.0.0	255.255.0.0	Local	當收到之封包的目的位址為 148.75.X.X 時，就會往網路 2 送，而不會轉送出去。
140.112.0.0	255.255.0.0	R1	當收到之封包的目的位址為 140.112.X.X 時，就會轉送給路由器 R1。
30.0.0.0	255.0.0.0	R1	當收到之封包的目的位址為 30.X.X.X，就會轉送給路由器 R1。
205.80.101.0	255.255.255.0	R1	當收到之封包的目的位址為 205.80.101.X 時，就會轉送給路由器 R1。

表 9.6　路由器 R3 的路由表（第四欄純粹為說明並不位於路由表）

網路位址	網路遮罩	下一站	說明
30.0.0.0	255.0.0.0	Local	當收到之封包的目的位址為 30.X.X.X 時，就會往網路 3 送，而不會轉送出去。
140.112.0.0	255.255.0.0	R1	當收到之封包的目的位址為 140.112.X.X 時，就會轉送給路由器 R1。
148.75.0.0	255.255.0.0	R1	當收到之封包的目的位址為 148.75.X.X，就會轉送給路由器 R1。
205.80.101.0	255.255.255.0	R4	當收到之封包的目的位址為 205.80.101.X 時，就會轉送給路由器 R4。

表 9.7　路由器 R4 的路由表（第四欄純粹為說明並不位於路由表）

網路位址	網路遮罩	下一站	說明
205.80.101.0	255.255.255.0	Local	當收到之封包的目的位址為 205.80.101.X 時，就會往網路 4 送，而不會轉送出去。
140.112.0.0	255.255.0.0	R3	當收到之封包的目的位址為 140.112.X.X 時，就會轉送給路由器 R3。
148.75.0.0	255.255.0.0	R3	當收到之封包的目的位址為 148.75.X.X，就會轉送給路由器 R3。
30.0.0.0	255.0.0.0	R3	當收到之封包的目的位址為 30.X.X.X 時，就會轉送給路由器 R3。

靜態與動態路由表

為了方便轉送封包，主機和路由器都有一份前往目的地的路由表，而且路由表又分為下列兩種類型：

- **靜態路由表** (static routing table)：靜態路由表是由管理人員手動填入每條路徑的相關資訊，當路徑資訊發生變化時（例如關閉路由器或網路連線中斷），就必須由管理人員手動更新，無法自動更新。靜態路由表適用於實驗性網路或小型的互聯網，但不適用於大型的互聯網。

- **動態路由表** (dynamic routing table)：動態路由表是根據路由協定自動產生與更新，大型的互聯網就必須使用這種方式才會有效率。

路由協定 (routing protocol) 是程序與準則的組合，可以讓路由器分享彼此之間的資訊，掌握網路狀態，進而判斷傳送封包的最佳路徑，常見的單播路由協定如下：

- **RIP** (Routing Information Protocol，路由資訊協定)：這是一種距離向量路由。

- **OSPF** (Open Shortest Path First，開放最短路徑優先)：這是一種鏈結狀態路由。

- **BGP** (Border Gateway Protocol，邊界閘道協定)：這是一種路徑向量路由。

至於常見的群播路由協定如下，其中有些是單播路由協定的延伸，有些則是全新的概念：

- **MOSPF** (Multicast Open Shortest Path First，群播開放最短路徑優先，OSPF 的延伸)

- **DVMRP** (Distance Vector Multicast Routing Protocol，距離向量群播路由協定)

- **PIM-DM** (Protocol Independent Multicast-Dense Mode，協定獨立群播密集模式)

- **PIM-SM** (Protocol Independent Multicast-Sparse Mode，協定獨立群播稀疏模式)

- **CBT** (Core-Based Tree，核心樹)

由於不同的路由協定其運作方式及協定內容各異，在本章的最後僅針對**距離向量路由** (distance vector routing) 的原理做個簡單的說明，其它路由協定就不一一詳述。

網路概論

在距離向量路由中,每個節點都會維持一個表格,此即為路由表,裡面記錄了該節點到其它節點的最短距離與下一站。圖 9.15 是一個例子,您不妨將每個節點想像成都市中的景點,節點之間的連線則是連接景點的道路,而遊客可以透過表格內的資訊知道景點之間的最短距離。

至於表格內的資訊是如何產生的呢?其基本概念就是分享節點之間的資訊,也就是每個節點都把自己的表格廣播出去跟大家分享,而且要定時廣播或在表格有更動時廣播,以確保表格內的資訊能夠反映真正的現況。

比方說,節點 A 一開始只有相鄰節點 B 和 C 的資訊,但只要節點 B 和 C 將自己的表格和節點 A 分享,節點 A 就知道可以透過節點 B 到達節點 D 且距離為 5,也可以透過節點 C 到達節點 D 且距離為 8,於是從中選擇最短距離為 5 且下一站為 B;接下來,節點 A 分享了節點 D 的表格,所以知道只要先透過節點 B 到達節點 D,再透過節點 D 就能到達節點 E,於是得到最短距離為 7 且下一站為 B,其它依此類推。

A 的路由表

目的地	距離	下一站
A	0	--
B	2	--
C	4	--
D	5	B
E	7	B

B 的路由表

目的地	距離	下一站
A	2	--
B	0	--
C	6	A
D	3	--
E	5	D

C 的路由表

目的地	距離	下一站
A	4	--
B	6	A
C	0	--
D	4	--
E	6	D

D 的路由表

目的地	距離	下一站
A	5	B
B	3	--
C	4	--
D	0	--
E	2	--

E 的路由表

目的地	距離	下一站
A	7	D
B	5	D
C	6	D
D	2	--
E	0	--

圖 9.15 距離向量路由範例

操作實例

查詢本地端的網路設定及 IP 封包的來回時間

我們可以在 Windows 的命令提示字元視窗中使用 **ipconfig.exe** 指令，查詢本地端的網路設定。下面是一個例子，由下圖可知，電腦的 IP 位址為 192.168.0.101，子網路遮罩為 255.255.255.0。

此外，我們也可以使用 **ping.exe** 指令，偵測遠端主機是否存在且正常運作，以及 IP 封包從本地端到目的端的來回時間和遺失率。下面是一個例子，由下圖可知，www.google.com 的 IP 位址為 142.250.66.68，已傳送和已收到的 IP 封包各為 4 個，IP 封包的來回時間平均約 8 毫秒，封包的 TTL (Time To Live) 欄位均為 117。

操作實例

查詢主機的網路介面與路由表資訊

我們可以在 Windows 的命令提示字元視窗中使用 **netstat.exe**，查詢主機的網路介面與路由表資訊。下面是一個例子，此處的 netstat 指令後面加上 r 和 n 兩個選項，即 **netstat -rn**，r 選項會顯示路由表，n 選項會顯示數字位址。

```
C:\Users\Jean>netstat -rn
===========================================================================
介面清單
 11...1c bf ce 8b bb 05 ......Realtek 8821CU Wireless LAN 802.11ac USB NIC
 15...1e bf ce 8b bb 05 ......Microsoft Wi-Fi Direct Virtual Adapter
  7...1c bf ce 8b bb 05 ......Microsoft Wi-Fi Direct Virtual Adapter #2
 13...08 bf b8 a0 83 3b ......Realtek PCIe GBE Family Controller #2
 10...1c bf ce 8b bb 06 ......Bluetooth Device (Personal Area Network)
  1...........................Software Loopback Interface 1
===========================================================================

IPv4 路由表
===========================================================================
使用中的路由:
網路目的地            網路遮罩          閘道            介面         計量
          0.0.0.0          0.0.0.0      192.168.0.1    192.168.0.101     35
        127.0.0.0        255.0.0.0         在連結上        127.0.0.1    331
        127.0.0.1  255.255.255.255         在連結上        127.0.0.1    331
  127.255.255.255  255.255.255.255         在連結上        127.0.0.1    331
      192.168.0.0    255.255.255.0         在連結上    192.168.0.101    291
    192.168.0.101  255.255.255.255         在連結上    192.168.0.101    291
    192.168.0.255  255.255.255.255         在連結上    192.168.0.101    291
        224.0.0.0        240.0.0.0         在連結上        127.0.0.1    331
        224.0.0.0        240.0.0.0         在連結上    192.168.0.101    291
  255.255.255.255  255.255.255.255         在連結上        127.0.0.1    331
  255.255.255.255  255.255.255.255         在連結上    192.168.0.101    291
===========================================================================

IPv6 路由表
===========================================================================
使用中的路由:
 介面 計量 網路目的地              閘道
  1   331 ::1/128                  在連結上
 13   291 fe80::/64                在連結上
 13   291 fe80::39f4:1050:6b24:ff07/128
                                   在連結上
  1   331 ff00::/8                 在連結上
 13   291 ff00::/8                 在連結上
===========================================================================
```

❶ 介面清單　❷ IPv4 路由表　❸ IPv6 路由表

在上圖的介面清單中，13 是 PCIe 介面的乙太網路卡，MAC 位址為 08 bf b8 a0 83 3b，10 是藍牙裝置，1 是虛擬的本機迴路介面；在上圖的 IPv4 路由表和 IPv6 路由表中，列出了網路目的地、網路遮罩、閘道、介面等資訊，其中閘道代表下一站。

若要顯示已收到、轉寄、傳送、丟棄或重組的封包個數，可以在 netstat 指令後面加上 a 選項，即 **netstat -a**。

本章回顧

- 網路層的功能包括**定址**、**封裝**、**切割與重組**、**路由**。

- 第一個廣泛使用的 IP 定址方式為 **IPv4**，IP 位址是一個 32 位元的二進位數字，為了方便記憶，這串數字被分成四個 8 位元的十進位數字，中間以小數點連接，例如 140.112.30.22。

- IP 位址是由**網路位址** (Network ID) 和**主機位址** (Host ID) 兩個部分所組成，又分為 A、B、C、D、E 五個等級。然等級化的方式卻產生了位址使用沒有彈性、位址空間利用率不佳等缺點，於是又提出**子網路**和 **CIDR**，以更有效率的配置 IP 位址。

- **網路位址轉譯** (NAT) 可以紓解 IP 位址不足的壓力，其原理是一個組織的 Public IP 可能只有一個，但進入該組織的區域網路後，就把這個 IP 位址轉譯為 Private IP (192.168.X.X)，讓多個 Private IP 共用一個 Public IP。

- IP 封包是由 **IP 表頭** (header) 和 **IP 資料** (payload) 兩個部分所組成，前者用來記錄來源位址、目的位址、版本、識別碼、總長度、有效期間等資訊，後者用來載送接收自傳輸層的 TCP 資料段或 UDP 資料元。

- 傳輸層在將 TCP 資料段或 UDP 資料元封裝成 IP 封包後，會往下傳送到連結層，而連結層用來載送 IP 封包的是訊框，若封包的大小超過訊框所能載送的大小，就必須先做**切割**，待抵達目的地後再做**重組**。

- IP 封包在網路層會經過傳送、轉送和路由到達目的地，**傳送** (delivery) 指的是在網路層的控制下，封包在實體層的處理情況，又分為**直接傳送** (direct delivery) 與**間接傳送** (indirect delivery)；**轉送** (forward) 指的是將封包傳送到下一站的方式，最常見的轉送方式叫做**下一站路由** (next-hop routing)；**路由** (routing) 指的是藉由路由表的協助來進行轉送，又分為**靜態路由表** (static routing table) 與**動態路由表** (dynamic routing table)，前者是由管理人員手動填入，後者是根據路由協定自動產生與更新。

學 習 評 量

一、選擇題

(　　) 1. 下列何者是網路層的功能？
　　　　A. 定址　　　　　　　　　　B. 路由
　　　　C. 封包切割與重組　　　　　D. 以上皆是

(　　) 2. IPv4 是使用幾位元表示 IP 位址？
　　　　A. 32　　　　　　　　　　　B. 64
　　　　C. 128　　　　　　　　　　 D. 256

(　　) 3. 下列關於特殊 IP 位址的敘述何者錯誤？
　　　　A. 0.0.0.0 表示網路自己
　　　　B. 255.0.0.0 是 Class C 網路的遮罩
　　　　C. 192.168.X.X 保留作 NAT
　　　　D. 255.255.255.255 表示廣播至所有主機

(　　) 4. 下列哪種傳送模式是從單一節點傳送到單一節點？
　　　　A. 隨播　　　　　　　　　　B. 群播
　　　　C. 廣播　　　　　　　　　　D. 單播

(　　) 5. 下列哪個網路等級是作為群播之用？
　　　　A. Class A　　　　　　　　　B. Class B
　　　　C. Class C　　　　　　　　　D. Class D

(　　) 6. Class C 網路的主機位址有幾位元？
　　　　A. 24　　　　　　　　　　　B. 16
　　　　C. 8　　　　　　　　　　　 D. 4

(　　) 7. 下列哪個原因會造成 IP 位址的使用率不佳？
　　　　A. 位址太長　　　　　　　　B. 等級化
　　　　C. 子網路　　　　　　　　　D. CIDR

(　　) 8. 如欲將一個 Class B 網路劃分為五個子網路，其子網路遮罩必須設定為下列何者？
　　　　A. 255.255.0.0　　　　　　　B. 255.255.224.0
　　　　C. 255.255.240.0　　　　　　D. 255.255.248.0

(　　) 9. 一個遮罩為 255.255.240.0 的 Class B 網路可以劃分為幾個子網路？
　　　　A. 4　　　　　　　　　　　　B. 8
　　　　C. 16　　　　　　　　　　　 D. 32

( ) 10. 假設主機的 IP 位址為 152.40.5.77，遮罩為 255.255.255.252，那麼主機的網路位址為何？
   A. 152.40.5.72   B. 152.40.5.64
   C. 152.40.5.70   D. 152.40.5.76

( ) 11. 如欲將一個 Class C 網路劃分為 10 個子網路，其子網路遮罩必須設定為下列何者？
   A. 255.255.240.0   B. 255.255.255.196
   C. 255.255.255.240   D. 255.255.255.248

( ) 12. 承上題，這個 Class C 網路可以劃分為幾個子網路？
   A. 16   B. 32
   C. 64   D. 128

( ) 13. 下列何者不是網路位址轉譯 (NAT) 的優點？
   A. 具有透通性   B. 方便使用某些加密協定
   C. 主機隱藏於內部避免被入侵   D. 紓緩 IP 位址不足的壓力

( ) 14. IP 封包切割與否取決於下列何者？
   A. MTU   B. ARP
   C. TCP   D. ICMP

( ) 15. 封包的轉送方式通常採取下列何者？
   A. 下一站路由   B. 連線導向的路由
   C. 尋找目的地的路由   D. 依照來源指定路徑的路由

二、簡答題

1. 簡單說明網路層有哪些功能？

2. 簡單說明 IP 位址等級化會產生哪些缺點？

3. 簡單說明網路位址轉譯 (NAT) 的優點為何？

4. 假設子網路遮罩採取預設值，試問，IP 位址 140.175.1.68 所在的網路位址與主機位址為何？

5. 承上題，如欲將所在的網路劃分為五個子網路，其子網路遮罩必須設定為何？又各個子網路包含幾部主機？

Computer Networks • Computer Networks • Computer Networks • Computer Networks

CHAPTER

10

IPv6 通訊協定

10-1　使用 IPv6 的理由

10-2　IPv6 位址的格式

10-3　IPv6 位址的定址方式

10-4　IPv6 封包格式

10-5　從 IPv4 轉移到 IPv6

10-1 使用 IPv6 的理由

儘管人們提出子網路、CIDR、網路位址轉譯 (NAT) 等技術，暫時紓緩了 IP 位址不足的壓力，然 IP 位址耗盡是一個長期性的問題，再加上 IPv4 本身的問題，例如：

- 沒有提供加密或驗證的功能
- 無法應付即時的影音傳輸
- 缺乏服務品質的支援 (QoS)
- 設定與管理不易
- 路由表日益龐大影響路由效能

為此，IETF (Internet Engineering Task Force) 從 1990 年代中期開始設計新的 IP 位址系統— **IPv6** (IP Version 6)，希望徹底解決 IP 位址不足的問題。

和 IPv4 比起來，IPv6 位址較顯著的改進如下：

- **極大的位址空間**：IPv6 位址的長度為 128 位元，理論上，這可以提供 2^{128}（約 3.4×10^{38}）個位址，簡直就是個天文數字，人們再也不用擔心 IP 位址耗盡了。

- **更佳的保密性**：IPv6 整合了 IPSec (IP Security) 安全通訊協定，可以對資料進行加密與驗證，確保資料沒有外洩或遭到竄改，同時也不是他人冒名傳送。

- **自動設定機制**：在使用 IPv4 時，使用者必須手動設定電腦的 IP 位址，否則 TCP/IP 會無法正常運作，而 IPv6 則藉由自動設定機制 (auto configuration) 來改善這個問題，讓電腦自動向路由器取得 IPv6 位址，無須進行手動設定。

- **更佳的路由效能**：IPv6 封包的表頭精簡固定為 40 位元組，不再像 IPv4 使用變動長度的 Options（選項）欄位，並移除 Header Checksum（表頭檢查碼）欄位，減少計算工作，使得 IPv6 處理封包的速度較快。

  此外，封包切割是由來源端負責，路由器不做封包切割，只有在遇到封包超過傳送時的 MTU 值，才會回覆給來源端，路由效能因而獲得提升。

- **支援資源配置**：IPv6 封包的表頭不再提供 TOS (Type Of Service，服務類型) 欄位，而是改成 Flow Label（資料流標記）欄位，讓來源端可以要求封包的特殊處理，例如即時的影音傳輸。

10-2 IPv6 位址的格式

相較於 IPv4 位址的長度為 32 位元 (4 位元組)，IPv6 位址的長度則為 128 位元 (16 位元組)，位址空間高達 2^{128} (約 3.4×10^{38})。為了方便閱讀，IPv6 位址通常分成 8 組，每組 16 位元 (2 位元組)，寫成 4 個十六進位數字，每組中間以冒號連接，我們將這種表示法稱為**冒號式十六進位表示法** (colon hexadecimal notation)。

以下面的 IPv6 位址為例：

連續 80 個 0

0010111011011100　0001001101101111　0……0　1111111111111111

我們可以依照如下步驟將它從二進位轉換成十六進位：

① 第 1 組二進位數字有 16 位元，可以寫成 4 個十六進位數字 2EDC。

② 第 2 組二進位數字有 16 位元，可以寫成 4 個十六進位數字 136F。

③ 有連續 80 位元為 0，可以寫成 5 組 0000。

④ 最後 1 組二進位數字有 16 位元，可以寫成 4 個十六進位數字 FFFF。

⑤ 以冒號連接這 8 組十六進位數字，得到如下結果。

2EDC:136F:0000:0000:0000:0000:0000:FFFF

由這個例子不難看出，即便是以 16 進位表示 IPv6 位址，寫法還是很長，而且中間可能有不少連續的 0，於是有了簡化的寫法—**雙冒號 ::**，用來表示連續且數量不固定的 0，例如：

2EDC:136F:0000:0000:0000:0000:0000:FFFF

⬇

2EDC:136F::FFFF

當我們使用簡化的寫法表示 IPv6 位址時，每組十六進位數字的前面若有 0，那麼前面的 0 可以省略，例如 0081 可以寫成 81、000F 可以寫成 F。不過，要注意的是每組十六進位數字的後面若有 0，那麼後面的 0 不可以省略，例如 DC50 不可以寫成 DC5，否則會被認為是 0DC5。

例如下面的寫法指的都是相同的 IPv6 位址：

2234:0078:0000:0000:0000:0000:9ABC:DEF0
2234:0078:0000:0000:0000::9ABC:DEF0
2234:0078:0:0:0:0:9ABC:DEF0
2234:78:0:0:0:0:9ABC:DEF0
2234:78:0::0:9ABC:DEF0
2234:78::9ABC:DEF0

此外，雙冒號 :: 只能出現一次，否則會被視為不合法，例如下面的寫法就是不合法的，因為無法分辨究竟有幾個 0 被壓縮在這兩個雙冒號中：

2DF5::2537::895C

根據前面的討論，請您試著將下列簡化的寫法還原成冒號式十六進位表示法：

0:20::1:34:FFFF

正確的答案如下，您寫對了嗎？

0000:0020:0000:0000:0000:0001:0034:FFFF

最後要說明的是 IPv6 向下相容於 IPv4，故 IPv4 位址可以透過**混合表示法** (mixed notation) 嵌入 IPv6 位址，下面是一個例子：

::140.112.30.22（相當於 0000:0000:0000:0000:0000:0000:140.112.30.22）

10-3 IPv6 位址的定址方式

誠如前面所言,IPv6 位址的長度為 128 位元,位址空間高達 2^{128},而在這 128 位元中的前幾位元稱為**類型首碼** (type prefix),用來定義 IPv6 位址的類型(圖 10.1),例如 Unicast(單播)、Multicast(群播)、Anycast(隨播)、本地端位址 (local address)、保留位址 (reserved address) 等。表 10.1 是類型首碼所代表的類型,以及該類型在整個位址空間所占用的比例。

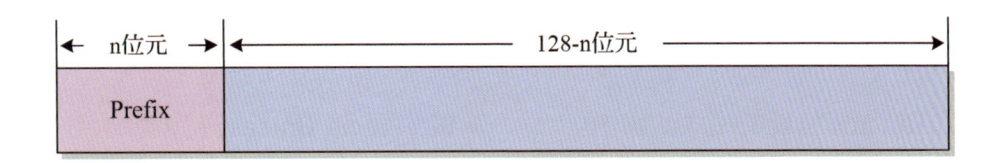

圖 10.1 IPv6 位址的格式(類型首碼的長度 n 取決於 IPv6 位址的類型)

表 10.1 類型首碼所代表的類型(第一欄括號內的 IPv6 位址後面加上「/」與數字,用來表示類別首碼的長度,例如 0000::/8 表示類別首碼的長度為 8 位元)

類型首碼	類型	在整個位址空間所占用的比例
0000 0000 (0000::/8)	保留位址 (reserved address)	1/256
001 (2000::/3)	Global Unicast 位址	1/8
1111 1110 11 (FEC0::/10)	Site-Local Unicast 位址	1/1024
1111 1110 10 (FE80::/10)	Link-Local Unicast 位址	1/1024
1111 1111 (FF00::/8)	Multicast 位址	1/256
其它	尚未定義	約 86%

10-3-1 Global Unicast 位址

Global Unicast（全域單播）位址用來定義單一節點的位址，所謂的節點泛指能夠擁有 IP 位址的裝置，例如主機、路由器或 L3 交換器等。Global Unicast 位址所扮演的角色就像 IPv4 的 Public IP，用來表示節點的唯一位址，世界上不會再有其它節點的位址與之重複。

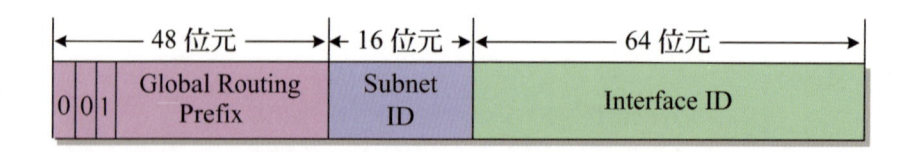

Global Unicast 位址的格式如圖 10.2，前 3 位元為類型首碼 001，提供 2^{125} 個位址（以 2 或 3 開頭），在整個位址空間所占用的比例高達 1/8：

- **Global Routing Prefix**：共 48 位元，前 3 位元為類型首碼 001，負責封包的全球路由。
- **Subnet ID**（子網路位址）：共 16 位元，可以讓組織自行規畫區域內的子網路。
- **Interface ID**（介面位址）：共 64 位元，可以提供節點位址，相當於 IPv4 的主機位址。

10-3-2 本地端位址

當組織想要使用 IPv6 卻沒有要連接網際網路時，可以使用**本地端位址**（local address），換言之，本地端位址用來作為私人網路的位址，外部網路無法傳送訊息給這類位址，而且本地端位址又分為下列兩種類型，其格式如圖 10.3 和圖 10.4。

- **Site-Local Unicast**（單點本地端單播）位址：前 10 位元為類型首碼 1111111011，接著的是 38 個 0，再來是 16 位元的子網路位址，最後才是 64 位元的介面位址。由於前 16 位元固定為 1111111011000000，故位址是以 FEC0 開頭。
- **Link-Local Unicast**（連結本地端單播）位址：前 10 位元為類型首碼 1111111010，接著的是 54 個 0，最後是 64 位元的介面位址。由於前 16 位元固定為 1111111010000000，故位址是以 FE80 開頭。

0 0 1	Global Routing Prefix	Subnet ID	Interface ID
	48 位元	16 位元	64 位元

圖 10.2 Global Unicast 位址的格式

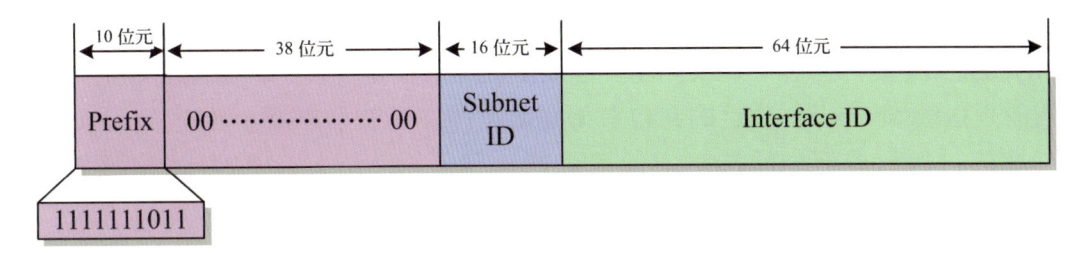

圖 10.3 Site-Local Unicast 位址的格式

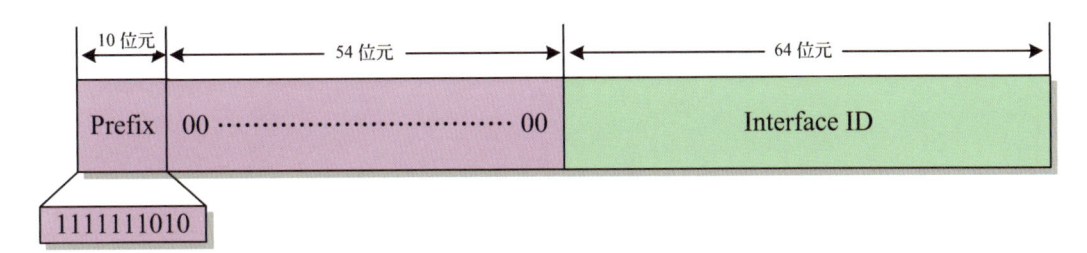

圖 10.4 Link-Local Unicast 位址的格式

10-3-3 Multicast位址

Multicast（群播）位址用來定義一群節點的位址，其格式如圖 10.5，前 8 位元為類型首碼 11111111，接著的 4 位元為旗標 (Flag)，用來定義 Multicast 的類型，再來的 4 位元為範疇位址 (Scope ID)，最後才是 112 位元的群組位址 (Group ID)。

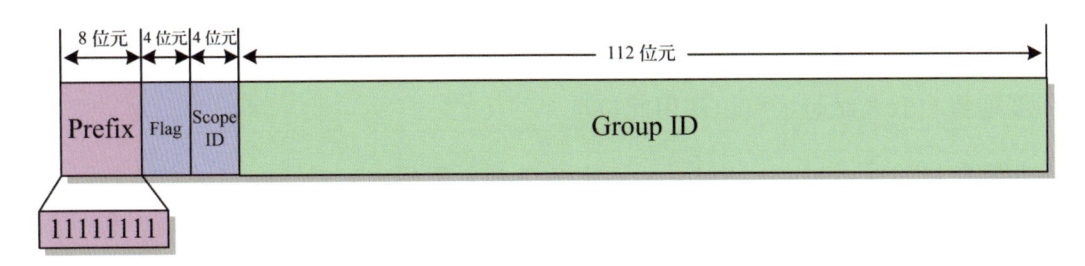

圖 10.5 Multicast 位址的格式

10-3-4 Anycast位址

Anycast（隨播）位址和 Multicast（群播）位址一樣是定義一群節點的位址，不同的是送給 Multicast 位址的封包會傳送給群組中的每個節點，而送給 Anycast 位址的封包只會傳送給群組中最接近的一個節點。Anycast 位址的格式如圖 10.6，其類型首碼的長度不固定，且首碼之外的位元均為 0。

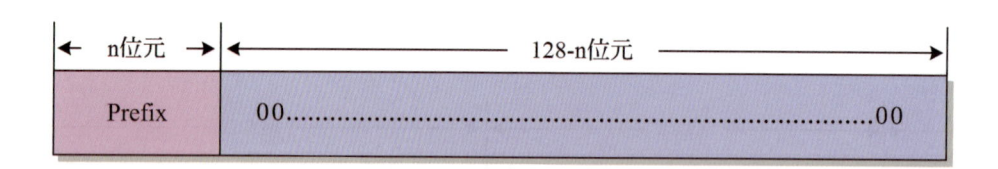

← n位元 →	← 128-n位元 →
Prefix	00..00

圖 10.6 Anycast 位址的格式

10-3-5 保留位址

IPv6 和 IPv4 一樣有提供**保留位址** (reserved address)，前 8 位元為類型首碼 00000000，而且保留位址又包含下列子類型，其格式如圖 10.7：

- **未規範位址** (unspecified address)：此位址的前 8 位元為類型首碼 00000000，後面的 120 位元亦為 0，我們可以將它寫成 "::" 或 "0::0"。當節點不知道自己的位址時，可以使用此位址送出查詢，來尋找自己的位址。

- **迴路位址** (lookback address)：此位址的前 8 位元為類型首碼 00000000，接著的 119 位元亦為 0，最後的 1 位元為 1，我們可以將它寫成 "::1"，當節點要進行自我測試時，可以使用此位址。

- **相容位址** (compatible address)：IPv6 的設計目標之一是要向下相容於 IPv4，因此，它允許 IPv4 位址嵌入 IPv6 位址，而且嵌入類型有「相容位址」和「對映位址」兩種，其中相容位址用來表示同時支援 IPv4 和 IPv6 的節點，前 8 位元為類型首碼 00000000，接著的 72 位元為 0，再來的 16 位元亦為 0，最後的 32 位元為 IPv4 位址，例如 ::140.112.30.22。

- **對映位址** (mapped address)：對映位址用來表示僅支援 IPv4 但不支援 IPv6 的節點，前 8 位元為類型首碼 00000000，接著的 72 位元為 0，再來的 16 位元為 1，最後的 32 位元為 IPv4 位址，例如 ::FFFF:140.112.30.22。

(a)

(b)

::140.112.30.22（相當於 0000:0000:0000:0000:0000:0000:140.112.30.22）
(c)

::FFFF:140.112.30.22（相當於 0000:0000:0000:0000:0000:FFFF:140.112.30.22）
(d)

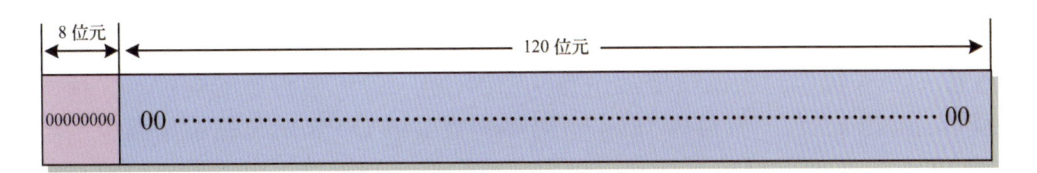

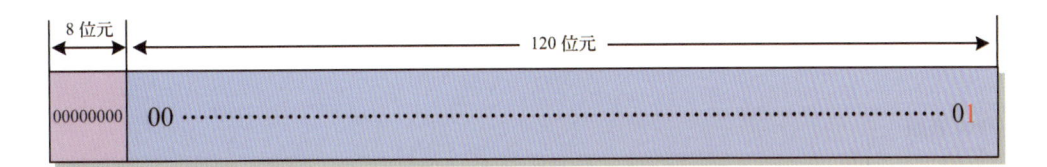

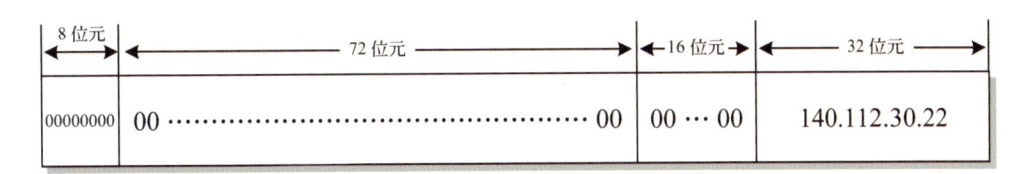

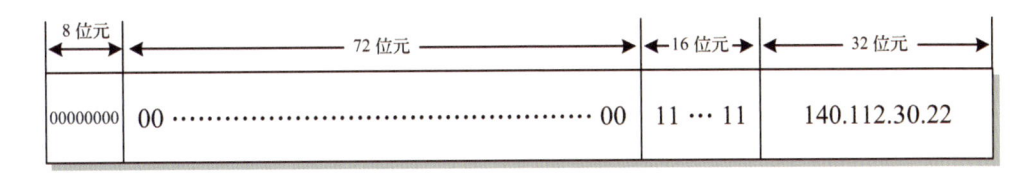

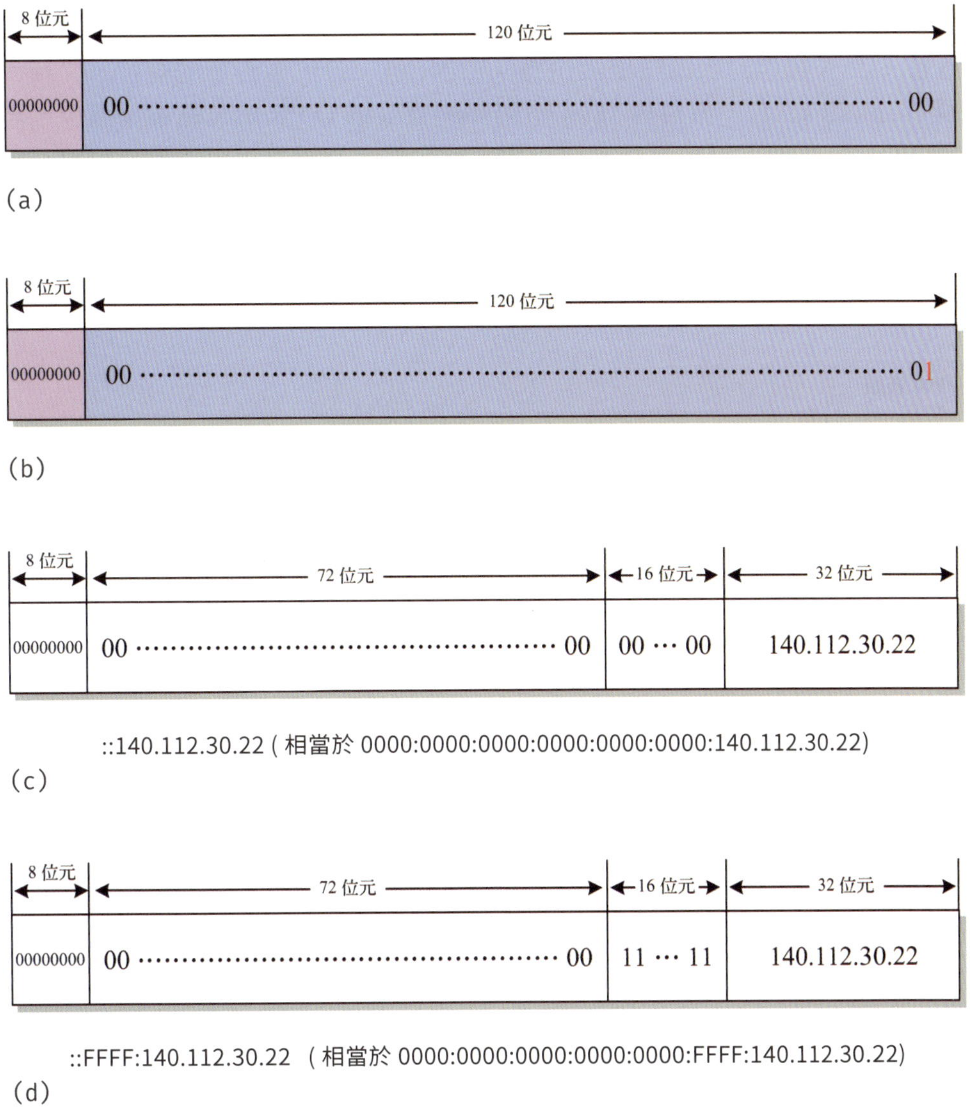

圖 **10.7** 保留位址的格式 （a）未規範位址 （b）迴路位址 （c）相容位址 （d）對映位址

10-4 IPv6 封包格式

IPv6 封包是由下列兩個部分所組成（圖 10.8）：

- **IPv6 表頭** (header)：記錄來源位址、目的位址、版本、優先權、資料流標記、下一表頭、資料長度、跳躍限制等資訊。

- **IPv6 資料** (payload)：用來載送接收自傳輸層的 TCP 資料段或 UDP 資料元。

請注意，IPv6 封包的表頭精簡固定為 40 位元組，只包含必要的欄位，又稱為**主表頭** (base header)，不再像 IPv4 使用變動長度的 Options（選項）欄位，若有選擇性的功能，例如路由、切割與重組、安全性、認證等，可以另外定義在**擴充表頭** (extension header)，擴充表頭是選擇性的，可有可無。此外，IPv6 還移除了 Header Checksum（表頭檢查碼）欄位，減少計算工作，而這些改變的目的都是要提升路由效能。

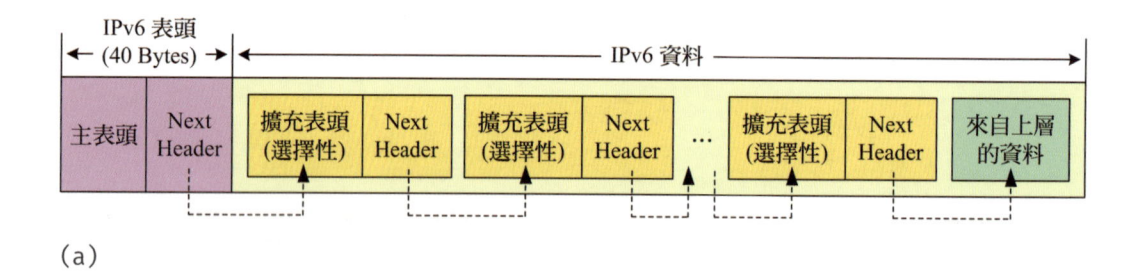

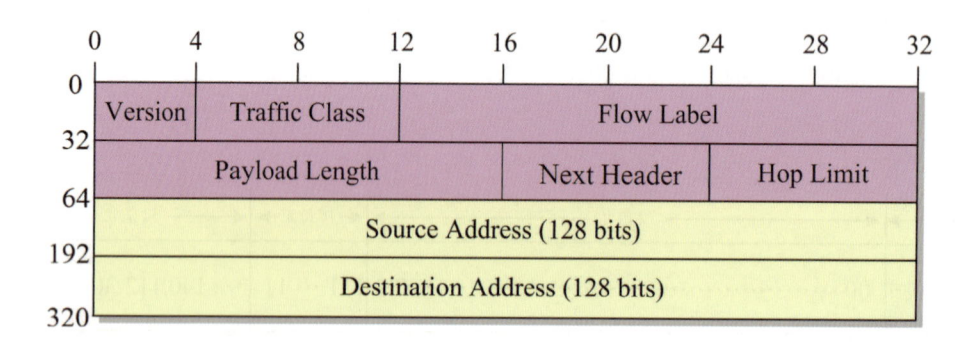

圖 10.8 （a）IPv6 封包是由 IPv6 表頭和 IPv6 資料所組成　（b）IPv6 表頭的格式

IPv6 表頭的欄位如下：

- **Source Address**（來源位址）：記錄來源端的 IPv6 位址。

- **Destination Address**（目的位址）：記錄目的端的 IPv6 位址。

- **Version**（版本）：記錄封包所使用的通訊協定版本，例如 6 就表示 IPv6。

- **Traffic Class**（載運類別）：取代 IPv4 的 TOS（服務類型）欄位並定義不同等級服務 (differentiated service)。

- **Flow Label**（資料流標記）：用來告訴路由器該以什麼方式傳送封包，例如即時影音需要高頻寬、大緩衝、長處理時間等資源。

- **Payload Length**（資料長度）：記錄擴充表頭與 IPv6 資料的長度（不包含主表頭），以位元組為單位。

- **Hop Limit**（跳躍限制）：取代 IPv4 的 TTL（有效期間）欄位，功能不變。

- **Next Header**（下一個表頭）：若沒有擴充表頭，那麼此欄位和 IPv4 的 Protocol 欄位相同；反之，若有擴充表頭，那麼此欄位指向第一個擴充表頭，而該擴充表頭裡面也有 Next Header 欄位，要是還有第二個擴充表頭，就會指向該擴充表頭，否則會指向 IPv6 資料。

最後為您列出 IPv6 表頭和 IPv4 表頭主要的差異：

- IPv6 封包的格式為表頭（40 位元組）+ 選擇性的擴充表頭（變動長度）+ 資料（變動長度），而 IPv4 封包的格式為表頭（變動長度）+ 資料（變動長度）。

- IPv6 以 Traffic Class 和 Flow Label 兩個欄位取代 IPv4 的 TOS 欄位。

- IPv6 以 Payload Length 欄位取代 IPv4 的 TL（總長度）欄位。

- IPv6 以 Hop Limit 欄位取代 IPv4 的 TTL 欄位。

- IPv6 沒有 Identification（識別碼）、Flag（旗標）、Fragment Offset（片段偏移量）等欄位，相關的資訊會包含在擴充表頭內。

- IPv6 沒有 Header Checksum（表頭檢查碼）欄位，改由上層的通訊協定支援。

- IPv6 把選項欄位設計在擴充表頭內。

10-5 從 IPv4 轉移到 IPv6

在說明如何從 IPv4 轉移到 IPv6 之前，我們先來看 IPv6 的現況。隨著行動通訊與物聯網的發展，帶動更多設備連結網際網路的需求，先進國家相繼投入 IPv6 的研發與推動，IPv6 逐漸取代 IPv4 已經成為全球共識。

- 美國於 2020 年向行政部門和機構負責人發布「Completing the Transition to IPv6」(完成過渡到 IPv6) 備忘錄，計畫在 2024、2025 年底至少有 50%、80% 的聯邦網路資訊系統支援 IPv6-only 環境。

- 歐盟執委會 (European Commission) 積極推動成員國及業界導入 IPv6，並在歐盟行政系統下成立 IPv6 工作小組，以支援物聯網與數位服務的應用，參與國家超過 30 個，研究單位逾百個，諸如德國、法國、比利時等國家的 IPv6 使用率已經超過 60%。

- 根據 Google 的統計，全球 IPv6 使用率穩定成長，到了 2024 年 12 月已經達到約 47%，諸如 Microsoft、Meta、Google、Cisco、HP 等廠商紛紛導入 IPv6。

- 台灣的 IPv6 發展以 2001 年為界，在此之前，主要集中於學術界、TWNIC 及中華電信，其中 TWNIC 於 2000 年成立 IPv6 工作小組，並於 2001 年成為 IPv6 Forum 會員；中華電信於 2000 年從 APNIC 取得商用 IPv6 位址，並於 2001 年對外提供商用試行服務。

行政院於 2001 年決議成立「IPv6 推動小組」，之後更列入「數位台灣計畫」的重點，而且有不少成果，例如台灣學術網路連接至 IPv6 網路、政府單位將 IPv6 列入網路設備採購需求、多家廠商獲得 IPv6 Ready Logo 認證等。

圖 10.9　TWNIC 統計的台灣 IPv6 使用率

台灣在 2017 年的 IPv6 使用率僅有 0.38%，2019 年成長到約 40%，2020 年首次超過 50%，2025 年提高到約 61.78%，全球排第 10 名。目前 IPv6 的使用主要來自行動上網，中華電信、台灣大哥大及遠傳電信於 2018 年率先提供 IPv6 連網服務商轉，尤其是在 2020 年進入 5G 行動通訊後，行動電信業者必須轉進 IPv6，才能滿足日益龐大的 IP 位址需求。

相較於中華電信行動網路的 IPv6 使用率高達 80%，中華電信家用固網的 IPv6 使用率則不到 50%，這可能是因為家用閘道器的使用年限較長、更換頻率較低，導致 IPv6 的支援程度不佳。此外，有線電視業者對於 IPv6 的支援程度又比固網業者更低，除了後端的網路設備必須支援 IPv6 之外，前端的消費者也有相關的技術問題需要克服。

為了讓轉移過程平順，IETF 提出了雙堆疊 (dual stack)、表頭轉譯 (header translation)、通道技術 (tunneling) 等方案，以下有進一步的說明。

雙堆疊

雙堆疊 (dual stack) 的運作模式是在網路層同時支援 IPv4/IPv6 雙協定，就像說雙語一樣（圖 10.10)。待日後所有網路及相關設備都完善 IPv6 環境，再關閉 IPv4，使之成為 IPv6-only 網路。

至於在此過渡期間要以哪種版本傳送封包，來源端會詢問 DNS (Domain Name System)，若 DNS 傳回 IPv4 位址，就以 IPv4 傳送封包；反之，若 DNS 傳回 IPv6 位址，就以 IPv6 傳送封包。這種做法簡潔明瞭，缺點則是需要同時處理 IPv4 和 IPv6 兩組位址，增加建置成本和系統複雜性。

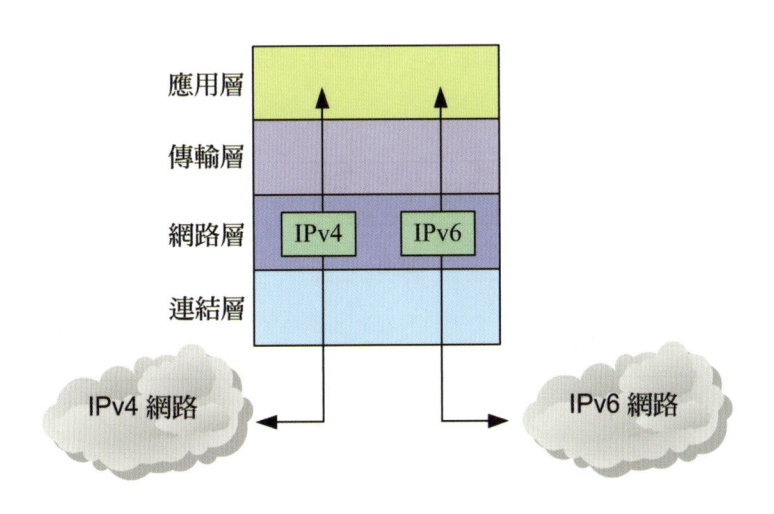

圖 10.10　雙堆疊的運作模式

表頭轉譯

表頭轉譯 (header translation) 就像 IPv6 網路和 IPv4 網路之間的翻譯人員,當 IPv6 網路要傳送封包給 IPv4 網路時,表頭轉譯可以將 IPv6 封包轉譯為 IPv4 封包 (圖 10.11);反之,當 IPv4 網路要傳送封包給 IPv6 網路時,表頭轉譯可以將 IPv4 封包轉譯為 IPv6 封包。

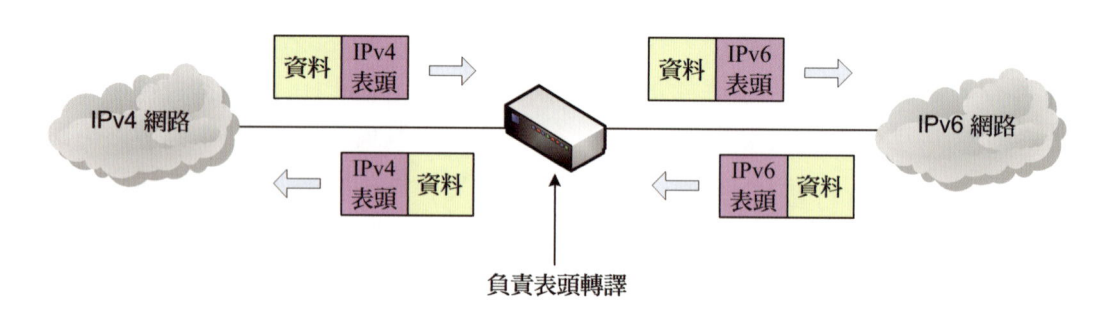

圖 10.11 表頭轉譯的運作模式

通道技術

由於網路尚未完全轉移到 IPv6,即使來源端與目的端均使用 IPv6,但傳送過程中無可避免的會經過 IPv4 網路,此時可以使用**通道技術** (tunneling),讓 IPv6 封包在進入 IPv4 網路時,就被封裝於 IPv4 封包,待離開 IPv4 網路時,再把 IPv6 封包解出來,感覺上 IPv6 封包就像走入一個通道一樣 (圖 10.12)。

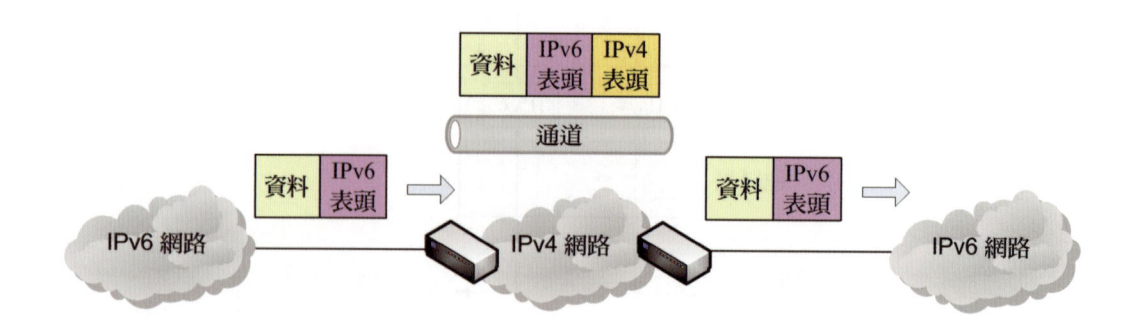

圖 10.12 通道技術的運作模式

本章回顧

- IPv6 是為了根本解決 IPv4 位址空間不足所提出,較顯著的改進包括極大的位址空間、更佳的保密性、自動設定機制、更佳的路由效能、支援資源配置等。

- IPv6 位址的長度為 128 位元,位址空間高達 2^{128}。

- IPv6 位址通常分成 8 組,每組 16 位元,寫成 4 個十六進位數字,每組中間以冒號連接,例如 2EDC:136F:0000:0000:0000:0000:0000:FFFF,簡化的寫法為 2EDC:136F::FFFF,其中**雙冒號** :: 用來表示連續且數量不固定的 0。

- IPv6 位址的前幾位元稱為**類型首碼** (type prefix),用來定義 IPv6 位址的類型,例如:

類型首碼	類型	說明
0000 0000 (0000::/8)	保留位址	包括未規範位址、迴路位址、相容位址、對映位址等子類型
001 (2000::/3)	Global Unicast 位址	用來定義單一節點的位址
1111 1110 11 (FEC0::/10)	Site-Local Unicast 位址	用來作為私人網路的位址
1111 1110 10 (FE80::/10)	Link-Local Unicast 位址	用來作為私人網路的位址
1111 1111 (FF00::/8)	Multicast 位址	用來定義一群節點的位址
--	Anycast 位址	送給 Anycast 位址的封包只會傳送給群組中最接近的一個節點

- IPv6 為了要向下相容於 IPv4,故允許 IPv4 位址嵌入 IPv6 位址,而且嵌入類型有「相容位址」和「對映位址」兩種,其中**相容位址**用來表示同時支援 IPv4 和 IPv6 的節點,例如 ::140.112.30.22;**對映位址**用來表示僅支援 IPv4 但不支援 IPv6 的節點,例如 ::FFFF:140.112.30.22。

- IPv6 封包是由 **IPv6 表頭**和 **IPv6 資料**兩個部分所組成,為了提升路由效能,IPv6 封包的表頭精簡固定為 40 位元組,不像 IPv4 封包的表頭是變動長度。

- 為了讓從 IPv4 轉移到 IPv6 的過程平順,IETF 提出了**雙堆疊** (dual stack)、**表頭轉譯** (header translation)、**通道技術** (tunneling) 等方案。

學｜習｜評｜量

一、選擇題

(　　) 1. IPv6 位址的長度有幾位元？
　　　　A. 32　　　　　　　　　　　B. 64
　　　　C. 128　　　　　　　　　　 D. 256

(　　) 2. 下列何者不是 IPv6 提升路由效能的方法？
　　　　A. 路由器不再切割封包　　　B. 移除表頭檢查碼欄位
　　　　C. 表頭固定為 40 位元組　　 D. 支援加密與認證

(　　) 3. 在 IPv6 位址 2234::9ABC:DEF0 中，雙冒號 :: 代表幾組十六進位數字 0000？
　　　　A. 4　　　　　　　　　　　 B. 5
　　　　C. 6　　　　　　　　　　　 D. 7

(　　) 4. 下列何者可以用來表示節點的唯一位址？
　　　　A. Global Unicast 位址　　　B. Anycast 位址
　　　　C. Link-Local Unicast 位址　 D. Multicast 位址

(　　) 5. 下列關於 IPv6 保留位址的敘述何者錯誤？
　　　　A. 前 8 位元為類型首碼 00000000
　　　　B. 迴路位址 ::1 用來進行自我測試
　　　　C. 未規範位址 :: 或 0::0 用來查詢節點自己的位址
　　　　D. 本地端位址是為了向下相容於 IPv4 所設計

(　　) 6. 若節點 140.112.30.28 同時支援 IPv4 和 IPv6，試問，其 IPv6 位址如何表示？
　　　　A. ::140.112.30.28
　　　　B. ::FFFF:140.112.30.28
　　　　C. FFFF::140.112.30.28
　　　　D. ::FEC0:140.112.30.28

(　　) 7. 下列何者用來表示僅支援 IPv4 但不支援 IPv6 的節點？
　　　　A. Global Unicast 位址
　　　　B. Anycast 位址
　　　　C. 相容位址
　　　　D. 對映位址

(　　) 8. 下列關於 IPv6 表頭和 IPv4 表頭的比較何者錯誤？
　　　　A. IPv6 以 Hop Limit 欄位取代 IPv4 的 TTL 欄位
　　　　B. IPv6 移除表頭檢查碼欄位
　　　　C. IPv6 把選項欄位設計在擴充表頭
　　　　D. IPv6 的資料長度欄位不會把擴充表頭的長度計算在內

(　　) 9. 通道技術的用途為何？
　　　　A. 將 IPv6 封包轉譯為 IPv4 封包
　　　　B. 將 IPv6 封包封裝於 IPv4 封包
　　　　C. 將 IPv6 封包加密
　　　　D. 設定 IPv6 封包的位址

(　　) 10. 使用下列哪種方案的網路必須同時支援 IPv6 和 IPv4？
　　　　A. 通道技術
　　　　B. 表頭轉譯
　　　　C. 雙堆疊
　　　　D. 雙佇列

二、簡答題

1. 簡單說明 IPv6 位址的格式並舉出一個實例。

2. 簡單說明 IPv6 如何提升路由效能。

3. 簡單說明何謂 Global Unicast 位址？

4. 簡單說明何謂 Multicase 位址與 Anycast 位址？兩者有何不同？

5. 簡單說明何謂相容位址並舉出一個實例。

6. 簡單說明何謂對映位址並舉出一個實例。

7. 簡單說明從 IPv4 轉移到 IPv6 的方案有哪些？

8. 將簡化的 IPv6 位址 20::1:503:FEC5 還原成冒號式十六進位表示法。

Computer Networks • Computer Networks • Computer Networks • Computer Networks

CHAPTER 11

ARP 與 ICMP 通訊協定

11-1　ARP 通訊協定

11-2　ICMP 通訊協定

11-1 ARP 通訊協定

我們在前兩章中介紹了網路層最重要的 IP 通訊協定,包括 IPv4 和 IPv6,以及如何從 IPv4 轉移到 IPv6。IP 通訊協定的設計是要盡力傳送封包,缺乏流量控制與錯誤控制,因而需要一些輔助的通訊協定,例如 ARP、ICMP 等,本章會一一做介紹。

封包在網路層傳送時,所使用的是邏輯位址(例如 IP 位址),而封包在往下傳送到連結層時,所使用的是實體位址(例如乙太網路卡的 MAC 位址),但問題來了,在連結層將封包封裝於訊框的當下,只知道來源端的邏輯位址、實體位址和目的端的邏輯位址,卻不知道目的端的實體位址,此時需要有一個從邏輯位址找出實體位址的程序,這個程序稱為**位址解析**(address resolution),而在 TCP/IP 中負責位址解析的就是 **ARP**(Address Resolution Protocol,位址解析通訊協定)。

11-1-1 ARP的運作模式

ARP 採取**要求 / 回覆**(request/reply)的運作模式,其步驟如下:

1. 來源端以廣播的方式送出 ARP 要求封包,裡面包含來源端的 IP 位址、實體位址和目的端的 IP 位址。

2. 網路上的每個節點都會接收並處理 ARP 要求封包,但只有符合指定 IP 位址的節點會以單播的方式送出 ARP 回覆封包給來源端,裡面包含該節點的實體位址。

以圖 11.1(a) 為例,電腦 A 要傳送封包給電腦 B,但電腦 A 只知道自己的 IP 位址、實體位址和電腦 B 的 IP 位址,假設電腦 B 的 IP 位址是 142.75.12.1,於是電腦 A 會以廣播的方式送出 ARP 要求封包,詢問 IP 位址是 142.75.12.1 的實體位址為何。

接下來,網路上的每部電腦都會收到這個 ARP 要求封包,然後和自己的 IP 位址做比對,只有電腦 B 的 IP 位址是 142.75.12.1,於是電腦 B 會以單播的方式送出 ARP 回覆封包給電腦 A,裡面包含電腦 B 的實體位址是 B5:A4:C8:25:80:FF,如圖 11.1(b),之後電腦 A 就可以利用這個實體位址,將封包傳送給電腦 B。

這個過程就像公司的人員到機場接機,該名人員只知道道客戶的名字(IP 位址),但不知道客戶的長相(實體位址),於是該名人員就將客戶的名字寫在大字報,然後在接機的大廳舉著大字報等候(廣播送出要求),待客戶看見自己的名字,就會自動走向該名人員(單播送出回覆)。

ARP 與 ICMP 通訊協定

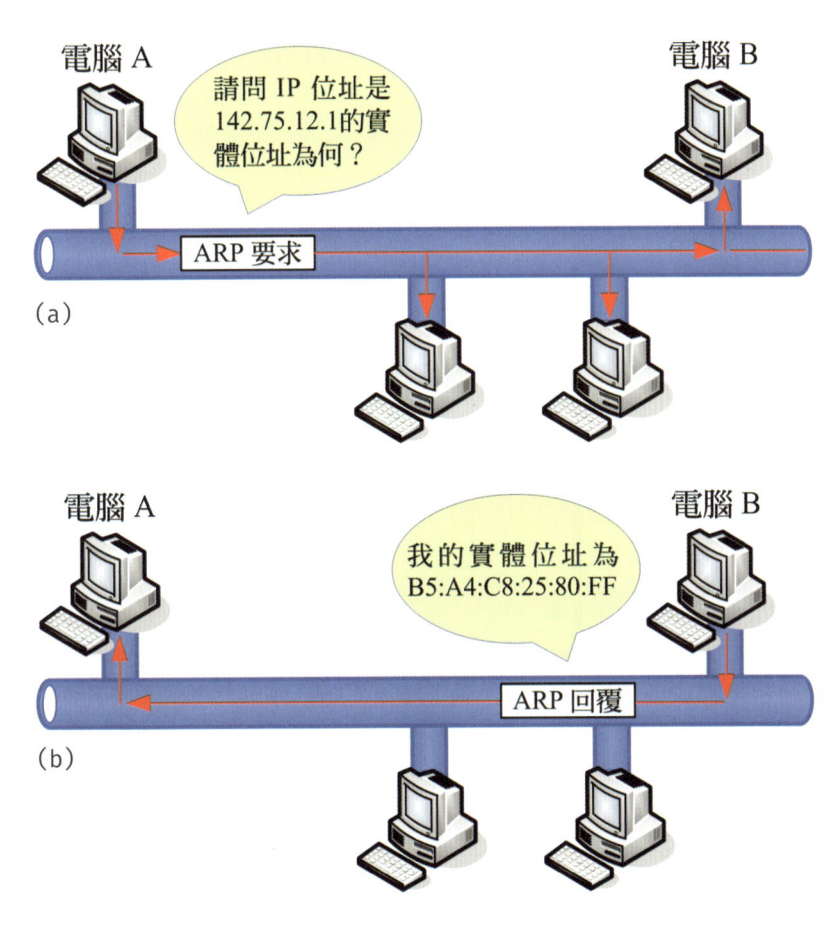

圖 11.1 （a）廣播送出 ARP 要求　（b）單播送出 ARP 回覆

11-1-2 ARP快取

在正常的情況下，圖 11.1 的電腦 A 通常會傳送多個 IP 封包給電腦 B，若電腦 A 每傳送一個 IP 封包給電腦 B，就要廣播一次 ARP 要求封包，反覆詢問電腦 B 的實體位址，那麼過多的廣播封包不僅會佔用網路的頻寬，也會導至查詢的效率變差。

為了達到快速查詢的目的，ARP 通訊協定設計了**快取** (cache) 機制，將之前某段時間內（例如 20～30 分鐘）曾經查詢過的 IP 位址與實體位址的對映記錄存放在快取，在來源端要做 ARP 查詢之前，會先檢查自己的快取裡是否有符合的記錄，有的話，就直接使用，沒有的話，才廣播 ARP 要求封包（圖 11.2）。

11-3

網路概論

```
① 檢查 ARP 快取         來源端        目的地

② 廣播送出 ARP 要求

                                    ③ 處理 ARP 要求
                                    ④ 更新 ARP 快取
                                    ⑤ 單播送出 ARP 回覆

⑥ 處理 ARP 回覆

⑦ 更新 ARP 快取
```

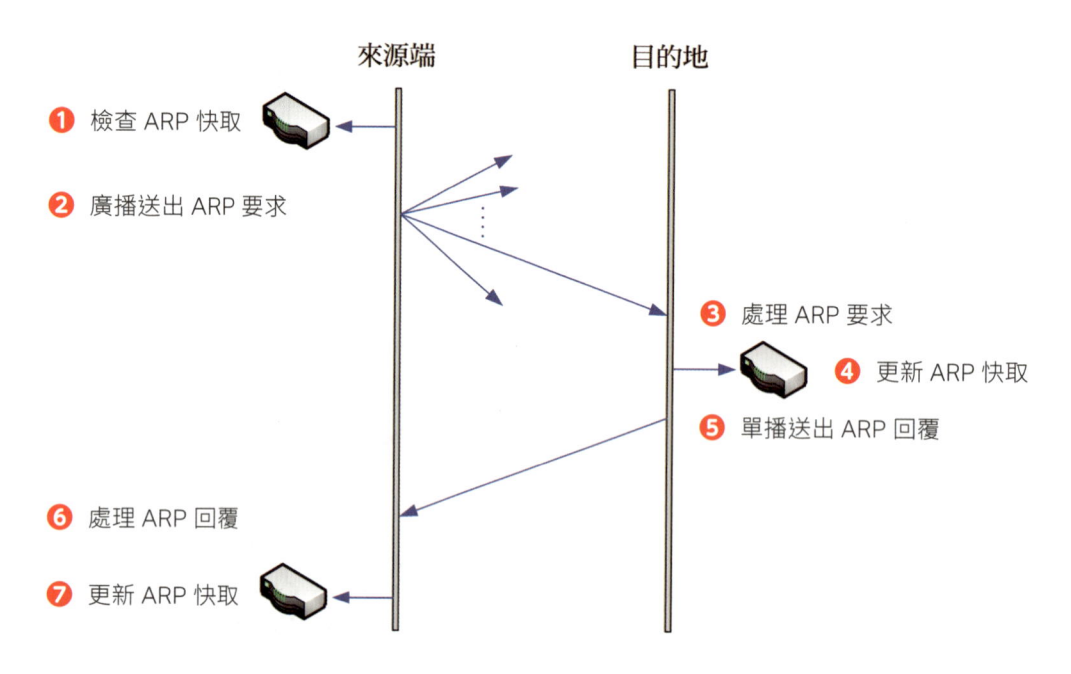

圖 11.2　ARP 快取機制 (示意圖參考：碁峯 EN0010 網路概論)

依照產生的方式，ARP 快取中的記錄又分為下列兩種類型：

- **靜態 ARP 記錄** (Static ARP Entry)：這是由管理人員手動填入 IP 位址和實體位址的對映記錄，當對映記錄發生變化時，就必須由管理人員手動更新，無法自動更新。

- **動態 ARP 記錄** (Dynamic ARP Entry)：這是根據 ARP 通訊協定自動產生與更新，只會維持一段時間 (例如 20～30 分鐘)，而不是永久有效。

動態 ARP 記錄之所以不是永久有效，主要是網路上可能會有下列情況，導致 ARP 記錄發生變化：

- 目的端故障、關機或更換網路卡，導致其 IP 位址和實體位址的對映記錄變成沒有意義，即使來源端根據此筆記錄，將封包傳送出去，也會變成沒有任何裝置接收這些封包，而是像丟入黑洞般地有去無回。

- 在有架設 DHCP (Dynamic Host Configuration Protocol，動態主機設定通訊協定) 的環境下，目的端每次連上網路所租用的 IP 位址可能都不相同，導致原來的對映記錄錯誤，需要 ARP 重新取得 (第 13 章有關於 DHCP 進一步的說明)。

11-1-3 ARP封包格式

ARP 封包主要是記錄 IP 位址和實體位址的相關資訊，其格式如圖 11.3，欄位說明如下：

- **Hardware Type**（硬體類型）：定義連結層的實體網路類型，例如：
  - 1：Ethernet
  - 4：Token Ring
  - 15：Frame Relay
  - 16：ATM

- **Protocol Type**（通訊協定類型）：定義網路層的通訊協定類型，例如 080016 表示 IP 通訊協定。

- **Hardware Address Length**（硬體位址長度）：定義實體網路所使用的實體位址長度，以位元組為單位，例如乙太網路的實體位址長度為 6 位元組（48 位元）。

- **Protocol Address Length**（通訊協定位址長度）：定義網路層通訊協定所使用的邏輯位址長度，以位元組為單位，例如 IP 位址長度為 4 位元組（32 位元）。

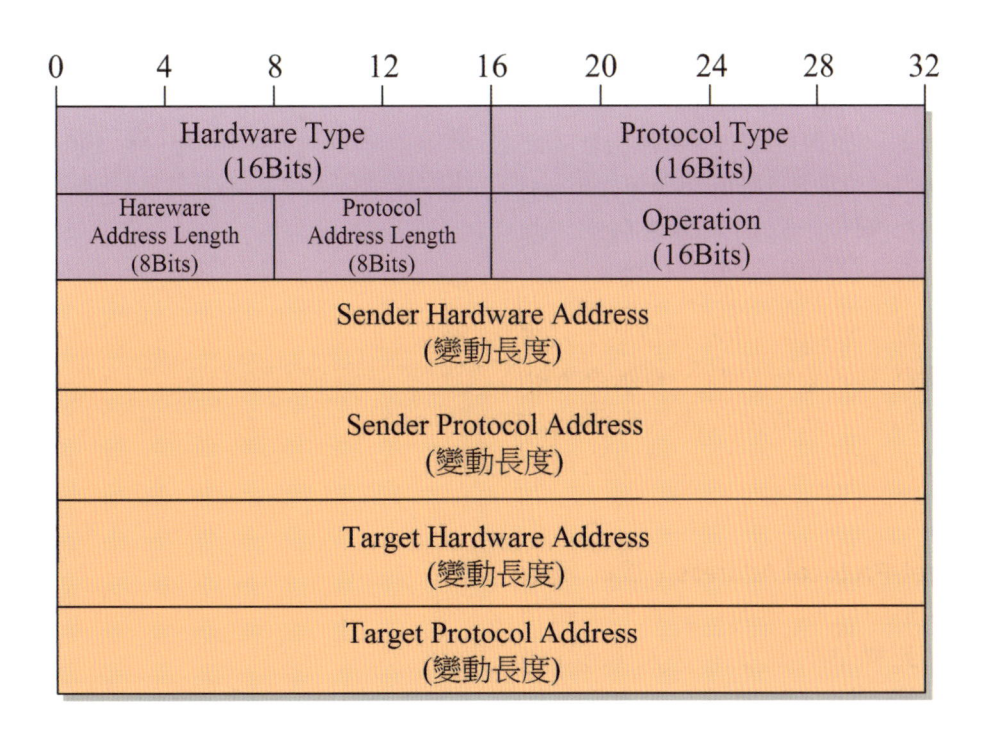

0 　　　4 　　　8 　　　12 　　　16 　　　20 　　　24 　　　28 　　　32
Hardware Type (16Bits)	Protocol Type (16Bits)
Hareware Address Length (8Bits)	Protocol Address Length (8Bits)	Operation (16Bits)
Sender Hardware Address (變動長度)
Sender Protocol Address (變動長度)
Target Hardware Address (變動長度)
Target Protocol Address (變動長度)

圖 11.3　ARP 封包格式

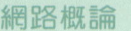

- **Operation**（操作碼）：定義 ARP 封包的類型，例如：
  - 1：ARP Request（要求）
  - 2：ARP Reply（回覆）
- **Sender Hardware Address**（來源端硬體位址）：定義來源端的實體位址，此欄位的長度取決於 Hardware Address Length 欄位，以乙太網路為例，此欄位是 6 位元組的 MAC 位址。
- **Sender Protocol Address**（來源端通訊協定位址）：定義來源端的邏輯位址，此欄位的長度取決於 Protocol Type 欄位，以 IP 通訊協定為例，此欄位是 4 位元組的 IP 位址。
- **Target Hardware Address**（目的端硬體位址）：定義目的端的實體位址，此欄位的長度取決於 Hardware Address Length 欄位，以乙太網路為例，此欄位是 6 位元組的 MAC 位址。

請注意，當 Operation 欄位為 1 且實體網路為乙太網路時，表示為 ARP 要求封包，此時由於尚未取得目的端的實體位址，所以此欄位的值為 000000000016。

- **Target Protocol Address**（目的端通訊協定位址）：定義目的端的邏輯位址，此欄位的長度取決於 Protocol Type 欄位，以 IP 通訊協定為例，此欄位是 4 位元組的 IP 位址。

我們同樣以圖 11.1 為例，說明 ARP 封包的內容。首先，當電腦 A 要傳送封包給電腦 B 時，電腦 A 會以廣播的方式送出 ARP 要求封包，裡面除了將電腦 A 的實體位址、IP 位址和電腦 B 的 IP 位址填入 Sender Hardware Address、Sender Protocol Address、Target Protocol Address 欄位，還會將 Operation 欄位設定為 1（Request），至於 Target Hardware Address 欄位則為 0。

接著，在電腦 B 收到 ARP 要求封包後，會以單播的方式送出 ARP 回覆封包，裡面除了將電腦 B 的實體位址、IP 位址和電腦 A 的實體位址、IP 位址填入 Sender Hardware Address、Sender Protocol Address、Target Hardware Address、Target Protocol Address 欄位，還會將 Operation 欄位設定為 0（Reply）。

操作實例

檢視 ARP 快取

我們可以在 Windows 的命令提示字元視窗中使用 **arp.exe** 指令檢視 ARP 快取，例如下面的敘述是在 arp 指令後面加上 a 選項，表示要檢視 ARP 快取的所有記錄：

```
arp -a
```

由下圖可知，IP 位址 192.168.0.1 的 MAC 位址為 14-eb-b6-1f-c9-87，屬於動態 ARP 記錄，而 IP 位址 224.0.0.22 的 MAC 位址為 01-00-5e-00-00-16，屬於靜態 ARP 記錄，其它依此類推。動態 ARP 記錄逾期後就會被刪除，靜態 ARP 記錄則沒有逾期的問題，但因為是儲存於記憶體，所以重新開機後就會被刪除。

此外，arp.exe 指令還有 d 和 s 兩個選項，d 選項是用來刪除 ARP 記錄，例如下面的第一個敘述會刪除 IP 位址 157.55.85.112 的 ARP 記錄，而第二個敘述會刪除所有 ARP 記錄：

```
arp -d 157.55.85.112
arp -d *
```

s 選項則是用來新增靜態 ARP 記錄，例如下面的敘述會新增一筆靜態 ARP 記錄：

```
arp -s 157.55.85.112 00-aa-00-62-c6-09
```

11-2 ICMP 通訊協定

基於效能的考量，IP 通訊協定是採取非連線導向式 (connectionless) 和不可靠的 (unreliable) 資料傳送模式，來源端只會盡力傳送封包，不會追蹤封包的流向，沒有確認與重送機制，也沒有錯誤控制、流量控制與壅塞控制，但萬一發生錯誤，怎麼辦呢？

舉例來說，封包的 Header Checksum（表頭檢查碼）欄位比對錯誤，怎麼辦？目的端在限定時間內沒有收到封包的所有片段，無法進行重組，而必須丟棄封包，怎麼辦？路由器找不到目的地，怎麼辦？管理人員要詢問網路上某部主機的相關資訊，怎麼辦？

凡此種種都需要一套錯誤通報及詢問的機制來輔助 IP 通訊協定，而 **ICMP** (Internet Control Message Protocol，網際網路控制訊息通訊協定) 的出現，正是提供了這樣的機制。

11-2-1 ICMP訊息類型

ICMP 訊息分為下列兩種類型：

- **錯誤通報訊息** (error-reporting message)：錯誤通報是 ICMP 的主要任務之一，當封包在傳送過程中發生錯誤時（例如無法送達目的地、逾時、表頭欄位不明確），路由器或主機就要送出錯誤訊息給來源端。要注意的是 ICMP 只負責錯誤通報，至於錯誤修正則交由上層的通訊協定處理，而且錯誤通報訊息又分為下列幾種類型（表 11.1）：

  - Destination Unreachable（無法送達目的地）
  - Source Quench（降低來源端的傳送速率）
  - Redirect（重新導向）
  - Time Exceeded for a Datagram（逾時）
  - Parameter Problem on a Datagram（參數問題）

- **詢問訊息** (query message)：除了錯誤通報之外，ICMP 的另一個任務是讓路由器或主機和網路上的其它節點交換資訊，例如目的端是否存在且正常運作、來源端和目的端之間的連線是否正常、路由器的位址為何、網路遮罩為何等，而且詢問訊息又分為下列幾種類型（表 11.2）：

  - Echo Reply（回應回覆）和 Echo Request（回應要求）
  - Router Advertisement（路由器通知）和 Router Solicitation（路由器懇求）
  - Timestamp Request（時間戳記要求）和 Timestamp Reply（時間戳記回覆）
  - Address Mask Request（位址遮罩要求）和 Address Mask Reply（位址遮罩回覆）

為了不影響正常的封包傳送，ICMP 在實際運作上必須考慮到下列幾點：

- 有需要時才使用，而且 ICMP 訊息不能過長，以免占用封包的網路頻寬。

- 避免 ICMP 訊息形成迴路一直傳送，導致網路上充斥著過多的 ICMP 訊息。

- 某些情況下要避免傳送 ICMP 訊息，比方說，當群播的封包在傳送過程中發生錯誤時，要避免讓一整群節點都傳送 ICMP 訊息，否則會產生過多的 ICMP 訊息。

表 11.1 錯誤通報訊息的類型

類型 (Type)	意義	說明
3	Destination Unreachable (無法送達目的地)	當路由器無法轉送封包或主機無法傳送封包時，該路由器或該主機會丟棄封包，並送出 Destination Unreachable 訊息給來源端。
4	Source Quench (降低來源端的傳送速率)	當路由器或主機發生壅塞而丟棄封包時，會送出 Source Quench 訊息給來源端，一來是通知來源端有封包被丟棄，二來是要求來源端降低傳送速率。
5	Redirect (重新導向)	當路由器發現較佳的路徑時，會送出 Redirect 訊息給主機，讓主機的路由表得以更新。
11	Time Exceeded for a Datagram (逾時)	逾時的情況有下列兩種： ◆ 封包在網路上形成迴路一直傳送，直到其 TTL (Time To Live) 欄位變成 0，此時，路由器會丟棄封包，並送出 Time Exceeded for a Datagram 訊息給來源端。 ◆ 封包的所有片段沒有在限定時間內抵達目的地，此時，目的端會丟棄封包，並送出 Time Exceeded for a Datagram 訊息給來源端。
12	Parameter Problem on a Datagram (參數問題)	當路由器或主機發現封包的表頭欄位不明確時，會丟棄封包，並送出 Parameter Problem on a Datagram 訊息給來源端。

表 11.2　詢問訊息的類型

類型 (Type)	意義	說明
0	Echo Reply (回應回覆)	當管理人員或使用者想要診斷一些網路問題時，例如目的端是否存在且正常運作、來源端和目的端之間的連線是否正常、來源端和目的端之間的 IP 路由是否正常等，可以使用 Echo Request 和 Echo Reply 訊息。
8	Echo Request (回應要求)	
9	Router Advertisement (路由器通知)	當主機想要知道自己網路上的路由器位址時，可以廣播 Router Solicitation 訊息出去，屆時收到該訊息的路由器就會送出 Router Advertisement 訊息，將自己的位址通知該主機。
10	Router Solicitation (路由器懇求)	
13	Timestamp Request (時間戳記要求)	當兩部路由器或主機想要知道封包在兩者之間的來回時間時，可以使用 Timestamp Request 和 Timestamp Reply 訊息。
14	Timestamp Reply (時間戳記回覆)	
17	Address Mask Request (位址遮罩要求)	當主機想要知道自己的網路遮罩時，可以廣播 Address Mask Request 訊息出去，屆時收到該訊息的路由器就會送出 Address Mask Reply 訊息，將網路遮罩通知該主機。
18	Address Mask Reply (位址遮罩回覆)	

11-2-2 ICMP封包格式

ICMP 封包是被封裝在 IP 封包內,如圖 11.4(a),所以能夠經由 IP 路由的機制在傳輸層傳送。至於 ICMP 封包格式則如圖 11.4(b),其中 **ICMP 表頭**有 Type、Code、Checksum 等三個固定欄位,而 **ICMP 資料**會根據訊息類型有不同欄位,所以長度是變動的。

- **Type**(類型):此欄位用來定義 ICMP 封包的訊息類型,例如 3 表示 Destination Unreachable(無法送達目的地)、0 表示 Echo Reply(回應回覆)、8 表示 Echo Request(回應要求)、4 表示 Source Quench(降低來源端的傳送速率)、5 表示 Redirect(重新導向)、11 表示 Time Exceeded for a Datagram(逾時)等。我們在表 11.1 和表 11.2 已經介紹過不同的訊息類型,稍後會再詳細介紹 Echo Reply、Echo Request 和 Destination Unreachable 訊息。

- **Code**(代碼):此欄位用來定義上述類型的子類型代碼,例如 Destination Unreachable 類型會使用 0 ~ 13 等子類型代碼,表示無法送達目的地的原因。

- **Checksum**(檢查碼):此欄位用來做錯誤檢查。

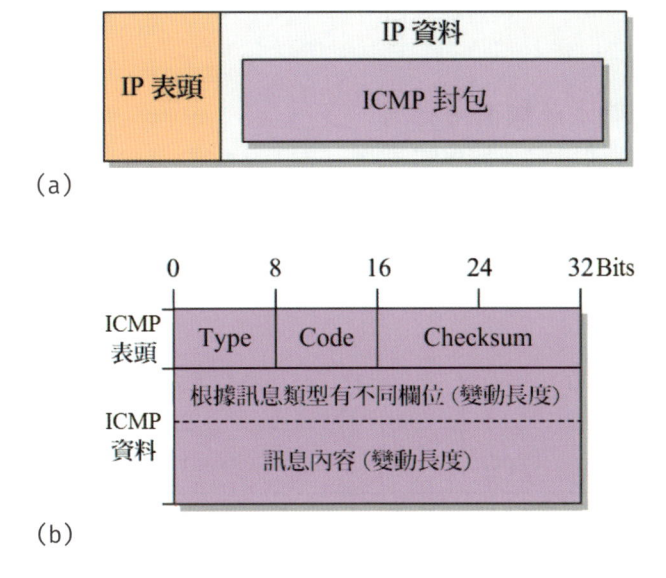

圖 11.4 (a)ICMP 封包是被封裝在 IP 封包內 (b)ICMP 封包格式

Echo Request 和 Echo Reply 訊息

Echo Request（回應要求）和 Echo Reply（回應回覆）訊息可以用來診斷一些網路問題，例如目的端是否存在且正常運作、來源端和目的端的連線或路由是否正常。假設主機 A 要詢問主機 B 關於這類問題的資訊，那麼主機 A 會送出 Echo Request 訊息給主機 B，而主機 B 在收到該訊息後，就會送出 Echo Reply 訊息給主機 A，裡面包含主機 A 所要詢問的資訊。

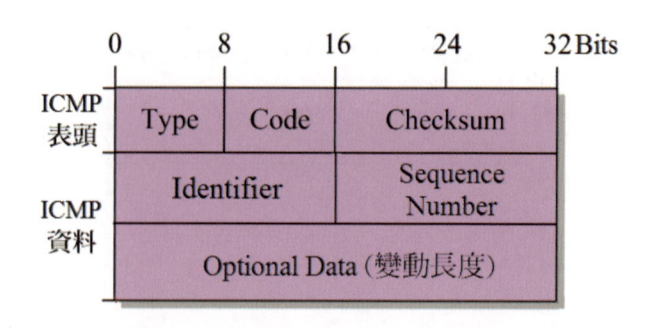

圖 11.5 是 Echo Request 和 Echo Reply 訊息的欄位格式，ICMP 表頭有 Type、Code、Checksum 等三個固定欄位，其中 Echo Request 的 Type 欄位為 8、Code 欄位為 0，Echo Reply 的 Type 欄位為 0、Code 欄位為 0，而 ICMP 資料有下列三個欄位：

- **Identifier**（識別碼）：此欄位由發出 Echo Request 的程式決定，該程式每次發出之 Echo Request 的此欄位均相同，而目的端所回應之 Echo Reply 的 Identifier 欄位必須和此欄位相同。

- **Sequence Number**（序號）：此欄位由發出 Echo Request 的程式決定，該程式每次發出之 Echo Request 的此欄位會遞增 1，而目的端所回應之 Echo Reply 的 Sequence Number 欄位必須和此欄位相同。有了識別碼和序號兩個欄位，就能辨識特定配對的 Echo Request 和 Echo Reply。

- **Optional Data**（選擇性資料）：此欄位由發出 Echo Request 的程式決定，用來記錄選擇性資料，而目的端所回應之 Echo Reply 的 Optional Data 欄位必須和此欄位相同。

	0	8	16	24	32 Bits
ICMP 表頭	Type	Code	Checksum		
ICMP 資料	Identifier		Sequence Number	
	Optional Data（變動長度）			

圖 11.5 Echo Request 和 Echo Reply 訊息的欄位格式

Destination Unreachable 訊息

當路由器無法轉送封包或主機無法傳送封包時，該路由器或該主機會丟棄封包，並送出 Destination Unreachable (無法送達目的地) 訊息給來源端。

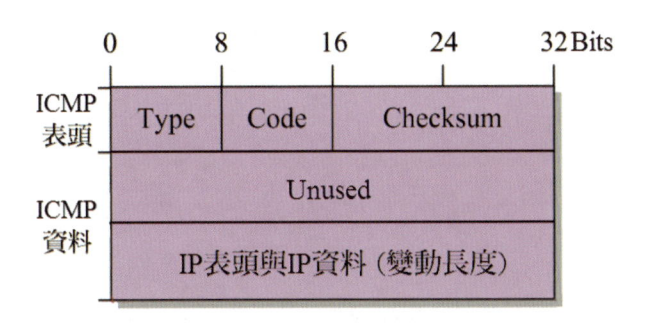

圖 11.6 是 Destination Unreachable 訊息的欄位格式，ICMP 表頭有 Type、Code、Checksum 等三個固定欄位，其中 Type 欄位為 3、Code 欄位為數字 0 ~ 12，不同的數字代表無法送達目的地的原因，下面列出幾個數字的意義供您參考：

- 0：Network Unreachable
- 1：Host Unreachable
- 2：Protocol Unreachable
- 3：Port Unreachable
- 5：Source Route Failed
- 6：Destination Network Unknown
- 7：Destination Host Unknown

ICMP 資料有下列兩個欄位：

- **Unused**（未使用）：此欄位未定義用途，其值為 0。
- **IP 表頭與 IP 資料**：此欄位存放了無法送達目的地之封包的 IP 表頭與 IP 資料的前八個位元組，來源端在收到 Destination Unreachable 訊息後，可以根據此欄位判斷哪個封包有問題並進行處理。

圖 11.6 Destination Unreachable 訊息的欄位格式

操作實例

ICMP 工具程式

作業系統通常會內建數種 ICMP 工具程式，讓管理人員或使用者診斷一些網路問題，例如第 9 章示範過的 ping.exe，可以偵測遠端主機是否存在且正常運作，以及 IP 封包從本地端到目的端的來回時間和遺失率。

接下來，我們要介紹另一個 ICMP 工具程式 **tracert.exe**，該程式用來追蹤本地端到目的端所經的節點及週行延遲時間 (RTT，Round Trip Time)，管理人員可以藉此瞭解網路瓶頸是在哪個節點。

下面是一個例子，此處的 tracert 指令後面加上參數 www.yahoo.com，表示要追蹤本地端到美國雅虎網站所經的節點及週行延遲時間：

```
tracert www.yahoo.com
```

由下圖的執行結果可知，本地端到美國雅虎網站共 18 個節點，而且每個節點均列出三個週行延遲時間供參考，如此一來，就能判斷哪個節點是網路瓶頸。

```
C:\Users\Jean>tracert www.yahoo.com

在上限 30 個躍點上
追蹤 me-ycpi-cf-www.g06.yahoodns.net [69.147.80.12] 的路由:

  1    <1 ms    <1 ms    <1 ms  192.168.0.1
  2     8 ms     8 ms     7 ms  10.101.31.254
  3    11 ms    15 ms    15 ms  192.168.34.1
  4     7 ms     8 ms     9 ms  10.248.15.5
  5     8 ms     9 ms     7 ms  10.248.25.6
  6     8 ms    13 ms     9 ms  77-82-21-113-static.chief.net.tw [113.21.82.77]
  7    10 ms    10 ms     8 ms  21-252-123-103-static.chief.net.tw [103.123.252.21]
  8     8 ms     9 ms     9 ms  203-75-229-113.hinet-ip.hinet.net [203.75.229.113]
  9    12 ms     9 ms     9 ms  203-75-229-114.tpdb-4512.hinet.net [203.75.229.114]
 10     9 ms     9 ms     9 ms  220-128-2-154.tpdb-3031.hinet.net [220.128.2.154]
 11     *        *        *     要求等候逾時。
 12    10 ms     9 ms    10 ms  220-128-1-237.tpdt-4011.hinet.net [220.128.1.237]
 13   138 ms   144 ms   140 ms  202-39-91-29.pa-r32.us.hinet.net [202.39.91.29]
 14   149 ms   139 ms   149 ms  202-39-82-25.hinet-ip.hinet.net [202.39.82.25]
 15   143 ms   140 ms   149 ms  ae-7.pat1.swp.yahoo.com [209.191.68.67]
 16   142 ms   141 ms   141 ms  et35.bas1-1-edg.swb.yahoo.com [74.6.224.67]
 17   138 ms   139 ms   138 ms  et35.usw1-1-edg.swb.yahoo.com [69.147.84.43]
 18   141 ms   143 ms   142 ms  e1.ycpi.vip.swb.yahoo.com [69.147.80.12]

追蹤完成。
```

本章回顧

- **ARP**（Address Resolution Protocol，位址解析通訊協定）主要是用來輔助 IP 通訊協定，可以從節點的邏輯位址找出實體位址。

- ARP 採取**要求 / 回覆**（request/reply）的運作模式，來源端以廣播的方式送出 ARP 要求封包，而符合指定 IP 位址的節點會以單播的方式送出 ARP 回覆封包給來源端，裡面包含該節點的實體位址。

- 為了達到快速查詢的目的，ARP 通訊協定設計了**快取**（cache）機制，將之前某段時間內曾經查詢過的 IP 位址與實體位址的對映記錄存放在快取，而且 ARP 快取中的記錄又分為**靜態 ARP 記錄**（Static ARP Entry）和**動態 ARP 記錄**（Dynamic ARP Entry）兩種類型。

- **ICMP**（Internet Control Message Protocol，網際網路控制訊息通訊協定）主要是用來輔助 IP 通訊協定，提供了錯誤通報及詢問的機制。

- ICMP 訊息分為**錯誤通報訊息**（error-reporting message）和**詢問訊息**（query message）兩種類型。

- ICMP 封包是被封裝在 IP 封包內，所以能夠經由 IP 路由的機制在傳輸層傳送。至於 ICMP 封包是由 **ICMP 表頭**和 **ICMP 資料**兩個部分所組成，前者有 Type、Code、Checksum 等三個固定欄位，而後者會根據訊息類型有不同欄位，所以長度是變動的。

學｜習｜評｜量

一、選擇題

(　　) 1. ARP 通訊協定是在 TCP/IP 參考模型中的哪個層次運作？
　　　A. 應用層
　　　B. 傳輸層
　　　C. 網路層
　　　D. 連結層

(　　) 2. 位址解析的目的是要查詢下列哪種位址？
　　　A. 通訊埠編號
　　　B. 邏輯位址
　　　C. DNS
　　　D. 實體位址

(　　) 3. 下列關於 ARP 通訊協定的敘述何者正確？
　　　A. 來源端以廣播的方式送出 ARP 要求封包
　　　B. 目的端以廣播的方式送出 ARP 回覆封包
　　　C. 主要用來查詢節點的 IP 位址
　　　D. ARP 快取的設計是為了永久保持位址對映記錄

(　　) 4. 在 ARP 封包中，下列哪個欄位可以用來區分 ARP 要求封包或 ARP 回覆封包？
　　　A. Hardware Type
　　　B. Protocol Type
　　　C. Code
　　　D. Operation

(　　) 5. 下列哪個通訊協定可以讓路由器或主機和網路上的其它節點交換資訊？
　　　A. ARP
　　　B. ICMP
　　　C. RIP
　　　D. DHCP

(　　) 6. 下列何者不屬於錯誤通報類型的 ICMP 訊息？
　　　A. Destination Unreachable
　　　B. Echo Reply
　　　C. Redirect
　　　D. Source Quench

(　　) 7. 下列哪個程式可以用來測試節點是否存在且正常運作？
　　　　　A. arp.exe
　　　　　B. netstat.exe
　　　　　C. ping.exe
　　　　　D. tracert.exe

(　　) 8. 下列關於 ICMP 的敘述何者錯誤？
　　　　　A. 提供了錯誤通報及詢問的機制
　　　　　B. ICMP 封包是被封裝在 IP 封包內
　　　　　C. 若路由器發現較佳的路徑，會送出 Source Quench 訊息給主機
　　　　　D. 若路由器無法轉送封包，會送出 Destination Unreachable 訊息給來源端

二、簡答題

1. 簡單說明 ARP 通訊協的用途為何？以及其運作模式為何？

2. 簡單說明何謂 ARP 快取？以及分為哪兩種類型？

3. 簡單說明 ICMP 通訊協的用途為何？

4. 簡單說明 ICMP 訊息分為哪兩種類型？各舉出三個例子。

5. 使用 ping.exe 程式測試您自己的主機。

6. 使用 ping.exe 程式測試 Google 台灣網站 (www.google.com.tw) 是否存在且正常運作？然後根據執行結果寫出 Google 台灣網站的 IP 位址。

7. 使用 tracert.exe 程式追蹤本地端到 Google 台灣網站 (www.google.com.tw) 所經的節點。

8. ICMP 封包的長度是固定嗎？請以 Destination Unreachable 訊息為例，說明其 ICMP 封包的格式。

Computer Networks • Computer Networks • Computer Networks • Computer Networks

CHAPTER

12

TCP 與 UDP 通訊協定

12-1　TCP/IP 傳輸層

12-2　UDP 通訊協定

12-3　TCP 通訊協定

12-1 TCP/IP 傳輸層

在第 9～11 章中，我們介紹了 TCP/IP 網路層的功能及通訊協定，接下來在本章中，我們要往上移到**傳輸層** (transport layer)，一開始先說明傳輸層的功能和定址方式，之後再介紹傳輸層的通訊協定。

除了平常聽到的 **UDP** (User Datagram Protocol，使用者資料元通訊協定) 和 **TCP** (Transmission Control Protocol，傳輸控制通訊協定) 之外，IETF 的 SIGTRAN 工作小組於 2000 年提出了另一個傳輸層的通訊協定，叫做 **SCTP** (Stream Control Transmission Protocol，串流控制傳輸通訊協定)，這是針對多媒體串流應用所設計，由於篇幅有限，因此，本章的討論是以 UDP 和 TCP 為主。

12-1-1 傳輸層的功能

以 TCP/IP 參考模型來看，連結層負責兩個相鄰節點之間的訊框傳送，網路層負責兩個主機之間的封包傳送，然網際網路上的通訊所指的並不是兩個節點或兩個主機之間的資料傳送，而是兩個應用程式之間的資料傳送，無論是來源端或目的端，都可能同時執行數個應用程式，所以必須有一套機制負責兩個應用程式之間的資料傳送，而傳輸層所扮演的正是這樣的角色。

傳輸層主要的功能如下，通訊協定可以根據需求提供全部或部分功能，例如 TCP 採取連線導向式，並提供下列所有功能，而 UDP 採取非連線導向式，並提供多工與解多工及選擇性的錯誤控制：

- **資料傳送模式**：分為**連線導向式** (connection-oriented) 與**非連線導向式** (connectionless)，前者在傳送資料前，來源端與目的端必須先建立連線，並在資料傳送過程中保持連線不中斷，然後在資料傳送完畢後終止連線，而後者在傳送資料前，來源端與目的端無須先建立連線。

- **多工與解多工** (multiplex and demultiplex)：由於來源端可能同時執行數個應用程式，但在任何時刻卻只有一個傳輸層的通訊協定，所以需要一個多工的機制來處理這種多對一的關係，也就是讓不同的應用程式使用不同的通訊埠，例如 SMTP 通訊協定使用 TCP 25 通訊埠、POP 通訊協定使用 TCP 110 通訊埠。

反之，在資料經由傳輸層抵達目的端後，則是需要一個解多工的機制來處理這種一對多的關係，將資料根據不同的通訊埠傳送給各自的應用程式 (圖 12.1)。

- **全雙工服務** (full-duplex service)：兩個應用程式之間的資料可以同時雙向傳送。

- **分段、依序傳送與重組** (segmentation、in-order delivery and reassembly)：根據網路層的需求將資料分段並加以編號，然後依照順序傳送出去，待抵達目的端後再進行重組，並往上傳送至應用層。

- **確認與重送** (acknowledgement and retransmission)：在來源端將資料傳送出去後，會開始計時等待目的端的回覆，若逾時沒有收到回覆，就會重新傳送。

- **錯誤控制** (error control)：在資料中加入錯誤檢查碼，好讓目的端檢查所收到的資料是否正確。

- **流量控制** (flow control)：來源端會將資料傳送速率通知目的端，好讓雙方在傳送與接收的速率上能夠一致，避免資料遺失。

- **壅塞控制** (congestion control)：目的端會根據本身處理資料的情況，要求來源端調整資料傳送速率，避免因為傳送過多資料，造成網路壅塞。

原則上，通訊協定所提供的功能愈多，可靠性就愈高，但所花費的成本也愈高，同時會影響到傳送速率。

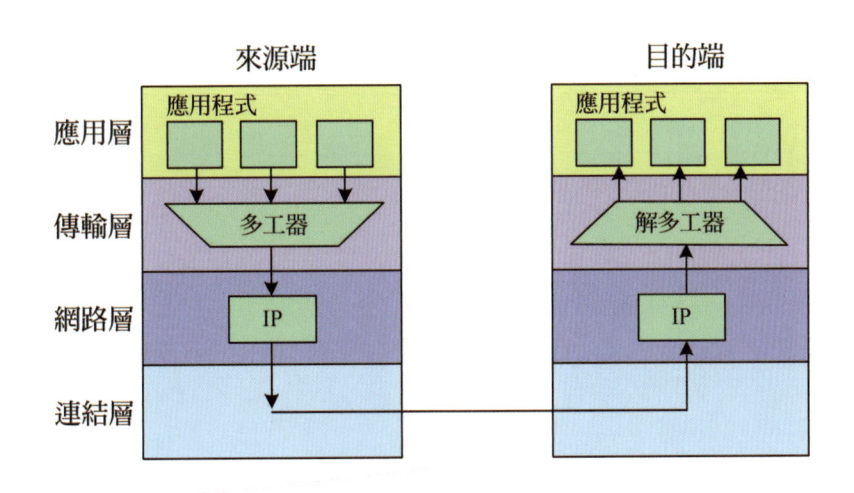

圖 12.1 多工與解多工

12-1-2 傳輸層的定址方式

以 TCP/IP 參考模型來看，封包在網路層傳送時，所使用的是邏輯位址（例如 IP 位址），而封包在往下傳送到連結層時，所使用的是實體位址（例如乙太網路卡的 MAC 位址），那麼封包在往上傳送到傳輸層時，所使用的又是哪種位址呢？

事實上，傳輸層面對著應用層的許多應用程式，的確需要一套定址方式，來辨識資料是來自哪個應用程式或要送往哪個應用程式。傳輸層是使用**通訊埠**(port) 來定址，不同的應用程式使用不同的通訊埠，而資料的流向則是取決於**來源通訊埠** (source port) 和**目的通訊埠** (destination port)。

通訊埠

通訊埠的長度為 16 位元，其值為介於 0 ~ 65535 的數字。IANA (Internet Assigned Numbers Authority) 將通訊埠編號劃分為下列幾個範圍：

- **熟知通訊埠** (well-known port)：編號為 0 ~ 1023，由 IANA 指定和控制，保留給應用層特定的應用程式使用，例如 HTTP 通訊協定使用 TCP 80 通訊埠、DNS 通訊協定使用 UDP 53 通訊埠，表 12.1 是一些常見的熟知通訊埠。

表 12.1　常見的熟知通訊埠

應用層的應用程式	傳輸層的通訊協定	通訊埠編號
HTTP (HyperText Transfer Protocol)	TCP	80
SMTP (Simple Mail Transfer Protocol)	TCP	25
POP (Post Office Protocol)	TCP	110
NNTP (Network News Transfer Protocol)	TCP	19
FTP (File Transfer Protocol), Data	TCP	20
FTP (File Transfer Protocol), Control	TCP	21
Telnet	TCP	23
DNS (Domain Name System)	UDP	53
RIP (Routing Information Protocol)	UDP	520

- **登錄通訊埠** (registered port)：編號為 1024 ~ 49151，不受 IANA 指定和控制，但可以向 IANA 登錄，以避免衝突，例如 Flash 技術向 IANA 登錄 1935 這個編號。

- **動態通訊埠** (dynamic port)：編號為 49152 ~ 65535，不受 IANA 指定和控制，也無須登錄，通常作為私人內部使用，不會應用於網際網路，以避免衝突。

原則上，伺服器應用程式的通訊埠編號是使用熟知通訊埠或登錄通訊埠，因為在多數情況下都是用戶端先對伺服器端提出要求，所以用戶端必須先知道伺服器端的通訊埠編號，否則無法存取伺服器端的服務。

相對的，伺服器端在做回覆時，則必須知道用戶端是使用哪個通訊埠，因此，用戶端在對伺服器端提出要求的同時，會隨機產生一個通訊埠編號，一併提供給伺服器端，作為回覆用的通訊埠，而且這個通訊埠只使用於此次連線，故稱為**短暫通訊埠** (ephemeral port)。

Socket

我們知道，一個應用程式可以在作業系統上產生不同行程 (process)，來服務不同使用者，因此，光靠通訊埠編號來辨識應用程式是不夠的，還必須要有一套機制來辨識一個應用程式的不同行程。

TCP/IP 的應用程式是組合了 IP 位址和通訊埠編號作為**行程識別碼** (process identification)，我們將此組合稱為 **Socket Address**，簡稱為 **Socket**（一般譯為插座或插槽）。舉例來說，假設某部 Web 伺服器的 IP 位址為 140.112.30.5，預設通訊埠編號為 80，那麼其 Socket 為 140.112.30.5：80。

由於 TCP/IP 採取主從式架構，因此，Socket 都是成對的，也就是包含用戶端 Socket 和伺服器端 Socket，稱為 **Socket Pair**，在用戶端與伺服器端連線的期間，資料就是在此 Socket Pair 之間傳送。

舉例來說，假設用戶端欲向 Web 伺服器要求網頁，已知用戶端的 IP 位址為 152.78.15.20，隨機產生的短暫通訊埠編號為 2000，而 Web 伺服器的 IP 位址為 140.112.30.5，預設通訊埠編號為 80，那麼在下載網頁的期間，所使用的 Socket Pair 為 (140.112.30.5：80，152.78.15.20：2000)。

12-2 UDP 通訊協定

UDP（User Datagram Protocol，使用者資料元通訊協定）是一個非常陽春的傳輸層通訊協定，它會將應用程式的資料封裝成 UDP 資料元 (datagram)，然後傳送至網路層。

表 12.2 列出 UDP 通訊協定支援哪些傳輸層的功能，除了多工與解多工，UDP 僅選擇性的支援錯誤檢查，沒有流量控制與壅塞控制，來源端無法得知資料是否有遺失或重複，而目的端就算透過錯誤檢查碼偵測到錯誤，也只是無聲無息地將資料元丟棄，不會通知來源端，所以 UDP 是一個非連線導向式且不可靠的通訊協定，一旦傳送的過程發生問題，就往上交給應用層的應用程式處理。

由於 UDP 沒有支援**壅塞**控制的功能，在多媒體盛行的今日，容易造成網路壅塞，為此，IETF 於 2006 年公布 RFC 4340 — **DCCP** (Datagram Congestion Control Protocol，資料元壅塞控制通訊協定)，讓 UDP 具備壅塞控制的功能。

此外，為了提高可靠性，IETF 亦提出 **RUDP** (Reliable UDP)，針對 UDP 增加確認、重送、滑動視窗 (sliding window) 等功能，稍後我們會在下一節討論 TCP 通訊協定的時候，說明這些功能的意義。

12-2-1 UDP的使用

UDP 通訊協定的功能之所以如此陽春，目的就是要快速的傳送資料，避免占用過多資源，故適合簡易的要求/回應通訊，且無須考慮錯誤控制和流量控制的應用程式，像 DNS (Domain Name System) 這種經常有用戶端進行詢問的服務就是使用 UDP，才不會占用過多資源。

表 12.2 UDP 通訊協定所提供的功能

傳輸層的功能	UDP 通訊協定
資料傳送模式	非連線導向式
多工與解多工	是
全雙工服務	否
分段、依序傳送與重組	否
確認與重送	否
錯誤控制	是 (選擇性功能)
流量控制	否
壅塞控制	否

雖然 UDP 通訊協定沒有錯誤控制和流量控制，但是對於本身已經有提供檢查機制的應用程式，或應用程式所傳送的資料並不是太關鍵，就可以使用 UDP，例如路由資訊協定 RIP (Routing Information Protocol) 就是使用 UDP，因為路由器會週期性地傳送路由資訊，即使這次傳送的路由資訊錯誤，下次還是能夠重送。

此外，UDP 通訊協定採取非連線導向式的資料傳送模式，故支援一對多的廣播和群播（多點傳送）；反之，TCP 通訊協定採取連線導向式的資料傳送模式，故只支援一對一的單播（單點傳送）。

12-2-2 UDP封包格式

UDP 封包稱為**資料元** (datagram)，由下列兩個部分所組成（圖 12.2）：

- **UDP 表頭** (header)：包含下列四個欄位，每個欄位的長度為 16 位元，即 UDP 表頭的長度固定為 8 位元組，用來記錄 UDP 連線的相關資訊：

  - **來源通訊埠**：記錄來源應用程式所使用的通訊埠編號，以便在有需要回覆訊息時使用。

  - **目的通訊埠**：記錄目的應用程式所使用的通訊埠編號。

  - **封包長度**：記錄 UDP 封包的總長度（包括表頭和資料），以位元組為單位，最小值為 8，表示只有 UDP 表頭，沒有 UDP 資料。

  - **錯誤檢查碼** (checksum)：用來針對 UDP 封包（包括表頭和資料）進行錯誤檢查，這是選擇性功能，若 UDP 沒有要進行錯誤檢查，那麼此欄位的值為 0。

- **UDP 資料** (payload)：用來載送接收自應用層的資料，長度是變動的。

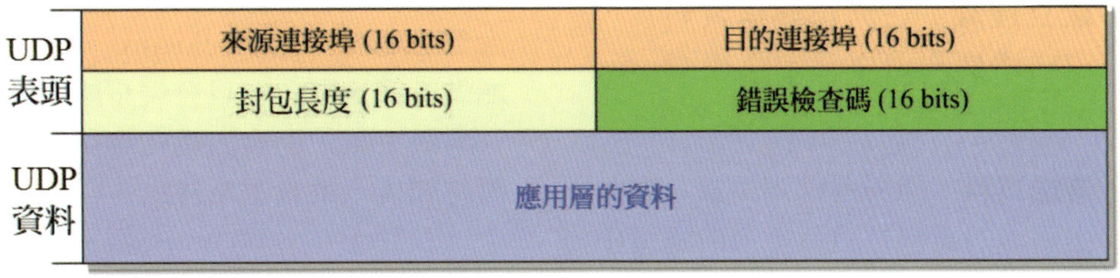

UDP 表頭	來源連接埠 (16 bits)	目的連接埠 (16 bits)
	封包長度 (16 bits)	錯誤檢查碼 (16 bits)
UDP 資料	應用層的資料	

圖 12.2 UDP 封包格式

12-3 TCP 通訊協定

相較於 UDP 是一個非連線導向式且不可靠的通訊協定，目的是快速的傳送資料，**TCP** (Transmission Control Protocol) 則是一個連線導向式且可靠的通訊協定，目的是可靠的傳送資料，因此，諸如全球資訊網、電子郵件、檔案傳輸、遠端登入、新聞群組等注重資料完整性的應用程式，都是使用 TCP 連線作為資料傳送的通道。

雖然存在著這些差異，但 TCP 和 UDP 一樣是位於傳輸層的通訊協定，所以也是使用通訊埠來定址，不同的應用程式使用不同的通訊埠。比方說，HTTP 使用 TCP 80 通訊埠、SMTP 使用 TCP 25 通訊埠、Telnet 使用 TCP 23 通訊埠等，第 12-1 節的表 12.1 有列出一些例子。

表 12.3 列出 TCP 通訊協定支援哪些傳輸層的功能，同時也列出 UDP 通訊協定做對照，進一步的說明如下：

- **連線導向式的資料傳送模式**：TCP 是一個連線導向式的通訊協定，當兩個應用程式要收送資料時，會遵循如下過程，要注意的是 TCP 連線是虛擬連線，而不是實體連線：

  1. **建立連線**：在開始傳送資料前，收送兩端先使用三向交握 (3-way handshaking) 的方式建立連線。
  2. **傳送資料**：保持連線不中斷，讓收送兩端的資料在這個虛擬的通道中進行雙向傳送。
  3. **終止連線**：在資料傳送完畢後，收送兩端使用兩個雙向交握 (2-way handshaking) 的方式終止連線。

  有關三向交握和雙向交握的原理，第 12-3-3 節有進一步的說明。

- **全雙工服務**：兩個應用程式之間的資料可以同時雙向傳送，不過，收送兩端讀取與寫入資料的速率不一定相同，因此，每個方向各有一個緩衝區，作為傳送緩衝區和接收緩衝區。

- **分段、依序傳送與重組**：TCP 屬於**位元組串流** (byte stream) 導向，發訊端會將一連串的位元組寫入虛擬的 TCP 連線，而收訊端會從這個虛擬的 TCP 連線讀取一連串的位元組，如圖 12.3。

  當來自應用層的訊息太長時，TCP 會將訊息切割成資料段 (segment) 並加以編號，然後利用傳送視窗 (sending window) 依照順序傳送出去，待抵達目的端後，再利用接收視窗 (receiving window) 於接收緩衝區進行重組，並將資料往上傳送至應用層。

- **錯誤控制**：TCP 資料段 (segment) 包含錯誤檢查碼 (checksum)，供收訊端做計算比對，一旦發現錯誤，就將資料段丟棄，而發訊端在等待超過回覆時間後，就會重新傳送。

- **流量控制**：TCP 會利用接收視窗 (receiving window) 控制發訊端的資料傳送速率，避免收訊端因為接收不及，導至資料遺失。

- **壅塞控制**：TCP 會利用緩啟動 (slow start)、壅塞避免 (congestion avoidance) 等機制，讓發訊端根據網路情況調整資料傳送速率，避免傳送過多資料，導致網路壅塞。

表 12.3　TCP 通訊協定所提供的功能

傳輸層的功能	TCP 通訊協定	UDP 通訊協定
資料傳送模式	連線導向式	非連線導向式
多工與解多工	是	是
全雙工服務	是	否
分段、依序傳送與重組	是	否
確認與重送	是	否
錯誤控制	是	是 (選擇性功能)
流量控制	是	否
壅塞控制	是	否

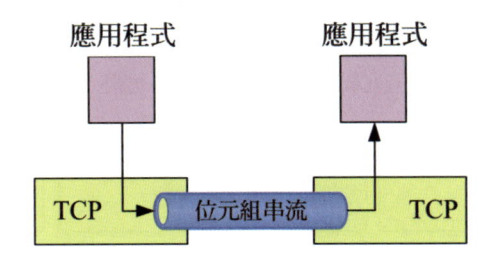

圖 12.3　TCP 屬於位元組串流導向

12-3-1 訊息切割

TCP 屬於位元組串流導向，它會將來自應用層的訊息當成位元組串流，不做特別處理，除非訊息太長，才會將訊息切割成數段，然後加上 TCP 表頭，我們將這個 TCP 封包稱為**資料段** (segment)，之後資料段會被往下傳送到網路層。

資料段包含 **TCP 表頭** (header) 和 **TCP 資料** (payload) 兩個部分，為了追蹤傳送出去與接收進來的資料段，TCP 表頭提供了**序號** (sequence number) 和**確認序號** (acknowledgement number) 兩個欄位，其中序號欄位被定義為「**TCP 資料的第一個位元組編號**」。

舉例來說，假設來自應用層的訊息長度為 1172 位元組，而資料段的 TCP 資料預設可以存放 536 位元組，那麼這個訊息在傳送到傳輸層後，會被切割成如圖 12.4 的三個資料段，每個資料段的前面各自加上 TCP 表頭，而 TCP 資料的長度分別為 536、536 和 100 (1172 - 536 - 536) 位元組，至於序號因為是 TCP 資料的第一個位元組編號，於是得到第一個資料段的序號為 1、第二個資料段的序號為 537、第三個資料段的序號為 1073。

在前面的例子中，為了方便解說，我們將第一個資料段的序號假設為 1，事實上，這個**初始序號** (ISN, Initial Sequence Number) 是在建立連線階段以亂數產生的，不一定是從 1 開始。

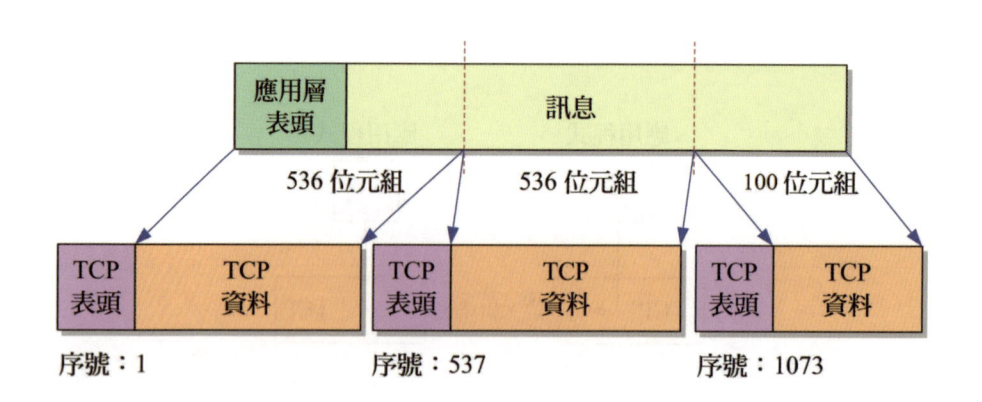

圖 12.4 將應用層的訊息切割成 TCP 封包 (示意圖參考：碁峯 EN0010 網路概論)

至於應用層的訊息究竟要超過多大才會被切割則取決於**最大段值** (MSS, Maximum Segment Size)，該值是收送兩端在建立連線時溝通決定的，預設為 536 位元組，但該值也可能因為傳輸層的流量控制或網路層的封包大小而所有變更。

除了序號之外，確認序號也是很重要的欄位，因為 TCP 連線是全雙工的，收送兩端可以同時雙向傳送，雖然每個方向能夠透過序號記錄所存放的第一個位元組編號，但還是需要另一個欄位確認所收到的位元組編號，於是確認序號欄位被定義為「**預期接收的下一個位元組編號**」，舉例來說，假設已經成功收到編號為 x 的位元組，那麼確認序號將等於 x + 1。

12-3-2 TCP封包格式

TCP 封包稱為**資料段** (segment)，由下列兩個部分所組成 (圖 12.5)：

- **TCP 表頭** (header)：包含長度為 20 位元組的固定欄位及變動長度的選項欄位，固定欄位加上選項欄位的長度最多為 60 位元組，用來記錄 TCP 連線的相關資訊，例如發訊端與收訊端所使用的通訊埠編號、序號、確認序號、滑動視窗大小、錯誤檢查碼等。

- **TCP 資料** (payload)：用來載送接收自應用層的資料，長度是變動的。

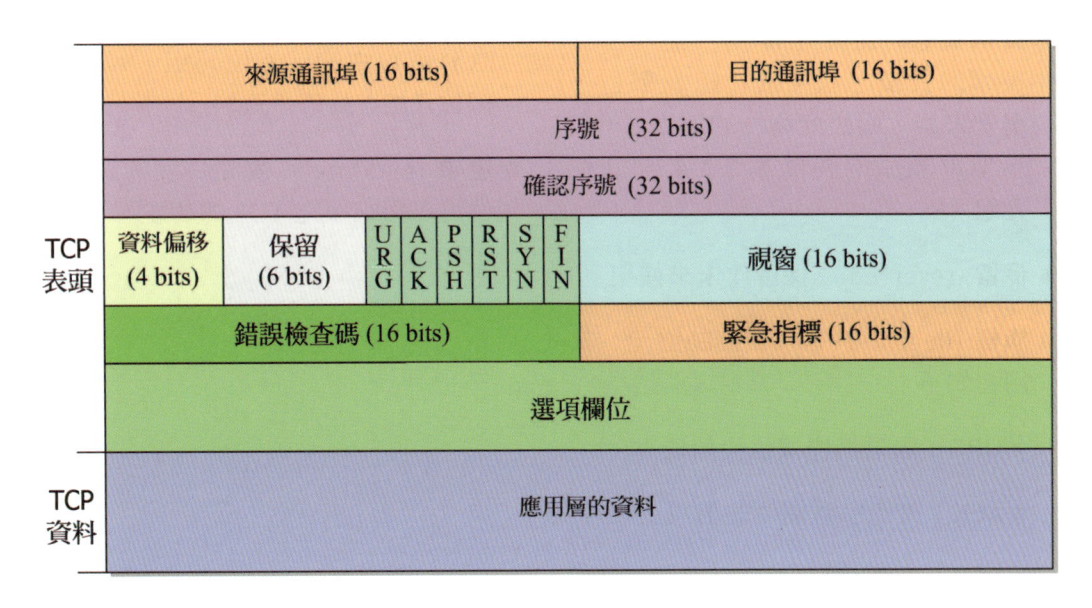

TCP 表頭	來源通訊埠 (16 bits)	目的通訊埠 (16 bits)
	序號 (32 bits)	
	確認序號 (32 bits)	
	資料偏移 (4 bits) / 保留 (6 bits) / URG ACK PSH RST SYN FIN	視窗 (16 bits)
	錯誤檢查碼 (16 bits)	緊急指標 (16 bits)
	選項欄位	
TCP 資料	應用層的資料	

圖 12.5 TCP 封包格式

TCP 表頭的欄位說明如下：

- **來源通訊埠** (source port)：記錄來源應用程式所使用的通訊埠編號。

- **目的通訊埠** (destination port)：記錄目的應用程式所使用的通訊埠編號。

- **序號** (sequence number)：記錄 TCP 資料的第一個位元組編號，每個方向的初始序號 (ISN，Initial Sequence Number) 是在建立連線階段以亂數產生的，而且通常不會相同 (初始序號指的是第一個 TCP 封包的序號)。

- **確認序號** (acknowledgement number)：記錄期望接收的下一個位元組編號，舉例來說，假設已經成功收到編號為 x 的位元組，那麼確認序號將等於 x + 1。

- **資料偏移** (data offset)：記錄 TCP 表頭的長度，以 4 位元組為單位，舉例來說，假設此欄位的值為 5，表示 TCP 表頭的長度為 5 * 4 = 20 位元組。

- **保留** (reserved)：保留作未來使用。

- **旗標** (flags)：共有六個控制位元，其用途如下：

  - URG：緊急指標欄位的值成立。
  - ACK：確認序號欄位的值成立。
  - PSH：推送資料。
  - RST：重設連線。
  - SYN：建立連線 (指定為同步封包，沒有載送資料，且其序號代表初始序號)。
  - FIN：終止連線 (指定為結束封包)。

- **視窗** (window)：記錄接收視窗 (receiving window) 大小，以位元組為單位，用來進行流量控制，當收訊端有足夠能力處理資料時，此欄位的值可以調大，反之，當收訊端無暇處理資料時，此欄位的值可以調小。

- **錯誤檢查碼** (checksum)：用來針對 TCP 封包 (包括表頭和資料) 進行錯誤檢查。

- **緊急指標** (urgent pointer)：當 URG 旗標位元為 1 時，表示此欄位記錄了 TCP 資料中屬於緊急資料的最後一個位元組，例如緊急指標欄位為 5 表示 TCP 資料中的前 6 位元組 (第 0 ~ 5 個位元組) 為緊急資料。

- **選項** (padding)：變動長度的選項欄位可以用來擴充 TCP 的功能。

12-3-3 連線管理

TCP 是一個連線導向式的通訊協定，當兩個應用程式要收送資料時，會遵循**「建立連線」→「傳送資料」→「終止連線」**的過程，而且每個 TCP 連線都是獨立的虛擬連線，不是實體連線。

在本節中，我們會先說明如何建立連線及終止連線，至於傳送資料的機制，則留待下一節再做討論。

建立連線

在建立 TCP 連線時，通常會有一端扮演主動端的角色，而另一端則扮演被動端的角色。以全球資訊網為例，Web 用戶端通常是主動端，它會主動提出瀏覽網頁的要求，而 Web 伺服器則是被動端，它會被動接受要求，然後做出回應。

此外，同一個伺服器可以和多個不同的用戶端或同一個用戶端但不同的通訊埠，建立多個獨立的 TCP 連線，如圖 12.6。

為了管理所有 TCP 連線，TCP 會使用**傳輸控制區塊** (TCB，Transmission Control Block) 儲存每個 TCP 連線的資訊，例如 Socket Pair 的資料 (即收送兩端的 IP 位址和通訊埠編號)、最大段值 (MSS)、初始序號 (ISN)、視窗大小等。在建立 TCP 連線之初，TCB 就會一併設置，而在終止 TCP 連線之後，TCB 就會隨著清除。

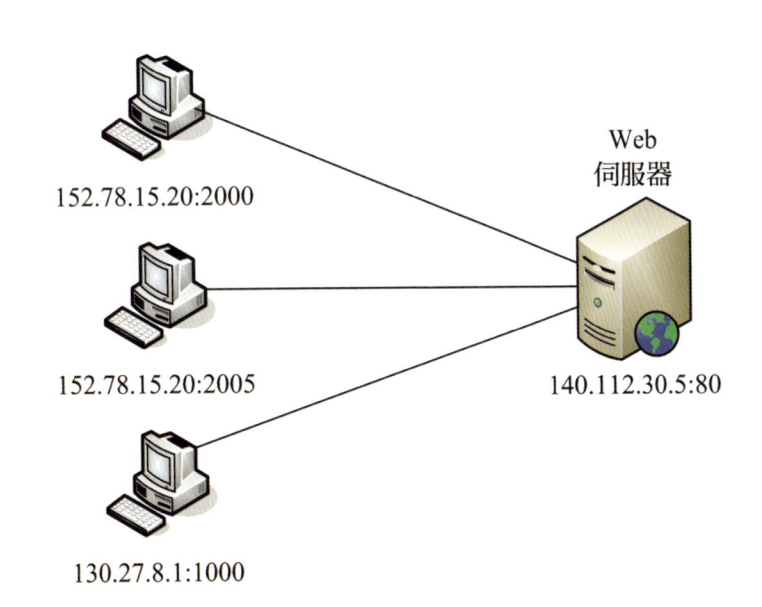

圖 12.6 同一個伺服器可以和不同的用戶端建立多個獨立的 TCP 連線

TCP 是使用**三向交握** (3-way handshaking) 的方式建立連線，以確認收送兩端之間能夠進行雙向傳送。假設 A 端向 B 端提出建立連線的要求，那麼建立連線的步驟如下：

① A 端送出要求建立連線的 TCP 封包給 B 端，稱為 **SYN 封包** (SYN 為 synchronization 的縮寫，意指「同步」)，裡面重要的資訊如下：

- **通訊埠**：A、B 兩端的通訊埠編號。

- **序號**：這指的是由 A 至 B 方向第一個 TCP 封包的序號，即由 A 至 B 方向的初始序號 (ISN，Initial Sequence Number)，ISN 是在建立連線階段以亂數產生的，為了避免與其它連線的 ISN 衝突，大多是根據時間戳記 (time stamp) 來產生，假設由 A 至 B 方向的 ISN = x。

- **確認序號**：這指的是 A 端期望從 B 端接收的下一個位元組編號，因為還不知道由 B 至 A 方向的初始序號，故此欄位的值尚不成立。

- **SYN**：設定 TCP 封包的 SYN 旗標，表示要建立由 A 至 B 方向的連線，該封包為同步封包，而非一般封包，同步封包沒有載送資料，且其序號代表初始序號 (ISN)。

- **window**：設定 TCP 封包的 window 欄位為 A 端的接收視窗 (receiving window) 大小，此欄位能夠將 A 端接收資料的能力告訴 B 端，藉以控制 B 端的傳送視窗 (sending window) 大小，好進行由 B 至 A 方向的流量控制。

② B 端在收到 SYN 封包後，會回覆一個 **SYN+ACK 封包** 給 A 端 (ACK 為 acknowledgement 的縮寫，意指「確認」)，裡面重要的資訊如下，此時已經確認了由 A 至 B 方向的連線：

- **序號**：這指的是由 B 至 A 方向第一個 TCP 封包的序號，即由 B 至 A 方向的初始序號 (ISN)，假設由 B 至 A 方向的 ISN = y。

- **確認序號**：這指的是 B 端期望從 A 端接收的下一個位元組編號，由於 B 端已經從 A 端收到編號為 x 的位元組，故此欄位為 x + 1。

- **SYN**：設定 TCP 封包的 SYN 旗標，表示要建立由 B 至 A 方向的連線，該封包為同步封包，而非一般封包。

- **ACK**：設定 TCP 封包的 ACK 旗標，表示確認序號欄位的值成立。

- **window**：設定 TCP 封包的 window 欄位為 B 端的接收視窗大小，此欄位能夠將 B 端接收資料的能力告訴 A 端，藉以控制 A 端的傳送視窗大小，好進行由 A 至 B 方向的流量控制。

❸ A 端在收到 SYN+ACK 封包後，會回覆一個 **ACK 封包**給 B 端，裡面重要的資訊如下，此時已經確認了由 B 至 A 方向的連線：

- **序號**：這個 ACK 封包是透過 ACK 旗標和確認序號，來確認有收到步驟 2. 的 SYN+ACK 封包，所以序號維持和步驟 1. 的 SYN 封包相同，即 x。

- **確認序號**：這指的是 A 端期望從 B 端接收的下一個位元組編號，由於 A 端已經從 B 端收到編號為 y 的位元組，故此欄位為 y + 1。

- **ACK**：設定 TCP 封包的 ACK 旗標，表示確認序號欄位的值成立。

我們可以把前面討論的三個步驟繪製成如圖 12.7 的過程。

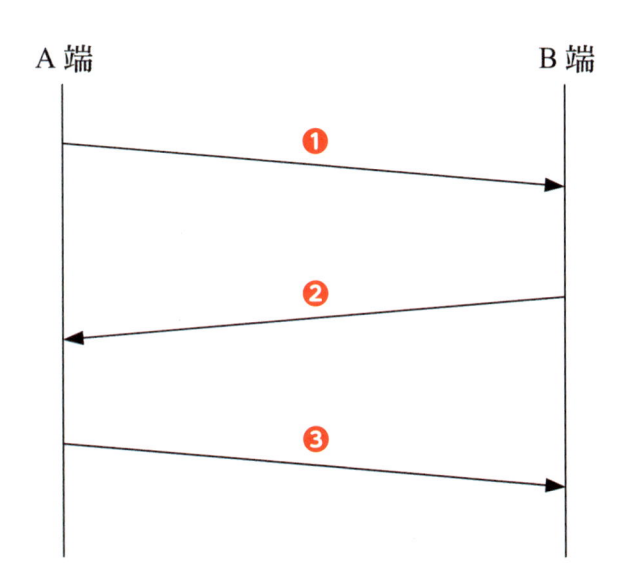

❶ ISN = x, window = A 端的接收視窗大小
❷ ISN = y, ACK = x + 1, window = B 端的接收視窗大小
❸ ISN = x, ACK = y + 1

圖 **12.7** 使用三向交握的方式建立連線

終止連線

TCP 連線的兩端都可以提出終止連線的要求，不過，通常是由用戶端主動提出的較多，而且由於 TCP 允許雙向傳送，因此，即使有一端提出終止連線的要求，另一端的資料可能還沒傳送完畢，所以必須確認兩端都已經完成資料的傳送與接收，才能真的終止連線。

TCP 是使用兩個**雙向交握** (2-way handshaking) 的方式終止連線，假設 A 端向 B 端提出終止連線的要求，那麼終止連線的步驟如下：

1 A 端送出一個要求終止連線的 TCP 封包給 B 端，稱為 **FIN+ACK 封包** (FIN 為 finish 的縮寫，意指「終止」，ACK 為 acknowledgement 的縮寫，意指「確認」)，裡面重要的資訊如下：

- **序號**：由 A 至 B 方向的序號，假設為 x。
- **確認序號**：A 端期望從 B 端接收的下一個位元組編號，假設為 y。
- **FIN**：設定 TCP 封包的 FIN 旗標，表示要終止由 A 至 B 方向的連線。
- **ACK**：設定 TCP 封包的 ACK 旗標，表示確認序號欄位的值成立。

2 B 端在收到 FIN+ACK 封包後，會回覆一個 **ACK 封包**給 A 端，裡面重要的資訊如下：

- **序號**：由 B 至 A 方向的序號，等於步驟 1. 之 FIN+ACK 封包的確認序號，即 y。
- **確認序號**：B 端期望從 A 端接收的下一個位元組編號，等於步驟 1. 之 FIN+ACK 封包的序號加 1，即 x + 1。
- **ACK**：設定 TCP 封包的 ACK 旗標，表示確認序號欄位的值成立。

這個步驟結束後，表示由 A 至 B 方向的連線已經終止，A 端不會再傳送資料至 B 端。不過，由 B 至 A 方向的連線仍然存在，所以 B 端還是能繼續傳送資料至 A 端，等到資料傳送完畢，才會進入下面的步驟 3.。

3 B 端在資料傳送完畢後，會送出一個要求終止連線的 **FIN+ACK 封**包給 A 端，裡面重要的資訊如下：

- **序號**：由 B 至 A 方向的序號，假設為 z。

- **確認序號**：B 端期望從 A 端接收的下一個位元組編號，等於步驟 1. 之 FIN+ACK 封包的序號加 1，即 x + 1。

- **FIN**：設定 TCP 封包的 FIN 旗標，表示要終止由 B 至 A 方向的連線。

- **ACK**：設定 TCP 封包的 ACK 旗標，表示確認序號欄位的值成立。

4. A 端在收到 FIN+ACK 封包後，會回覆一個 **ACK 封包**給 B 端，裡面重要的資訊如下：

- **序號**：由 A 至 B 方向的序號，序號維持和步驟 1. 的 FIN+ACK 封包相同，即 x。

- **確認序號**：A 端期望從 B 端接收的下一個位元組編號，等於步驟 3. 之 FIN+ACK 封包的序號加 1，即 z + 1。

- **ACK**：設定 TCP 封包的 ACK 旗標，表示確認序號欄位的值成立。

這個步驟結束後，表示由 B 至 A 方向的連線也已經終止，TCP 才可以真的終止連線。

我們可以將前面討論的四個步驟繪製成如圖 12.8 的過程。

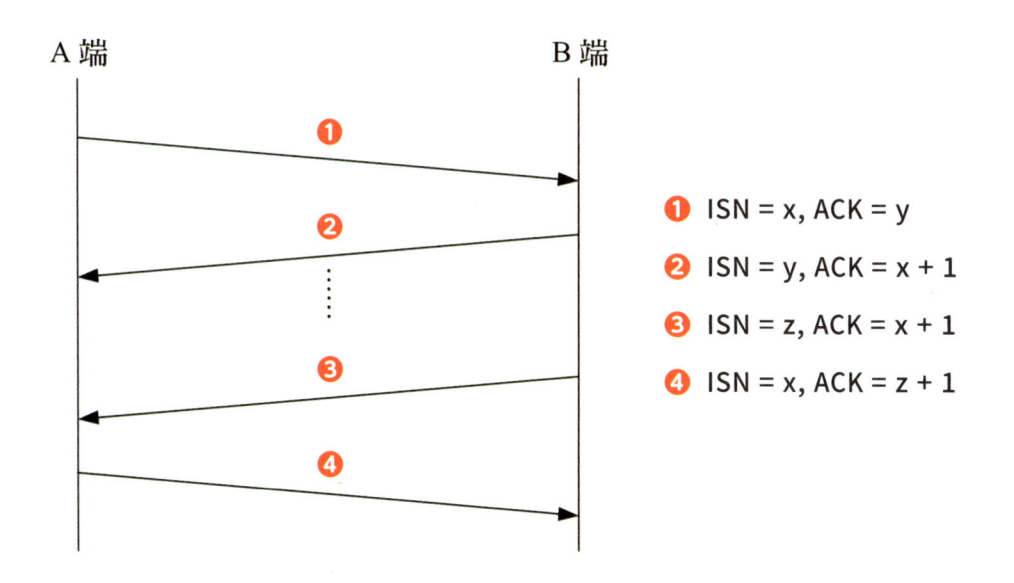

❶ ISN = x, ACK = y
❷ ISN = y, ACK = x + 1
❸ ISN = z, ACK = x + 1
❹ ISN = x, ACK = z + 1

圖 12.8　使用兩個雙向交握的方式終止連線

12-3-4 傳送資料

TCP 是一個可靠的通訊協定，除了傳送資料之外，還會進行**錯誤控制** (error control)，也就是追蹤每個封包的傳送、接收、確認及內容的正確性，其中封包的傳送、接收、確認可以透過**確認與重送** (acknowledgement and retransmission) 來達成，而內容的正確性可以透過 TCP 表頭的**錯誤檢查碼** (checksum) 欄位來做比對，一旦發現錯誤，就將封包丟棄，而送出封包的一端在等待超過回覆時間後，就會重新傳送。

「確認與重送」的原理很簡單，假設 A 端要傳送封包給 B 端，那麼在 A 端將封包傳送出去後，會開始計時等待 B 端的回覆，若逾時沒有收到回覆，就會重新傳送該封包。要注意的是 TCP 支援雙向傳送，所以兩端在送出封包的同時會一併確認收到的封包。

我們以圖 12.9 來做說明，中括號裡面的數字代表 **[序號 , 資料 , 確認序號]**：

① **[101, 101 ~ 200, 5001]**：A 端送出序號為 101、資料為位元組編號 101 ~ 200 的封包，並透過確認序號表示期望從 B 端接收序號為 5001 的封包。

② **[5001, 5001 ~ 5500, 201]**：B 端送出序號為 5001、資料為位元組編號 5001 ~ 5500 的封包，並透過確認序號表示期望從 A 端接收序號為 201 的封包，而這也意味著 B 端確認了序號為 101 的封包已經收到。

③ **[201, 201 ~ 300, 5501]**：A 端送出序號為 201、資料為位元組編號 201 ~ 300 的封包，並透過確認序號表示期望從 B 端接收序號為 5501 的封包，而這也意味著 A 端確認了序號為 5001 的封包已經收到，然該封包卻意外遺失了。

④ **[201, 201 ~ 300, 5501]**：由於 A 端每次送出封包，都會設定一個計時器來計算等待回覆時間，一旦逾時沒有收到回覆，就會認為封包已經遺失而必須重新傳送，於是 A 端就重新傳送步驟 3. 的封包 [201, 201 ~ 300, 5501]。

⑤ **[5501, 5501 ~ 6000, 301]**：B 端送出序號為 5501、資料為位元組編號 5501 ~ 6000 的封包，並透過確認序號表示期望從 A 端接收序號為 301 的封包，而這也意味著 B 端確認了序號為 201 的封包已經收到。

```
         A 端              B 端
          │       ❶       │   ❶ [101, 101 ~ 200, 5001]
          │──────────────▶│
          │       ❷       │   ❷ [5001, 5001 ~ 5500, 201]
          │◀──────────────│
超過回覆時間 ┤      ❸   💥  │   ❸ [201, 201 ~ 300, 5501]
          │──────────✗    │
     重送 ┤       ❹       │   ❹ [201, 201 ~ 300, 5501]
          │──────────────▶│
          │       ❺       │   ❺ [5501, 5501 ~ 6000, 301]
          │◀──────────────│
```

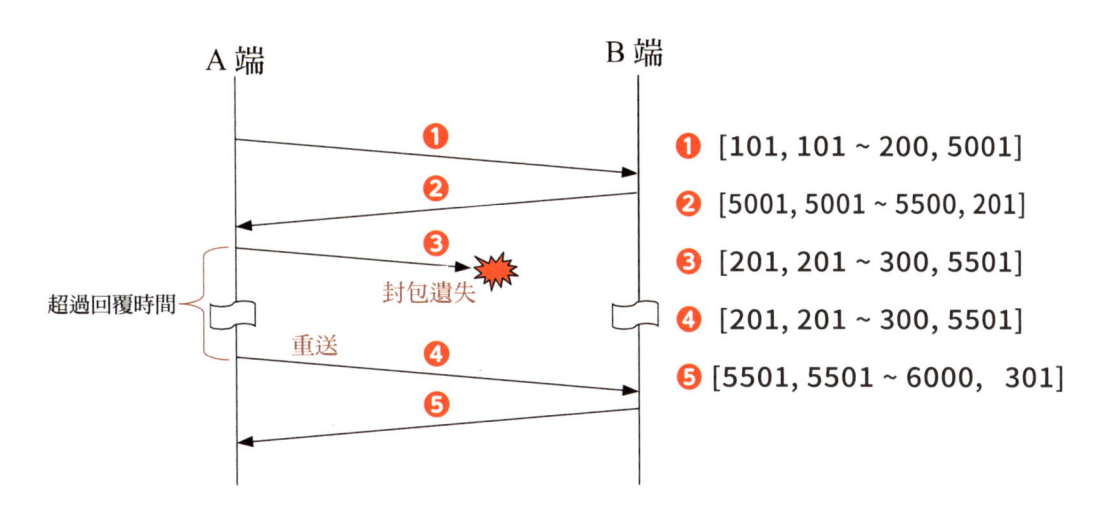

圖 12.9 「確認與重送」機制

12-3-5 滑動視窗

雖然前述的「確認與重送」機制可以用來追蹤每個封包的傳送、接收與確認，但效能卻很低落，A 端每送出一個封包，都必須等到 B 端的確認，才能繼續送出下一個封包；同樣的，B 端每送出一個封包，也必須等到 A 端的確認，才能繼續送出下一個封包，這樣等來等去，將會浪費許多時間。此外，依序送出的封包不一定會依序抵達收訊端，那麼收訊端又該如何處理呢？

為了解決這些問題，TCP 使用一種叫做**滑動視窗** (sliding window) 的技術，來控制封包的傳送與接收。滑動視窗是一種虛擬物件，其概念就像一個在一連串封包上滑動的視窗，而且滑動視窗又分為下列兩種：

- **傳送視窗** (sending window)：傳送視窗位於發訊端，目的是要快速送出多個封包，以克服每送出一個封包，就要等待確認的問題。

- **接收視窗** (receiveing window)：接收視窗位於收訊端，目的是要記錄連續收到的封包，然後轉交給上層的應用程式，以克服依序送出的封包不一定會依序抵達收訊端的問題。

由於 TCP 支援雙向傳送，因此，收送兩端各有一組傳送與接收視窗。此外，滑動視窗大小是以位元組為單位，不是封包，此處純粹是為了方便解說，才使用「封包」這個字眼，而且滑動視窗大小可以根據實際情況做調整，以進行流量控制。

傳送視窗

傳送視窗位於發訊端,其運作原理很簡單,就是將送出的封包依序移入視窗,然後將已經收到確認且位於視窗最右邊的封包移出視窗,再將接下來送出的封包依序移入視窗,至於尚未收到確認或已經收到確認但不位於視窗最右邊的封包則繼續留在視窗內。

下面是一個例子,假設 A 端要傳送封包給 B 端,且傳送視窗大小為 3 個封包,灰色塊表示已經送出但尚未收到確認的封包,綠色塊表示已經收到確認的封包:

❶ A 端送出封包 1、2、3 並依序移入視窗,然後分別針對這些封包計時,等候 B 端的確認。

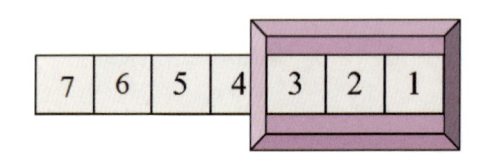

❷ A 端收到封包 1 的確認,由於封包 1 位於視窗最右邊,所以被移出視窗,然後將接下來送出的封包 4 移入視窗。

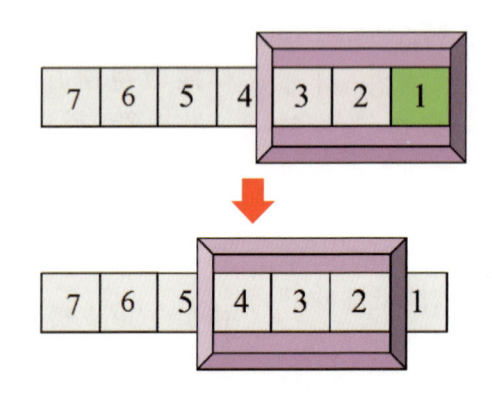

❸ A 端收到封包 3 的確認,但由於封包 3 不位於視窗最右邊,所以繼續留在視窗內。

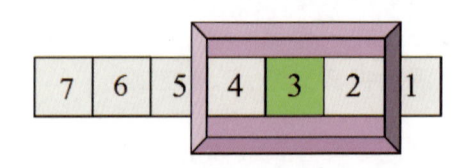

❹ A 端收到封包 2 的確認,由於封包 2、3 位於視窗最右邊,所以一起被移出視窗,然後將接下來送出的封包 5、6 移入視窗。

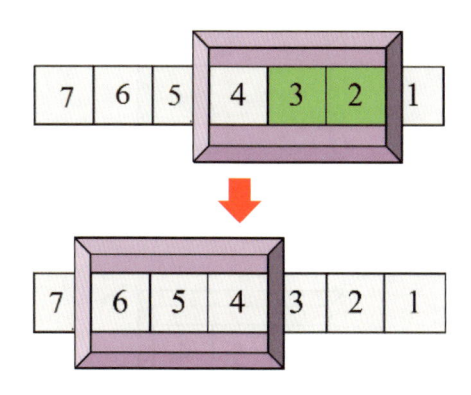

接收視窗

接收視窗位於收訊端,其運作原理也很簡單,就是將收到的封包依序移入視窗並回覆確認給發訊端,若收到的封包位於視窗最右邊,就將封包移出視窗,放入接收緩衝區。

下面是一個例子,假設 A 端要傳送封包給 B 端,且接收視窗大小為 3 個封包,灰色塊表示尚未收到的封包,黃色塊表示已經收到的封包:

❶ B 端收到封包 1,將之標示為「收到」並回覆確認給 A 端,由於封包 1 位於視窗最右邊,所以將封包 1 移出視窗,放入接收緩衝區。

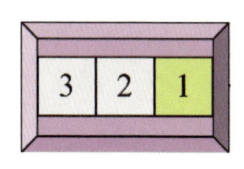

❷ B 端收到封包 3(封包 2 發生延遲尚未抵達),將之標示為「收到」並回覆確認給 A 端,由於封包 3 不位於視窗最右邊,所以繼續留在視窗內。

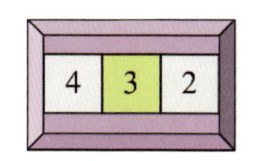

網路概論

❸ B 端收到封包 2，將之標示為「收到」並回覆確認給 A 端，由於封包 2、3 位於視窗最右邊，所以將封包 2、3 移出視窗，放入接收緩衝區。

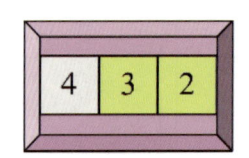

| 4 | 3 | 2 |

❹ B 端繼續等待後面的封包 4、5、6。

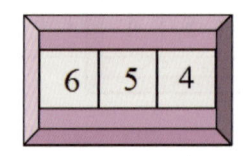

| 6 | 5 | 4 |

我們可以將前面討論的傳送視窗和接收視窗做個總結，結果如圖 12.10。

A 端　　　　　　　　　　　　　B 端

| 7 | 6 | 5 | 4 | 3 | 2 | 1 |　送出封包 1、2、3 →　| 3 | 2 | 1 |　收到封包 1，放入緩衝區

← 確認封包 1

| 7 | 6 | 5 | 4 | 3 | 2 | 1 |　送出封包 4 →　| 4 | 3 | 2 |　收到封包 3，標示為「收到」

← 確認封包 3

| 7 | 6 | 5 | 4 | 3 | 2 | 1 |　　　　　　　　　　| 4 | 3 | 2 |　收到封包 2，將封包 2、3 放入緩衝區

← 確認封包 2

| 7 | 6 | 5 | 4 | 3 | 2 | 1 |　送出封包 5、6 →　| 6 | 5 | 4 |

接收緩衝區

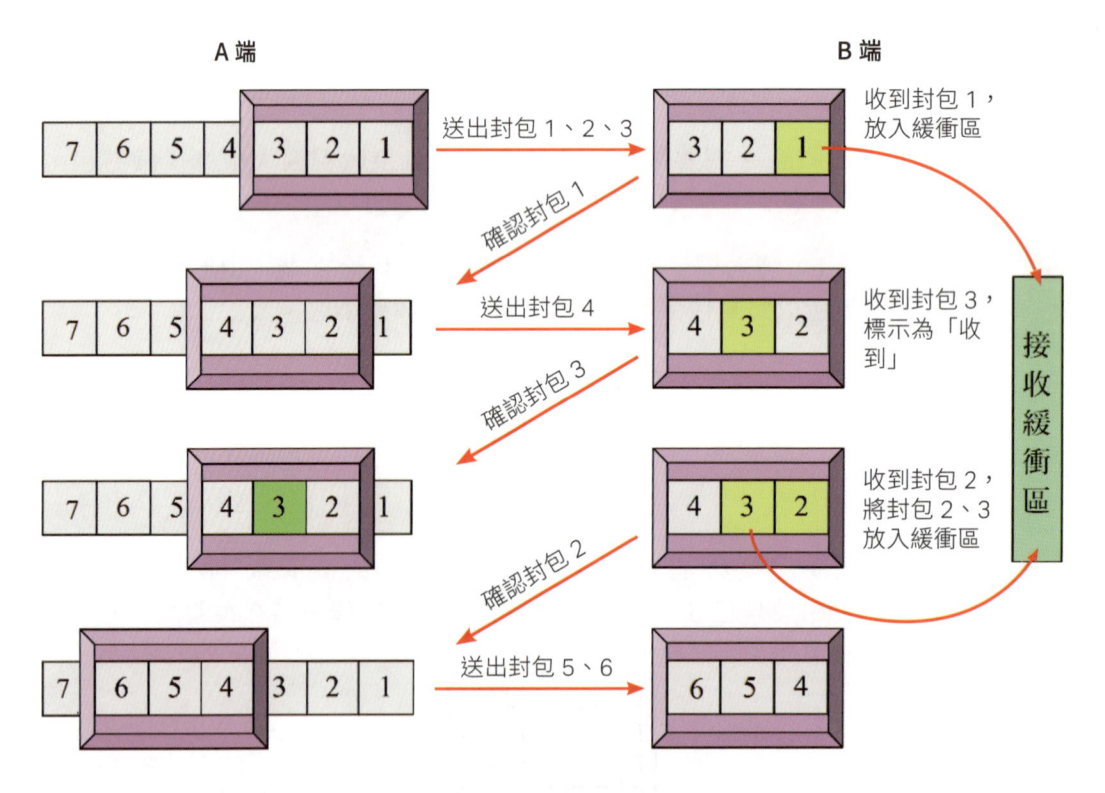

圖 12.10　滑動視窗範例

① A 端送出封包 1、2、3 並依序移入視窗，然後分別針對這些封包計時，等候 B 端的確認。

② B 端收到封包 1，將之標示為「收到」並回覆確認給 A 端，由於封包 1 位於視窗最右邊，所以將封包 1 移出視窗，放入接收緩衝區。

③ A 端收到封包 1 的確認，由於封包 1 位於視窗最右邊，所以被移出視窗，然後將接下來送出的封包 4 移入視窗。

④ B 端收到封包 3（封包 2 發生延遲尚未抵達），將之標示為「收到」並回覆確認給 A 端，由於封包 3 不位於視窗最右邊，所以繼續留在視窗內。

⑤ A 端收到封包 3 的確認，但由於封包 3 不位於視窗最右邊（因為尚未收到封包 2 的確認），所以繼續留在視窗內。

⑥ B 端收到封包 2，將之標示為「收到」並回覆確認給 A 端，由於封包 2、3 位於視窗最右邊，所以將封包 2、3 移出視窗，放入接收緩衝區。

⑦ A 端收到封包 2 的確認，由於封包 2、3 位於視窗最右邊，所以一起被移出視窗，然後將接下來送出的封包 5、6 移入視窗。

⑧ B 端繼續等待後面的封包 4、5、6。

仔細觀察圖 12.10 可以發現，傳送視窗的作用是讓發訊端快速送出多個封包，而且傳送視窗愈大，可以送出的封包愈多；至於在接收視窗中，若視窗最右邊的封包尚未收到，那麼後面收到的封包也不能移出視窗，所以接收視窗的作用是確保封包會被依序放入接收緩衝區去進行重組，然後再將資料轉交給上層的應用程式。

誠如前面所言，滑動視窗是一種虛擬物件，其概念就像一個在一連串封包上滑動的視窗，但事實上，並不是真的有一個視窗在封包上滑動，也不是真的將封包移入或移出視窗，所以滑動視窗其實更像是指向封包的記錄。

12-3-6 流量控制

TCP 的**流量控制** (flow control) 功能必須借助於前一節所討論的滑動視窗,當傳送視窗調小時,送出封包的速率就會減慢,反之,當傳送視窗調大時,送出封包的速率就會加快,而發訊端的傳送視窗大小一開始是收送兩端在建立連線時溝通決定的,預設為 576 位元組,之後則是取決於收訊端的接收視窗大小。

接收視窗的作用除了確保封包會被依序放入接收緩衝區去進行重組之外,還有一個重要的作用是反映接收端處理資料的能力,包括回覆確認、封包重組、轉送至上層的應用程式等。

當收訊端無暇處理時,例如有太多用戶端同時對伺服器端提出要求,或用戶端對伺服器端送出大量封包,就會將接收視窗調小並通知發訊端,於是發訊端會將自己的傳送視窗跟著調小,以減少送出的封包數量;反之,當收訊端空閒時,就會將接收視窗調大並通知發訊端,於是發訊端會將自己的傳送視窗跟著調大,以增加送出的封包數量,如此便能達到流量控制的目的。

下面是一個例子,假設傳送視窗和接收視窗一開始為預設的 576 位元組:

1. 發訊端送出 576 位元組並移入傳送視窗,然後開始計時,等候收訊端的確認。

2. 收訊端收到 576 位元組,但由於某些因素只能將 300 位元組放入接收緩衝區處理,於是在回覆確認給發訊端的同時也將接收視窗調小為 300 位元組。

3. 發訊端收到 576 位元組的確認,於是將 576 位元組移出傳送視窗,同時將傳送視窗調小為 300 位元組,接著送出 300 位元組並移入傳送視窗,然後開始計時,等候收訊端的確認。

4. 收訊端收到 300 位元組,但由於某些因素暫時無法將資料放入接收緩衝區處理,於是在回覆確認給發訊端的同時也將接收視窗調小為 0 位元組。

5. 發訊端收到 300 位元組的確認,於是將 300 位元組移出傳送視窗,同時將傳送視窗調小為 0 位元組,此時將不再傳送資料,我們將視窗大小為 0 的情況稱為**關閉視窗** (close window)。

6. 待收訊端能夠繼續接收資料時,會通知發訊端,稱為**重新啟動視窗** (restart window),或者,發訊端也可以定期送出探查的封包詢問接收視窗大小,只要大於 0,就能重新啟動視窗,開始送出資料。

本 章 回 顧

- 傳輸層主要的功能包括資料傳送模式、多工與解多工、全雙工服務、分段、依序傳送與重組、確認與重送、錯誤控制、流量控制、壅塞控制等,通訊協定可以根據需求提供全部或部分功能。

- 傳輸層是使用**通訊埠** (port) 來定址,不同的應用程式使用不同的通訊埠,而資料的流向則是取決於**來源通訊埠**和**目的通訊埠**。

- 通訊埠的長度為 16 位元,其值為介於 0 ~ 65535 的數字,IANA 將通訊埠編號劃分為**熟知通訊埠** (well-known port)、**登錄通訊埠** (registered port)、**動態通訊埠** (dynamic port) 等範圍。

- IP 位址和通訊埠編號的組合稱為 **Socket Address**,簡稱為 **Socket**,例如 140.112.30.5:80。TCP/IP 採取主從式架構,故 Socket 是成對的,包含用戶端 Socket 和伺服器端 Socket,稱為 **Socket Pair**。

- **UDP** (User Datagram Protocol) 是一個非連線導向式且不可靠的通訊協定,目的是快速的傳送資料,適合簡易的要求 / 回應通訊,且無須考慮錯誤控制和流量控制的應用程式,支援一對多的廣播和群播。

- UDP 封包稱為**資料元** (datagram),由 **UDP 表頭** (header) 和 **UDP 資料** (payload) 兩個部分所組成,前者的長度固定為 8 位元組,用來記錄 UDP 連線的相關資訊,而後者用來載送接收自應用層的資料,長度是變動的。

- **TCP** (Transmission Control Protocol) 是一個連線導向式且可靠的通訊協定,支援傳輸層主要的功能。當兩個應用程式要收送資料時,會遵循「建立連線」→「傳送資料」→「終止連線」的過程。

- TCP 封包稱為**資料段** (segment),由 **TCP 表頭** (header) 和 **TCP 資料** (payload) 兩個部分所組成,前者包含長度為 20 位元組的固定欄位及變動長度的選項欄位,用來記錄 TCP 連線的相關資訊,而後者用來載送接收自應用層的資料,長度是變動的。

- **滑動視窗** (sliding window) 又分為**傳送視窗** (sending window) 和**接收視窗** (receiving window) 兩種,前者位於發訊端,目的是要快速送出多個封包,後者位於收訊端,目的是要記錄連續收到的封包,而且滑動視窗大小可以根據實際情況做調整,以進行流量控制。

學習評量

一、選擇題

(　　) 1. 下列哪個通訊協定具有流量控制的功能？
　　　　A. UDP
　　　　B. TCP
　　　　C. ARP
　　　　D. ICMP

(　　) 2. 下列何者不是 TCP 通訊協定的功能？
　　　　A. 非連線導向式的資料傳送
　　　　B. 流量控制
　　　　C. 壅塞控制
　　　　D. 確認與重送

(　　) 3. 傳輸層是以下列何者做定址？
　　　　A. 實體位址
　　　　B. IP 位址
　　　　C. 網域名稱
　　　　D. 通訊埠

(　　) 4. Socket 是下列哪兩者的組合？（複選）
　　　　A. 實體位址
　　　　B. IP 位址
　　　　C. 網域名稱
　　　　D. 通訊埠

(　　) 5. 下列何者不是 UDP 通訊協定的特點？
　　　　A. 可以使用於廣播場合
　　　　B. 目的是可靠的傳送資料
　　　　C. 表頭的長度固定為 8 位元組
　　　　D. 適合簡易的要求 / 回應通訊

(　　) 6. 下列哪種應用使用 UDP 通訊協定？
　　　　A. DNS
　　　　B. WWW
　　　　C. E-mail
　　　　D. FTP

( ) 7. TCP 通訊協定是透過下列何者進行流量控制？
    A. 關閉視窗　　　　　　　　B. 傳送視窗
    C. 接收視窗　　　　　　　　D. 接收緩衝區

( ) 8. TCP 通訊協定是以下列哪種方式建立連線？
    A. 單向傳送　　　　　　　　B. 雙向交握
    C. 三向交握　　　　　　　　D. 探查連線

( ) 9. 下列關於 TCP 通訊協定的敘述何者錯誤？
    A. 位元組串流導向
    B. 表頭的錯誤檢查碼欄位可以用來檢查內容的正確性
    C. TCP 表頭中的確認序號欄位指的是「TCP 資料的最後一個位元組編號」
    D. TCP 表頭中的序號欄位指的是「TCP 資料的第一個位元組編號」

( ) 10. 下列關於 TCP 通訊協定的敘述何者錯誤？
    A. 透過確認與重送機制可以追蹤封包的傳送與接收
    B. 接收視窗可以確保收到連續的封包
    C. 傳送視窗可以加快封包的傳送速率
    D. 不支援雙向傳送資料

二、簡答題

1. 簡單說明傳輸層的定址方式為何？

2. 簡單說明何謂 Socket 與 Socket Pair？

3. 簡單說明 UDP 通訊協定有何特點？適用於哪些應用？

4. 簡單說明 TCP 通訊協定支援哪些傳輸層的功能？試和 UDP 通訊協定做比較。

5. 簡單說明 TCP 表頭中的「序號」欄位和「確認序號」欄位有何用途？

6. 簡單說明 TCP 通訊協定如何建立連線？

7. 簡單說明 TCP 通訊協定如何終止連線？

8. 簡單說明 TCP 通訊協定的傳送視窗有何作用？以及其運作原理為何？

9. 簡單說明 TCP 通訊協定的接收視窗有何作用？以及其運作原理為何？

10. 簡單說明 TCP 通訊協定如何進行流量控制？

Computer Networks • Computer Networks • Computer Networks • Computer Networks

CHAPTER

13

DNS 與 DHCP 通訊協定

13-1 DNS

13-2 DHCP

13-1 DNS

TCP/IP 參考模型中的**應用層** (application layer) 負責提供網路服務給應用程式，諸如 FTP、DNS、SMTP、Telnet、HTTP、POP、SNMP、NNTP、DHCP 等通訊協定均位於這個層次。在本章中，我們將介紹 DNS (Domain Name System，網域名稱系統) 和 DHCP (Dynamic Host Configuration Protocol，動態主機設定協定)。

13-1-1 完整網域名稱 (FQDN)

網際網路上的每個節點都有一個唯一的 IP 位址，這樣 IP 通訊協定在傳送封包時才找得到該節點。不過，IP 位址是由一連串的數字所組成，對人們來說，這串數字不僅容易混淆，而且也顯示不出它的意義。

為此，Paul Mockapetris 於 1983 年提出**網域名稱系統** (DNS，Domain Name System)，這是一個樹狀結構的名稱系統，如圖 13.1，其中：

- **樹根** (root) 代表整個網際網路，稱為「根網域」，以小數點「.」來表示，沒有特定的名稱。

- **內部節點** (internal node) 代表不同的網域，例如 .tw、.edu、.ntu。

- **外部節點** (external node) 代表不同的主機，例如 www，事實上，www.ntu.edu.tw 正是台大網站的 DNS。

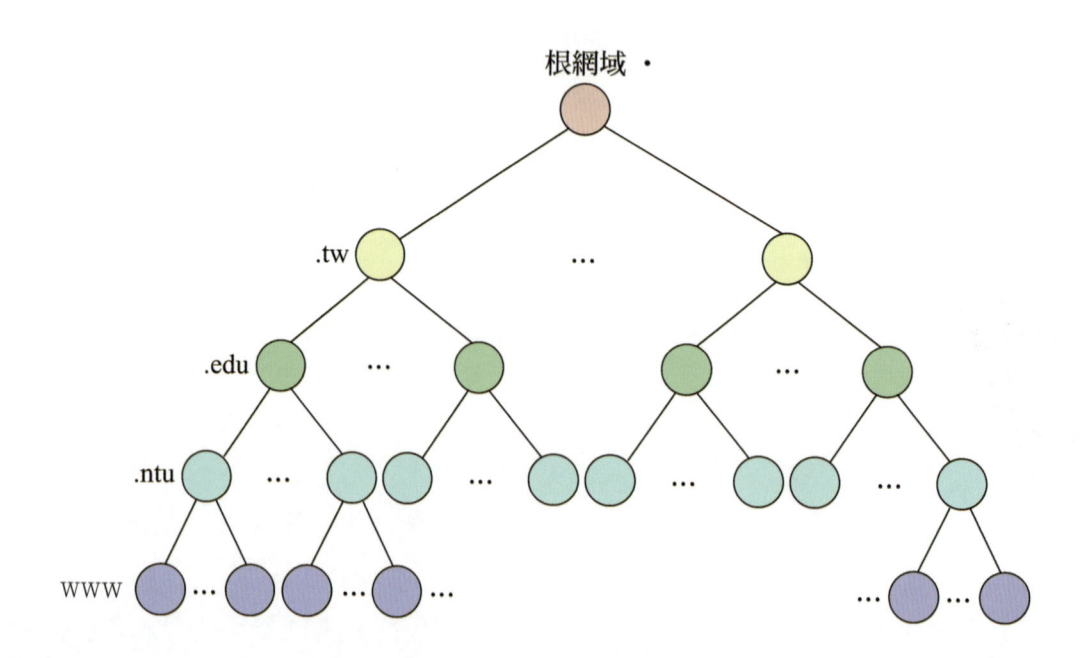

圖 13.1 DNS 是一個樹狀結構的名稱系統

DNS 與 DHCP 通訊協定 13

有了 DNS，人們就可以使用簡單易記的名稱取代 IP 位址，例如台大網站的 DNS (www.ntu.edu.tw) 就比 IP 位址 (140.112.8.116) 來得好記多了，而且網路系統也會提供轉換程式，讓人們根據 DNS 查詢主機的 IP 位址，或根據 IP 位址查詢主機的 DNS。

DNS 是使用**完整網域名稱** (FQDN，Fully-Qualified Domain Name) 來表示網際網路上的網域或主機，又稱為**絕對網域名稱** (absolute domain name)，其表示法如下，「.」代表 DNS 的根網域，FQDN 的總長度不得超過 255 個字元，網域名稱或主機名稱則不得超過 63 個字元：

「主機名稱」+「網域名稱」+「.」

以台大網站為例，我們習慣寫成 www.ntu.edu.tw，但事實上，這並不能算是 FQDN，因為遺漏了最後面的小數點，必須寫成 www.ntu.edu.tw. 才對，其中 www 指的是 Web 伺服器的名稱，.ntu.edu.tw 指的是該 Web 伺服器所在的網域名稱，若只有寫 www，而沒有指定 .ntu.edu.tw，就無法分辨是哪個網域的 Web 伺服器，因為許多 Web 伺服器的名稱都是取為 www。

或許您會問，既然 FQDN 格式的最後面必須加上小數點，那麼為何平常我們輸入網址時不用輸入最後面的小數點？這其實是因為瀏覽器會自動在我們輸入的網址最後面加上小數點，使之成為 FQDN 格式，再進行連線 (圖 13.2)。

圖 **13.2** 之所以不用在網址最後面輸入小數點，主要是因為瀏覽器會自動加上

操作實例

轉換 DNS 與 IP 位址

我們可以在 Windows 的命令提示字元視窗中使用 **nslookup.exe** 指令，轉換 DNS 與 IP 位址。假設要由台大網站的 DNS (www.ntu.edu.tw) 查詢 IP 位址，那麼可以輸入下列指令，就會得到如下圖的結果，IP 位址為 140.112.8.116：

```
nslookup www.ntu.edu.tw
```

```
命令提示字元

C:\Users\Jean>nslookup www.ntu.edu.tw
伺服器:  UnKnown
Address:  192.168.0.1

未經授權的回答:
名稱:    www.ntu.edu.tw
Address:  140.112.8.116

C:\Users\Jean>
```

同理，假設要由台大網站的 IP 位址 (140.112.8.116) 查詢 DNS，那麼可以輸入如下指令，就會得到下圖的結果，DNS 為 www.ntu.edu.tw：

```
nslookup 140.112.8.116
```

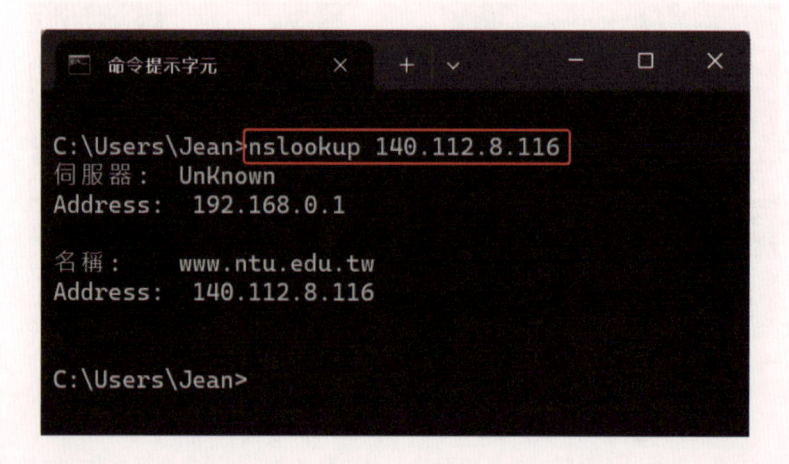

```
命令提示字元

C:\Users\Jean>nslookup 140.112.8.116
伺服器:  UnKnown
Address:  192.168.0.1

名稱:    www.ntu.edu.tw
Address:  140.112.8.116

C:\Users\Jean>
```

13-1-2 名稱查詢與名稱解析

在網路發展初期，FQDN 和 IP 位址之間的轉換是透過 Host File（主機檔案）來進行，該檔案儲存在個別的主機上，包含 FQDN 和 IP 位址之間的對映資料，由於是手動輸入的，一旦有任何主機的對映資料變更，其它主機的 Host File 也要一一手動更新。

在網路上的主機數目不多時，這種方式還勉強可行，但在網際網路蓬勃發展後，每天不斷有大量的主機加入網際網路，這種方式就行不通了，因而發展出 DNS 來管理對映資料。

DNS 採取主從式架構，包含 **DNS 用戶端** (DNS client) 和 **DNS 伺服器** (DNS server)，如圖 13.3，當使用者在諸如瀏覽器、遠端登入等應用程式中輸入 FQDN 時，DNS 用戶端就會向 DNS 伺服器要求查詢該 FQDN 所對映的 IP 位址，DNS 伺服器會去比對資料庫內的**資源記錄** (resource record)，查出 IP 位址並回覆給 DNS 用戶端。

我們將 DNS 用戶端要求 DNS 伺服器由 FQDN 查詢 IP 位址的動作稱為**正向名稱查詢** (forward name query)，簡稱為**名稱查詢** (name query) 或**標準查詢** (standard query)，而 DNS 伺服器查出 IP 位址並回覆給 DNS 用戶端的動作則稱為**正向名稱解析** (forward name resolution)，簡稱為**名稱解析** (name resolution)。

反之，我們將 DNS 用戶端要求 DNS 伺服器由 IP 位址查詢 FQDN 的動作稱為**反向名稱查詢** (reverse name query)，簡稱為**反向查詢** (reverse query)，而 DNS 伺服器查出 FQDN 並回覆給 DNS 用戶端的動作則稱為**反向名稱解析** (reverse name resolution)，簡稱為**反向解析** (reverse resolution)。

在 DNS 的樹狀結構中，**資源記錄**指的是每個內部節點所儲存的資料庫，裡面有該節點管轄區域內的名稱資訊，例如主要和次要名稱伺服器、FQDN 所對映的 IP 位址、主機別名等，可以用來進行名稱解析。

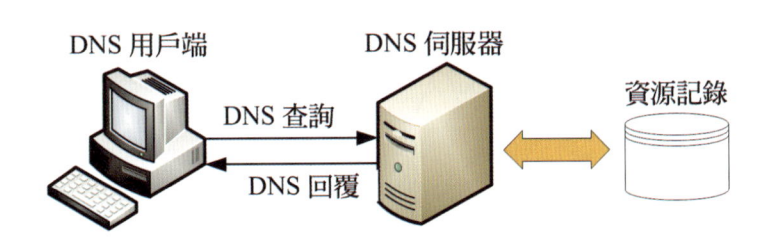

圖 13.3 DNS 系統是由 DNS 用戶端與 DNS 伺服器所組成

13-1-3 網域名稱空間的結構

網域名稱空間 (domain name space) 指的是網際網路上 FQDN 的結構，用來描述 FQDN 的命名規則、網域與主機之間的關係。由於網際網路上的網域與主機非常多，因此，DNS 是採取如圖 13.4 的樹狀結構，樹根為根網域，即整個網際網路，內部節點為網域，而且網域又可以切割為多個子網域，外部節點則為主機。

每個網域至少會由一部 DNS 伺服器管轄，該伺服器所維護的就只有其管轄區域內的資源記錄，所以必須一一向其上層網域的 DNS 伺服器註冊，直到向根網域的 DNS 伺服器註冊為止。

舉例來說，管轄「.ntu.edu.tw」網域的 DNS 伺服器必須向管轄「.edu.tw」網域的 DNS 伺服器註冊，而管轄「.edu.tw」網域的 DNS 伺服器必須向管轄「.tw」網域的 DNS 伺服器註冊，至於管轄「.tw」網域的 DNS 伺服器則必須向根網域的 DNS 伺服器註冊。

網域名稱空間的樹狀結構分為數個層次，由上而下分別為根網域、頂層網域、第二層網域、第三層網域及主機名稱，以下有進一步的說明。

根網域

根網域 (root domain) 位於網域名稱空間的最上層，即樹根，代表整個網際網路，以「.」來表示，沒有特定的名稱。

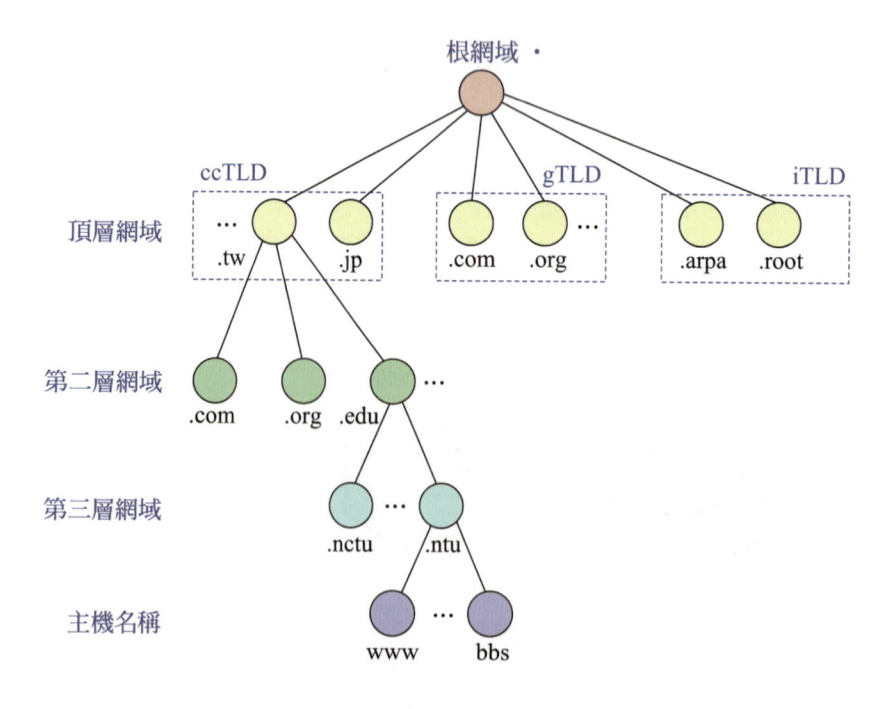

圖 13.4 網域名稱空間的結構

頂層網域

頂層網域 (TLD，Top Level Domain) 是連接在根網域之下的網域，又稱為**第一層網域** (first level domain)，命名方式有下列三種：

- **ccTLD** (country code TLD)：根據國碼來區分，例如 .tw 代表台灣、.cn 代表中國、.jp 代表日本、.us 代表美國。

- **gTLD** (generic TLD)：根據組織性質來區分，例如 .com 代表公司、.edu 代表教育單位、.gov 代表政府部門、.mil 代表軍事單位、.int 代表國際性組織、.net 代表網路服務機構、.org 代表非營利機構。

- **iTLD** (infrastructure TLD)：網際網路基礎建設專用，包括 .arpa 和 .root。

由於美國是網際網路的發源地，所以許多美國的網域並沒有使用國碼，而是直接使用 gTLD，例如 ibm.com 為 IBM 公司的網域，後面就沒有加上國碼 .us。

第二層網域

第二層網域 (second level domain) 是連接在頂層網域之下的網域，以台灣為例，其頂層網域的命名方式採取 ccTLD，國碼為 .tw，接下來的第二層網域則會根據不同性質來分類，例如 .edu.tw 是台灣教育單位的網域，.gov.tw 是台灣行政部門的網域。第二層網域通常是由各國的專責單位管理，所制定的性質分類不一定相同，例如台灣是以 .com.tw 代表公司，而日本是以 .co.jp 代表公司。

第三層與其它階層網域

第三層與其它階層網域是連接在第二層網域之下的網域，例如 .happy.com.tw 是台灣 happy 公司的網域，而且 happy 公司還可以根據實際需求劃分子網域，例如以子網域 .sales.happy.com.tw 代表 happy 公司的業務部門。第三層網域也是由專責單位管理，而之下的網域可以視實際需求統一管理或分散至下層管理。

主機名稱

樹狀結構的最底層是**主機名稱** (host name)，例如 www.ntu.edu.tw 是台大網站的 DNS，其中 www 為主機名稱，注意最左邊沒有小數點「.」。

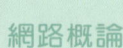

資訊部落

DNS 的配置與管理

DNS 的配置與管理是由 **ICANN** (Internet Corporation for Assigned Names and Numbers) 負責，這個非營利機構會再依照國家或地區授權給其它公正的單位，例如在台灣是由 **TWNIC**（台灣網路資訊中心）負責，TWNIC 提供了下列幾種類型的網域名稱供民眾申請，隨著時間的演變，不僅出現了中文網域名稱，未來還會持續出現更多新的網域名稱。

屬性型網域名稱

- **com.tw**：依法設立登記之公司、行號、有限合夥、其它營利團體組織、或執行業務專業人士，完成稅籍登記者；外國公司、有限合夥或其它團體組織，依其本國法設立登記者，亦同。
- **org.tw**：依法登記或設立之財團法人、非營利社團法人、其它非營利團體組織或行政法人；外國非營利組織依其本國法設立登記者。
- **net.tw**：依電信法取得第一類電信事業特許執照或第二類電信事業許可執照者、依電信管理法登記之電信事業或其網路設置計畫經核准者、或具有網路建（架）設許可證者。
- **idv.tw**：凡自然人均可申請。
- **game.tw**：不限制申請人資格。
- **club.tw**：不限制申請人資格。
- **ebiz.tw**：不限制申請人資格。

泛用型網域名稱

- **中文 .tw**：不限制申請人資格，例如美食 .tw。
- **中文 . 台灣**：不限制申請人資格，例如美食 . 台灣。
- **英文 .tw**：不限制申請人資格，例如 food.tw。
- **英文 . 台灣**：不限制申請人資格，例如 food. 台灣。
- **日文 .tw**：不限制申請人資格。
- **韓文 .tw**：不限制申請人資格。
- **泰文 .tw**：不限制申請人資格。
- **法文 .tw**：不限制申請人資格。
- **德文 .tw**：不限制申請人資格。

13-1-4 DNS伺服器的類型

根據不同的服務性質，DNS 伺服器可以分為下列幾種類型：

- **根網域名稱伺服器** (root name server)：負責維護根網域的資源記錄並提供根網域的名稱解析服務。目前根網域名稱伺服器的位址有 13 個，網域名稱為 .root-server.net，主機名稱為 A ~ M，即 A.root-servers.net ~ M.root-servers.net。

- **主要名稱伺服器** (primary name server、master name server)：負責維護某個網域的資源記錄並提供該網域的名稱解析服務。主要名稱伺服器所管理的網域範圍都是經過上層網域的委派，此範圍稱為**管轄區域** (zone)，而且它可以再將部分的子網域委派給下層的名稱伺服器管理。

- **次要名稱伺服器** (secondary name server、slave name server)：作為主要名稱伺服器的備援系統，沒有管理任何網域範圍，也不負責維護資源記錄，而是定期從主要名稱伺服器複製資源記錄，稱為**區域傳送** (zone transfer)。一個管轄區域內只有一部主要名稱伺服器，至於次要名稱伺服器則可以沒有或有多部，不過，基於容錯、負載平衡等考量，通常都會設立次要名稱伺服器。

- **快取名稱伺服器** (cache only name server)：沒有管理任何網域範圍，也不負責維護資源記錄，純粹是將其它名稱伺服器的查詢結果放入自己的快取，當 DNS 用戶端所查詢的 FQDN 剛好在快取內時，就直接將結果回覆給 DNS 用戶端，以提升查詢效能。

此外，還有一種**查詢轉送程式** (query forwarder) 可以將查詢導向到其它名稱伺服器，以圖 13.5 為例，當 DNS 用戶端在向指定的 DNS 伺服器查詢不到結果時，會轉而向根網域名稱伺服器查詢，然為了效率或安全起見，我們可以透過查詢轉送程式將查詢導向到其它外部的名稱伺服器。

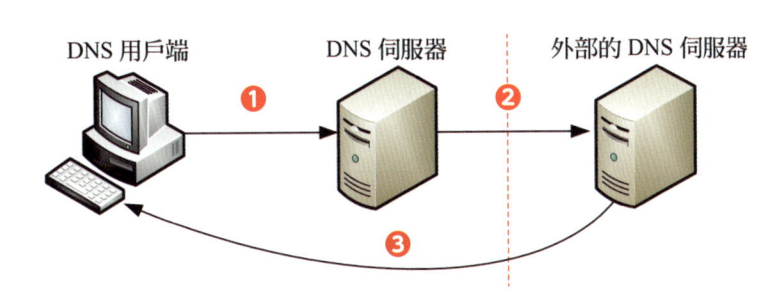

❶ 送出 DNS 查詢　❷ 在本地端查不到，於是導向到外部的 DNS 伺服器　❸ 回覆查詢結果

圖 13.5　查詢轉送程式

13-1-5 DNS的查詢流程

我們以圖 13.6 說明 DNS 的查詢流程：

① 使用者在瀏覽器、電子郵件程式或其它應用程式中輸入 FQDN，此時，作業系統會呼叫**解析器** (resolver)，要求將 FQDN 轉換成 IP 位址，有了 IP 位址，才找得到應用程式所要存取的主機。

② 解析器是在 DNS 用戶端上負責名稱解析的程式，它會先檢查 DNS 用戶端上的快取。

③ 若在 DNS 用戶端上的快取找到符合的對映資料，就回覆給解析器，再由解析器回覆給應用程式，否則去檢查 DNS 用戶端上的 Host File。

④ 若在 DNS 用戶端上的 Host File 找到符合的對映資料，就回覆給解析器，再由解析器回覆給應用程式，否則向 DNS 伺服器提出查詢。

⑤ 當 DNS 伺服器收到查詢時，會呼叫**名稱服務程式**，這是在 DNS 伺服器上負責管理網域名稱空間、維護資源記錄及名稱解析的程式，它會先檢查 DNS 伺服器上的快取。

⑥ 若在 DNS 伺服器上的快取找到符合的對映資料，就回覆給解析器，再由解析器將結果存入自己的快取並回覆給應用程式，否則去檢查自己管轄區域內的資源記錄。

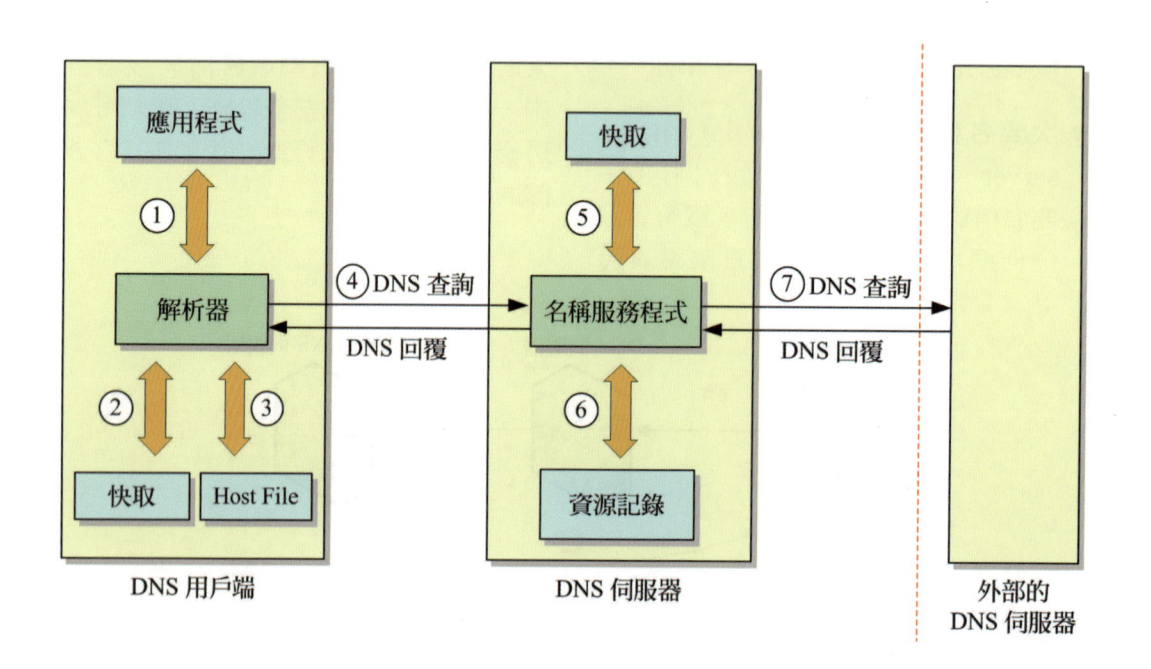

圖 13.6 DNS 的查詢流程

⑦ 若在 DNS 伺服器上的資源記錄中找到符合的對映資料，就將結果存入自己的快取並回覆給解析器，再由解析器將結果存入自己的快取並回覆給應用程式，否則向其它外部的 DNS 伺服器提出查詢，此時就變成是 DNS 伺服器之間的查詢了。

13-1-6 DNS的查詢方式

DNS 的查詢方式有「遞迴查詢」和「反覆查詢」兩種，以下有進一步的說明。

遞迴查詢

遞迴查詢 (recursive query) 通常是用在 DNS 用戶端向 DNS 伺服器提出查詢，此時，DNS 伺服器會根據自己的資訊進行名稱解析，若解析出來了，就回覆給 DNS 用戶端，否則會設法向其它 DNS 伺服器提出查詢，要是還解析不出來，就回覆 FQDN 不存在的錯誤訊息給 DNS 用戶端。無論能否解析出結果，這種方式都不會告訴 DNS 用戶端去查詢另一部 DNS 伺服器。

反覆查詢

反覆查詢 (iterative query) 通常是用在 DNS 伺服器之間的查詢，被查詢的 DNS 伺服器若解析不出來，會回覆參考位址，請提出查詢的一方自行向參考位址的 DNS 伺服器查詢。舉例來說，假設 DNS 用戶端要向指定的 DNS 伺服器 X 查詢 www.ntu.edu.tw 的 IP 位址，但 X 沒有相關記錄，那麼反覆查詢的步驟如下：

① X 向根網域的 DNS 伺服器查詢 www.ntu.edu.tw 的 IP 位址。

② 根網域的 DNS 伺服器將管轄 .tw 的 DNS 伺服器告訴 X。

③ X 向管轄 .tw 的 DNS 伺服器查詢 www.ntu.edu.tw 的 IP 位址。

④ 管轄 .tw 的 DNS 伺服器將管轄 .edu.tw 的 DNS 伺服器告訴 X。

⑤ X 向管轄 .edu.tw 的 DNS 伺服器查詢 www.ntu.edu.tw 的 IP 位址。

⑥ 管轄 .edu.tw 的 DNS 伺服器將管轄 .ntu.edu.tw 的 DNS 伺服器告訴 X。

⑦ X 向管轄 .ntu.edu.tw 的 DNS 伺服器查詢 www.ntu.edu.tw 的 IP 位址。

⑧ 若管轄 .ntu.edu.tw 的 DNS 伺服器找到 www.ntu.edu.tw 的 IP 位址，就回覆給 X，否則回覆 FQDN 不存在的錯誤訊息給 X。

13-1-7 DNS訊息格式

DNS 採取主從式架構，為了應付大量的 DNS 查詢，在傳輸層預設是使用 UDP 53 通訊埠，但若要傳送的訊息超過 512 位元組，或是要將管轄區域的資源記錄複製到次要名稱伺服器（即區域傳送），則是使用 TCP 53 通訊埠。

DNS 在進行名稱查詢時，要求端和回覆端使用相同的訊息格式，如圖 13.7，要求訊息包含**表頭**和**詢問區**，而回覆訊息會視實際情況加上**回覆區**、**授權區**或**額外記錄區**。

表頭 (Header)	查詢區 (Question Section)	回覆區 (Answer Section)	授權區 (Authority Section)	額外記錄區 (Additional Records Section)

圖 13.7 DNS 訊息格式

表頭

DNS 訊息的**表頭** (Header) 長度固定為 12 位元組，其它區的長度則不固定，圖 13.8 為表頭格式。

Query Identifier (16bits)		QR (1bit)	Operation Code (4bits)	Flags (4bits)	Reserved (3bits)	Return Code (4bits)
Question Count (16bits)		Answer RR Count (16bits)				
Authority RR Count (16bits)		Additional RR Count (16bits)				

（12 位元組）

圖 13.8 表頭格式

表頭包含下列欄位：

- **Query Identifier**（查詢識別碼）：此欄位是由要求端產生，代表 DNS 訊息編號，要求端可以透過此欄位分辨不同查詢的回覆。

- **QR**（Request/Response，要求 / 回覆）：當此欄位為 0 時，表示為要求訊息；當此欄位為 1 時，表示為回覆訊息。

- **Operation Code**（操作代碼）：用來識別 DNS 訊息的類型，包括：

    - **0**：標準查詢

    - **1**：反向查詢

    - **2**：伺服器狀態查詢

    - **3**：保留未使用

- **Flags**（旗標）：和查詢與回覆有關的控制位元。

- **Reserved**（保留）：保留未使用。

- **Return Code**（回覆代碼）：用來表示 DNS 查詢所發生的錯誤訊息，意義如下：

    - **0**：沒有錯誤

    - **1**：訊息格式錯誤

    - **2**：伺服器錯誤

    - **3**：所要查詢的 FQDN 不存在

    - **4**：不支援此類型的訊息

    - **5**：伺服器拒絕處理此訊息

- **Question Count**：存放 Question Section 的資料筆數。

- **Answer RR Count**：存放 Answer Section 的資料筆數。

- **Authority RR Count**：存放 Authority Section 的資料筆數。

- **Additional RR Count**：存放 Additional Records Section 的資料筆數。

查詢區

查詢區（Question Section）存放了要求端提出的查詢，格式如圖 13.9，包含下列欄位：

- **Question Name**（查詢名稱）：存放所要查詢的 FQDN，長度不固定。

- **Question Type**（查詢類型）：表示所要查詢的資源記錄類型，長度為 16 位元，例如 0x01 表示只查詢位址記錄、0x02 表示只查詢名稱伺服器記錄等。

- **Question Class**（查詢類別）：表示要在哪種類別的網路上做查詢，長度為 16 位元，目前只有一個值為 1，表示 Internet。

Question Name (查詢名稱)	Question Type (查詢類型)	Question Class (查詢類別)

圖 13.9　查詢區格式

回覆區

回覆區（Answer Section）存放了要給回覆端的資料，格式如圖 13.10，包含下列欄位：

- **Resource Name**（資源名稱）：存放所要查詢的 FQDN，長度不固定。

- **Resource Type**（資源類型）：表示所要查詢的資源記錄類型，相當於查詢區的 Question Type（查詢類型）欄位。

- **Resource Class**（資源類別）：表示要在哪種類別的網路上做查詢，目前只有一個值為 1，表示 Internet，相當於查詢區的 Question Class（查詢類別）欄位。

- **Time To Live**（TTL，有效期間）：存放此筆資料保留在 DNS 伺服器快取的時間，以秒為單位，當值等於 0 時，表示已經不在快取內。

- **Resource Data Length**（資源資料長度）：存放 Resource Data 欄位的長度。

- **Resource Data**（資源資料）：存放查詢結果（即 IP 位址），長度不固定。

```
                ┌─────────────────────────────────┐
                │         Resource Name           │
                │          (變動長度)              │
                ├─────────────────┬───────────────┤
                │  Resource Type  │ Resource Class│
                │    (16bits)     │   (16bits)    │
                ├─────────────────┴───────────────┤
                │          Time To Live           │
                │           (32bits)              │
                ├─────────────────┬───────────────┤
                │Resource Data Length│            │
                │    (16bits)     │ Resource Data │
                │                 │  (變動長度)    │
                └─────────────────┴───────────────┘
```

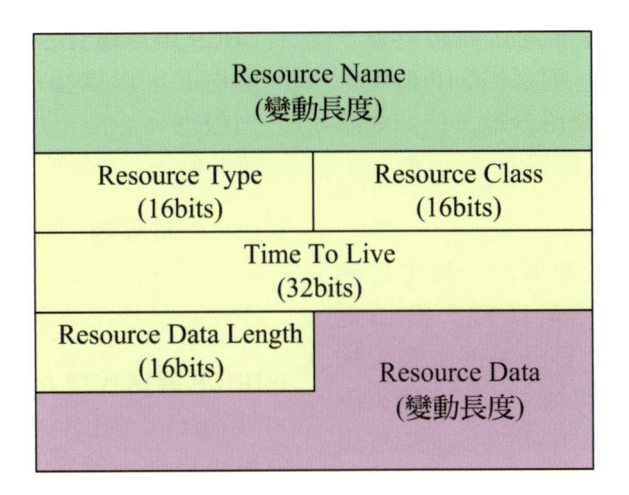

圖 13.10　回覆區格式

授權區

授權區（Authority Section）存放了可供查詢之 DNS 伺服器的相關資訊，格式和回覆區相同，差別在於 Resource Data（資源資料）欄位存放的是 DNS 伺服器的 FQDN，而不是查詢結果。

額外記錄區

額外記錄區（Additional Records Section）所存放的資料是相對應於授權區，格式和授權區相同，差別在於 Resource Name（資源名稱）和 Resource Data（資源資料）兩個欄位存放的是 DNS 伺服器的 FQDN 與 IP 位址。

13-2 DHCP

TCP/IP 網路上的每部電腦都必須有一個唯一的 IP 位址，而且除了 IP 位址之外，還要設定一些網路參數，例如網路遮罩、預設閘道、DNS 伺服器位址、實體位址等。

早期網路管理人員必須一一設定每部電腦，一旦網路參數改變，例如更換 DNS 伺服器，就要到每部電腦做修改，相當繁雜且沒有效率。所幸後來出現 **DHCP** (Dynamic Host Configuration Protocol，動態主機設定協定)，不僅能動態指派 IP 位址給網路上的每部電腦，還能設定 TCP/IP 網路參數，網路管理人員的負擔終於獲得減輕。

13-2-1 DHCP的架構

DHCP 通訊協定採取主從式架構，包含兩個主要的成員及一個輔助的成員，如下 (圖 13.11)：

- **DHCP 用戶端** (DHCP client)：在電腦開機時，以廣播的方式尋找 DHCP 伺服器，然後租用 IP 位址並取得網路參數。

- **DHCP 伺服器** (DHCP server)：負責管理 IP 位址、維護網路參數、租用 IP 位址給提出要求的 DHCP 用戶端。

- **DHCP 轉送代理人** (DHCP relay agent)：DHCP 用戶端廣播的要求訊息只能在區域網路內傳送，但若 DHCP 伺服器位於其它區域網路，那麼 DHCP 用戶端廣播的要求訊息將無法送達 DHCP 伺服器，而 DHCP 伺服器廣播的回覆訊息亦無法送達 DHCP 用戶端，此時需要一個轉送代理人作為中介，它會接收 DHCP 用戶端廣播的要求訊息，然後以單播方式轉送給 DHCP 伺服器，也會接收 DHCP 伺服器單播給它的回覆訊息，然後以廣播方式轉送給 DHCP 用戶端。

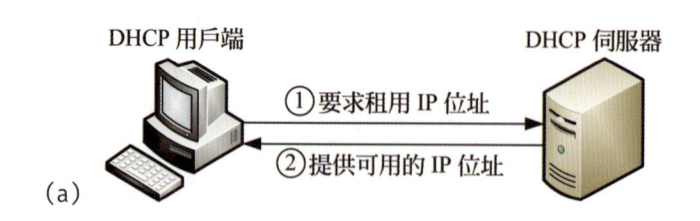

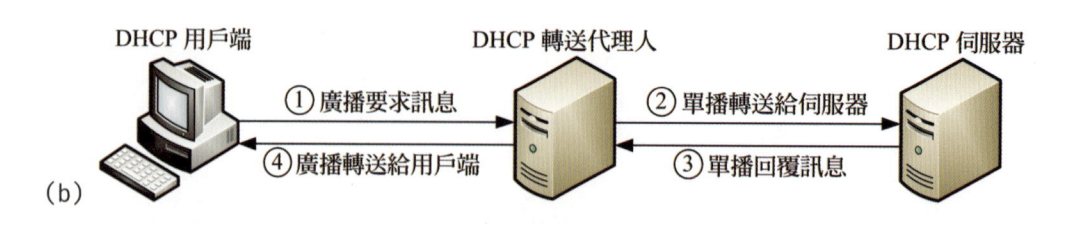

圖 13.11 DHCP 的架構

至於 DHCP 通訊協定提供的 IP 位址配置方式則有下列幾種：

- **手動配置** (manual allocation)：網路管理人員以手動的方式設定一個固定的 IP 位址給某部電腦，這種方式通常是用於路由器或閘道器等不會移動的裝置，而且手動配置的 IP 位址必須排除在 DHCP 伺服器的管理範圍外。

- **自動配置** (automatic allocation)：從 DHCP 伺服器的管理範圍內選擇一個 IP 位址固定配置給某部電腦，換言之，該電腦每次開機時所取得的 IP 位址均相同，這種方式通常用於提供對外服務的伺服器。

- **動態配置** (dynamic allocation)：從 DHCP 伺服器的管理範圍內選擇一個 IP 位址給某部電腦，而且該 IP 位址有使用期限，用戶端只能算是暫時租用，但可以要求延長使用期限，一旦用戶端不再使用該 IP 位址，就可以分配給其它用戶端，這種方式通常用於一般的使用者，其優點如下：

    - 容易維護（若要變更網路參數，直接在 DHCP 伺服器做修改即可）。

    - 網路管理更有效率且不易出錯（無須手動設定用戶端的 IP 位址與網路參數）。

    - IP 位址可以重複使用。

13-2-2 DHCP的運作流程

從 DHCP 用戶端向 DHCP 伺服器要求租用 IP 位址，到完成 DHCP 用戶端的網路設定，會經過下列四個階段：

1. **要求階段** (request phase)：用戶端在開機時，會透過 UDP 67 通訊埠以廣播方式送出一個 **DHCPDiscover**（尋找）訊息，向區域網路內的 DHCP 伺服器要求租用 IP 位址，若用戶端等待逾時沒有收到回覆，就會重送一個 DHCPDiscover 訊息。

    此處使用廣播的原因是用戶端剛開機，尚未取得 IP 位址，同時也不知道 DHCP 伺服器的 IP 位址。

2. **提供階段** (offer phase)：區域網路內的所有 DHCP 伺服器都會收到用戶端送出的 DHCPDiscover 訊息，於是在自己管理的動態 IP 位址範圍內選擇一個可用的 IP 位址，然後將 IP 位址和租用期限記錄在一個 **DHCPOffer**（提供）訊息，再透過 UDP 68 通訊埠以廣播方式回覆。

    此處使用廣播的原因是用戶端目前仍處於沒有 IP 位址的狀態，雖然區域網路內的所有用戶端都會收到 DHCPOffer 訊息，但凡不是提出要求的用戶端只要不予理會即可。

3. **選擇階段** (selection phase)：所有 DHCP 伺服器都會回覆一個 DHCPOffer 訊息給用戶端，於是用戶端會從中選擇一個 IP 位址（預設會選擇最先收到的 DHCPOffer 訊息），然後以廣播方式送出一個 **DHCPRequest**（要求）訊息正式向 DHCP 伺服器提出申請，此處使用廣播的原因是要讓其它 DHCP 伺服器知道用戶端沒有要使用它們所提供的 IP 位址。

在這個階段中，若用戶端不接受 DHCPOffer 訊息所提供的 IP 位址，或許是透過 ARP 通訊協定發現 IP 位址衝突，可能有其它用戶端手動設定了相同的 IP 位址，此時會送出一個 **DHCPDecline**（拒絕）訊息通知伺服器，然後重新進行要求階段。

4. **確認階段** (acknowledgement phase)：被選擇的 DHCP 伺服器在收到 DHCPRequest 訊息後，會再次確認該 IP 位址，若沒有衝突，就以廣播方式回覆一個 **DHCPAck**（確認）訊息，通知用戶端並開始計算租用期限；反之，若發生衝突，就以廣播方式回覆一個 **DHCPNak**（拒絕確認）訊息，通知用戶端重新進行要求階段。

圖 13.12 為 DHCP 的運作流程，要注意的是在用戶端開始租用 IP 位址後，必須定期更新租約，否則租用期限一到，就不能繼續使用該 IP 位址。至於用戶端更新租約的方式，則是以單播方式送出一個 DHCPRequest 訊息給提供該 IP 位址的 DHCP 伺服器，不再使用廣播。

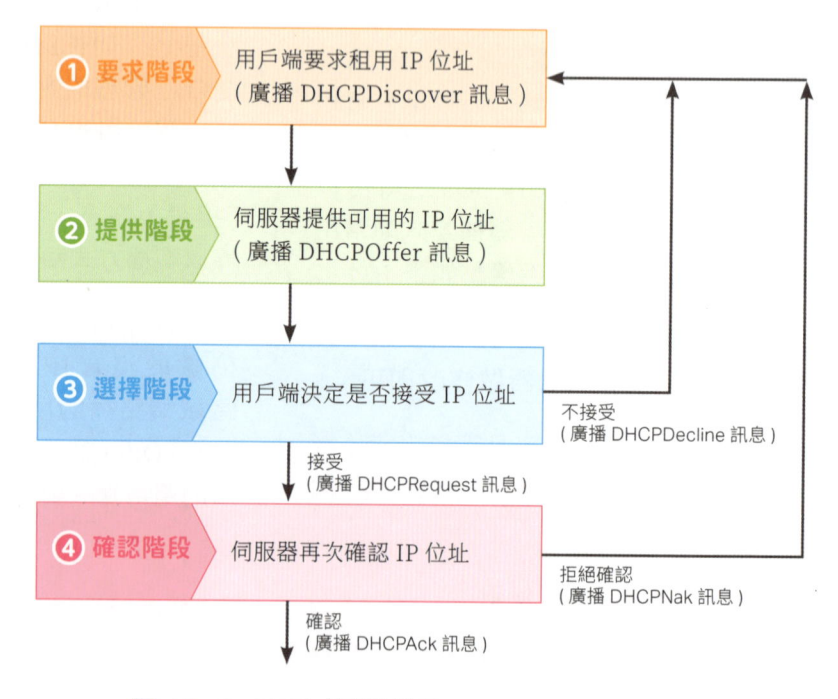

圖 13.12 DHCP 的運作流程

13-2-3 DHCP訊息格式

DHCP 通訊協定採取主從式架構，用戶端在傳輸層是使用 UDP 67 通訊埠，而伺服器在傳輸層是使用 UDP 68 通訊埠，其訊息格式如圖 13.13，重要的欄位說明如下：

- **op**（Operation Code，操作代碼）：只有兩個值，1 表示 BOOTRequest 訊息，這是由 DHCP 用戶端送出的訊息；2 表示 BOOTReply 訊息，這是由 DHCP 伺服器送出的訊息。

- **htype**（Hardware Type，硬體類型）：用來記錄網路類型，例如乙太網路的 htype 欄位為 1。

- **hlen**（Hardware Address Length，硬體位址長度）：用來記錄實體位址長度，以位元組為單位，例如乙太網路的 hlen 欄位為 6。

- **hops**（轉送次數）：用來記錄轉送次數，在 DHCP 用戶端送出訊息時，hops 欄位的值為 0，中間若透過 DHCP 轉送代理人將訊息轉送給 DHCP 伺服器，hops 欄位的值就會加 1。

- **xid**（Transaction ID，處理識別碼）：在 DHCP 用戶端送出訊息時，會在 xid 欄位隨機產生一組數字，而 DHCP 伺服器在回覆該訊息時，會在 xid 欄位使用同一組數字，屆時用戶端就知道伺服器的回覆是針對哪個訊息。

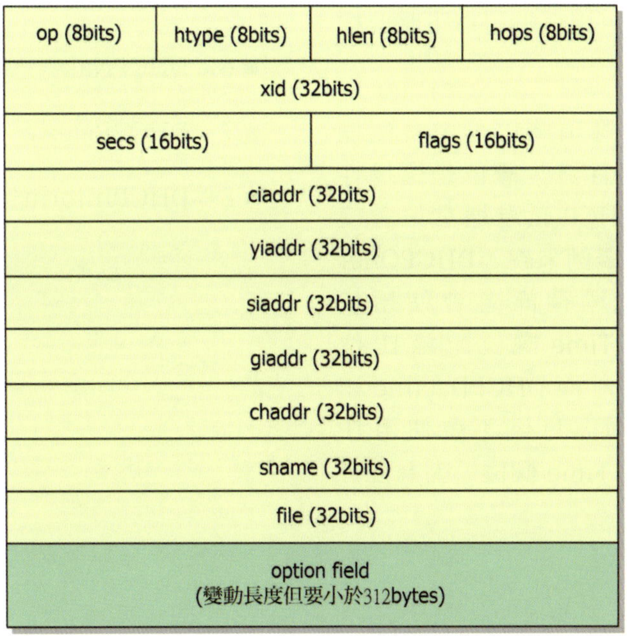

op (8bits)	htype (8bits)	hlen (8bits)	hops (8bits)
xid (32bits)			
secs (16bits)		flags (16bits)	
ciaddr (32bits)			
yiaddr (32bits)			
siaddr (32bits)			
giaddr (32bits)			
chaddr (32bits)			
sname (32bits)			
file (32bits)			
option field (變動長度但要小於312bytes)			

圖 13.13　DHCP 訊息格式

- **ciaddr** (Client IP Address)：DHCP 用戶端所使用的 IP 位址。

- **yiaddr** (Your IP Address)：DHCP 伺服器提供租用的 IP 位址。

- **siaddr** (Server IP Address)：DHCP 伺服器所使用的 IP 位址。

- **giaddr** (Relay IP Address)：DHCP 轉送代理人所使用的 IP 位址。

- **chaddr** (Client Hardware Address)：DHCP 用戶端的實體位址。

- **sname** (Server Host Name)：DHCP 伺服器的主機名稱。

- **file** (Boot File Name)：當 DHCP 用戶端為無磁碟機系統時，DHCP 伺服器會在 file 欄位填入用戶端開機所需要的檔案名稱，用戶端可以下載此檔案以完成開機。

- **option field**：選項欄位是由多個欄位所組成，而且這些欄位是選擇性的，不同的 DHCP 訊息通常只會使用部分欄位，舉例來說，DHCPOffer 和 DHCPAck 兩種訊息會使用 **IP Address Least Time** 欄位記錄 IP 位址的租用期限，而 DHCPDecline 和 DHCPNak 兩種訊息則不會使用 IP Address Least Time 欄位，因為沒有意義。

另外還有一個重要的欄位是每個 DHCP 訊息都會使用的，叫做 **DHCP Message Type**，用來定義 DHCP 訊息的類型，共有下列八種類型，其中 **DHCPRelease** 是當用戶端結束 IP 位址租用時送給伺服器的訊息，而 **DHCPInform** 是當用戶端申請到 IP 位址並欲取得網路參數時送給伺服器的訊息，伺服器在收到 DHCPInform 訊息後，會將網路參數放入 DHCPAck 訊息回覆給用戶端。

- 1：DHCPDiscover
- 2：DHCPOffer
- 3：DHCPRequest
- 4：DHCPDecline
- 5：DHCPAck
- 6：DHCPNak
- 7：DHCPRelease
- 8：DHCPInform

本章回顧

- **網域名稱系統** (DNS, Domain Name System) 是使用**完整網域名稱** (FQDN) 來表示網際網路上的網域或主機,其格式為「主機名稱」+「網域名稱」+「.」,「.」代表 DNS 的根網域。

- **名稱查詢** (name query) 指的是 DNS 用戶端要求 DNS 伺服器由 FQDN 查詢 IP 位址的動作;**名稱解析** (name resolution) 指的是 DNS 伺服器查出 IP 位址並回覆給 DNS 用戶端的動作。

- **網域名稱空間** (domain name space) 指的是網際網路上 FQDN 的結構,用來描述 FQDN 的命名規則、網域與主機之間的關係,分為數個層次,由上而下分別為**根網域、頂層網域、第二層網域、第三層網域、主機名稱**。

- 根據不同的服務性質,DNS 伺服器可以分為**根網域名稱伺服器、主要名稱伺服器、次要名稱伺服器、快取名稱伺服器**。

- 主要名稱伺服器所管理的網域範圍都是經過上層網域的委派,此範圍稱為**管轄區域** (zone),而且它可以再將部分的子網域委派給下層的名稱伺服器管理,至於名稱伺服器所維護的資料庫則稱為**資源記錄** (resource record)。

- DNS 的查詢方式有**遞迴查詢**和**反覆查詢**兩種,前者用在 DNS 用戶端向 DNS 伺服器提出查詢,而後者用在 DNS 伺服器之間的查詢。

- DNS 採取主從式架構,在傳輸層預設是使用 UDP 53 通訊埠,但若要傳送的訊息超過 512 位元組,或是要將管轄區域的資源記錄複製到次要名稱伺服器 (即區域傳送),則是使用 TCP 53 通訊埠。

- 使用 **DHCP** (Dynamic Host Configuration Protocol,動態主機設定協定) 的優點包括容易維護、管理有效率且不易出錯、IP 位址可以重複使用等。

- DHCP 通訊協定主要的成員有 **DHCP 用戶端**和 **DHCP 伺服器**,輔助的成員有 **DHCP 轉送代理人**。

- 從 DHCP 用戶端向 DHCP 伺服器要求租用 IP 位址,到完成 DHCP 用戶端的網路設定,會經過**要求階段、提供階段、選擇階段、確認階段**等四個階段,而在用戶端開始租用 IP 位址後,必須定期更新租約。

- DHCP 通訊協定採取主從式架構,用戶端在傳輸層是使用 UDP 67 通訊埠,而伺服器在傳輸層是使用 UDP 68 通訊埠。

學習評量

一、選擇題

( ) 1. DNS 是使用下列何者來表示網際網路上的網域或主機？
    A. IP 位址   B. FQDN
    C. MAC 位址   D. 通訊埠

( ) 2. 名稱解析指的是下列哪個動作？
    A. DNS 用戶端要求 DNS 伺服器由 FQDN 查詢 IP 位址
    B. DNS 伺服器查出 IP 位址並回覆給 DNS 用戶端
    C. DNS 用戶端要求 DNS 伺服器由 IP 位址查詢 FQDN
    D. DNS 伺服器查出 FQDN 並回覆給 DNS 用戶端

( ) 3. 在網域名稱空間的結構中最上層的網域叫做什麼？
    A. 主要網域   B. 次要網域
    C. 根網域   D. 第二層網域

( ) 4. 下列何者負責維護網域的資源記錄？
    A. 主要名稱伺服器
    B. 次要名稱伺服器
    C. 快取名稱伺服器
    D. 查詢轉送程式

( ) 5. 下列關於名稱伺服器的敘述何者錯誤？
    A. 主要名稱伺服器可以將部分的子網域委派給下層的名稱伺服器管理
    B. 次要名稱伺服器定期從主要名稱伺服器複製資源記錄稱為區域傳送
    C. 次要名稱伺服器不負責維護資源記錄
    D. 快取名稱伺服器的管轄區域和與主要名稱伺服器相同

( ) 6. 下列哪種查詢方式在查不出 IP 位址時會回覆參考位址？
    A. 遞迴查詢
    B. 反覆查詢
    C. 轉送查詢
    D. 參考查詢

( ) 7. 下列關於 DNS 的敘述何者錯誤？
    A. 採取主從式架構
    B. 反覆查詢通常是用在 DNS 伺服器之間的查詢
    C. 無論訊息長短，在傳輸層一律使用 UDP 53 通訊埠
    D. 要求訊息只有包含表頭和詢問區

(　) 8. 下列哪個通訊協定可以提供動態 IP 位址及設定網路參數？
　　　A. DHCP　　　　　　　　　　B. DNS
　　　C. ARP　　　　　　　　　　　D. HTTP

(　) 9. 下列關於 DHCP 的敘述何者錯誤？
　　　A. DHCP 用戶端是使用 UDP 67 通訊埠送出要求訊息
　　　B. DHCP 伺服器是使用 UDP 68 通訊埠送出回覆訊息
　　　C. DHCP 用戶端會以單播方式向 DHCP 伺服器要求租用 IP 位址
　　　D. DHCP 可以使網路管理更有效率且不易出錯

(　) 10. 區域網路內的所有 DHCP 伺服器會在下列哪個階段送出 DHCPOffer 訊息？
　　　A. 確認階段　　　　　　　　B. 選擇階段
　　　C. 提供階段　　　　　　　　D. 要求階段

(　) 11. 若 DHCP 用戶端發現 IP 位址衝突，會送出下列哪種訊息？
　　　A. DHCPDiscover　　　　　　B. DHCPRequest
　　　C. DHCPNak　　　　　　　　D. DHCPDecline

(　) 12. 若 DHCP 用戶端欲取得網路參數，會送出下列哪種訊息？
　　　A. DHCPAck　　　　　　　　B. DHCPOffer
　　　C. DHCPRelease　　　　　　 D. DHCPInform

二、簡答題

1. 簡單說明 DNS 通訊協定的用途為何？

2. 簡單說明網域名稱空間的結構為何？

3. 簡單說明在網域名稱空間的結構中，頂層網域的命名方式有哪三種？

4. 簡單說明名稱伺服器有哪些類型？以及其功能為何？

5. 簡單說明何謂遞迴查詢與反覆查詢？

6. 簡單說明 DHCP 通訊協定的用途為何？

7. 簡單說明 DHCP 用戶端向 DHCP 伺服器租用 IP 位址會經過哪四個階段？以及會送出哪些訊息？

8. 簡單說明 DHCP 轉送代理人的功能為何？

Computer Networks • Computer Networks

CHAPTER

14

網路管理

14-1 網路管理的功能

14-2 SNMP

14-3 網路管理軟體

14-1 網路管理的功能

早期的網路屬於區域性的網路，規模較小，所以網路管理人員的工作亦較單純，可能就是將工作站或伺服器連接到網路，然後在這些電腦上安裝與設定作業系統、設定通訊協定堆疊、設定 IP 位址與子網路遮罩、設定檔案與資料夾分享、設定印表機分享、設定備援線路、定期備份等，確保網路上的裝置能夠互相通訊，雖然這些工作並不輕鬆，但還在網路管理人員的負荷之內。

然隨著網路的快速擴展，加上 Internet 與行動通訊的普及，所涵蓋的裝置與使用者也達到前所未見的盛大規模，而且不同廠商所推出的網路系統彼此之間可能不相容，駭客與惡意程式的威脅亦與日俱增，使得網路管理的工作變得愈來愈複雜，此時，人們開始意識到發展一套網路管理共同標準的重要性。

目前網路管理標準是依循 ISO/IEC 7498-4，該標準將網路管理規劃為「組態管理」、「錯誤管理」、「效能管理」、「安全管理」、「帳務管理」等五個功能 (圖 14.1)。

14-1-1 組態管理

根據 ISO/IEC 7498-4 的定義，**組態管理** (configuration management) 泛指藉由系統設定、資料蒐集與資料提供，以維持開放系統的正常運作，主要涵蓋下列功能：

- 設定開放系統的參數。
- 聯繫受管理裝置的名稱與受管理裝置。
- 啟動與關閉受管理裝置。
- 蒐集開放系統目前的狀態。
- 獲得開放系統狀態變更的通知。
- 變更開放系統的組態。

所謂「開放系統」指的就是網路，一個網路要正常運作，除了裡面的裝置必須實際連接妥善之外，還要正確設定各個裝置的組態。

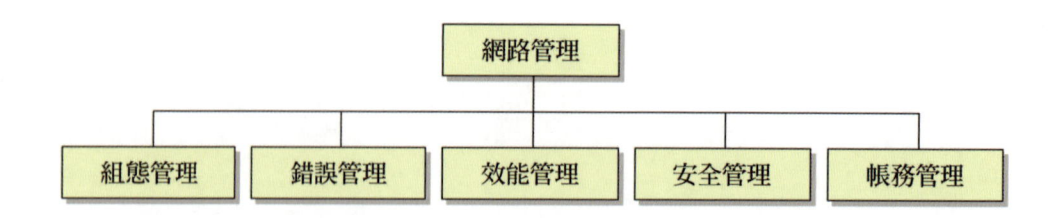

圖 14.1 網路管理所涵蓋的五個功能

事實上，網路上的裝置都有預設的起始組態，而且會隨著時間改變，例如硬體可能汰換、軟體可能升級、使用者可能更換到其它群組等，此時，組態管理就必須掌握這些情況。

組態管理又包括下列幾項：

- **重新組態** (reconfiguration)：當裝置的組態發生變更時，就要進行重新組態，分為下列三種類型：
  - **硬體重新組態**（例如硬體升級、新增、移除或搬移硬體等）
  - **軟體重新組態**（例如軟體升級、新增或移除軟體等）
  - **使用者帳戶重新組態**（例如新增或移除使用者、變更使用者的存取權限、變更使用者所隸屬的群組等）

- **說明文件** (documentation)：裝置的起始組態及後來的變更都必須有詳盡的記錄，以利管理，分為下列三種類型：
  - **硬體說明文件**（例如硬體的邏輯與實體配置圖、硬體的型號、製造廠商、聯絡方式、採購日期、保固期限等）
  - **軟體說明文件**（例如軟體的類型、版本、安裝日期、授權合約、是否免費升級等）
  - **使用者帳戶說明文件**（例如使用者清單、群組清單、權限清單等）

14-1-2 錯誤管理

根據 ISO/IEC 7498-4 的定義，**錯誤管理** (fault management) 泛指偵測、隔離、修正並記錄開放系統的異常情況，主要涵蓋下列功能：

- 維護與分析錯誤記錄。
- 接收與反應錯誤偵測通知。
- 追蹤與辨識錯誤。
- 執行錯誤情況的診斷測試。
- 修正錯誤。

14-1-3 效能管理

根據 ISO/IEC 7498-4 的定義，**效能管理** (performance management) 泛指藉由資料蒐集，以評估開放系統的效能，主要涵蓋下列功能：

- 蒐集統計資訊。
- 維護與分析系統狀態的歷史記錄。
- 在自然及人為情況下評估系統效能。
- 變更系統操作模式以主導效能管理活動。

我們可以從下面幾個指標評估網路的效能（圖 14.2）：

- **流量** (throughput)：網路管理人員可以透過網路管理軟體，監測網路內部及網路外部的封包交換數量，一旦流量過大，可能發生資料阻斷，導致封包遺失，此時，必須審慎評估如何提升傳輸頻寬，以因應流量過大的問題。

- **使用率** (utilization)：網路管理人員可以透過網路管理軟體，監測網路內部各個線路的使用率，若有過高或過低的情況，表示可能得考慮調整線路。

- **正確率** (accuracy)：網路管理人員可以透過網路管理軟體，監測網路上錯誤封包的數量，數量愈高，表示正確率愈低，一旦低於某個正常值，表示網路上可能有裝置發生錯誤或流量過大。

- **回應時間** (response time)：網路管理人員可以透過網路管理軟體，監測使用者發出某項服務需求到取得服務所經過的時間，這會受到流量、使用率等情況影響，而且平常時段和尖峰時段會有不同的回應時間，一旦超過某個正常值，表示網路上可能有裝置發生錯誤或流量過大。

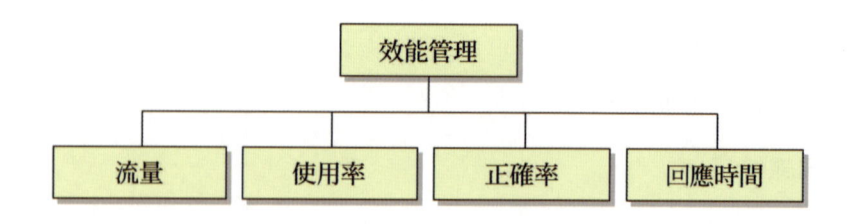

圖 14.2 網路的效能指標

14-1-4 帳務管理

根據 ISO/IEC 7498-4 的定義，**帳務管理** (account management) 泛指計算網路資源的成本及個別使用者所消費的網路資源，以避免浪費及決定是否收費，主要涵蓋下列功能：

- 通知使用者所消費的網路資源成本。
- 限制網路資源的使用量與進行收費。
- 合併計算使用多種網路資源的成本。

帳務管理又包括下列幾項：

- **資產管理** (asset management)：記錄各項網路資源的建立成本、維護成本及使用情況，以評估其成本效益。
- **成本控制** (cost control)：控制消耗性網路資源的使用量，例如紙張、碳粉匣、墨水匣、光碟白片等，以避免浪費。
- **使用計費** (charge-back)：針對個別使用者統計其所消費的網路資源成本，以建立收費機制。

14-1-5 安全管理

根據 ISO/IEC 7498-4 的定義，**安全管理** (security management) 泛指保護開放系統的安全，以避免異常的入侵或攻擊，主要涵蓋下列功能：

- 建立與管理安全機制。
- 安全資訊的分佈範圍。
- 回報安全事件。

安全管理又包括下列幾項，我們會在第 15 章進一步討論資訊安全：

- **帳戶與權限管理**：網路管理人員可以賦予使用者帳戶與群組適當的權限，防止未經授權的使用者存取網路資源。
- **稽核** (auditing)：網路管理人員可以透過伺服器記錄重大的安全事件，即時掌握網路的安全狀態。

14-2 SNMP

網路管理人員之所以能夠掌握網路的狀態並進行遠端監控，主要是拜多種網路管理通訊協定之賜，其中以 SNMP 最為普遍。**SNMP** (Simple Network Management Protocol) 是為了因應 TCP/IP 網路環境的網路管理需求所發展出來的通訊協定，提供了監控與維護網路的基本功能，發展迄今陸續有 **SNMPv1**、**SNMPv2**、**SNMPv3** 等版本 (表 14.1)。

表 14.1　SNMP 版本

SNMP 版本	年份	RFC 編號	說明
SNMPv1	1991	1157	根據 OSI 參考模型的網路管理規範所制訂。
SNMPv2	1992	1901～1909	有別於 SNMPv1 的新標準，加強了遠端監控功能與安全性。
SNMPv3 建議標準	1998	2261～2265	在 SNMPv2 中加入認證、加密等安全機制。
SNMPv3 草案標準	1999	2571～2575	
SNMPv3 網際網路標準	2002	3410～3418	

14-2-1　SNMP的架構

SNMP 的架構包含下列幾個部分 (圖 14.3)：

- **管理者** (manager)：這是安裝 SNMP 管理程式的伺服器或電腦，負責監控、蒐集並分析網路上受管理設備的狀態資訊。

- **代理者** (agent)：這是網路上受管理的設備，例如路由器、交換器、閘道器等，它們必須安裝 SNMP 代理程式，才能受到管理者的監控。

- **SNMP 通訊協定**：負責制訂管理者與代理者之間的資料交換格式，管理者可以透過 SNMP 通訊協定取得或設定代理者的狀態資訊，而代理者可以透過 SNMP 通訊協定回應其狀態資訊給管理者。

- **MIB** (Management Information Base，管理資訊庫)：這是內建於代理者的資訊庫，用來儲存其狀態資訊，供管理者存取，例如路由器會將所接收與轉送的封包數量記錄在 MIB，而管理者只要加以比對，便能偵測是否發生壅塞。

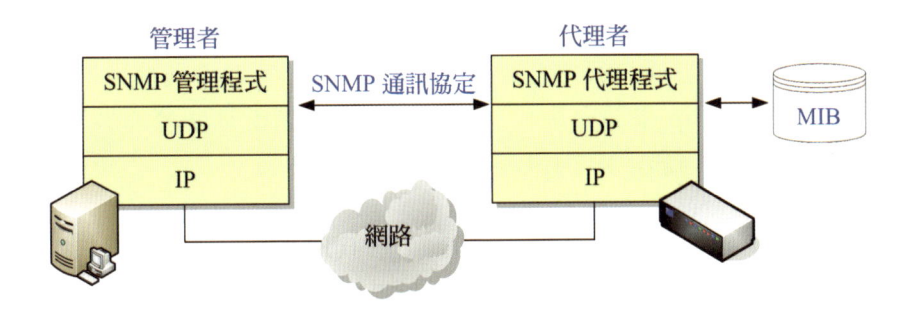

圖 14.3 SNMP 的架構（SNMP 位於應用層，透過 UDP 和 IP 通訊協定進行通訊）

14-2-2 SNMP的運作

SNMP 的運作如下：

1. 在管理者安裝 SNMP 管理程式 (例如 Cisco CiscoWorks、SNMPView、OpenNMS…)，同時在代理者安裝 SNMP 代理程式 (例如 SNMP Research CIAgent、Windows SNMPv3 Agent…)。

2. SNMP 管理程式以輪詢 (polling) 的方式詢問 SNMP 代理程式，有關其 MIB 內的狀態資訊，而且 SNMP 管理程式可以發出指令設定代理者的狀態資訊。

3. SNMP 代理程式會接收 SNMP 管理程式的指令，然後根據指令回應或設定其 MIB 內的狀態資訊。當代理者發生異常情況時，SNMP 代理程式亦會主動發出 Trap 訊息通知 SNMP 管理程式。

SNMP 是一個簡單的要求 / 回應通訊協定 (request-response protocol)，其中 SNMPv1 提供了下列五個指令：

- **GetRequest**：管理者向代理者發出欲取得某項資訊的要求，代理者會從 MIB 內尋找適當的資訊並回應給管理者。

- **GetNextRequest**：管理者向代理者發出欲取得下一筆資訊的要求，代理者會從 MIB 內尋找適當的資訊並回應給管理者。

- **GetResponse**：當代理者收到管理者的要求時，會使用此指令回應給管理者。

- **SetRequest**：管理者向代理者發出欲設定某項資訊的要求，代理者會從 MIB 內尋找適當的資訊並加以設定。

- **Trap**：當代理者發生異常情況時，會使用此指令回應給管理者。

簡言之，SNMP 所提供的 Get 指令群是讓管理者取得代理者的狀態資訊，SetRequest 指令是讓管理者設定代理者的狀態資訊，兩者均是使用 UDP 161 通訊埠進行通訊，而 Trap 指令允許代理者主動將異常情況通知管理者，它是使用 UDP 162 通訊埠進行通訊 (圖 14.4)。

```
        管理者                              代理者
┌──────────────────┐            ┌──────────────────┐
│ SNMP 管理程式      │            │ SNMP 代理程式      │
│  ┌───┐           │            │  ┌───┐           │
│  │162│           │            │  │161│           │         ┌─────┐
│  └───┘ UDP       │            │  └───┘ UDP       │◄───────►│ MIB │
│                  │            │                  │         └─────┘
│     IP           │            │     IP           │
└──────────────────┘            └──────────────────┘
         │    ▲     GetRequest、        ▲
         │    │     GetNextRequest、    │
         │    │     SetRequest          │
         │    │                         │
         │    └─── GetResponse ─────────┘
         └──────── Trap ────────────────►
```

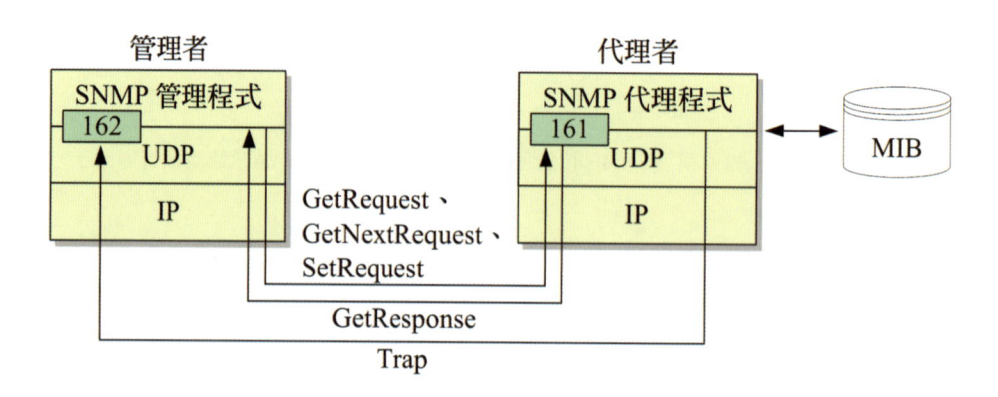

圖 14.4 SNMPv1 指令群

至於 SNMPv2 除了提供前述的五個指令之外，還新增了下列指令，以因應大型網路管理的需求 (圖 14.5)：

- **GetBulkRequest**：這個指令屬於 Get 指令群，管理者可以透過它向代理者發出欲取得多筆資訊的要求，代理者會從 MIB 內尋找適當的資訊並回應給管理者。

  GetBulkRequest 指令和 GetRequest 或 GetNextRequest 指令不同之處在於它能夠一次讀取整個表格或一整列的物件資訊，而不用一直對代理者下達 GetRequest 或 GetNextRequest 指令，以提升網路管理的效率及便利性。

- **InformationRequest**：這個指令亦屬於 Get 指令群，不同的是它可以讓管理者向另一個管理者發出要求。由於目前存在著許多大型網路，若只是由單一的管理者來管理整個網路，將會造成管理不易且缺乏效率，因此，將大型網路改由多個管理者來分區管理，彼此之間透過 InformationRequest 指令交換資訊，才是更有效率的做法。

- **Report**：這個指令是專門為了兩個管理者之間的錯誤通報所設計。

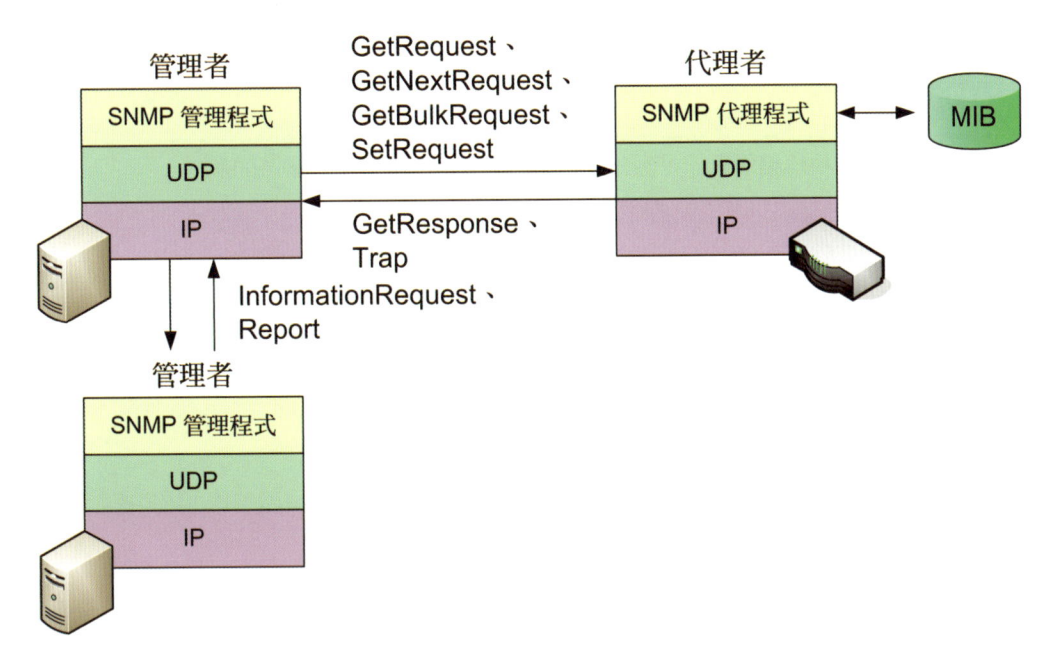

圖 14.5　SNMPv2 指令群

14-2-3 MIB/MIB-II

SNMP 的目的是管理不同廠商所製造的各種網路設備，而這些網路設備對資訊的表達方式可能會有所不同，為了將資訊納入相同的管理系統，就必須使用一套共同遵循的抽象語法來描述資訊，於是 SNMP 定義了 **MIB**（Management Information Base，管理資訊庫），階層性描述所有受管理設備的屬性與功能。

此外，SNMP 是以物件的觀念管理網路設備，一個網路設備可以包含多個**受管理物件**（managed object），而一個受管理物件可能包含網路設備的名稱、位置、啟動時間、所提供的服務、設定、介面頻寬、介面所傳送或接收的位元組數、路由表等資訊；至於物件的規則、定義與語法則是遵循 IETF 所提出的 **SMI**（Structure of Management Information，管理資訊結構）。

MIB-I（RFC 1156）將受管理物件分為 **System**、**Interface**、**AT**（Address Translation）、**TCP**、**UDP**、**IP**、**ICMP**（Internet Control Message Protocol）、**EGP**（Exterior Gateway Protocol）等八個群組，但 SNMP 一開始並沒有定義 MIB-I 應該包含哪些受監控的項目，導致 MIB 規格不相容，直到 **MIB-II**（RFC1213）才定義受監控的項目，而且 MIB-II 還新增 **Transmission** 和 **SNMP** 兩個群組（表 14.2）。

表 14.2　MIB-II 的群組

群組	說明
System	系統相關資訊，例如網路設備的名稱、位置、啟動時間等。
Interface	網路介面相關資訊，例如網路卡的類型、實體位址、流量等。
AT	網路位址轉譯。
TCP	TCP 通訊協定相關資訊，例如目前連線狀態、本地位址、遠端位址等。
UDP	UDP 通訊協定相關資訊，例如封包流量、連接埠編號等。
IP	IP 通訊協定相關資訊，例如封包流量、IP 位址等。
ICMP	ICMP 控制訊息的流量統計資訊，例如無法抵達目的地的 ICMP 控制訊息數量、逾時的 ICMP 控制訊息數量等。
EGP	EGP 通訊協定相關資訊，例如 EGP 訊息數量、EGP 錯誤訊息數量、本地所產生的 EGP 訊息數量等。
Transmission	實體層的傳輸媒介相關資訊。
SNMP	SNMP 指令訊息的流量統計資訊，例如代理者所傳送或接收的 SNMP 指令數量、管理者詢問多少物件的狀態等。

14-2-4　RMON

由於 MIB/MIB-II 所記錄的資訊偏重於代理者本身的狀態，或輪詢當時的網路狀態，無法回應整體的網路狀態，網路管理人員必須一一整合統計各個代理者所回應的狀態資訊，相當沒有效率，為此，IETF 在 SNMP 架構下增列了 **RMON** (remote monitoring，遠端監控，RFC1757)，以彌補 MIB/MIB-II 的不足。

表 14.3　MIB/MIB-II vs. RMON

比較項目	MIB/MIB-II	RMON
管理範圍	代理者本身	代理者所在的子網域
功能	提供某個網路設備的狀態資訊	提供某個子網域的整體資訊
管理方式	管理者必須輪詢所有代理者，容易造成管理者的負荷及網路壅塞	管理者只須與 RMON 代理者聯繫，無須輪詢所有代理者
資訊回應方式	直接回應給管理者	先行整合統計再回應給管理者

14-3 網路管理軟體

目前市面上有數種 SNMP 套裝軟體可供選擇,這些套裝軟體又分為**管理程式**與**代理程式**兩種,前者安裝於管理者,允許網路管理人員以整體網路的角度檢視路由器、交換器、閘道器等網路設備的狀態;後者安裝於代理者,網路設備必須安裝並啟動代理程式,才能受到管理者的監控。通常廠商會提供網路設備專屬的代理程式,而 Microsoft Windows 等作業系統亦內建 SNMP 代理程式,至於 RMON 代理程式則須另外購買。

表 14.4　SNMP 管理程式

管理程式	作業平台	網址
Cisco CiscoWorks	Microsoft Windows、Solaris	https://www.cisco.com/
Castle Rock SNMPc	Microsoft Windows	https://www.castlerock.com/
SNMPView	Microsoft Windows	https://snmpview.software.informer.com/
Tivoli Netview	Microsoft Windows、Solaris、Linux	https://www.ibm.com/software
PRTG Network Monitor	Microsoft Windows、Solaris、Linux、iOS、Android	https://www.paessler.com/
OpenNMS	Microsoft Windows、Linux	https://www.opennms.com/
MOXA MXview	Microsoft Windows	https://www.moxa.com/tw/

表 14.5　SNMP 代理程式

代理程式	作業平台	網址
Microsoft Windows 內建	Microsoft Windows	https://www.microsoft.com/zh-tw/
Solaris 內建	Solaris	https://www.oracle.com/solaris/
SNMP Research CIAgent	Microsoft Windows、Solaris、Linux	https://snmp.com/
Net-SNMP	Microsoft Windows、Solaris、Linux	https://www.net-snmp.org/

資訊部落

Microsoft Windows 內建的網路管理指令

Microsoft Windows 內建數個網路管理指令，常見的如下：

- **ping.exe**：偵測 IP 封包從本地端到目的端的來回時間及遺失率。
- **tracert.exe**：追蹤本地端到目的端所經的節點及週行延遲時間 (RTT，Round Trip Time)，以了解網路瓶頸是在哪個節點。
- **netstat.exe**：偵測 Internet 相關通訊協定的統計資訊。
- **ipconfig.exe**：查詢本地端的網路設定。
- **nbtstat.exe**：顯示正在使用的通訊協定及連接埠。
- **nslookup.exe**：根據 DNS 查詢主機的 IP 位址，或根據 IP 位址查詢主機的 DNS。
- **arp.exe**：顯示或變更 IP 與 MAC 的對照表。
- **route.exe**：設定路由。

此外，我們可以透過 [**工作管理員**] 檢查網路介面卡的傳輸量，如下圖。

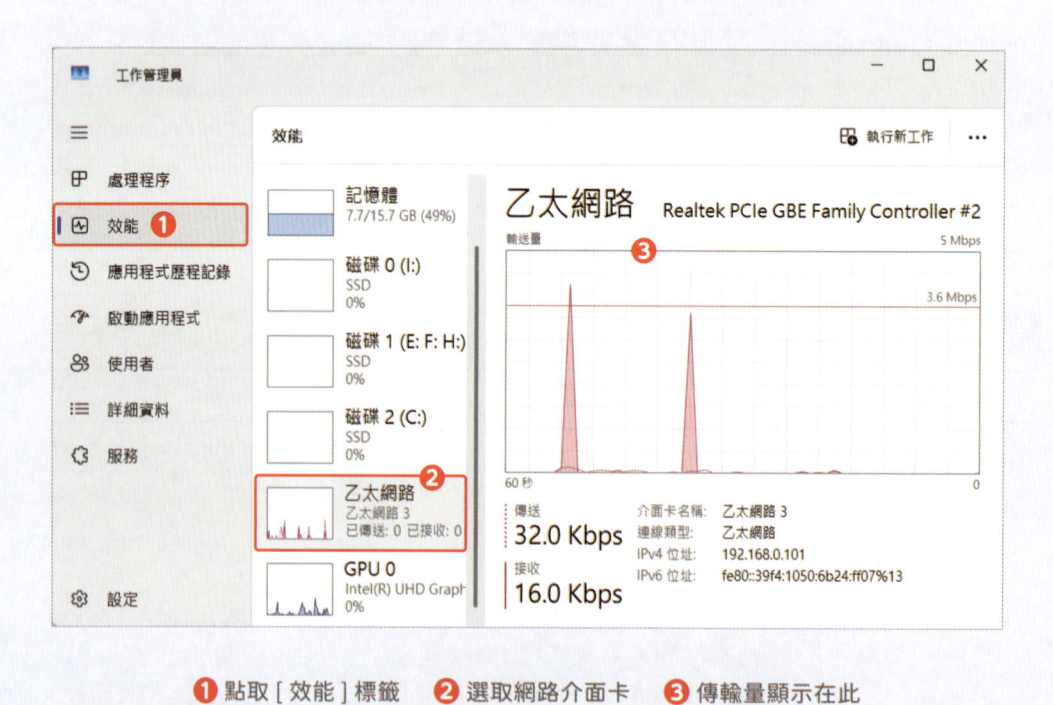

❶ 點取 [效能] 標籤　❷ 選取網路介面卡　❸ 傳輸量顯示在此

本章回顧

- 目前網路管理標準是依循 **ISO/IEC 7498-4**，該標準將網路管理規劃為「組態管理」、「錯誤管理」、「效能管理」、「安全管理」、「帳務管理」等五個功能。

- **組態管理** (configuration management) 泛指藉由系統設定、資料蒐集與資料提供，以維持開放系統的正常運作。

- **錯誤管理** (fault management) 泛指偵測、隔離、修正並記錄開放系統的異常情況。

- **效能管理** (performance management) 泛指藉由資料蒐集，以評估開放系統的效能。

- **帳務管理** (account management) 泛指計算網路資源的成本及個別使用者所消費的網路資源，以避免浪費及決定是否收費。

- **安全管理** (security management) 泛指保護開放系統的安全，以避免異常的入侵或攻擊。

- **SNMP** (Simple Network Management Protocol) 提供了監控與維護網路的基本功能，有 **SNMPv1**、**SNMPv2**、**SNMPv3** 等版本。

- SNMP 的架構包含**管理者** (manager)、**代理者** (agent)、**SNMP 通訊協定**、**MIB**（管理資訊庫）等部分。

學 | 習 | 評 | 量

一、選擇題

（　）1. 下列何者不屬於組態管理的功能？
　　　　A. 獲得開放系統狀態變更的通知
　　　　B. 設定開放系統的參數
　　　　C. 蒐集開放系統目前的狀態
　　　　D. 維護與分析錯誤記錄

（　）2. 下列何者不屬於錯誤管理的功能？
　　　　A. 追蹤與辨識錯誤
　　　　B. 執行錯誤情況的診斷測試
　　　　C. 維護與分析系統狀態的歷史記錄
　　　　D. 修正錯誤

（　）3. 下列哪個指標無法用來評估網路的效能？
　　　　A. 正確率
　　　　B. 流量
　　　　C. 回應時間
　　　　D. 收費機制

（　）4. 帳務管理不包括下列何者？
　　　　A. 資產管理
　　　　B. 流量控制
　　　　C. 成本控制
　　　　D. 使用計費

（　）5. 下列何者指的是網路上受管理的設備？
　　　　A. 代理者
　　　　B. 管理者
　　　　C. MIB
　　　　D. RMON

（　）6. 下列何者可以用來儲存狀態資訊？
　　　　A. 代理者
　　　　B. 管理者
　　　　C. MIB
　　　　D. RMON

(　) 7. 當代理者發生異常情況時，會使用下列哪個 SNMP 指令回應給管理者？
   A. GetRequest
   B. GetResponse
   C. SetRequest
   D. Trap

(　) 8. 當代理者收到管理者的要求時，會使用下列哪個 SNMP 指令回應給管理者？
   A. GetRequest
   B. GetResponse
   C. SetRequest
   D. Trap

(　) 9. 下列哪個 SNMP 指令可以讓管理者向另一個管理者取得資訊？
   A. GetBulkRequest
   B. GetRequest
   C. GetNextRequest
   D. InformationRequest

(　) 10. 下列哪個 Microsoft Windows 內建的網路管理指令可以用來找出網路瓶頸？
   A. ping.exe
   B. tracert.exe
   C. netstat.exe
   D. ipconfig.exe

二、簡答題

1. 簡單說明網路管理包含哪五個功能？
2. 簡單說明何謂安全管理？
3. 簡單說明何謂組態管理？
4. 簡單說明 SNMP 的架構包含哪四個部分？
5. 簡單說明 SNMP 如何運作？
6. 簡單說明 SNMPv1 提供哪五個指令？
7. 簡單說明何謂 MIB？
8. 簡單說明何謂 RMON？

Computer Networks • Computer Networks • Computer Networks • Computer Networks

CHAPTER 15

資訊安全

15-1 OSI 安全架構

15-2 資訊安全管理標準

15-3 網路帶來的安全威脅

15-4 惡意程式與防範之道

15-5 常見的安全攻擊手法

15-6 加密的原理與應用

15-7 資訊安全措施

15-1　OSI 安全架構

資訊科技的快速發展為人們帶來前所未見的便利，卻也伴隨著**資訊安全** (Information Security) 的隱憂，如何確保資訊安全，免於被偷窺、竊取、竄改、損毀或非法使用，遂成為組織與個人不可忽視的重要課題。

根據 BS 7799 對於**資訊安全管理系統** (ISMS，Information Security Management System) 的定義，「對組織來說，資訊是一種資產，和其它重要的營運資產一樣有價值，所以要持續受到適當保護，而資訊安全可以保護資訊不受威脅，確保組織持續營運，將營運損失降到最低，得到最大的投資報酬率與商機」。為了有效評估組織的資訊安全需求，ITU-T 定義了 **X.800 OSI 安全架構** (X.800，Security Architecture for OSI) 建議書，其重點包含**安全攻擊**、**安全服務**與**安全機制**。

註：BS 7799 是英國標準協會 (BSI，British Standards Institution) 於 1995 年所制定的資訊安全管理標準，包含 **BS 7799 Part 1** (Code of Practice for Information Security Management，資訊安全管理實施細則) 和 **BS 7799 Part 2** (Information Security Management Systems Requirements，資訊安全管理系統規範) 兩個部分。

註：**ITU-T** (International Telecommunication Union-Telecommunication Standardization Sector，國際電信聯盟電信標準化部門) 是 ITU 所成立的部門，致力於發展電信通訊領域與 OSI (Open System Interconnection) 標準，並將這類標準稱為**建議書** (recommendation)。

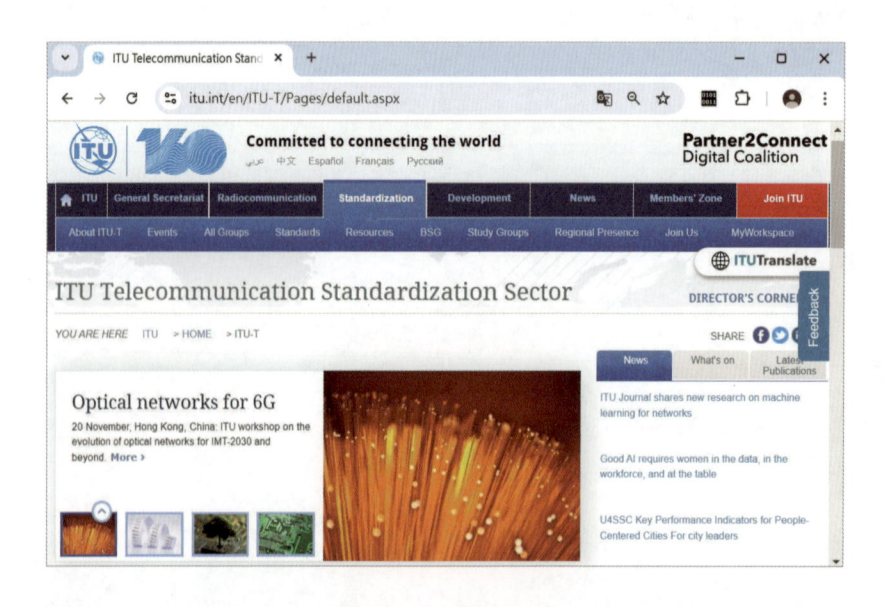

圖 15.1　ITU-T 官方網站 (https://www.itu.int/en/ITU-T/Pages/default.aspx)

15-1-1 安全攻擊

安全攻擊 (security attacks) 泛指任何洩漏組織資訊的行為，X.800 將安全攻擊分為下列兩種：

- **主動式攻擊** (active attacks)：主動式攻擊會企圖變更系統的資訊或影響系統的運作，例如攔截甲方透過網路傳送給乙方的訊息，然後加以竄改，再傳送給乙方（圖 15.2(a)）；或者，發送大量要求服務的訊息給伺服器，導致伺服器的效能降低甚至癱瘓，也就是所謂的「阻斷服務攻擊」。

- **被動式攻擊** (passive attacks)：被動式攻擊會企圖瞭解系統的資訊，但不會影響系統的運作，例如偷窺甲方透過網路傳送給乙方的訊息，但不會加以竄改（圖 15.2(b)）。正因為被動式攻擊不會變更系統的資訊，所以它並不容易偵測，重要的是預防資訊外洩，例如加密，我們會在第 15-6 節介紹加密的原理與應用。

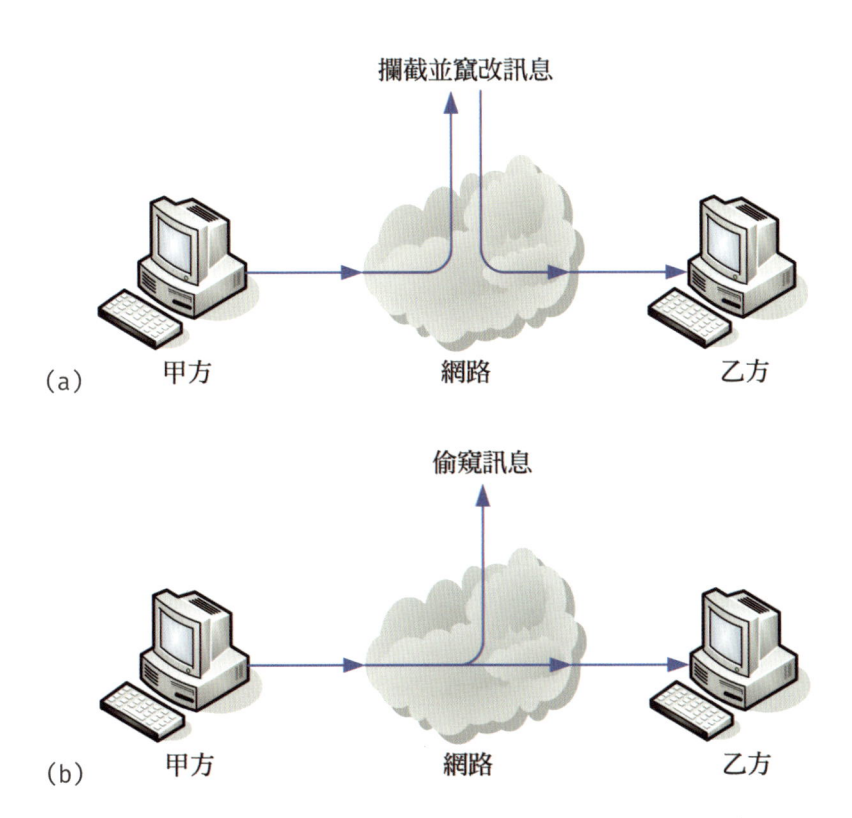

圖 15.2 （a）竄改甲方透過網路傳送給乙方的訊息屬於主動式攻擊
（b）偷窺甲方透過網路傳送給乙方的訊息屬於被動式攻擊

15-1-2 安全服務

安全服務 (security services) 泛指用來加強資訊安全的服務，X.800 將安全服務分為下列五個類別：

- **認證** (authentication)：系統必須確認通訊雙方的身分，不能讓第三者偽裝成任一方去欺騙另一方。

- **存取控制** (access control)：系統必須控制哪些人能夠存取資訊，以及他們能夠在哪些情況下存取哪些資訊。

- **保密性** (confidentiality)：系統必須確保資訊不會外洩，包括不被竊聽和不被監控流量。

- **完整性** (integrity)：系統必須確保收訊端收到的資訊和發訊端送出的資訊相同，沒有遭受破壞或竄改。

- **不可否認性** (nonrepudiation)：系統必須防止通訊雙方否認資訊，也就是發訊端要能夠證明收訊端真的有收到資訊，而收訊端要能夠證明發訊端真的有送出資訊。

此外，X.800 還定義了一個與安全服務相關的系統特性，稱為**可用性** (availability)，這指的是系統必須維持可用的狀態，不能因為遭受攻擊，就失去可用性。

15-1-3 安全機制

安全機制 (security mechanisms) 泛指用來預防或偵測安全攻擊，以及復原安全攻擊的機制，X.800 將安全機制分為下列兩種，我們會在本章後續的內容中做進一步的討論：

- **特定安全機制** (specific security mechanisms)：這指的是可以合併到適當通訊協定的安全機制，例如加密、數位簽章、存取控制、資訊完整性、認證交換等。

- **一般安全機制** (pervasive security mechanisms)：這指的是沒有針對特定通訊協定的安全機制，例如事件偵測、安全稽核追蹤、安全復原、安全標籤等。

15-2 資訊安全管理標準

為了提供管理人員一套維護資訊安全的準則以茲遵循，國際上已經發展出數種相關標準，例如 TCSEC、ISO/IEC 15408、CC、BS 7799、ISO/IEC 27000 系列、CNS 27000 系列等。

TCSEC

TCSEC (Trusted Computing System Evaluation Criteria) 是美國國家電腦安全委員會 (NCSC) 於 1983 年所提出的可信賴電腦系統評估準則，作為廠商開發電腦系統及美國政府採購與建置電腦系統的安全依據，又稱為**橘皮書**，後來於 1987 年修訂成為**紅皮書**。TCSEC 將電腦系統分成 **A**、**B**、**C**、**D** 四個安全等級，其中以 A 級的安全性最高，B 級、C 級次之，D 級的安全性最低 (表 15.1)。

繼 TCSEC 之後，英國、法國、德國等歐洲國家於 1991 年提出 **ITSEC** (Information Technology Security Evaluation Criteria，資訊技術安全評估準則)，加拿大於 1993 年提出 **CTCPEC** (Canadian Trusted Computer Production Evaluation Criteria，加拿大可信賴電腦產品評估準則)，美國於 1993 年提出 **FC** (Federal Criteria，聯邦準則)。

為了讓這些源自 TCSEC 的準則有共同標準，ISO 遂制定了 **CC** (Common Criteria for Information Technology Security Evaluation，共通準則)，也就是資訊技術安全評估的國際標準 **ISO/IEC 15408**。

表 15.1 TCSEC 的安全等級 (每個安全等級又分為數個子等級，數字愈大，安全性就愈高)

等級		說明
D		最低保護 (Minimal Protection)，例如 MS-DOS。
C	C1	使用者自訂安全保護 (Discretionary Security Protection)，包括系統可以要求使用者輸入帳號與密碼進行登入，以及使用者可以設定檔案的存取權限，例如 IBM MVS/RACF、UNIX。
	C2	控制存取保護 (Controlled Access Protection)，除了具備 C1 的安全保護之外，還可以追蹤使用者鍵入的指令並提供更嚴格的檔案存取控制，例如 Novell Netware、Windows NT。
B	B1	標示安全保護 (Labeled Security Protection)，在 B 級保護中安全性最低，例如 AT&T UNIX SysV/MLS、IBM MVS/ESA/RACF。
	B2	結構保護 (Structured Protection)，在 B 級保護中安全性次之，例如 Multics。
	B3	安全範圍 (Security Domains)，在 B 級保護中安全性最高，例如 Honeywell XTS-200。
A	A1	經過驗證的設計 (Verified Design)，例如 Honeywell Secure Communication Processor、Boeing Aerospace SNS System。

ISO/IEC 27000 系列

ISO/IEC 27000 系列是國際上重要的資訊安全標準,它的前身源自英國標準協會 (BSI) 於 1995 年所制定的資訊安全管理標準 **BS 7799**,這項標準包含下列兩個部分:

- **BS 7799 Part 1** (Code of Practice for Information Security Management,資訊安全管理實施細則):這個部分提供了廣泛的安全控制措施,作為實施資訊安全的最佳細則,在 2000 年正式成為 **ISO/IEC 17799** 標準,在 2005 年修訂成為 **ISO/IEC 17799:2005** 標準,在 2007 年更名成為 **ISO/IEC 27002**,在 2013 年修訂成為 **ISO/IEC 27002:2013**。

- **BS 7799 Part 2** (Information Security Management Systems Requirements,資訊安全管理系統規範):這個部分提供了建立、實施與維護資訊安全管理系統的規範,指出實施機構應該遵循的風險評估標準,目的在於協助組織建立滿足需求的資訊安全管理系統,在 2002 年修訂成為 **BS 7799-2:2002**,在 2005 年正式成為 **ISO/IEC 27001:2005**,在 2013 年修訂成為 **ISO/IEC 27001:2013**。

ISO/IEC 27001:2013 包含下列 14 個控管領域 (control domain):

- 資訊安全政策 (Information security policies)
- 資訊安全組織 (Organization of information security)
- 人力資源安全 (Human resource security)
- 資產管理 (Asset management)
- 存取控制 (Access control)
- 密碼學 (Cryptography)
- 實體與環境安全 (Physical and environmental security)
- 作業安全 (Operations security)
- 通訊安全 (Communications security)
- 系統取得、開發與維護 (System acquisition, development and maintenance)
- 供應商關係 (Supplier relationships)
- 資訊安全事故管理 (Information security incident management)
- 營運持續管理資訊安全層面 (Information security aspects of business continuity management)
- 遵循事項 (Compliance)

ISO/IEC 27000 系列其實是一系列的資訊安全相關標準，涵蓋了隱私權、保密性、網路與資訊安全等廣泛的議題，以下是其中幾個標準，中文翻譯可以對照下面的 CNS 27000 系列：

- **ISO/IEC 27000**：Information security management systems - Overview and vocabulary。
- **ISO/IEC 27001**：Information technology - Security Techniques - Information security management systems - Requirements。
- **ISO/IEC 27002**：Code of practice for information security management。
- **ISO/IEC 27003**：Information security management system implementation guidance。
- **ISO/IEC 27004**：Information security management - Monitoring, measurement, analysis and evaluation。
- **ISO/IEC 27005**：Information security risk management。
- **ISO/IEC 27006**：Requirements for bodies providing audit and certification of information security management systems。

CNS 27000 系列

CNS 27000 系列是經濟部標準檢驗局參考 ISO/IEC 27000 系列並加以中文化所制定的資訊安全相關標準，例如：

- **CNS 27000**：資訊技術－安全技術－資訊安全管理系統－概觀及詞彙。
- **CNS 27001**：資訊技術－安全技術－資訊安全管理系統－要求事項。
- **CNS 27002**：資訊技術－安全技術－資訊安全管理之作業規範。
- **CNS 27003**：資訊技術－安全技術－資訊安全管理系統實作指引。
- **CNS 27004**：資訊技術－安全技術－資訊安全管理－量測。
- **CNS 27005**：資訊技術－安全技術－資訊安全風險管理。
- **CNS 27006**：資訊技術－安全技術－提供資訊安全管理系統稽核與驗證機構之要求。

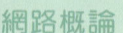

15-3 網路帶來的安全威脅

在網路問世之前，資訊安全就已經深受重視，這點從人們持續研究密碼學不難看出，只是網路的出現，加快了資訊流動的速度，也為資訊安全帶來嚴峻的考驗，例如層出不窮的駭客入侵事件、電腦病毒、勒索軟體、網路釣魚、身分盜用、網站非法販賣會員個人資料、監看網站的瀏覽者、電子商務交易安全、無線網路與行動通訊安全等。

常見的網路安全問題首推駭客入侵與電腦病毒肆虐，所謂**駭客** (hacker) 指的是未經授權而擅自存取他人電腦的人。在過去，駭客可能純粹是為了愛現、無聊、好奇或惡作劇而去入侵他人電腦，然後任意塗抹其網站或寫些駭客特有的笑話。

不過，到了目前，駭客活動已經不再侷限於入侵他人電腦，而是擴大到竊取資料、摧毀網站或電腦系統的網路暴力行為，甚至有國家刻意吸納駭客集結成**網軍** (cyber army)，發動**網路戰爭** (cyber warfare) 攻擊國防部、警政署、政府組織、電力公司、金融機構、航空公司等單位的電腦系統，或利用網軍操縱社群媒體，製造假新聞帶風向。

為了防止駭客入侵，有愈來愈多組織在聘請專人為其設計安全系統之際，會另外聘請**白帽駭客** (white-hat hacker)，這是一批受過專業訓練的電腦專家，他們會嘗試以駭客慣用的各種手法入侵組織的電腦系統，發掘其中的漏洞，然後加以防堵。

除了駭客之外，**電腦病毒** (computer virus) 所帶來的威脅亦不遑多讓，一開始，電腦病毒的攻擊目標是用戶端的電腦，例如在 1987 ~ 1993 年期間，當時的作業系統是 MS-DOS，而電腦病毒的攻擊目標主要是開機磁區和硬碟。

接著到了 1993 ~ 1995 年期間，當時的作業系統是著重於資料分享的 Windows 3.x，而電腦病毒的攻擊目標遂隨著區域網路的發展，擴張到伺服器端的電腦。

之後來到 1995 年，這是網際網路開始風行的時代，當時的作業系統是 Windows 95，電腦病毒的攻擊目標便透過網際網路，進一步延伸到對外開放的伺服器 (例如 FTP、BBS)、電子郵件及網站。

發展迄今，電腦病毒更是對組織與個人造成空前的衝擊，此時，電腦病毒已經演變成一個全面性的泛稱，涵蓋了「電腦病毒 / 電腦蠕蟲 / 特洛伊木馬」、「間諜軟體」、「網路釣魚」、「垃圾郵件」、「勒索軟體」等不同類型的**惡意程式** (malware)。

根據統計，在過去二十幾年間，惡意程式對使用者所造成的損失已經高達數十億美元。隨著無線通訊技術的蓬勃發展與物聯網的應用日趨多元，惡意程式的影響層面更是與日俱增，手機、智慧家電、物聯網、車聯網、自駕車、無人機、衛星導航裝置等都可能成為駭客攻擊的目標，甚至被駭客用來作為攻擊其它人的跳板，癱瘓整個網路。

15-4 惡意程式與防範之道

惡意程式 (malware) 泛指不懷好意的程式碼，表 15.2 是一些常見的惡意程式類型。有些惡意程式需要宿主程式，也就是依附於其它檔案或程式，無法獨立存在，例如電腦病毒、特洛伊木馬、後門；有些惡意程式則可以獨立存在，例如電腦蠕蟲、殭屍程式。

此外，我們也可以根據能否「自我複製」來分類，例如電腦病毒、電腦蠕蟲屬於會自我複製的惡意程式，而特洛伊木馬、後門屬於不會自我複製的惡意程式。

表 15.2 常見的惡意程式類型

類型	說明
電腦病毒 (virus)	這是一種會自我複製、依附於開機磁區或其它檔案的程式，通常會潛伏在電腦中伺機感染更多檔案，等到電腦符合特定時間或特定條件才會發作。
電腦蠕蟲 (worm)	這是會透過網路自我複製到其它電腦的程式。
特洛伊木馬 (trojan horse)	「特洛伊木馬」會偽裝成看似無害的軟體，在使用者下載並執行該軟體後，就會植入電腦並取得控制權，伺機進行惡意行為，例如竊取資料。
後門 (back door)	「後門」是程式設計人員留在程式中的秘密入口，用來在除錯階段獲得特殊權限或迴避認證程序，若後門忘記關閉，就會對電腦造成威脅。另一種「後門」則是攻擊者透過特洛伊木馬所植入，藉以遙控受害的電腦，例如開啟通訊埠或關閉防火牆。
間諜軟體 (spyware)	間諜軟體通常是透過「特洛伊木馬」、「後門」或在使用者下載程式的同時一起下載到電腦，並在不知不覺的情況下安裝或執行某些工作，進而監看、記錄並回報使用者的資訊。
網路釣魚 (phishing)	這是誘騙使用者透過網頁、電子郵件、即時通訊或簡訊提供其資訊的手段。
垃圾郵件 (span)	這種電子郵件具有未經使用者的同意、與使用者的需求不相干、以不當的方式取得電子郵件地址、廣告性質、散布的數量龐大等特性，最常見的就是網路釣魚郵件和各種廣告。
勒索軟體 (ransomware)	又稱為「勒索病毒」或「綁架病毒」，一旦入侵電腦，就會將電腦鎖起來或是將硬碟的某些檔案加密，然後出現畫面要求受害者支付贖金。
殭屍程式 (zombie)	這是會命令受感染的電腦對其它電腦發動攻擊的程式。

15-4-1 電腦病毒/電腦蠕蟲/特洛伊木馬

電腦病毒 (virus) 是一種會自我複製、依附於開機磁區或其它檔案的程式,當使用者以受感染的光碟或隨身碟開機、執行受感染的檔案、開啟受感染的電子郵件或網頁時,電腦病毒就會散播到使用者的電腦,然後以相同的方式散播出去。

電腦病毒在入侵電腦的當下通常不會立刻發作,而是潛伏在電腦中伺機感染更多檔案,等到電腦符合特定時間或特定條件才會發作,例如米開朗基羅病毒會在 3 月 6 日發作,破壞硬碟的資料;Bloody (天安門) 病毒會在 6 月 4 日發作,在螢幕上顯示「Bloody! Jue. 4 1989」訊息。

除了電腦病毒之外,還有電腦蠕蟲和特洛伊木馬,其中**電腦蠕蟲** (worm) 是會透過網路自我複製到其它電腦的程式。由於電腦蠕蟲是獨立的程式,而且會主動經由電子郵件的通訊錄或網路的 IP 位址大量散播,所以其危害程度比起電腦病毒是有過之而無不及。

諸如 NIMDA (寧達)、SoBig (老大)、Blaster (疾風)、VBS_LOVELETTER (愛之信)、CodeRed (紅色警戒)、Slammer (SQL 警戒)、WORM_LOVEGATE.C (愛之門)、Sasser (殺手)、BAGLE (培果)、MYDOOM (悲慘世界)、NETSKY (天網) 等,均是惡名昭彰且釀成慘重災情的電腦蠕蟲,其中 NIMDA (寧達) 會經由 Windows 的安全漏洞爬進使用者的電腦,即便使用者只有連線上網,沒有傳輸檔案、收發電子郵件或瀏覽網頁等動作,它還是會主動爬進使用者的電腦並伺機散播。

至於**特洛伊木馬** (trojan horse) 一詞源自希臘神話的木馬屠城記,雖然不會自我複製,但會偽裝成看似無害的軟體,在使用者下載並執行該軟體後,就會植入電腦並取得控制權,伺機進行刪除檔案、竊取資料、監視活動等惡意行為,甚至以該電腦作為跳板,攻擊其它電腦,例如 Back Orifice 是會入侵電腦竊取資料的特洛伊木馬。

由於特洛伊木馬不像電腦病毒會感染其它檔案,所以不需要使用防毒軟體進行清除,直接刪除受感染的軟體即可。

早期電腦病毒、電腦蠕蟲和特洛伊木馬是互不相干的,但近年來單一類型的惡意程式已經愈來愈少,為了造成更大的破壞力,大部分是以「電腦病毒」加「電腦蠕蟲」或「特洛伊木馬」加「電腦蠕蟲」的類型存在,而且前者所占的比例較高,例如 Melissa (梅莉莎) 是屬於「電腦病毒」加「電腦蠕蟲」,它不僅會感染 Microsoft Word 的 Normal.dot 檔案 (此為電腦病毒特性),還會透過 Microsoft Outlook 電子郵件大量散播 (此為電腦蠕蟲特性)。

電腦中毒的症狀

由於設計電腦病毒者的動機不同,可能是好奇、惡作劇、蓄意攻擊或竊取資料,電腦中毒後的症狀亦不相同,常見的如下:

- 在沒有不正常斷電的情況下,突然自動關機、重新開機或無故當機。

- 檔案無法讀取、無法執行、被刪除、被加密、大小改變或遭到破壞。

- 電腦變得很慢很卡,因為電腦病毒潛藏在電腦中監視您的活動,以竊取加密貨幣或帳號、密碼等資料,或利用電腦偷偷挖礦,或將電腦當作攻擊其它伺服器的跳板,使電腦成為「殭屍網路」的一員。

- 電腦在開機時自動載入不明軟體,接著立刻消失,但您最近並未安裝任何軟體,那麼極有可能是電腦病毒將自己加入開機自動載入清單。

- 朋友抱怨您寄來奇怪的電子郵件或訊息,因為電腦病毒會透過通訊錄傳送電子郵件或訊息給您的聯絡人,並將自己夾帶在裡面,誘騙受害者點按,以伺機散播到更多電腦。

- 瀏覽器出現不知名的工具列、附加元件或彈出奇怪的視窗,此時,瀏覽器可能已經被入侵,它們會監視網路流量,從中竊取帳號、密碼、信用卡卡號、身分證字號等資料。

手機中毒的症狀

隨著智慧型手機成為人手一機的配備後,愈來愈多不法集團將攻擊目標鎖定在手機,同樣的,手機中毒後的症狀亦不相同,常見的如下:

- 突然斷線或無法撥打電話。

- 無法收發電子郵件或即時訊息。

- 不預期的開關機。

- 數據使用量異常增加。

- 出現沒安裝的 App。

- 已安裝的 App 當掉或無法執行。

- 手機的帳單暴增,可能是被偷偷訂閱服務。

- 彈出視窗變多,可能是某些 App 夾帶廣告軟體。

- 手機很快就沒電或容易發燙,可能是惡意程式在背景執行。

- 手機的執行速度變得異常緩慢,出現卡頓或死機現象。

- 自動寄出不明簡訊或電子郵件給其它聯絡人。

- 自動在社群媒體發布不明照片、影片或貼文。

- 重新導向到非預期的網站或應用程式下載。

電腦病毒的感染途徑

除了傳統的光碟、隨身碟或檔案伺服器之外，許多電腦病毒都是透過網際網路快速蔓延，常見的感染途徑如下：

- **透過網路自動向外散播**：在過去，電腦病毒必須先以某種方式入侵電腦，伺機感染開機磁區或其它檔案，等到電腦符合特定時間或特定條件才會發作，例如 Friday the 13th（黑色星期五）病毒會在 13 號星期五發作，刪除正在執行的程式。然 ExploreZip（探險蟲）病毒終結了這項迷思，它會從受感染的電腦透過網路自動向外散播，覆蓋區域網路上遠端電腦的重要檔案。

- **透過電子郵件自動向外散播**：知名的 Melissa（梅莉莎）病毒堪稱此種感染途徑的始祖，它會將帶有電腦病毒的附加檔案藉由 Microsoft Outlook 通訊錄中的電子郵件地址自動寄出，造成郵件伺服器在短時間內因電子郵件暴增而變得緩慢甚至當機。

在過去，我們以為只要不開啟或執行電子郵件的附加檔案，就不會被感染。然泡泡男孩終結了這項迷思，它以電子郵件的形式在網路上散播，主旨為「Bubble Boy is back!」，即便使用者沒有開啟或執行電子郵件的附加檔案，只在預覽窗格中觀看電子郵件，泡泡男孩就會開始執行，然後搜尋通訊錄，將同樣的電子郵件藉由通訊錄中的電子郵件地址自動寄出。

- **透過即時通訊自動向外散播**：隨著即時通訊軟體的普及，開始有電腦病毒透過聯絡人清單大量散播，例如 WORM_RODOK.A 會透過即時通訊軟體的連絡人清單傳送網址誘騙使用者下載並執行病毒程式。

- **透過部落格、FB、IG、X 等社群媒體進行散播**：由於部落格、FB、IG、X 等社群媒體允許使用者在貼文中夾帶連結，遂成為電腦病毒的另一種散播管道，例如駭客在 FB 發布貼文誘騙使用者點按連結觀看影片，一旦使用者允許下載播放程式的擴充功能，就會被植入特洛伊木馬，伺機竊取帳號、密碼或比特幣、以太幣、泰達幣等加密貨幣。

- **偽裝成吸引人的檔案誘騙下載**：有些電腦病毒會偽裝成熱門影片、圖片、音樂、遊戲、最新版軟體甚至是防毒軟體，誘騙使用者將藏有電腦病毒的檔案下載到自己的電腦。

例如 Transmission 下載軟體被植入 KeyRanger 病毒，一旦安裝該軟體，硬碟會被加密，必須向駭客支付贖金才能解密，而預防此類「綁架病毒」或「勒索軟體」最好的方法就是定期備份資料，萬一受感染，只要回復之前備份的資料即可。

電腦病毒的防範之道

為了避免中毒，建議您留意下列原則：

- 安裝防毒軟體並持續更新。
- 安裝 IP 路由器或防火牆。
- 持續更新作業系統、瀏覽器、即時通訊與電子郵件軟體。
- 定期利用雲端硬碟或光碟、隨身碟等外部的儲存裝置備份資料。
- 勿使用來路不明的光碟或隨身碟開機。
- 勿使用來路不明的 Wi-Fi，避免被植入木馬。
- 勿使用公共場所的 USB 充電孔，避免被竊取資料。
- 勿隨意點取網站的贊助廣告。
- 勿隨意點取即時通訊、簡訊或電子郵件中夾帶的網址。
- 勿隨意下載軟體、影片、圖片、音樂、遊戲等檔案。
- 勿開啟或執行盜版軟體、來路不明的檔案、程式或電子郵件，尤其是在開啟電子郵件的附加檔案之前，必須開啟防毒軟體的即時掃描功能。
- 在其它電腦使用過的隨身碟、行動硬碟等外部的儲存裝置必須先掃毒，才能在自己電腦使用。
- 慎選瀏覽的網站，避免遭到誘騙或被植入惡意程式。
- 製作緊急救援光碟，該光碟可以用來開機並掃描電腦病毒。

圖 15.3 在點取即時通訊或簡訊中夾帶的網址之前請務必三思

資訊部落

手機病毒

第一隻手機病毒 Timofonica 於 2000 年 6 月在西班牙誕生，它發送了許多垃圾簡訊給西班牙電信公司 Telefonica 的用戶，所幸該公司迅速處理，才不致於釀成重大災情。此後雖然各地陸續傳出手機病毒所引發的損害，但和電腦病毒比起來，這些損害顯然輕微多了。

不過，隨著智慧型手機和行動裝置的普及，手機病毒所帶來的威脅已經不容小覷，這些裝置因為具備上網功能，再加上多數使用 Google Android 或 Apple iOS，作業系統的種類變少，病毒程式相對容易撰寫，遂成為有利於手機病毒四處散播的新管道。

傳統手機病毒的散播方式通常是透過簡訊和藍牙傳輸，而智慧型手機病毒的散播方式首推使用者自行下載的 App，裡面可能包含惡意程式，其次是手機上網瀏覽的網頁可能包含惡意程式，最後是使用者隨意點取簡訊、即時通訊或電子郵件中夾帶的網址，而遭到植入特洛伊木馬等惡意程式。

手機病毒所帶來的威脅主要是以妨礙手機正常運作、竊取資料、造成帳單暴增或金錢損失為大宗，例如有些手機病毒會暗藏在簡訊中，在開啟簡訊後，就會安裝側錄程式，將通話內容傳送給特定人士；另外有些手機病毒會將檔案加密並要求支付贖金，才會提供解密的私鑰，如同手機版的擄人勒索；還有些手機病毒會造成手機不斷向外發送垃圾郵件或撥打電話，損毀 SIM 卡與記憶卡，不斷開機與關機，甚至從手機錢包中偷錢，例如偽裝成金融機構的 App，一旦下載，就會安裝木馬程式，竊取裝置資訊，攔截簡訊的驗證碼，進而偷走銀行帳號裡面的錢。

手機病毒的防範之道除了安裝防毒軟體，更重要的是提高警覺，包括非必須時不要開啟藍牙傳輸、不要安裝來路不明的程式、不要隨意點取簡訊、即時通訊或電子郵件中夾帶的網址、手機不要越獄、不要使用來路不明的 Wi-Fi、不要使用公共場所的 USB 充電孔等。

圖 15.4 智慧型手機的普及，儼然成為資訊安全的新隱憂 (圖片來源：Google)

15-4-2 間諜軟體

間諜軟體 (spyware) 通常是透過「特洛伊木馬」、「後門」或在使用者下載程式的同時一起下載到電腦，並在不知不覺的情況下安裝或執行某些工作，進而監看、記錄並回報使用者的資訊，然後將蒐集到的資訊販售給廣告商或其它不法集團。

有些間諜軟體甚至會重設瀏覽器的首頁、變更搜尋路徑或占用大量系統資源，導致電腦的執行效率變差或網路速度變慢。

間諜軟體通常是由下列程式所組成：

- **鍵盤側錄程式**：這個程式可以監視使用者透過鍵盤所按下的每個按鍵，然後儲存於隱藏的檔案，再伺機傳送給攻擊者。

- **螢幕擷取程式**：由於鍵盤側錄程式看不到畫面，以致於無法完全掌控使用者的活動，此時只要搭配螢幕擷取程式，就可以擷取使用者的螢幕畫面，進而竊取重要的資料，例如銀行帳號與密碼、身分證字號、信用卡卡號、有效期限、驗證碼等。

- **事件記錄程式**：這個程式可以追蹤使用者在電腦上曾經從事過哪些活動，例如瀏覽過哪些網站、購買過哪些商品、傳送過哪些即時訊息、填寫過哪些資料等。

另外還有令人困擾的**廣告軟體** (adware)，它和間諜軟體有著某種程度的關聯性，通常會根據間諜軟體蒐集到的個人資訊，在未取得使用者同意的情況下，擅自產生與使用者偏好相關的彈出式廣告或超連結。

間諜軟體的防範之道

為了避免被植入間諜軟體，建議您留意下列原則：

- 安裝防間諜軟體並持續更新（防毒軟體通常兼具這項功能）。

- 持續更新作業系統、瀏覽器、即時通訊與電子郵件軟體。

- 在下載、儲存與安裝程式的同時，必須提高警覺並仔細閱讀授權合約，勿隨意下載、儲存與安裝來路不明的程式。

- 慎選瀏覽的網站，尤其要小心免費的軟體下載、音樂下載、影片下載或成人內容網站。

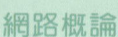

15-4-3 網路釣魚

網路釣魚 (phishing) 是誘騙使用者透過網頁、電子郵件、即時通訊或簡訊提供其資訊的手段，最常見的就是透過偽造幾可亂真的網頁、電子郵件、即時通訊或簡訊、誇大不實的廣告、網路交友或其它網路詐騙行為，竊取使用者的資訊，例如信用卡卡號、銀行帳號與密碼、遊戲帳號與密碼、營業秘密等，您可以將它視為網路版的詐騙集團。

除了網路釣魚之外，還有另一種更高明的手段叫做**網址嫁接** (pharming)，它不會直接誘騙使用者的資訊，而是透過網域名稱伺服器 (DNS) 將合法的網站重新導向到看似原網站的錯誤 IP 位址，然後以偽造的網頁蒐集使用者的資訊 (圖 15.5)。

網路釣魚的防範之道

為了避免落入網路釣魚與網址嫁接的陷阱，建議您留意下列原則：

- 安裝防網路釣魚與網址嫁接軟體並持續更新 (防毒軟體通常兼具這些功能)。

- 持續更新作業系統、瀏覽器、即時通訊與電子郵件軟體。

- 合法公司通常不會以即時通訊或簡訊要求隱私資訊，一旦遇到類似的情況，務必提高警覺。

- 拒絕來路不明的即時通訊或簡訊，尤其是不要向陌生人洩漏隱私資訊。

- 在網頁上填寫重要資訊時，務必確認網址與內容均正確。

圖 15.5 網路釣魚郵件

15-4-4 垃圾郵件

垃圾郵件 (span) 指的是具有下列特性的電子郵件，最常見的就是網路釣魚郵件和各種廣告：

- 未經使用者的同意
- 與使用者的需求不相干
- 以不當的方式取得電子郵件地址
- 廣告性質，例如情色廣告、盜版軟體廣告、商品廣告、釣魚網站等
- 散布的數量龐大

若您經常收到來自陌生人、「收件者」或「副本」欄位沒有您的名稱或主旨用詞粗糙的電子郵件，表示您可能已經被垃圾郵件鎖定，此時，您可以封鎖來自該寄件者或該寄件者網域的電子郵件，也可以向提供電子郵件服務的廠商回報。

垃圾郵件的防範之道

為了避免被垃圾郵件鎖定，建議您留意下列原則：

- 安裝防垃圾郵件軟體並持續更新（防毒軟體通常兼具這項功能）。
- 持續更新電子郵件軟體。
- 不要隨意公開自己的電子郵件地址。
- 根據用途使用不同的電子郵件地址，例如比較重要或涉及隱私的地址只給認識的人，比較不重要的地址可以給廠商、店家或不熟的人。
- 不要開啟來路不明且疑似為垃圾郵件的電子郵件。

電子郵件程式通常會自動過濾疑似垃圾郵件或網路釣魚郵件，但有時會誤判，建議您定期檢查 [垃圾郵件](Junk Email) 資料夾，避免遺漏正常的郵件。

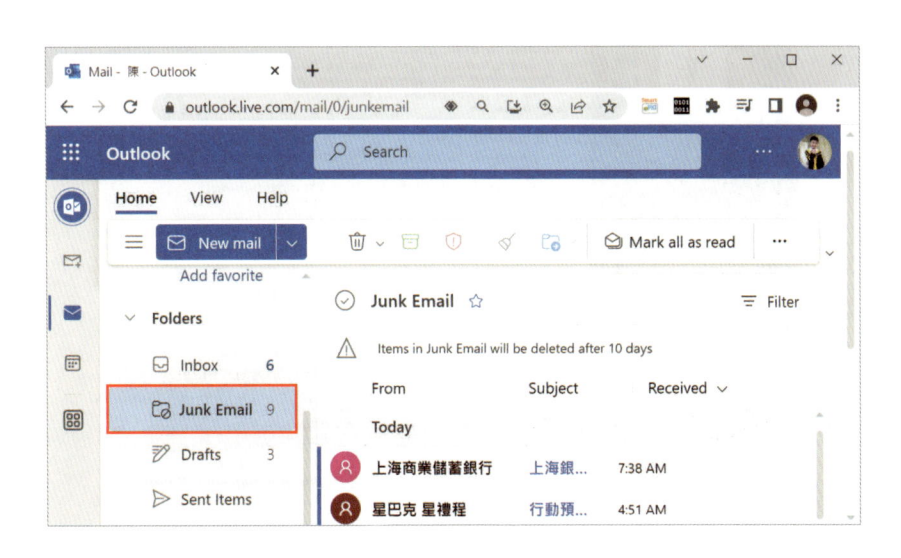

圖 15.6　電子郵件程式通常會自動過濾疑似垃圾郵件或網路釣魚郵件

15-4-5 勒索軟體

勒索軟體(ransomware) 又稱為「勒索病毒」或「綁架病毒」，和其它電腦病毒最大的差異在於做案的手法就像綁架勒索一樣，一旦入侵電腦，就會將電腦鎖起來或是將硬碟的某些檔案加密，然後出現畫面要求受害者支付贖金，若不從的話，就摧毀解密金鑰，檔案再也無法解密。

勒索軟體通常是透過特洛伊木馬、網路釣魚或惡意網址誘騙受害者點取並下載到電腦，而新一代的勒索病毒更進化到具有電腦蠕蟲的特性。以曾經聲名大噪的 WannaCry 為例，它會利用微軟作業系統的 SMB 漏洞主動感染尚未修復此漏洞的電腦，一旦入侵電腦，除了將檔案加密要求支付贖金，還會繼續往外入侵更多電腦，達到快速擴散的目的。

勒索軟體的防範之道

勒索病毒的防範之道和電腦病毒相同，比較重要的如下：

- 安裝防毒軟體並持續更新。
- 持續更新作業系統、瀏覽器、即時通訊與電子郵件軟體。
- 定期利用雲端硬碟或外部的儲存裝置備份資料。
- 勿隨意點取即時通訊、簡訊或電子郵件中夾帶的網址。
- 勿隨意點取網站的贊助廣告。
- 勿隨意下載軟體、影片、圖片、音樂、遊戲等檔案。
- 慎選瀏覽的網站，避免遭到誘騙或被植入惡意程式。

圖 15.7 勒索軟體 WannaCry 要求支付贖金的畫面 (3 天內支付等值 300 美元的比特幣，超過 3 天就加倍至 600 美元，超過 7 天則摧毀解密金鑰)

15-5 常見的安全攻擊手法

根據 CERT/CC (Computer Emergency Response Team Coordination Center，電腦緊急應變小組及協調中心) 長期追蹤統計，發現網路與電腦系統的攻擊數量不僅與日俱增，而且手法愈來愈複雜，所造成的危害也更大。

下面是一些常見的安全攻擊手法：

- **惡意程式攻擊**：泛指不懷好意的程式碼，例如前一節所介紹的電腦病毒、電腦蠕蟲、特洛伊木馬、後門、間諜軟體、網路釣魚、垃圾郵件、勒索軟體、殭屍程式等。

- **阻斷服務攻擊** (DoS attack，Denial of Service attack)、**分散式阻斷服務攻擊** (DDoS attack，Distributed DoS attack)：DoS 的攻擊者會對網站或網路伺服器發出大量要求，導致它們收到太多要求超過負荷，而無法提供正常服務，諸如 Netflix、Facebook、Spotify、YAHOO!、Amazon、CNN.com 等知名網站均曾遭到 DoS 而癱瘓。

  DDoS 的破壞力比 DoS 更強大，攻擊者會先透過網路把殭屍程式植入大量電腦，然後同時啟動這些被控制的電腦，對網站或網路伺服器啟動干擾指令，進行遠端攻擊。

- **偽裝攻擊** (spoofing attack)：攻擊者偽裝成可信任的網站或網路伺服器，或發送冒名的電子郵件，誘騙他人連結到惡意網站，進而伺機竊取登入資訊或重要資訊。

- **暴力攻擊** (brute force attack)：這種攻擊手法很常見，目的是要破解密碼，而破解密碼的方式有好幾種，例如直接監控網路、窮舉攻擊或字典攻擊，其中**窮舉攻擊**會逐一嘗試所有文數字的組合，而**字典攻擊**是預先定義一個常用單字檔案，然後逐一嘗試這些常用單字的組合。

- **利用漏洞入侵**：所謂「漏洞」指的是軟體設計不當或設定不當，導致攻擊者利用漏洞取得電腦的控制權，因此，即時修正軟體漏洞是很重要的。

- **竊聽攻擊** (sniffing attack)：攻擊者利用程式監控網路上的資訊，然後從中加以攔截。隨著無線網路的盛行，竊聽變得更容易了，因為不需要實體掛線，而且多數人在使用無線網路時，並沒有將資訊加密。

- **點擊詐欺** (click fraud)：這指的是個人或電腦程式故意點擊搜尋引擎的線上廣告，但不是真的想要了解或購買產品，而是要增加競爭者的行銷成本，因為廣告商通常是根據點擊次數付費給搜尋引擎，惡意點擊次數愈高，所要付出的費用就愈高。

- **無線網路盜連**：初階的盜連者可能只是透過筆記型電腦或行動裝置偷偷使用您的無線網路，而進階的盜連者可能透過您的無線網路入侵無線基地台，攔截使用者所送出的帳號與密碼，進而竊取重要資訊或作為攻擊他人的中繼站。

- **無線網路攻擊**：常見的手法之一是**竊聽攻擊**，只要是在射頻範圍內的機具，都可以收到無線訊號。另一種手法稱為**雙面惡魔** (evil twins)，駭客在公共場所設立一個看似值得信任的無線基地台，讓不知情的人透過該基地台上網，然後趁著他們登入網站或接收電子郵件時，竊取帳號、密碼、信用卡卡號等資訊。此外，駭客也可以對基地台使出**阻斷服務攻擊**，例如不斷地向基地台發出身分認證要求，導致認證伺服器過度忙碌，而無法回應使用者要求。

  Wi-Fi 最初採取的安全標準是 **WEP** (Wired Equivalent Privacy，有線等效加密)，但 WEP 容易被破解，後來改以安全性較高的 **WPA** (Wi-Fi Protected Access，Wi-Fi 保護存取)、**WPA2**、**WPA3** 取代 WEP。

- **社交工程** (social engineering)：人們經常以為安全攻擊是來自組織外部，卻忽略了組織內部的人員也可能成為安全隱憂。攻擊者可以利用面對面的交談、電話、電子郵件、即時通訊、臉書、偷走沒有上鎖的筆電或手機、翻看資源回收筒、便條紙或碎紙機等社交操縱的方式竊取合法使用者的帳號與密碼，然後入侵系統，或利用合法使用者暫時離開電腦卻忘了登出系統，伺機入侵系統。許多組織已經意識到這類社交工程的問題，轉而著手教育員工注意相關細節。

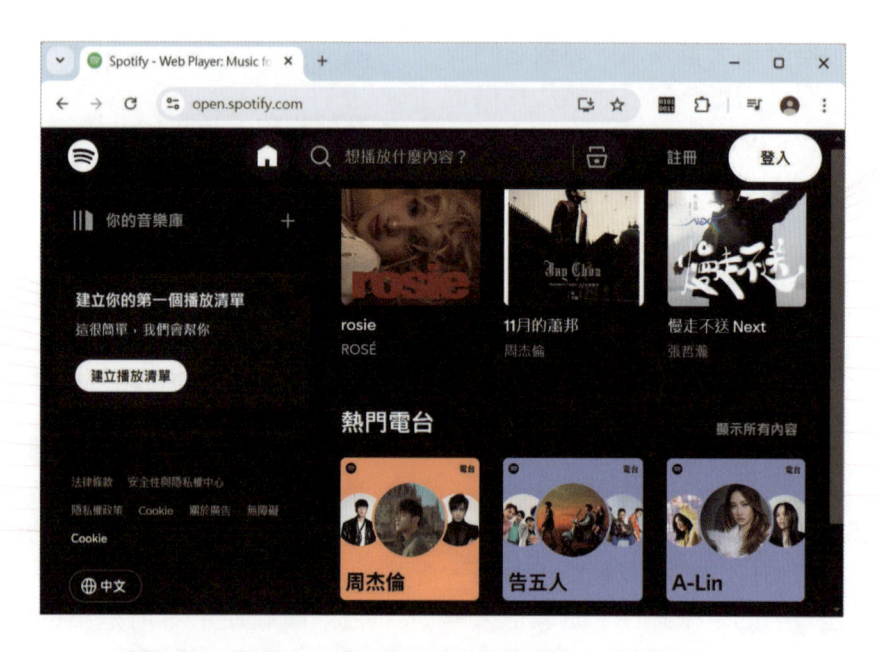

圖 15.8 諸如 Spotify 等知名網站均會遭到 DoS 而癱瘓

15-6 加密的原理與應用

加密 (encryption) 是網路與通訊安全最重要的技術之一，目的是資訊保密。常見的加密方式有「對稱式加密」（秘密金鑰）與「非對稱式加密」（公開金鑰），以下各小節有進一步的說明。

15-6-1 對稱式加密

對稱式加密 (symmetric encryption) 又稱為**秘密金鑰** (secret key)，發訊端（以下稱甲方）與收訊端（以下稱乙方）必須協商一個不對外公開的秘密金鑰，甲方在將資訊傳送出去之前，先以秘密金鑰**加密** (encryption)，而乙方在收到經過加密的資訊之後，就以秘密金鑰**解密** (decryption)，如圖 15.9，我們將尚未加密的資訊稱為**本文** (plaintext)，而經過加密的資訊稱為**密文** (ciphertext)。

知名的對稱式加密演算法有 DES (Data Encryption Standard)、AES (Advanced Encryption Standard)、RC4 等。

由於對稱式加密的安全性取決於秘密金鑰的保密程度，並不是演算法，因此，對稱式加密演算法是公開的，硬體製造廠商能夠發展出低成本的晶片來實作演算法，而使用者的責任就是確保秘密金鑰不外洩。

對稱式加密的優點是演算法容易取得、運算速度快且安全性高，缺點則如下：

- 每對使用者都必須協商各自的秘密金鑰，所以 N 個使用者共需要 N(N - 1) / 2 個秘密金鑰。

- 一旦秘密金鑰外洩，雙方必須重新協商新的秘密金鑰。

- 雖然能夠做到資訊保密，但無法做到來源證明。

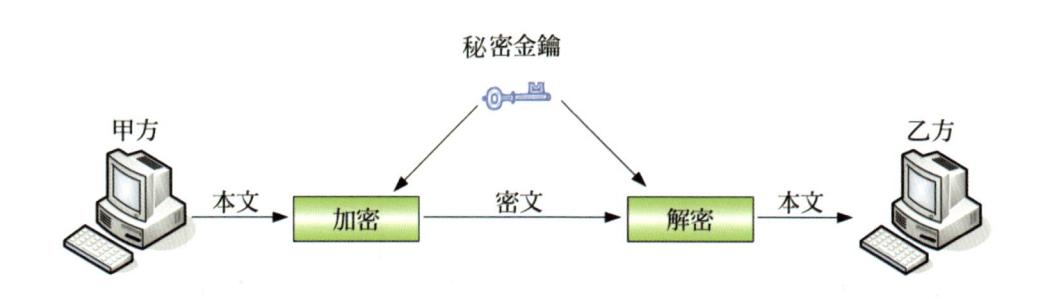

圖 15.9 對稱式加密

15-6-2 非對稱式加密

非對稱式加密 (asymmetric encryption) 又稱為**公開金鑰** (public key)，發訊端與收訊端各有一對**公鑰** (public key) 和**私鑰** (private key)，公鑰對外公開，私鑰不得外洩，每對公鑰和私鑰均是以特殊的數學公式計算出來，在將資訊以私鑰加密之後，必須使用對應的公鑰才能解密，而在將資訊以公鑰加密之後，必須使用對應的私鑰才能解密。

利用前述特點，非對稱式加密就能做到資訊保密。以圖 15.10(a) 為例，甲方在將資訊傳送出去之前，先以乙方的公鑰加密，而乙方在收到經過加密的資訊之後，就以乙方的私鑰解密，由於只有乙方才知道乙方的私鑰，所以也只有乙方能夠解密。

此外，非對稱式加密也能做到來源證明。以圖 15.10(b) 為例，甲方在將資訊傳送出去之前，先以甲方的私鑰加密，而乙方在收到經過加密的資訊之後，就以甲方的公鑰解密，由於只有使用甲方的公鑰才能解密，所以能夠證明資訊來源為甲方。

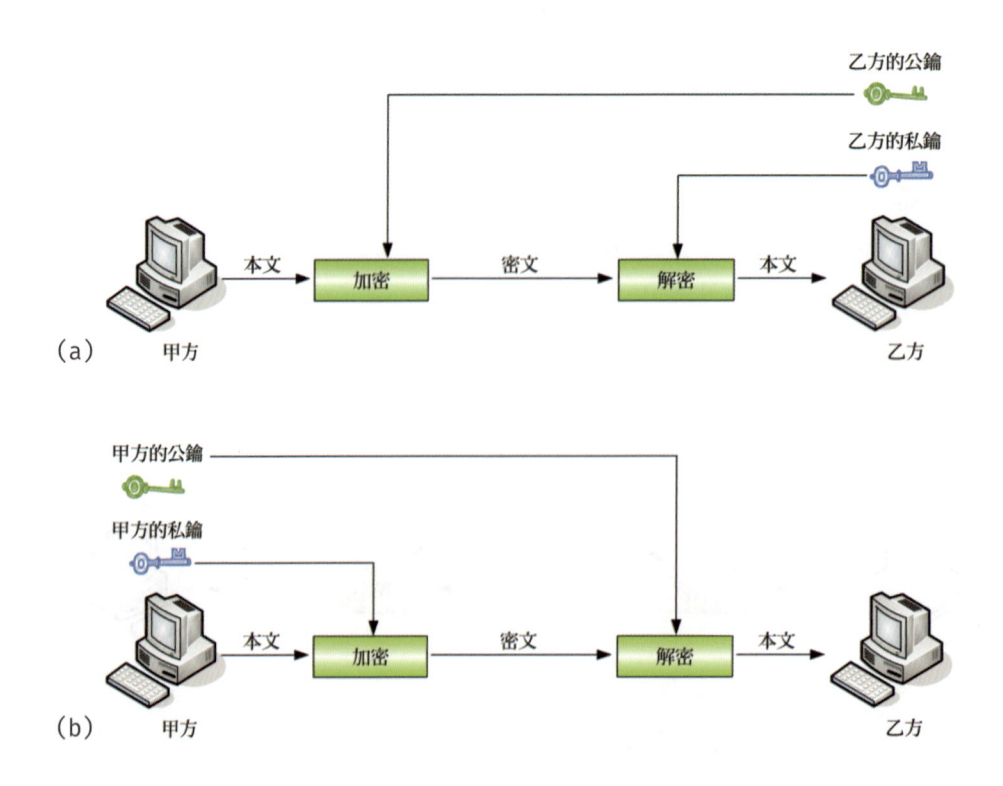

圖 15.10 （a）將非對稱式加密應用於資訊保密　（b）將非對稱式加密應用於來源證明

知名的非對稱式加密演算法有 RSA（依發明者 Rivest、Shamir、Adleman 來命名）、El Gamal 等，其中 **RSA** 是假設收訊端的公鑰和私鑰分別是一對數字 (n, d)、(n, e)，發訊端將資訊以數學公式 C = P^d mod n 加密，而收訊端將資訊以數學公式 P = C^e mod n 解密，其中 P 為本文，C 為密文。

以圖 15.11 為例，本文為 6，公鑰為 (33, 7)，私鑰為 (33, 3)，密文為 6^7 mod 33，得到 30，而收訊端在收到 30 之後，進行解密 30^3 mod 33，便能得到本文為 6。

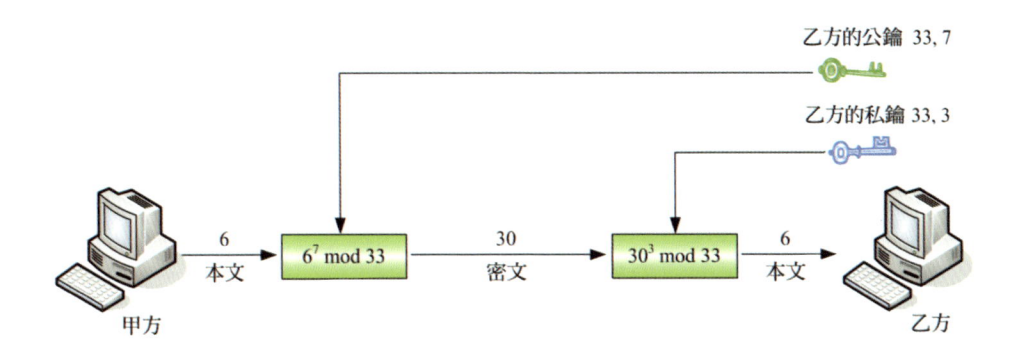

圖 **15.11** RSA 演算法

為了防止公鑰和私鑰被竊聽者破解，RSA 演算法的發明者除了建議使用者選擇很大的數字之外，還要遵守下列原則：

- 選擇兩個很大的質數 p、q；
- 計算 n = p * q；
- 計算 z = (p - 1) * (q - 1)，然後選擇一個小於 n 且和 z 互質的數字 d；
- 選擇一個滿足 (d * e) mod z = 1 的數字 e。

舉例來說，假設質數 p、q 分別為 11、3，那麼 n = p * q = 33，z = (p - 1) * (q - 1) = 10 * 2 = 20，接著選擇一個小於 33 且和 20 互質的數字 d，例如 7，繼續選擇一個滿足 (7 * e) mod 20 = 1 的數字 e，例如 3，最後得到公鑰為 (n, d) = (33, 7)，私鑰為 (n, e) = (33, 3)。

非對稱式加密的優點如下，缺點則是運算複雜：

- N 個使用者只需要 2N 個金鑰，而且容易散播（例如將公鑰公布於網站）。
- 能夠做到資訊保密和來源證明。

15-6-3 數位簽章

當非對稱式加密應用於來源證明時，發訊端以自己的私鑰將資訊加密所得到的密文就是所謂的**數位簽章** (digital signature)，此時，發訊端所傳送的資訊是否保密已經不是重點，因為任何人都可以利用發訊端的公鑰將該資訊解密，重點是發訊端要讓收訊端確定該資訊真的是他所傳送的，因為沒有人知道發訊端的私鑰，自然就沒有人能夠偽裝成發訊端來傳送資訊。

數位簽章具有「不可否認性」，即便發訊端否認傳送過資訊，可是只要對照其私鑰和公鑰，就無所遁形；此外，數位簽章亦具有「完整性」，因為資訊若被竄改或損壞，在以發訊端的公鑰進行解密之後，將會是亂碼，而不是原來的資訊。

由於加密整份資訊需要花費較長時間，於是有人想出只針對資訊的某個區塊進行加密，該區塊稱為**摘要** (digest)(圖15.12)，其原理如下：

1. 將資訊做雜湊函數運算，得到一個長度為 128 位元或 160 位元的摘要，知名的雜湊函數有 MD5 (Message Digest 5) 和 SHA-1 (Secure Hash Algorithm)，其特點是 1 對 1 且不可逆，即資訊的摘要是唯一的且無法從摘要推算出資訊。

2. 發訊端以自己的私鑰將摘要加密，然後和資訊一起傳送出去。

3. 收訊端在收到資訊和經過加密的摘要之後，以發訊端的公鑰將摘要解密，同時將資訊做雜湊函數運算，只要兩者的結果相同，就能確認是由發訊端所傳送。

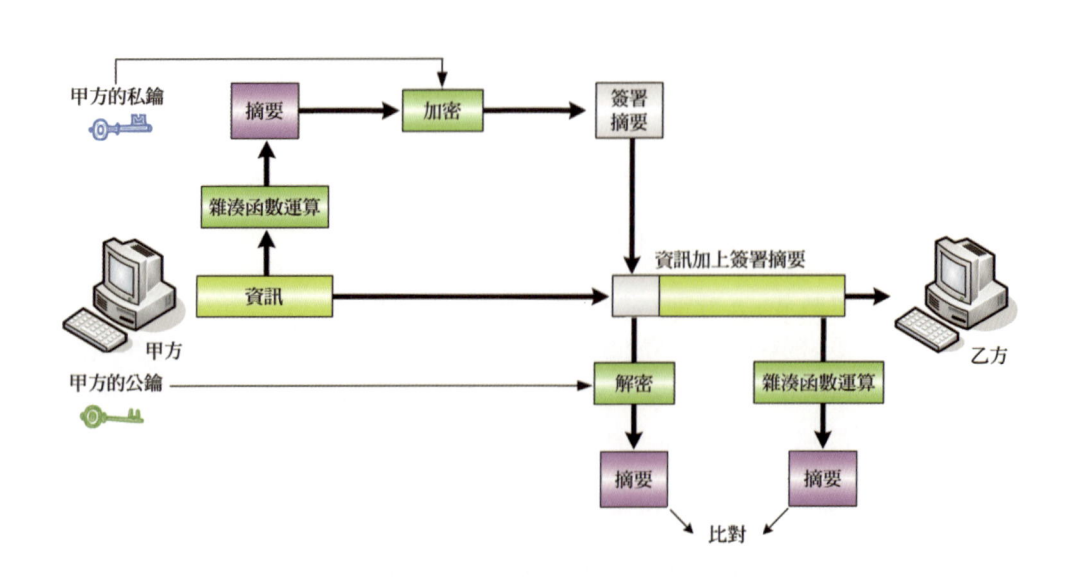

圖 15.12 針對資訊的某個區塊進行加密

15-6-4 數位憑證

既然公鑰是對外公開的,那麼使用者將自己的公鑰公布給大家知道似乎是理所當然,但實際情況卻不這麼理想,若有人冒名成某個使用者公布假造的公鑰,那麼其它人將無法分辨,而讓冒名者有機會偷窺原本要傳送給該使用者的資訊。

為了解決這個問題,遂發展出另一種機制,叫做**數位憑證** (DC,Digital Certificate),這是驗證使用者身分的工具,包含使用者身分識別與公鑰、憑證序號、有效期限、數位簽章演算法等資訊,透過數位憑證,就能確認使用者所公布的公鑰是真的。

數位憑證的格式與內容是遵循 ITU(國際電信聯盟)所建議的 **X.509** 標準,而且數位憑證通常是由使用者的交易對象(例如銀行)或具有公信力的單位所發放,即所謂的**認證中心** (CA,Certificate Authority)。下面是幾個國內外的認證中心,其中有些會提供免費申請或試用,有些則只提供付費申請。

- VeriSign (https://www.verisign.com/)
- TWCA 台灣網路認證 (https://www.twca.com.tw/)
- 中華電信通用憑證管理中心 (https://publicca.hinet.net/index.htm)
- 網際威信 (https://www.hitrust.com.tw/)

圖 15.13 TWCA 提供了數位憑證的相關服務

資訊部落

X.509 數位憑證的應用

X.509 數位憑證已經廣泛應用於許多網路安全技術，例如：

- **PGP、S/MIME**：PGP 和 S/MIME 的目的都是提供安全的電子郵件服務，其中 **PGP** (Pretty Good Privacy) 是 Phil Zimmermann 以非對稱式加密演算法為基礎所提出，具備加密與認證的功能。在加密的方面，甲方在將電子郵件傳送出去之前，先以乙方的公鑰加密，而乙方在收到經過加密的電子郵件之後，就以乙方的私鑰解密，如此一來，只有乙方能夠將電子郵件解密；在認證的方面，PGP 提供了數位簽章機制，甲方在將電子郵件傳送出去之前，先以甲方的私鑰加密，而乙方在收到經過加密的電子郵件之後，就以甲方的公鑰解密，如此一來，乙方便能確認該電子郵件的來源為甲方。

  至於 **S/MIME** (Security/Multipurpose Internet Mail Extensions) 則是安全版的 MIME，而 MIME 是傳送電子郵件的標準。S/MIME 也是以非對稱式加密演算法為基礎所提出，和 PGP 一樣具備加密與認證的功能。

- **SSL/TLS、SET**：**SSL** (Secure Sockets Layer) 是 Netscape 公司於 1994 年推出 Netscape Navigator 瀏覽器時所採取的安全協定，使用非對稱式加密演算法在網站伺服器與用戶端之間建立安全連線，目的是提供安全的網站服務，之後 IETF 將 SSL 標準化為 **TLS** (Transport Layer Security)；至於 **SET** (Secure Electronic Transaction) 則是要提供安全的線上付款服務，保護消費者與網路商店之間的信用卡或預付卡交易。

- **HTTPS、S-HTTP**：**HTTPS** (HyperText Transport Protocol Secure) 是安全版的 HTTP，它會在網站伺服器與用戶端之間建立安全連線，HTTPS 連線經常應用於線上付款與企業資訊系統的敏感資訊傳輸；至於 **S-HTTP** (Secure HTTP) 則是訊息加密的 HTTP，和建立安全連線的 HTTPS 不同。

- **IPSec**：前述的 PGP、S/MIME、HTTPS、S-HTTP 都是屬於應用層的安全機制，而 **IPsec** (Internet Protocol Security) 是屬於 IP 層的安全機制，提供了加密與認證的功能，安全傳輸能力跨越 LAN、WAN 及網際網路，諸如遠端登入、檔案傳輸、電子郵件、網頁瀏覽等分散式應用均涵蓋在其安全保護範圍內。

- **WEP、WPA、WPA2、WAP3**：這些是 Wi-Fi 無線網路用來加密與認證的安全標準，其中 WPA3 提供更長的金鑰、更高的安全性，以取代 WPA2 及較舊的安全標準。

資訊部落

公開金鑰基礎建設 (PKI)

公開金鑰基礎建設 (PKI，Public Key Infrastructure) 指的是用來建立、管理、儲存、分配與撤銷非對稱式加密數位憑證的一組軟硬體、人、政策與程序，目的是提供安全且有效率的方式來取得公開金鑰。PKI 包含認證中心 (CA，Certificate Authority)、註冊中心 (RA，Registration Authority)、數位憑證 (DC，Digital Certificate) 和加密演算法等部分，其中認證中心負責發放、分配與撤銷數位憑證，而註冊中心則承擔了部分來自認證中心的工作，例如憑證申請人的身分審核。

台灣的數位憑證應用是以公部門為主，私部門則以金融業為首，常見的如下：

- **自然人憑證**：這是一般民眾的網路身分證，可以透過網路使用電子化政府的各項服務，例如繳稅、繳罰款、申辦戶政等。
- **工商憑證**：這是企業的網路身分證，提供企業便利且安全的線上作業申請，例如公司預查、抄錄與變更登記、線上政府標案、勞保局網路申報等。
- **醫療憑證**：這是醫療院所的網路身分證，主要的應用為電子病例交換，以及醫療院所與衛生福利部的電子公文交換，並與健保 IC 卡整合。
- **金融憑證**：這是金融機構的網路身分證，任何通過憑證政策管理中心 (PMA) 核可的銀行，其所發放給客戶的憑證均能互通。

電子簽章

電子簽章 (electronic signature) 和前面介紹的數位簽章不同，它所涵蓋的範圍較廣，除了數位簽章之外，諸如指紋、掌紋、臉部影像、視網膜、聲音、簽名筆跡等能夠辨識使用者的資料均包含在內。

台灣的電子簽章法於民國 91 年 4 月 1 日正式實施，目的在於突破過去法律對於書面及簽章相關規定的障礙，賦予符合一定程序做成之電子文件及電子簽章，具有取代實體書面及親自簽名蓋章相同的法律效力，並結合憑證機構的管理規範，使負責簽發憑證工作的憑證機構具備可信賴性，以保障消費者的權益。

有效的電子簽章必須依附於電子文件並與其關聯，用來辨識並確認電子簽署人的身分及電子文件真偽，例如使用者在撰寫電子郵件時所輸入的姓名並不是有效的電子簽章，因為無法確認電子簽署人的身分，其它人亦可輸入該姓名。

15-7 資訊安全措施

在本節中，我們將介紹常見的資訊安全措施，包括存取控制、備份與復原、防毒軟體、防火牆、代理人伺服器、入侵偵測系統等。不過，由於安全攻擊手法不斷翻新，因此，您還是得隨時留意相關資訊。

15-7-1 存取控制

存取控制 (access control) 指的是系統必須控制哪些人能夠存取資源，以及他們能夠在哪些情況下存取哪些資源，比方說，限制使用者無法安裝新的應用程式，以免引發盜版軟體的爭議，或者限制使用者無法刪除系統檔案，以免造成電腦當機或其它執行錯誤。

身分認證 (authentication) 是存取控制最重要的環節，使用者必須向系統證明自己的身分，才能獲得授權，進而具有讀寫、執行、刪除等存取系統的權限，而且系統還必須具有自動稽核的能力，才能記錄使用者的行為。

身分認證通常可以透過「帳號與密碼」、「持有的物件」、「生物特徵」等方式來做鑑定，以下有進一步的說明。

帳號與密碼

管理人員可以根據一定的規則賦予使用者一組帳號與密碼，而且**帳號** (account) 必須唯一，例如學號、身分證字號、員工編號等，至於**密碼** (password) 則是由使用者自訂。

設定密碼時請留意下列事項：

- 不要使用容易聯想的密碼，例如電話號碼、生日、姓名、身分證字號等，否則容易被破解。

- 不要使用既有的英文單字，最好是組合文數字和特殊字元。為了方便記憶，可以試著將一個四個字母的英文單字和一個三個字母的英文單字組合在一起，中間的空缺放上 &、>、$、# 等特殊符號或阿拉伯數字，例如 mary#tom。

- 將密碼記在腦子裡，別寫在紙上。

- 大部分系統均不接受中文密碼。

- 大部分系統支援的密碼會區分英文字母的大小寫。

- 不同系統支援的密碼長度不一，通常為 6～12 個字元，愈長就愈安全。

除了使用者慎選密碼，管理人員也應該針對密碼實施一些管制措施，例如：

- 強制要求使用者定期變更密碼。

- 限制指定時間內連續嘗試登入的次數，避免遭到駭客以暴力攻擊程式破解帳號與密碼。

- 確實保護密碼檔的安全，例如妥善設定密碼檔的存取權限、慎選密碼檔的存放目錄。

- 移除離職員工或畢業學生的帳號。

持有的物件

持有的物件（possessed object）指的是使用者必須持有諸如鑰匙、磁卡、智慧卡、徽章等物件，才能進入辦公室、電腦室、開啟終端機或電腦等，其中智慧卡上面嵌有用來確認身分的晶片，然後透過辦公室或電腦室門口的讀卡機，辨識使用者的身分，只有獲得許可的使用者才能進入。

持有的物件有時會結合**個人認證號碼**（PIN，Personal Identification Number），這是一組數字密碼，由管理人員或使用者設定，例如銀行會要求使用者為晶片卡或金融卡設定密碼，只有輸入正確的密碼，才能進行存提款、轉帳、繳稅等動作。

生物特徵

生物特徵（biometrics）指的是利用使用者的身體特徵來進行身分認證，例如指紋掃描器、掌靜脈辨識系統、臉部辨識系統、虹膜辨識系統、聲音辨識系統、簽名辨識系統等裝置可以透過指紋、掌靜脈、臉部影像、虹膜、聲音、簽名筆跡進行認證。

以指紋辨識技術為例，使用者只要將手指放在一部像滑鼠大小的指紋掃描器，搭配相關的軟體，就可以取得指紋檔案，進而應用在門禁管理、犯罪偵查、進出海關或手機的指紋辨識功能等。此外，臉部辨識技術亦有顯著進步，使得相關的設備也經常被應用在身分認證，例如手機的臉部辨識解鎖功能。

圖 15.14 男子透過臉部辨識功能解鎖他的手機（圖片來源：shutterstock）

15-7-2 備份與復原

電腦系統最有價值的部分往往不是外在的硬體設備，而是儲存裝置內的資料。雖然目前的儲存裝置已經相當耐用，但仍存在著損壞的風險，而且日益猖獗的駭客、病毒、無法預期的天災人禍也是資料潛伏的威脅，因此，每個電腦系統都應該有一套完善的備份與復原策略。

備份類型

我們可以使用光碟、磁帶、行動硬碟、磁碟陣列、NAS（網路附接儲存）、SAN（儲存區域網路）等裝置或雲端硬碟來備份資料，常見的備份類型如下：

- **完整備份** (full backup)：複製所有程式與檔案，備份時間最長，還原速度最快。

- **差異備份** (differential backup)：只複製上一次完整備份後有變動的程式與檔案，備份時間比完整備份短，還原速度比完整備份慢。

- **增量備份** (incremental backup)：只複製上一次完整備份或增量備份後有變動的程式與檔案，備份時間最短，還原速度最慢。

一個好的備份策略必須包含定期的完整備份，再搭配差異備份或增量備份，若搭配差異備份，則還原過程需要上一次完整備份及上一次差異備份；若搭配增量備份，則還原過程需要上一次完整備份及上一次完整備份後所進行的每次增量備份。

星期日	星期一	星期二	星期三	星期四	星期五	星期六
28	29 每日增量備份	30 每日增量備份	31 月底完整備份	1 每日增量備份	2 每星期完整備份	3
4	5 每日增量備份	6 每日增量備份	7 每日增量備份	8 每日增量備份	9 每星期完整備份	10
11	12 每日增量備份	13 每日增量備份	14 每日增量備份	15 每日增量備份	16 每星期完整備份	17
18	19 每日增量備份	20 每日增量備份	21 每日增量備份	22 每日增量備份	23 每星期完整備份	24
25	26 每日增量備份	27 每日增量備份	28 每日增量備份	29 每日增量備份	30 每星期完整備份	31
1	2	3	4	5	6	7

圖 15.15 備份策略範例（每月底完整備份至少應該保存一年）

預防電力中斷

無論是夏季供電吃緊、地震、火災、水災、颱風、雷擊等天然災害，或使用者不小心踢掉電源等情況，都有可能引起跳電或電力中斷，其中最直接的衝擊就是磁碟可能因此損毀，為了保護磁碟上的系統與資料，使用者可以安裝不斷電系統。

不斷電系統 (UPS，Uninterruptible Power Supply) 可以在電網異常的時候 (例如停電、突波、欠壓、過壓…) 提供穩定的電力給電器設備，維持電器設備的正常運作，避免因為斷電造成資料遺失或業務損失。UPS 就像一個能夠反覆充電的電池，當電力中斷時，可以提供電腦數十分鐘不等的電力，讓使用者有足夠的時間儲存正在進行的工作並正常關閉電腦。

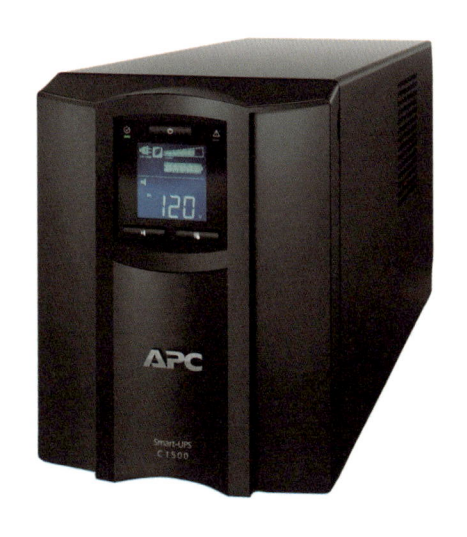

圖 15.16 不斷電系統 (圖片來源：amazon.com)

災害復原方案

一套完善的**災害復原方案** (disaster recovery plan) 必須包括下列四個部分：

- **緊急方案** (emergency plan)：這是在災害發生的當下，立刻要執行的動作，包括需要通報哪些機關組織 (例如消防局、警察局…) 及其聯絡電話、如何疏散人員、如何關閉硬體設備 (包括電腦系統、電源、瓦斯…) 等。

- **備份方案** (backup plan)：這是在緊急方案啟動之後，用來指示哪裡有備份資訊、備份裝置，以及使用步驟和所需時間。舉例來說，宏碁電腦位於汐止東方科學園區的總部雖然曾遭祝融肆虐，但由於它在桃園龍潭的宏碁渴望園區設有異地備份，所以在電腦系統與相關資訊付之一炬的情況下，仍能快速使用渴望園區的異地備份進行復原。

- **復原方案** (recovery plan)：這是在備份方案啟動之後，用來指示執行復原的過程，不同的災害可能有不同的復原方案，視災害的性質而定。

- **測試方案** (test plan)：這是在復原方案完成之後，用來指示執行測試的過程，所有復原的資訊都應該重新經過測試，確認其正確性。

網路概論

15-7-3 防毒軟體

防毒軟體是用來防治電腦病毒的軟體，目前的防毒軟體大多能防治電腦病毒/電腦蠕蟲/特洛伊木馬、間諜軟體、網路釣魚、垃圾郵件、勒索軟體等惡意程式，常見的有趨勢科技 PC-cillin、Norton 諾頓防毒、Kaspersky 卡巴斯基、ESET 防毒、Avira 小紅傘等。

在安裝防毒軟體後，該軟體會自動更新病毒定義檔、安全資訊、程式、資源等，以確保電腦、智慧型手機或平板電腦不會受到日新月異的惡意程式感染，並防範網路詐騙、保護社群隱私、密碼管理安全、安心網購交易等。

以趨勢科技的「雲端防護技術」為例，這是將持續增加的惡意程式、協助惡意程式入侵電腦的郵件伺服器，以及散播惡意程式的網站伺服器等資訊，儲存在雲端安全防護資料庫，使用者一連上網路，就能受到最新的病毒防護，達到「來自雲端（網路）的威脅，由雲端來解決」的目標。雲端防毒不僅能即時更新威脅資訊並主動攔截惡意程式，而且所占用的電腦資源也比傳統的防毒方式來得少，兼顧了安全與效能。

圖 15.17 面對層出不窮的網路詐騙、假網銀、釣魚簡訊、LINE 或臉書帳號被盜等資安威脅，趨勢科技 PC-cillin 採取 AI 防護技術讓防詐防毒一次到位

15-7-4 防火牆

防火牆（firewall）是一種用來分隔兩個不同網路的安全裝置，例如私人網路與網際網路（圖 15.18），它會根據預先定義的規則過濾進出網路的封包，只有符合規則的封包才能通過，不符合規則的封包就予以丟棄，屬於**封包過濾型防火牆**。防火牆可以阻擋企圖透過網際網路進入私人網路的駭客或病毒、蠕蟲等惡意程式，也可以限制私人網路的使用者所能存取的服務，例如允許收發電子郵件，但不能使用 FTP 將資料傳送到網際網路，或防止駭客利用私人網路的電腦攻擊他人的電腦。

防火牆比較重要的功能包括使用者認證、網路位址轉換、稽核與預警、過濾垃圾郵件等，其中**稽核**（auditing）指的是系統記錄功能，也就是記錄系統的內部活動及交易行為，然後定期分析系統記錄，一旦察覺有任何異常或遭到入侵破壞，就提出**預警**（alerting），讓管理人員進行補救動作。

防火牆又分成下列兩種類型：

- **硬體防火牆**：這種防火牆本身包含記憶體、處理晶片等專用的硬體，效能較佳，成本較高，再加上硬體是特製的規格，所以安全性較高。

- **軟體防火牆**：這種防火牆是採取軟體技術來過濾封包，會占用作業系統的資源，效能較差，成本較低，安全性則取決於所採取的軟體技術及作業系統，但一般的作業系統通常有安全漏洞，所以軟體防火牆的安全性往往比不上硬體防火牆。

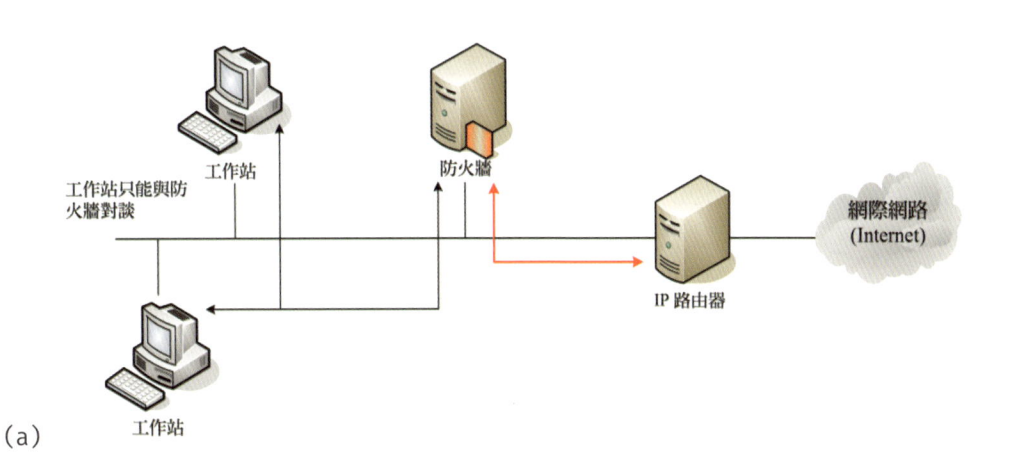

圖 15.18 （a）防火牆位於私人網路與網際網路之間　（b）硬體防火牆（圖片來源：Zyxel）

15-7-5 代理人伺服器

代理人伺服器 (proxy server) 是在私人網路與網際網路之間擔任中介的角色，兩端的存取動作都必須透過代理人伺服器。當有網際網路的封包欲傳送至私人網路時，必須先傳送給代理人伺服器，它會檢查封包是要傳送給私人網路內的哪部電腦及相關的存取權限，確認無誤後才會傳送給該電腦，否則就將封包丟棄。

反之，當有私人網路的封包欲傳送至網際網路時，亦必須先傳送給代理人伺服器，它會將封包的標頭 (header) 改為自己的位址，再將封包傳送出去 (圖 15.19)。由於代理人伺服器完全隔斷私人網路與網際網路，故安全性比「封包過濾型防火牆」來得高。

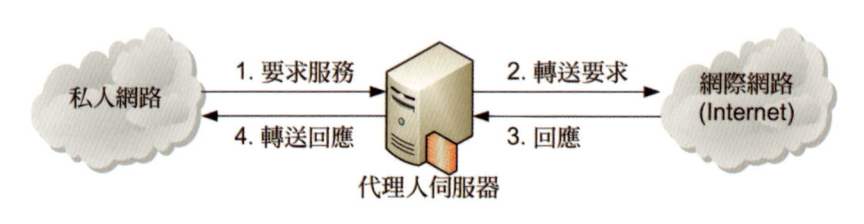

圖 15.19 代理人伺服器

15-7-6 入侵偵測系統

相較於防毒軟體、防火牆或代理人伺服器是被動阻擋網路攻擊，**入侵偵測系統** (IDS，Intrusion Detection System) 則是主動偵測網路攻擊，畢竟攻擊手法不斷翻新，而防毒軟體、防火牆或代理人伺服器往往無法立即更新，因此，除了靠它們築起第一道防線之外，最好再搭配入侵偵測系統作為第二道防線。

常用的入侵偵測方法如下：

- **異常統計偵測法** (statistical anomaly detection)：這是蒐集合法使用者的行為，然後加以統計，進而產生驗證規則，再根據驗證規則檢視系統是否出現異常行為。

- **規則偵測法** (rule-based detection)：這是預先定義一組規則，然後和使用者的行為做比對，以判斷該使用者是否符合入侵者的條件。

- **蜜罐** (honeypots)：這是一種誘捕攻擊者的系統，蜜罐內的資訊看起來似乎很重要，但其實都是假的資訊，合法使用者並不會去加以存取，一旦有人存取蜜罐，就會立刻通知管理人員採取適當的處理。

本章回顧

- **X.800 OSI 安全架構**建議書的重點包含安全攻擊、安全服務與安全機制,其中**安全攻擊**泛指任何洩漏組織資訊的行為;**安全服務**泛指用來加強資訊安全的服務,分為認證、存取控制、保密性、完整性、不可否認性等類別;**安全機制**泛指用來預防或偵測安全攻擊,以及復原安全攻擊的機制。

- **惡意程式** (malware) 泛指不懷好意的程式碼,例如電腦病毒、電腦蠕蟲、特洛伊木馬、後門、間諜軟體、網路釣魚、垃圾郵件、勒索軟體、殭屍程式等。

- 常見的安全攻擊手法有惡意程式攻擊、阻斷服務攻擊、偽裝攻擊、暴力攻擊、利用漏洞入侵、竊聽攻擊、點擊詐欺、無線網路盜連、無線網路攻擊、社交工程等。

- **對稱式加密** (symmetric encryption) 的發訊端與收訊端必須協商一個不對外公開的秘密金鑰,發訊端在將資訊傳送出去之前,先以秘密金鑰加密,而收訊端在收到經過加密的資訊之後,就以秘密金鑰解密。

- **非對稱式加密** (asymmetric encryption) 的發訊端與收訊端各有一對公鑰和私鑰,公鑰對外公開,私鑰不得外洩,在將資訊以私鑰加密之後,必須使用對應的公鑰才能解密,而在將資訊以公鑰加密之後,必須使用對應的私鑰才能解密。

- 非對稱式加密可以應用於資訊保密與來源證明,當它應用於來源證明時,發訊端以自己的私鑰將資訊加密所得到的密文就是所謂的**數位簽章** (digital signature)。

- **數位憑證** (digital certificate) 是驗證使用者身分的工具,包含使用者身分識別與公鑰、憑證序號、有效期限、數位簽章演算法等資訊,透過數位憑證,就能確認使用者所公布的公鑰是真的。數位憑證的格式與內容是遵循 ITU 所建議的 **X.509** 標準。

- 常見的資訊安全措施有存取控制、備份與復原、防毒軟體、防火牆、代理人伺服器、入侵偵測系統等,其中**防火牆** (firewall) 可以用來分隔私人網路與網際網路,然後根據預先定義的規則過濾進出網路的封包;**代理人伺服器** (proxy server) 是在私人網路與網際網路之間擔任中介的角色,兩端的存取動作都必須透過代理人伺服器;**入侵偵測系統** (intrusion detection system) 則是會主動偵測網路攻擊。

學習評量

一、選擇題

(　　) 1. 下列何者是以公開金鑰為基礎的加密演算法？
　　　　A. DES　　　　　　　　　　B. AES
　　　　C. RC4　　　　　　　　　　D. RSA

(　　) 2. 下列何者應該不是電腦病毒的發作症狀？
　　　　A. 發出奇怪的聲音或訊息　　B. USB 埠故障
　　　　C. 無故自動關機或重新開機　D. 經常執行的程式突然無法執行

(　　) 3. 下列何者是電腦病毒的感染途徑？
　　　　A. 透過電子郵件自動向外散播　B. 透過即時通訊自動向外散播
　　　　C. 偽裝成熱門軟體誘騙下載　　D. 以上皆是

(　　) 4. 下列哪種安全攻擊手法的目的是要破解密碼？
　　　　A. 阻斷服務攻擊　　　　　　B. 無線網路盜連
　　　　C. 後門攻擊　　　　　　　　D. 暴力攻擊

(　　) 5. 在使用對稱式加密的前提下，N 個使用者需要協商幾個秘密金鑰？
　　　　A. $N(N-1)/2$　　　　　　　B. N^2
　　　　C. N　　　　　　　　　　D. $2N$

(　　) 6. 下列哪個安全服務類別會要求系統必須確保資訊不會外洩？
　　　　A. 認證　　　　　　　　　　B. 完整性
　　　　C. 保密性　　　　　　　　　D. 不可否認性

(　　) 7. 下列何者會傳染其它檔案？
　　　　A. 電腦病毒　　　　　　　　B. 間諜軟體
　　　　C. 特洛伊木馬　　　　　　　D. 垃圾郵件

(　　) 8. 下列哪種手段會透過網域名稱伺服器 (DNS) 將合法的網站重新導向到看似原網站的錯誤 IP 位址？
　　　　A. 間諜軟體　　　　　　　　B. 網址嫁接
　　　　C. 網路釣魚　　　　　　　　D. 僵屍程式

(　　) 9. 下列哪種手段會誘騙使用者透過電子郵件或網站提供其資訊？
　　　　A. 電腦病毒　　　　　　　　B. 電腦蠕蟲
　　　　C. 特洛伊木馬　　　　　　　D. 網路釣魚

(　　) 10. 下列何者會命令被感染的電腦對其它電腦發動攻擊？
　　　　A. 勒索軟體　　　　　　　　B. 殭屍程式
　　　　C. 後門　　　　　　　　　　D. 電腦蠕蟲

(　　) 11. 下列何者能夠主動偵測網路攻擊？
　　　　　A. 防毒軟體　　　　　　　　B. 防火牆
　　　　　C. 入侵偵測系統　　　　　　D. 代理人伺服器

(　　) 12. 下列關於密碼設定的說明何者錯誤？
　　　　　A. 不要使用生日之類的密碼　　B. 盡量不要將密碼寫在紙上
　　　　　C. 密碼的長度與安全性無關　　D. 使用者應該定期變更密碼

(　　) 13. 下列何者無法降低電腦中毒的機率？
　　　　　A. 定期做完整備份　　　　　　B. 啟動防毒軟體並持續更新
　　　　　C. 啟動防火牆　　　　　　　　D. 勿開啟陌生郵件夾帶的可執行檔

(　　) 14. 在使用非對稱式加密的前提下，假設甲方要傳送一份只有乙方能夠解密的資訊，那麼甲方必須使用下列何者進行加密？
　　　　　A. 甲方的公鑰　　　　　　　　B. 乙方的公鑰
　　　　　C. 甲方的私鑰　　　　　　　　D. 乙方的私鑰

(　　) 15. 下列何者可以用來分隔私人網路與網際網路，然後根據預先定義的規則過濾進出網路的封包？
　　　　　A. 防毒軟體　　　　　　　　　B. 防火牆
　　　　　C. 入侵偵測系統　　　　　　　D. 代理人伺服器

(　　) 16. 為了避免電腦中了勒索病毒而無法開啟重要檔案，下列何者是比較好的防範措施？
　　　　　A. 到資源回收桶還原檔案　　　B. 使用磁碟清理工具清理病毒
　　　　　C. 定期使用磁碟重組工具　　　D. 定期備份檔案於離線儲存裝置

二、簡答題

1. 我們可以隨意下載網路上的圖片、影片、音樂或程式嗎？簡單說明其中隱藏的安全威脅。

2. 簡單說明在網路攻擊中，DNS (Domain Name System) 伺服器為何經常成為被攻擊的對象？

3. 簡單說明對稱式加密的原理，以及其優缺點。

4. 簡單說明非對稱式加密的原理，以及它如何應用於資訊保密與來源證明。

5. 名詞解釋：主動式攻擊、被動式攻擊、惡意程式、阻斷服務攻擊、社交工程、暴力攻擊、勒索軟體、後門、電腦蠕蟲、特洛伊木馬、間諜軟體、網路釣魚、垃圾郵件、駭客、網址嫁接、點擊詐欺、防火牆、代理人伺服器、數位憑證、生物辨識裝置。

新趨勢網路概論(第六版)

作　　者：陳惠貞
企劃編輯：江佳慧
文字編輯：王雅雯
設計裝幀：張寶莉
發 行 人：廖文良

發 行 所：碁峰資訊股份有限公司
地　　址：台北市南港區三重路 66 號 7 樓之 6
電　　話：(02)2788-2408
傳　　真：(02)8192-4433
網　　站：www.gotop.com.tw
書　　號：AEN005800
版　　次：2025 年 05 月初版
建議售價：NT$600

商標聲明：本書所引用之國內外公司各商標、商品名稱、網站畫面，其權利分屬合法註冊公司所有，絕無侵權之意，特此聲明。

版權聲明：本著作物內容僅授權合法持有本書之讀者學習所用，非經本書作者或碁峰資訊股份有限公司正式授權，不得以任何形式複製、抄襲、轉載或透過網路散佈其內容。
版權所有‧翻印必究

本書是根據寫作當時的資料撰寫而成，日後若因資料更新導致與書籍內容有所差異，敬請見諒。若是軟、硬體問題，請您直接與軟、硬體廠商聯絡。

國家圖書館出版品預行編目資料

新趨勢網路概論 / 陳惠貞著. -- 六版. -- 臺北市：碁峰資訊,
　2025.05
　　面；　公分
　ISBN 978-626-425-064-1(平裝)
　　1.CST：電腦網路
312.16　　　　　　　　　　　　　114004524